生态水文学研究系列专著

中国典型区域森林生态水文过程与机制

余新晓　王彦辉　王玉杰　毕华兴　蔡体久
张金池　闫文德　刘贤德　周　平　著

科学出版社
北　京

内 容 简 介

在对我国典型森林生态系统定位观测的基础上,分析森林植被结构对降水输入过程的影响特征,研究森林生态系统对水资源形成过程的影响机制。在典型森林生态系统多尺度蒸散过程定量观测的基础上,综合分析生态系统的耗水规律,揭示影响森林植被耗散过程的主要因子。从坡面和流域两个尺度,应用分布式生态水文模型,定量评价森林植被对各径流组分的影响,进而综合评估森林植被对水资源影响的区域特征,提出区域森林植被与水资源协调管理的技术方案与对策,为我国林业生态工程建设以及森林植被恢复与经营提供森林植被与水资源协调管理的理论依据和技术支撑。

本书可供从事水文生态学、森林水文学、水土保持学、地理学、环境科学、景观生态学等专业的研究、管理人员及高等院校相关专业的师生参考。

图书在版编目(CIP)数据

中国典型区域森林生态水文过程与机制 / 余新晓等著. —北京:科学出版社,2014.6
(生态水文学研究系列专著)
ISBN 978-7-03-040970-6

Ⅰ.①中… Ⅱ.①余… Ⅲ.①森林生态系统-陆面过程-研究-中国
Ⅳ.①S718.55

中国版本图书馆 CIP 数据核字(2014)第 121962 号

责任编辑:朱 丽 杨新改 / 责任校对:李 影
责任印制:钱玉芬 / 封面设计:耕者设计工作室

斜 学 出 版 社出版
北京东黄城根北街 16 号
邮政编码:100717
http://www.sciencep.com

双 青 印 刷 厂印刷
科学出版社发行 各地新华书店经销
*

2014 年 6 月第 一 版 开本:787×1092 1/16
2014 年 6 月第一次印刷 印张:21
字数:480 000
定价:118.00 元
(如有印装质量问题,我社负责调换)

《中国典型区域森林生态水文过程与机制》编委会

编写人员名单 （按姓氏汉语拼音排序）

毕华兴　蔡体久　陈丽华　贾国栋　刘贤德

王　兵　王贺年　王彦辉　王玉杰　闫文德

余新晓　张金池　赵　阳　周　平

丛 书 序

　　水是生命之源、生产之要、生态之基。随着人口增长和社会经济的迅速发展,人类对水资源的需求越来越大,水资源危机成为困扰世界的三大危机之一,水资源短缺以及由此引发的水生态安全问题严重威胁着社会经济的可持续发展,成为任何一个国家在政策、经济和技术上所面临的复杂问题和社会经济发展的主要制约因素。随着水资源问题的日益严重,研究者们越来越意识到水文过程对生态系统功能的重要影响,因此在20世纪80年代,国外学者提出了生态水文学的概念。生态水文学是一门逐步发展起来的新兴学科,是现代水文科学与生态科学交叉发展中的一个亮点,它研究的目的是解释生态过程与水文循环之间的联系,明确水文交互作用如何影响物质的循环和能量交换,其观点对于理解生态系统的水文过程具有十分重要的意义,已经成为当代生态学、地理科学、环境科学和资源科学等相关研究的主题内容。

　　《生态水文学研究系列专著》是余新晓教授及其科研团队多年研究成果的总结,是在国家林业局林业公益性行业科研专项项目、“十二五”国家科技支撑计划项目和国家自然科学基金项目等支撑下完成的。该系列著作研究成果依托国家林业局首都圈森林生态系统定位观测研究站(CFERN)这一主要研究平台,编写内容充实、观点新颖鲜明,解决了当前生态水文学研究中的一些重要科学问题,填补了目前该领域研究中的一些空白。余新晓教授始终坚持生态水文领域的研究,以一丝不苟的工作态度和坚持不懈的科研精神,在这一领域不断前进,取得了显著成果,此系列著作可略见一斑。

　　该系列专著基于我国水资源短缺的背景,从不同的尺度深入探讨了森林生态系统的水文过程与功能、结构与水文生态功能及土壤-森林植被-大气连续体水分传输与循环等问题,以华北土石山区典型流域为研究对象,对人类活动与气候变化的流域生态水文响应进行分析和模拟,并对水源涵养林体系构建技术进行了研究与示范。该系列著作的内容均为生态水文领域的热点问题,引领了该学科的发展方向,其不仅在理论框架、知识集成方面做了很多开创性的工作,而且吸收了国内外先进的研究方法,在推动生态水文学的关键技术研究方面进行了有益的探索,为我国的生态环境建设提供了重要的理论指导和技术支持。

　　书是我们的良师益友。该系列著作的出版不仅为生态学、环境学、地理学、资源科学等学科的科研和教学工作者提供有益的参考,而且是我国水土保持、林业等生态环境建设工作者可参考的系列好书。望此系列著作可以为相关科研人员提供帮助,通过大家的工作实践,令祖国的青山绿水重现。是以为序。

中国工程院院士　**王 浩**

2013年6月

前　言

　　水是万物生命之源,而森林是陆地生态系统主体,森林和水是生态系统中最活跃、最有影响力的两个因素。森林作为陆地生态系统的主体和核心,在改善生态环境、实现可持续发展中具有不可替代的作用。森林与水资源矛盾和优化林水相互关系是干旱、半干旱地区进行生态环境建设时必须重视的核心问题。

　　森林植被是生态系统水循环过程中的一个不可忽视的环节,其对整个生态系统的水循环起着重要的调节作用。森林影响水资源是一个复杂的过程,而远非数量多少的问题。不同的树种、不同的植被结构,在不同的地区、不同的季节都会产生不同甚至截然相反的效应。森林对水资源的影响是人类利用森林措施改造自然的一个实际问题,也是生态水文学研究的一个重要课题。

　　本书以中国典型区域森林生态系统为研究对象,主要进行了以下几个方面的研究:森林植被对降水输入过程的调控机制研究,通过对典型森林的野外观测和调查,从垂直层次上观测典型森林生态系统各水文过程,同时开展林内外小气候同步观测,定量评估森林植被垂直结构对降水输入过程的影响机制;典型森林植被耗水规律研究,通过森林生态系统定位观测站的观测,并结合野外森林植被样方调查,揭示单木、林分、小流域等不同尺度上森林生态系统的耗水规律特征,分析森林植被结构对植被耗水特征的影响;森林植被对水资源形成过程的影响,以不同地区典型森林植被为对象,从样地(坡面)和小流域两个空间尺度进行地表径流、壤中流等径流各组分的定位观测,结合同步森林植被垂直结构和水平结构的观测,揭示森林植被对水资源多尺度形成过程影响机制,定量评价森林植被对径流量及其组分的形成过程的影响;森林植被的水资源影响评价和区域特征分析,以典型森林植被对水文各要素及其水资源形成过程的影响为基础,揭示大流域和区域尺度上水资源的区域特征和变化规律,系统分析和定量评价区域典型森林植被对水资源形成过程的影响,并提出区域森林植被与水资源协调管理的技术方案与对策。

　　本书是在国家林业局林业公益性行业科研专项项目(201104005),"十二五"国家科技支撑计划项目(2011BAD38B05)和国家自然科学基金项目(41171028)等研究成果的基础上整理而成的。在写作过程中,课题组成员通力合作,进行了大量的资料分析工作。考虑到全书的系统性,书中参阅了大量文献,借此机会笔者向这些文献的作者表示衷心的感谢! 科学出版社为本书的出版给予了大力支持,编辑为此付出了辛勤的劳动,在此表示诚挚的谢意!

　　限于作者知识水平、能力有限,书中难免有不妥之处,敬请读者不吝赐教!

余新晓

2014 年 2 月于北京

目　　录

引　言

在我国自然环境和经济快速发展条件下,水资源不足已成为区域发展的瓶颈,北方常年严重缺水,南方也存在季节性缺水,因此水文功能已成为最重要的森林生态功能。要增加森林面积和增强森林整体服务功能,但在很多地方还有诸多限制,如北方尤其是西北,干旱威胁森林植被稳定、水资源缺乏限制了植被生态用水、过分增加森林覆盖会导致流域或区域的产水能力下降,等等。森林生态与水文过程之间具有复杂的关系和相互作用,关键影响过程和功能大小也有时空尺度变化和区域差异,而目前科学认识仍不统一且严重滞后,即使在森林影响径流和洪水这些传统方面也还不一致;造林与水资源的关系一直存在争论,尚未总结出区域特点和统一的定量规律,特别是目前国内外学术界格外关注的造林减少径流的作用,这已影响到林业发展决策。实现森林植被与水资源的综合管理,促进森林植被恢复与水资源安全的平衡,是未来现代林业或多功能林业的重要任务,但目前对森林植被影响水资源形成过程的认识还非常有限,尤其是在森林对水资源影响的区域特点方面还有很大不足,成为制约国民经济和现代林业发展的"瓶颈",严重限制着林业生态工程的科学管理决策,因此,急需在深入认识森林水文过程的基础上,科学、客观、定量地评价森林在径流水资源形成过程中的作用,并提出合理调控的技术建议。

中国近代的森林水文研究开始于 20 世纪 20 年代,1924~1926 年间,金陵大学美籍学者罗德民博士和李德毅先生等在山东、山西等地研究了不同森林植被类型对雨季径流和水土保持效应的影响。在此后相当长一段时间内,该领域的研究一直处于徘徊不前的状态。20 世纪 60 年代,全国各主要林区、科研单位、高等林业院校和有关业务部门先后设立了森林水文定位观测站,开始了长期定位研究和综合水文过程的探索。进入 21 世纪以后,我国科研工作者系统总结和发展了我国 10 多个森林生态定位站及水文观测点数十年的科研成果,使我国森林水文研究在大尺度、高层次水平上跨入了新的高度。

森林生态系统水文过程及调节功能的实现,与植被结构有直接影响。不同的森林类型,由于其树种组成不一样,群落的结构存在差异,对降雨的分配能力也不同,这种差别是评价不同森林类型水源涵养功能的一个重要数量特征,也是区域内生态系统功能评价与维护的重要依据(韩永刚和杨玉盛,2007)。从垂直层次上来看,森林植被对降水分配的影响主要包括林冠截留、树干茎流、枯落物截持、土壤入渗等过程。森林植被蒸腾耗水量是森林生态系统水分平衡的一个主要部分,在生态水文学等相关学科中一直占据非常重要的地位。林木蒸腾速率可以反映植物的潜在耗水能力,对林木蒸腾耗水规律及其对环境因子的响应机制的研究可以为水资源紧缺地区的造林工程的战略布局、树种选择和结构配置提供理论指导。林木蒸散耗水是一个复杂的植物生理过程,受诸如太阳辐射、温度、空气湿度、风速、土壤含水量、土壤温度等多种环境因子变化的影响制约。

对于森林植被对流域径流的影响,国内外一直尚未有明确的结论(石培礼和李文华,2001)。大多数的研究均表明,森林植被由于其对流域蒸散发的增加,将导致流域径流量的减少,Stednick(1996)在大尺度流域上的研究也证明了这个结论。日本在 20 世纪的森林生态水文上的研究也表明,森林砍伐可增加直接径流 15%～100%。而前苏联关于森林对河川径流影响的研究却存在着不同的观点,Moiseev 的研究表明,在大流域尺度上,森林对流域年产流量并没有明显的影响,而在中等流域上,森林覆盖率增加 10%,河川径流量每年增加 19mm(周晓峰,1994)。在我国关于森林影响径流的研究中,大多数研究也表明森林将明显地减少流域径流量,但也存在着一些相反的研究结论,马雪华(1987,1993)、黄礼隆(1989)在米罗亚高山林区、岷江上游冷杉林以及长江流域的对比研究中发现,森林流域的年径流量要比无林或少林流域的年径流量大。由此看来,在不同的研究尺度、不同的立地条件下,森林植被对径流的影响并不相同,同时,降雨量、土壤前期含水量、地形地貌条件、森林覆盖率的不同等诸多因子,对研究结论都有很大影响,因此在某个特定条件下得出的森林对径流的影响并不能简单地外推。

　　本书对实现森林植被与水资源协调管理、加快现代林业发展进程起到巨大推动作用。在水资源缺乏已成为限制我国社会经济可持续发展重要因素的国情下,定量认识森林对水资源的影响及其区域差异是进行森林植被科学规划、水资源合理配置的关键,也是实现现代林业的技术瓶颈。本书的研究成果能带动突破森林功能评价、生态用水定量评估、森林健康经营、困难立地造林、森林土壤储碳等关键技术,进而提高林业工程效益、加快生态环境改善,由此将会产生巨大的社会、生态和经济效益。

第1章　研究区概况与分区

1.1　研究区概况

1.1.1　研究区域范围

1. 东北地区

现在的中国东北地区,狭义上指由辽宁、吉林、黑龙江等三省构成的区域;广义上则包括辽宁、吉林、黑龙江,以及旧为东三省管辖的今内蒙古东四盟市(呼伦贝尔市、兴安盟、赤峰市、通辽市)在内,土地面积为126万 km²,占全国国土面积的13%。东北地区的界线,北面与东面以国界为界;西界大致从大兴安岭西侧的根河口开始,沿大兴安岭西麓的丘陵台地边缘,向南延伸至阿尔山附近,然后向东沿洮儿河谷地跨越大兴安岭至乌兰浩特以东,再沿大兴安岭东麓南下,经突泉至白音胡硕,然后沿松辽分水岭南缘,经瞻榆、保康,以下沿新开河、西辽河至东西辽河汇口处。研究区域的东北丘陵山地,主要是指分布在北纬38°~53°,东经115°~134°之间的广义东北区域范围内除松嫩平原、辽河平原和三江平原的部分。

2. 华北土石山区

全国土壤侵蚀分区中,广义的北方土石山地丘陵区是指东北漫岗丘陵以南,黄土高原以东,大别山以北的区域,行政上涉及冀、晋、豫、蒙、皖、苏、辽、鄂等省区以及京津两市,流域上包括海河流域、淮河流域、山东半岛独立入海河流域及黄河流域的一部分,总面积75.4万 km²。本书所指的华北土石山区主要为北方土石山区丘陵区所在的海河流域范围内的部分及其北部山区。大致范围为黄河以北,大别山以东,东北漫岗丘陵以南的地区。行政区划上主要包括北京和天津两市的北部、河北省的北部和西部、山西省东部以及内蒙古南部和辽宁省西部的小部分区域。流域范围上涉及海河流域的大部分山区,以及流域外围山区高原的小部分。以县为单元,华北土石山区包括所涉及的省、市的129个县(区、旗等),总面积26.48万 km²。

3. 西北黄土区

20世纪90年代的黄土高原地区综合考察,所界定的黄土高原范围,以考虑行政区划的完整性为原则,将包括相邻黄土覆盖的高地和黄土沉积的盆地和河谷阶地都划在一起称之为黄土高原地区,南以秦岭山脉为界,北以阴山山脉为界,东以太行山为界,西以贺兰山、日月山为界。地理位置处于东经100°54′~114°33′,北纬33°43′~41°16′范围内。研究区域的西北黄土区是指包含青、甘、宁、蒙、陕、晋、豫等七省区,总面积64.2万 km²(约占国土地面积的 6.5%)。

4. 西北土石山区

六盘山南起陕西陇县,北到宁夏南部,呈西北—东南走向,全长 200 多 km,在宁夏境内约 80 km;平均宽 40 km。六盘山自然保护区始建于 1982 年,1988 年晋升为国家级自然保护区,主要保护水源涵养林及野生动物。自然保护区是六盘山的核心部分,位于东经106°09′~106°30′,北纬 35°15′~35°41′,地跨宁夏固原市的原州区、隆德、泾源三县(区),总面积 687.6km²。

5. 西北高寒区

研究地区位于西北高寒山地祁连山,祁连山是我国著名的高大山系之一,地处青藏、蒙新、黄土三大高原的交汇地带,地理坐标为东经 94°24′~103°46′,北纬 36°43′~39°42′。山峰多海拔 4000~5000m,最高峰疏勒南山的团结峰海拔 5808m。海拔 4000m 以上的山峰终年积雪,山间谷地也在海拔 3000~3500m 之间。河西走廊中部的黑河从发源地到居延海全长 821km,横跨三种不同的自然环境单元,流域面积约 14.29 万 km²,北部与蒙古接壤,东以大黄山与武威盆地相连,西部以黑山与疏勒河流域毗邻。

6. 西南长江三峡库区

库区指的是三峡大坝于三斗坪建起后,水库蓄水,在坝址至水库回水末端这一距离内,长江干流及其两侧集水区的整个地区,亦即长江两例分水岭所夹持的这一区段的长江流域,泛指 175m 水位方案淹没涉及的 20 个县市。总面积为 5.8 万 km²,重庆片 4.62 万 km²,湖北片 1.18 万 km²。其地理坐标为东经 105°49′~110°50′,北纬 28°28′~31°44′,长江干流在库区长 570km。

7. 华东长江三角洲地区

长江三角洲是长江中下游平原的重要组成部分。位于江苏省镇江以东,杭州湾以北,通扬运河以南。北起通扬运河,南抵杭州湾,西至南京以西,东到海滨,包括上海市、江苏省南部、浙江省北部以及邻近海域。面积约为 99 600km²,人口约 7500 万,是一片坦荡的大平原,目前国务院扩容后的长江三角洲地区共有 30 个城市,面积 21 万 km²,人口 1.59 亿。

8. 华东山地丘陵地区

华东地区,或称"华东",是中国东部地区的简称。按照地理区域划分,华东地区包括:山东省、江苏省、江西省、浙江省、安徽省、福建省、台湾省和上海市,共七省一市。其中,台湾省因之特殊性经常被单独列出,与香港特别行政区、澳门特别行政区并称"港澳台地区"。除此之外,其余省市即人们常说的"华东六省一市",亦即行政意义上的华东地区,土地面积为 79.83 万 km²(含台湾省为 83.45 万 km²),占全国国土面积的 8.31%(含台湾省为 8.69%)。

9. 中南地区

该区地跨北纬 20°～34°，面积 250 万 km²，位于秦岭、淮河以南，南岭以北，青藏高原以东，地处我国中部、黄河中下游和长江中游地区，华北、华东、西北、西南与华南之间，面积辽阔，主要包括豫、鄂、湘、粤、皖、赣、苏、浙、闽、台、沪等省市的全部或部分，其中，河南省、湖北省、湖南省属于华中地区，其他省份则属于华南地区。

10. 华南地区

华南地区位于中国最南部。北与华中地区，华东地区相接，南面包括辽阔的南海和南海诸岛，与菲律宾、马来西亚、印度尼西亚、文莱等国相望，华南地区边界的武夷山、南岭也大致是人类学的分界线，广东、福建有华南虎。西南界线是中国与越南、老挝、缅甸等国家的边界。在行政区上，本区包括台湾省、海南省全部，福建省中南部，广东和广西的中南部，云南省南部和西南部。

1.1.2 研究区域自然概况

1. 东北地区

1）地质地貌

水绕山环、沃野千里是东北区地面结构的基本特征，南面是黄、渤二海，东和北面有鸭绿江、图们江、乌苏里江和黑龙江环绕，仅西面为陆界。内侧是大、小兴安岭和长白山系的高山、中山、低山和丘陵，中心部分是辽阔的松辽大平原和渤海凹陷。

2）气候

东北地域广阔，受纬度、海陆位置、地势等因素的影响，气候类型多样，主要气候类型为温带大陆性季风型气候。冬季寒冷漫长，达半年以上，夏季温热多雨，且降雨主要集中于每年的 7～9 月。东北地区自南而北跨暖温带、中温带与寒温带，热量显著不同，大于等于 10℃ 的积温，南部可达 3600℃，北部则仅有 1000℃。自东而西，降水量自 1000mm 降至 300mm 以下，气候上从湿润区、半湿润区过渡到半干旱区，农业上从农林区、农耕区、半农半牧区过渡到纯牧区。水热条件的纵横交叉，形成了东北区农业体系和农业地域分异的基本格局，是综合性大农业基地的自然基础。

3）水系

东北地区水系主要包含有额尔古纳河、黑龙江、嫩江、乌裕尔河、松花江、牡丹江、绥芬河、乌苏里江、图们江、鸭绿江、辽河、太子河等，主要流域为黑龙江流域、松花江流域、辽河流域等大流域；直接汇入渤海的鸭绿江流域及汇入日本海的图们江流域；还有乌裕尔河内流区和白城内流区。

4）土壤

东北地区土壤包含有棕色针叶林土、灰色森林土、暗棕壤、棕壤、黑钙土、白浆土、草甸土、盐碱土、沼泽土等类型，其中暗棕壤分布面积最大，黑钙土分布面积第二，且分布于大兴安岭中南段山地的东西两侧，东北平原的中部和松花江、辽河的分水岭地区。东北山地丘陵地区主要分布土壤为棕色针叶林土和暗棕壤。

5）森林植被

东北地区森林蕴含量丰富，主要分布在黑龙江省大部分、吉林省东部、辽宁省北部的大、小兴安岭和长白山地区以及内蒙古自治区境内的大兴安岭林区（通称"两岭一山"），主要有两种森林类型，即大兴安岭北部以兴安落叶松为主的寒温带针叶林和东北东部山地（包括小兴安岭和长白山区）以红松为优势树种的温带针阔叶混交林，其中红松阔叶混交林分布面积较大。据《2008中国林业统计年鉴》数据显示，2007年东北三省（黑、吉、辽）林业用地面积达 3 466.46 万 hm²，约占东北三省土地总面积（7 892.2 万 hm²）的 44%。2007年森林总蓄积量为 236 624.39 万 m³，约占全国的 20%。

2. 华北土石山区

1）地质地貌

华北土石山区范围内，地势西北高、东南低，范围内半数地区海拔高于1000m，最高地区海拔高于2000m。土石山区范围内山地地貌复杂多样，主要地貌单元有山区、丘陵、河谷盆地等。石质、土石质山丘约占山区面积的 70%，主要分布在燕山北部和太行山西部。华北土石山区北部山区，即张家口、承德以北地区，大部分位于阴山、燕山东西向复杂构造带内。西段阴山山地由前震旦纪花岗片麻岩、闪长片麻岩等组成，部分地区分布有中生代碎屑岩并存在大量火成岩；东段燕山山地广泛分布着震旦纪石英岩和硅质灰岩，下古生代浅海相沉积页岩和灰岩以及上古生代的含煤构造。该地区在中生代构造运动强烈，断层发育，地面长期隆起上升，岩石风化剥蚀，形成平缓的丘陵山地。

2）气候

华北土石山区冬季受西伯利亚大陆性气团控制，寒冷少雪；春季受蒙古大陆性气团影响，气温回升快，风速大，气候干燥，蒸发量大，往往形成干旱天气；夏季受海洋性气团影响，比较湿润，气温高，降水量多，且多暴雨，但因夏季太平洋副热带高压的进退时间、强度、影响范围等很不一致，致使降雨量的变差很大，旱涝时有发生；秋季为夏冬的过渡季节，一般年份秋高气爽，降水量较少。土石山区多年平均降雨量为 560mm，是我国东部沿海降水最少的地区。山区年平均气温一般 5.6～12.8℃，其中最低年均气温 4.5℃（永定河），最高气温 13.7℃（漳卫河）。无霜期年平均 120～200d，其中最少为 99d（永定河），最大 217d（漳卫河）。年平均相对湿度为 50%～70%。年平均风速为 1.5～3.4m/s。

3）土壤

在地理分布上，各种土壤既和地带性的生物气候条件相适应，也和基岩、地形、水文地质以及成土年龄等非地带性因素相适应。华北土石山区的主要土壤类型在水平分布上，从北到南主要是褐土和黄棕壤两大类。褐土是暖温带的地带性土壤，而黄棕壤则是北亚热带的地带性土壤。在地带性土壤内还有若干亚类的划分。由于地跨几个温度带，山地土壤也显示了不同的垂直带谱。北亚热带的山地，自下而上是黄褐土—黄棕壤—棕壤—灰化棕壤—山地草甸土的垂直带谱；暖温带的山地则是褐土—淋溶褐土—棕壤—灰化棕壤—山地草甸土的垂直带谱。

4）森林

华北森林区包括6个亚区，即燕山山地森林亚区、太行山北段山地森林亚区、太行山南段山地森林亚区、吕梁山森林亚区、中条山森林亚区、伏牛山北坡森林亚区。华北山地暖温带落叶阔叶林区的植物区系成分属中国—日本植物区系的北部区，以东亚区系成分为主。落叶阔叶林以落叶栎类、榆、槐、椴、杨、桦等为常见，针叶林主要有油松（*Pinus tabulaeformis* Carr.）、华北落叶松（*Larix princis-rupprechtii* Mayr.）、青扦（*Picea wilsonii* Mast.）、红皮云杉（*Picea koraiensis* Nakai）。低山丘陵区以松、栎、杨、桦等人工林或落叶阔叶次生林为主。

5）水系

华北土石山区水系可分为北系、南系和滦河水系；北系包括潮白河、蓟运河、北运河及永定河；南系包括大清河、子牙河和漳卫南运河。此外，还有单独入海的徒骇马颊河和冀东沿海诸小河。

3. 西北黄土区

1）地质地貌

黄土高原主体是华北地台，包括鄂尔多斯台向斜的南部和山西台背斜的一部分，六盘山以西的陇中和青海部分属祁连山褶皱带。该区的地貌格局早在中生代末已经奠定，第三纪以来的构造变动与剥蚀，以及第四纪期间的黄土堆积与侵蚀，形成了黄土高原的现代地貌。该区地貌类型复杂，包括丘陵、高塬、平原、阶地、沙漠等，其中黄土丘陵分布最广，面积23万km²，地面坡度15°以上约占50%～70%，沟壑密度大部分在3～6km/km²，甚至高达6～8km/km²，高塬区主要有陇东塬、洛川塬，渭北旱塬面积也比较大，塬面坡度1°～3°，沟壑面积占2/3左右。

2）气候

黄土高原属大陆性季风气候区，整个地区夏秋温暖多雨和冬春寒冷干旱。区内年总辐射量为120～160kcal①/cm²，其中西部和西北部最高达140～160kcal/cm²。该区气温空间差异明显，东南部渭河盆地、阶地及汾河下游地区较温暖，年平均温度9～12℃，北部及西北部温凉，年平均温度6～8℃，太行山北部的晋东北地区和宁夏南部的六盘山区，由于海拔较高，年平均温度为2～6℃。大部地区属暖温、中温带，年平均温度8～12℃，≥10℃的积温为2500～4500℃，无霜期150～250d。全区年平均降水量为443mm，年内分配不均，6～9月，降雨量占全年雨量的60%～79%，且多暴雨，其暴雨量可达年雨量的50%以上。

3）土壤

全区共划分出褐土、钙土、黑垆土、栗钙土等28个土类、85个亚类、211个土属，总土壤面积91 398.83万亩②，占总土地面积的97.67%。其中黄绵土、风沙土、粗骨土、红土、石质土和盐碱土等退化，低产土壤面积占总土壤面积的50%以上。黄土高原地区土壤分

---

① cal 为非法定单位，1cal＝4.1868J。

② 亩为非法定单位，1亩≈666.7m²。

布具有明显的水平地带性、垂直地带性和区域分布特点。在水平方向上的分布,根据土壤地带分布与区域组合关系,全区土壤分布可划分为褐土、淡棕壤分布地带;黑垆土、黄绵土分布地带;栗钙土、风沙土分布地带;灰漠土分布地带和甘青高原土壤水平、垂直复式分布带。

4) 植被

黄土高原植被地带由东南向西北基本上可以划分为森林带、森林草原带、典型草原带和荒漠化草原带。植被类型主要有常绿针叶林类、落叶针叶林类、落叶阔叶林类、灌丛类、草原植被以及人工植被等。灌丛在黄土高原十分发达,分布面积十分广泛,在山区,分布面积远远超过森林植被。

5) 水系

黄土高原的水系以黄河水系为主,局部为海河水系。属海河水系的河流位于黄土高原山西东部的太行山西麓,有流经大同盆地的桑干河及流经忻州盆地的滹沱河和流经长治盆地的漳河也属海河水系,且黄土高原地区仅占据这些河流的上游局部。

4. 西北土石山区

1) 地质地貌

六盘山石质山地的母岩为石灰页岩、红色砂岩;六盘山呈现为强烈切割的中山地貌,山势雄伟,为狭长山地,山体主要由两列平行的山脉构成,地势大致呈东南高西北低。六盘山主峰位于宁夏泾源、隆德两县交界的米缸山,海拔 2931m。

2) 气候

六盘山处于东亚季风区的边缘,自然地理区划上处于暖温带半湿润区向半干旱区的过渡带,夏季受东南季风影响,冬季受干冷的蒙古高压控制,形成四季分明、年温差和日温差较大的大陆性季风气候特征,冬季寒冷干燥,夏季高温多雨。年日照时数 2100~2400h,年均气温 5.8℃,最热月(7 月)平均气温 17.4℃,最冷月(1 月)平均气温 -7.0℃,极端最高和最低气温分别为 30℃和 -26℃。≥10℃的年积温为 1846.6℃,无霜期 90~130d。年均降水量 676mm,多集中于夏季,6~9 月份降水占全年的 73.3%;年均蒸发量 1426mm。

3) 土壤

土壤石砾含量多,土层薄。六盘山区主要有 6 种土壤:山地草甸土、灰褐土、新积土、红土、潮土和粗骨土。其中灰褐土面积最大,占总面积 94.4%。受高程、植被及温湿条件影响,六盘山区表现出山地土壤垂直地带分布规律。

4) 植被

六盘山森林生态系统是具有典型代表性的温带山地森林生态系统,其森林覆盖率高达 65.5%,六盘山地处温带草原区的南部森林草原地带,地带性植被类型为草甸草原和落叶阔叶林。其植被具有植物种类丰富,地理区系复杂并具有明显过渡性的特征。以温带成分占绝对优势,在区系组成及我国特有植物中,均以华北成分为主,并含有少量的第三纪孑遗种和大量现代植物类群。

5) 水系

六盘山地区主要位于宁夏固原市,孕育了多条河流,是重要的区域水源地。固原市内的水系主要有泾河、清水河、葫芦河、祖厉河、颉河、乃河、红河、茹河等,年径流量约 7.3 亿 m³。

地下水总储量约 3.24 亿 m^3，其中 0.8 亿 m^3 因埋藏太深或矿化度高于 5g/L 而难以开采利用，能开发利用的仅为 2.44 亿 m^3。

5. 西北高寒区

1) 气候

南部祁连山区，降水量由东向西递减，雪线高度由东向西逐渐升高。中部走廊平原区降水量由东部的 250mm 向西部递减为 50mm 以下，蒸发量则由东向西递增，自 2000mm 以下增至 4000mm 以上。南部祁连山区海拔 2600~3200m 地区年平均气温 2.0~1.5℃，年降水量在 200mm 以上，最高达 700mm，相对湿度约 60%，蒸发量约 700mm；海拔 1600~2300m 的地区，气候冷凉，是农业向牧业过渡地带。中部走廊平原，光热资源丰富，年平均气温 2.8~7.6℃。南部山区海拔每升高 100m，降水量增加 15.5~16.4mm；平原区海拔每增加 100m，降水量增加 3.5~4.8mm，蒸发量减小 25~32mm。下游额济纳平原深居内陆腹地，是典型的大陆性气候，具降水少、蒸发强烈、温差大、风大沙多、日照时间长等特点。

2) 植被

上游祁连山山区植被属温带山地森林草原，生长着呈片状、块状分布的灌丛和乔木林，垂直带谱极其明显，东西山区稍有差异，由高到低，依次分布：高山垫状植被带、高山草甸植被带、高山灌丛草甸带、山地森林草原带。中下游地带性植被为温带小灌木、半灌木荒漠植被。在下游两岸三角洲与冲积扇缘的湖盆洼地里，生长有荒漠地区特有的荒漠河岸林、灌木林和草甸植被，主要树种有胡杨、沙枣、红柳和梭梭。

6. 西南长江三峡库区

1) 地质地貌

库区地质地貌结构复杂，以山丘为主。库区处于大巴山断褶带、川东褶皱带和川鄂湘黔隆起褶皱带三大构造单元的交汇处。大巴山断褶带自西向东蜿蜒于该区北部。北部主要出露震旦系及下古生界石灰岩，南部由震旦系、二叠系和三叠系的石灰岩、板页岩组成，褶皱北紧南松，呈明显层状结构，由北而南层层下降。山脉海拔均在 1000~2000m 以上。

2) 气候

三峡库区处于中纬度的亚热带北缘，属亚热带湿润性气候，库区四季分明，雨量适中，温暖湿润。年平均气温为 17~19℃，年降水量 1000~1250mm。一般而言，冬暖春早，冬季少雨，夏秋降水量占全年 80% 以上，5~9 月常有暴雨出现，形成三峡区间洪水。沿江两岸，年平均气温达 18℃；边缘山地年平均气温 10~14℃，年平均气温垂直梯度变化率为 0.63℃/100m。库区的相对湿度达 60%~80%，沿江一带相对较小。库区无霜期 300~340d，1 月平均气温 3.6~3.7℃，比同纬度长江中下游一带高出 3℃ 以上，≥10℃ 积温 5000~6000℃。

3) 土壤

库区土壤有过渡性和复杂性分布的特点。在低山丘陵区由于广泛分布紫色砂页岩、石灰岩，以及有较大面积的水稻田，因此形成大面积非地带性的紫色土、石灰土、水稻土等隐域性土类。地带性的红壤、山地黄壤面积所占比例不大。由于山地水土流失的影响,一些红壤和山地黄壤处于土壤发育不深,形成幼年的红黄壤化性土壤。石灰性母质一方面延缓土壤的发育,另一方面在湿润亚热带条件下也可以发育成为红黄壤或红黄壤化性土壤。库区在地理位置上处于南北过渡地带,在地貌上属于我国西南高山和东部低山丘陵过渡的地带,高度由海拔 6m 到 3105m,因而土壤具有过渡性、复杂性和垂直分布的特点。

4) 植被

三峡库区植被种质资源十分丰富,植物科数等于全国植物科数的一半以上。库区森林覆盖率仅为 23.78%,低于长江上游地区 27.8% 的平均水平,库区沿江两岸森林覆盖率不足 5%,与水库安全要求的覆盖率 35%～40% 相差甚远。库区的森林面积,占库区总面积的 14.95%,灌丛占 13.43%,草地占 16.25%。库区的植被类型有 77 类,其中针叶林所占森林面积最大,主要植被类型包括亚热带山地常绿阔叶林,亚热带山地常绿、落叶阔叶混交林,亚热带山地落叶阔叶林,常绿针叶林,针阔混交林,竹林以及亚热带山地灌丛矮林的落叶阔叶灌丛 7 类。

5) 水系

库区处于长江流域中上游,涉及的流域包括嘉陵江流域、乌江流域、长江上游干流以及长江中游干流。该区多年平均降水量约 719.3 亿 m³,折合降水深度 1207.7mm,平均产水量为 67.9 万 m³/km²,平均每人每年占有水量仅 2154m³,只相当全国人均占有水量的 84.6%。长江横贯全区,过境客水丰富,其总量达 3956.4 亿 m³。每亩耕地占有水量 2318m³,高于全国 1800m³ 的 29%。

7. 华东长江三角洲地区

1) 地质地貌

这里地势低平,海拔基本在 10m 以下,零星散布着一些孤山残丘,如常州溧阳的南山、无锡的惠山、苏州的天平山、常熟的虞山、松江的佘山和天马山等。北岸沙堤大致从扬州附近向东延伸至如东附近,沙堤以北主要是由黄河、淮河冲积成的里下河平原;南岸沙堤从江阴附近开始向东南延伸,直至上海市金山县的漕泾附近,并与钱塘江北岸沙堤相连接,形成了太湖平原。里下河平原位于长江北岸,面积约 1.4 万 km²,为一碟形洼地。洼地中心湖荡连片,主要有射阳湖、大纵湖等。该平原以太湖为中心,状如一只大盘碟,地形呈周高中低。

2) 气候

属于亚热带湿润季风气候,四季分明、雨热同期。一月平均气温在 2～4℃,七月平均气温为 28℃ 以上,年降水量 1000～1400mm,无霜期 230～250d。

3) 植被

森林面积约(200×104)hm²,主要分布在安徽境内的大别山、九华山、黄山及浙、皖交界的天目山,森林覆盖率为 50% 左右。主要树种有杉木、马尾松、黄山松、柏类、水杉、栎类、槠类、刺槐、杨树、炮桐、竹类、油茶、油桐、板栗等。长江三角洲以人工林为主,树旁、宅旁、路旁、水旁的四旁树约占活立本总蓄积的 3/4 以上。

8. 华东山地丘陵地区

1）地形

华东区域东部为沿海地区,因此整体地形为西高东低。江西省境除北部较为平坦外,东西南部三面环山,中部丘陵起伏,全省成为一个整体向鄱阳湖倾斜而往北开口的巨大盆地。

2）水系

华东地区水系主要包含有赣江、闽江、淮河等,主要流域为淮河流域、东南沿海及台湾诸河流域、山东半岛诸河流域以及长江流域内的赣江流域和黄河流域入海口部分区域。

3）气候和土壤

华东地区面积广阔,其气候和土壤情况均复杂多样。华东气候以淮河为分界线,淮河以北为温带季风气候,以南为亚热带季风气候。在两个气候区的基础上,根据森林植被的分布规律,可将其分为暖温带落叶阔叶林、北亚热带常绿落叶阔叶混交林、中亚热带常绿阔叶林和南亚热带季风常绿阔叶林 4 个区域,由于地形、植被、水分和热量等因子的综合作用,不同区域其气候和土壤也有较大差异。

暖温带落叶阔叶林区域经安徽省风台、蚌埠到江苏省的蒋坝、盐城后至黄海之滨,包括整个山东省,安徽省、江苏省的北部。该区域主要为山东省,由于临海,气候为海洋性。年平均温度为 $10 \sim 15 ℃$,年平均降水量为 $600 \sim 900 mm$,年相对湿度达 75%,土壤主要为棕色森林土,平原为无石灰性浅色草甸土,沿海地区有小面积的滨海盐渍土。

北亚热带常绿落叶阔叶混交林地带位于北纬 $32° \sim 34°$,包括江苏省中部、安徽省中部。该地带气候总的特征为温暖湿润、四季寒暑分明。年均温 $15 \sim 18 ℃$,年降雨量 $750 \sim 1000 mm$,年相对湿度 80%。土壤主要为黄棕壤和黄褐壤。农业区多为水稻土,东部沿海一带有盐渍土。

中亚热带常绿阔叶林地带位于北纬 $23° \sim 32°$,包括浙江省和江苏省南部,安徽省南部,江西全省,福建省的北部。该地带气候总的特征为温暖而湿润。年平均温度 $18 \sim 19 ℃$,年降雨量 $1000 \sim 1600 mm$,年相对湿度 80%。土壤主要为黄壤和红壤。

南亚热带季风常绿阔叶林地带位于北纬 $22° \sim 24°$,仅包括福建省南部。气候总特征为河谷干热,山原暖湿夏长冬暖,雨量丰富。年均温 $19 \sim 21 ℃$,年降雨量 $1500 \sim 2000 mm$,年相对湿度 80%,土壤为砖红壤性红壤。

4）植被

华东气候以淮河为分界线,淮河以北为温带季风气候,以南为亚热带季风气候,不同的气候区,植被也有较大差异。暖温带区域的主要植被类型为暖温带落叶阔叶林;亚热带区域主要植被类型为北亚热带常绿落叶阔叶林、中亚热带常绿阔叶林和南亚热带季风常绿阔叶林 3 种类型。分布在暖温带森林主要有温性针叶林、落叶阔叶林、竹,其中以落叶阔叶林分布面积较大;分布在华东地区亚热带的主要森林类型有温性针叶林、暖性针叶林、北亚热带常绿落叶阔叶混交林、中亚热带典型常绿阔叶林、南亚热带季风常绿阔叶林、暖性竹林,其中以北亚热带常绿落叶阔叶林、中亚热带常绿阔叶林和南亚热带季风常绿阔叶林为主。

9. 中南地区

1) 地质地貌

河南地处沿海与中西部结合部,地势西高东低,北、西、南三面环山,中、东部为华北平原南部;西南部为南阳盆地。湖北处于中国地势第二级阶梯向第三级阶梯过渡地带,地貌类型多样,山地、丘陵、岗地和平原兼备,全省地势呈三面高起、中间低平、向南敞开、北有缺口的不完整盆地区域。湖南以山地、丘陵为主,山地占全省总面积的 51.22%,丘陵 15.40%,岗地占 13.87%,平原占 13.12%,水面 6.39%。广西地势为四周多山地与高原,而中部与南部多为平地,因此地势自西北向东南倾斜,西北与东南之间呈盆地状。全省属于山地丘陵性盆地地貌,盆地大小相杂,山系多呈弧形,层层相套,丘陵错综,平地多为河流冲积平原和溶蚀平原,石灰岩地层分布广,呈现喀斯特地貌。

2) 气候

中南地区属亚热带气候带。亚热带天气主要受热带海洋气团和赤道海洋气团的影响,它们都是夏季降水的重要水汽来源。热带海洋气团源出于北太平洋副热带高压,性质湿热而稳定,在中国华南登陆,多为东南风(夏季风),它将海洋上水汽携入大陆,当其与变性极地大陆气团交锋时,形成极锋。极锋的进退与雨量带的推移是一致的:4 月华南雨季开始,5 月中旬至 6 月上旬江南丘陵多雨,6 月上中旬至 7 月上中旬,江淮之间出现梅雨,7 月下旬以后极锋北移,江淮伏旱开始。该区域内,降水集中的雨季是与高温期相一致,即"雨热同季",这对植物生长与农业生产都十分有利。

3) 植被

该区是我国生物多样性的关键地区。在我国 3 万种高等植物中,亚热带拥有其中的约 2 万种。由于受海洋季风调节,温暖潮湿,呈现常绿阔叶林及人为干扰后形成的次生林、营造的人工林等多种森林景观。河南区域内森林资源以天然阔叶林为主,湖北森林植被显示出由北亚热带常绿落叶阔叶混交林向中亚热带常绿阔叶林过渡的特征,湖南省内的植被以中亚热带常绿阔叶林为主,广西境内广泛分布着多种类型的天然次生林和人工林。

4) 水系

中南地区河流尽管径流量普遍丰沛,但在时间上分配很不均匀。河流以雨水补给为主,其径流量受季风进退造成的雨带移动影响明显。由于雨带自南向北推移,所以河流自南而北先后进入汛期。南部自 4 月起江水开始高涨,5、6 月份大部分河流进入洪峰期,即"梅汛"。长江上游及江北,洪峰期一般出现在 7 月或 8 月。东南沿海诸河,如瓯江、闽江、珠江等,由于夏秋之交的 8、9 月,常有台风登陆,故在台风雨影响下常出现秋汛。整个亚热带河流汛期,北部在 6～9 月,历时 4 个月,南部在 4～9 月,长达半年。

10. 华南地区

1) 地质地貌

华南地区地表侵蚀切割强烈,丘陵广布。广东地形因在历次地壳运动中,受褶皱、断裂和岩浆活动的影响,形成山地较多,岩石性质差别很大。山地、丘陵、台地、平原交错,地貌类型复杂多样。广西位于全国地势第二台阶中的云贵高原东南边缘,地处两广丘陵西部,南临北部湾海面。整个地势自西北向东南倾斜,山岭连绵、山体庞大、岭谷相间,四周多被山地、高原环绕,呈盆地状,有"广西盆地"之称。海南地势中高周低,中部山脉隆起,地形高耸,山峦重叠,以五指出(海拔 1879m)、英歌岭(海拔 1815m)为核心,向周围逐渐下降,形成山地、丘陵、台地、阶地、平原和海岸线的层状垂直分布和环状水平分布带。

2) 气候

华南地区北界,是南亚热带与中亚热带的分界线。这条界线以南的华南地区,最冷月平均气温≥10℃,极端最低气温≥−4℃,日平均气温≥10℃的天数在 300d 以上。多数地方年降水量为 1400~2000mm,是一个高温多雨、四季常绿的热带-南亚热带区域。

广东地处低纬度地区,属东亚季风气候区南部,气候具有热带、亚热带季风海洋性气候特点,各地年平均温度在 20.4~23.1℃之间,年降雨量大多在 1500~2000mm 之间。广西气候属亚热带季风气候,各地年平均气温在 16.5~23.1℃之间,全区年平均气温 20.5℃。广西是全国降水量最丰富的省区之一,各地年降水量为 1086~2755mm,大部分地区在 1300~2000mm 之间,全区平均降水量是 1552mm。海南岛属热带季风海洋性气候。年平均气温 22.5~25.60℃,平均年雨量约为 1640mm,东部多雨区约 2000~2400mm,多雨中心琼中年平均达 2440mm;西部少雨区仅 1000mm 左右。

3) 土壤

在长期高温多雨的气候条件下,丘陵台地上发育有深厚的红色风化壳。在迅速的生物积累过程的同时,还进行着强烈的脱硅富铝化过程,成为我国砖红壤、赤红壤集中分布区域。广东地区典型土壤类型为砖红壤,分布于雷州半岛和海南岛的大部分低山、丘陵和台地,红壤则分布于广东大陆北部低山丘陵区。砖红壤是广西南部的主要土壤类型之一,分布在北海市和合浦、钦州、防城的南部;赤红壤是广西南亚热带地区的代表性土壤,大致分布在海拔 350m 以下的平原、低丘、台地。海南岛的土壤主要有三种类型。①砖红壤:包括黄色砖红壤、红色砖红壤、铁质砖红壤、褐色砖红壤及砖红壤性土(粗骨土)五个亚类。②山地黄壤:包括山地黄壤、山地淋溶黄壤及山地表潜黄壤三个亚类。③山顶矮林草甸土。砖红壤分为五个亚类,主要依据水热生物条件差异及特殊的成土母质。

4) 植被

华南地区,植物生长茂盛,种类繁多,有热带雨林、季雨林和南亚热带季风常绿阔叶林等地带性植被。现状植被多为热带灌丛、亚热带草坡和小片的次生林,热带性森林动物丰富多样,有许多典型的东洋界动物种类。广东省的地带性植被类型为中亚热带典型常绿阔叶林、南亚热带季风常绿阔叶林和热带季雨林、雨林三种。在广西现有植被中,以各类次生性植被占绝对优势,主要有红树林、季雨林、常绿阔叶林、沟谷雨林、常绿落叶阔叶混交林、落叶阔叶林、热性针阔混交林、针叶林、温性针阔混交林、竹林、灌丛和灌草丛等。海南植被类型丰富,共有 3 个植被型(热带雨林、热带常绿林、红树林),6 个植被亚型(低地雨林、山地雨林、山地常绿林、山顶矮林、海滩红树林、海岸半红树林)和 42 个群系。

5) 水系

境内主要水系有西江、东江、北江以及韩江等。东江是珠江水系的主要河流之一,与西江、北江和珠江三角洲组成珠江。东江流域位于珠江三角洲的东北端,南临南海并毗邻香港,西南部紧靠华南地区经济中心广州市,西北部与粤北山区韶关和清远两市相接,东部与粤东梅汕地区为邻,北部与赣南地区的安远市相接,有新丰江、增江、秋香江、西枝江等主要支流。

1.1.3　研究区社会经济概况

1. 东北地区

1) 人口

2001 年东北地区人口为 11 533 万,东三省人口数为 10 696 万;2010 年东北地区人口为 12 116 万,东三省人口数为 10 951 万。

2) 经济

2009 年前三季度,东北地区一些主要经济指标实现逐季加快增长,经济运行中积极因素不断增多,企稳回升的基础有所巩固,地区经济总体继续向好发展。东北地区实现地区生产总值 18 775.5 亿元,同比增长 11.8%,高于全国 4.1%,且比一季度和上半年分别加快 3.2% 和 0.9%,实现了逐季持续回升;其中,辽宁、吉林和黑龙江省分别为 9473 亿元、4347.5 亿元和 4955 亿元,增长 12.7%、11.8% 和 9.8%。东北地区生产总值占全国 GDP 的 8.6%,较上半年提高 0.2%。2009 年前三季度,辽宁、吉林和黑龙江省城镇居民人均可支配收入分别为 11 839 元、10 483.2 元和 9493 元,同比增长 10.2%、9.7% 和 10.8%,高于全国 0.9%、0.4% 和 1.5%。

3) 土地利用

东北地区的开发历史相对较晚且土地利用总体变化不大,根据 2000 年东北地区土地利用图,东北区域内主要土地类型包含有林地、草地、水域、城镇居民用地、未利用地、水田和旱地。其中林地面积较大,农业用地主要集中分布在东北大平原和三江平原。

4) 工矿能源

东北区矿产资源丰富,主要矿种比较齐全。主要金属矿产有铁、锰、铜、钼、铅、锌、金以及稀有元素等,非金属矿产有煤、石油、油页岩、石墨、菱镁矿、白云石、滑石、石棉等。东北油页岩储量占全国第一位,三省都有分布,具有开发潜力。南部沿海的海盐,东部山地的石灰石也极其丰富,发展化学工业和水泥工业条件有利。这些资源在全国有重要的地位。分布在鞍山、本溪一带的铁矿,储量约占全国的 1/4,目前仍是全国最大的探明矿区之一。

2. 华北土石山区

1) 人口

2003 年海河流域总人口为 1.32 亿,总人口中,农业人口达到 8506 万,人口的年龄构成为:0~14 岁占 21.8%,15~59 岁占 67.6%,60 岁以上占 10.6%;农村劳动力占 37.3%,从事农、林、牧、渔业劳动力占总人口的 23.1%、农村劳动力的 62%。全流域的人口密度达 416 人/km²,其中山丘区人口密度为 216 人/km²。

华北土石山区人口流动大。2004 年,临城、赤城、滦平、围场、代县和浑源 6 个县,平均外出务工人数为 4.25 万,外出打工人数占农业人口数的 16.96%、农村劳动力的 31.17%。这一方面说明农村存在剩余劳动力,另一方面也说明农民只有外出务工才能使经济状况得到一定程度的改善。

2) 社会经济

海河流域 2003 年国内生产总值 1.88 万亿元,其中,第一产业占 24.7%,第二产业占 46.8%,第三产业占 28.5%。在海河流域的国内生产总值中农业总产值为 2229.64 亿元,工业总产值为 1.41 万亿元;人均国内生产总值为 1.42 万元。海河流域农民人均纯收入 3252.56 元,城镇人均纯收入为 7571.68 元。

在华北土石山区农业产业结构中,农业生产和工、副业生产占主导地位,林、牧、渔各业在总产值中比重较小,处于农业的从属地位。因此,加快农村产业结构调整,是改变流域内农业生产现状和促进农村经济发展的重要措施。

3) 土地利用

华北土石山区的开发历史相对悠久,土地利用率较高。根据 2004 年国土资源部土地详查资料,海河流域的土地利用率为 79%。海河流域的山区,土地利用仍以农业用地为主,未利用土地约占总土地面积的 1/4,主要分布在自然条件相对较差的偏远山区。

华北土石山区土地利用率可达 97% 以上,未利用土地仅为 2.19%。耕地、林地、草地三种土地利用类型所占比重最大,分别占整个华北土石山区的 32.54%、26.82%、34.08%,三种土地利用类型占整个土石山区面积的 93.44%。

4) 工矿能源

华北土石山区内,能源、钢铁、化工、防治、电子、机械、建筑材料等工业发达,煤、石油、铁等矿产蕴藏量在全国居前列,已探明的矿产资源有 90 多种,是我国矿产资源种类较为齐全的地区,其中煤炭储量占全国总储量的 45%,有著名的大同、平朔、阳泉、开滦、焦作等煤矿区和华北、大港、胜利等油田。海河流域拥有京广、京九、京哈、京沪、京包、京原等国家骨干铁路;公路四通八达,客、货运量相当可观;沿渤海岸有秦皇岛、塘沽、黄骅等港口,泊位 109 个,吞吐能力达 1.4 亿 t。

3. 西北黄土区

1) 人口

黄土高原地区涉及 7 省(区)的 50 个地(市),317 个县(旗),2003 年总人口 8877.64 万,其中农业人口 6786.48 万,占总人口的 76.44%,农业劳力 3219.42 万个,人口密度 138.3 人/km²。人口最多的陕西省占该区域总人口的 29.45%,人口最少的青海省占该区域总人口的 4.39%,人口分布的特点为:东南稠密,西北稀少,平原和阶地区密度大,塬区和丘陵区次之,山区、风沙区密度最小。

2) 土地资源及其利用

黄土高原总土地面积 64.19 万 km²,人均土地 0.72hm²,占全国国土面积的 6.69%,大部分为山区和丘陵。其中黄土丘陵沟壑区与黄土高塬沟壑区,面积约 25 万 km²,水土流失最为严重,每年输入黄河泥沙约占黄河总输沙量的 90%;土石山区、林区、高地草原区、干旱草原区和风沙区,面积约 31.7 万 km²,大部分地面有不同程度的林草覆盖,水土流失轻微,但林草遭到破坏的局部地方,流失也很严重,每年输入黄河泥沙约占黄河总沙量的 9%。

在黄土高原土地构成中,耕地 13.02 万 km²,占 20.28%;果园 0.88 万 km²,占 1.38%;林地 12.07 万 km²,占 18.81%;草地 14.52 万 km²,占 22.61%;水域 1.05 万 km²,占 1.64%;未利用地 18.04 万 km²,占 28.10%;其他土地利用类型 4.61 万 km²,占 7.18%。

3)农业生产状况

黄土高原粮食作物播种面积 933.7 万 hm²,单产 3449kg/hm²,总产 3 220 925 万 t,人均生产粮食 474 kg/人。陕西、山西、甘肃粮食播种面积较大,河南和陕西粮食单产较高,人均粮最多的是宁夏和内蒙古。

养殖业以大牲畜、猪、羊为主,黄土高原养殖大牲畜 1245.42 万头、猪 1773.15 万头、羊 3398.10 万只,人均饲养量分别为 0.18 头/人、0.26 头/人和 0.50 只/人。饲养规模最大的是青海,较小的是山西、陕西和河南,这与其自然资源和生态环境相适应。通过调研和以上分析发现,黄土高原整体上适宜于农林牧综合发展。

4)经济发展

黄土高原绝大多数地区以农业经济为主,农业产值中种植业占 59.5%,林牧副业占 40.5%。宁蒙河套平原引黄灌溉历史悠久,汾渭平原是我国小麦、棉花、油料作物的主要产区,农业相对发达。广大丘陵山区水土流失严重,生态环境脆弱,80% 以上的耕地经常遭受不同程度的干旱威胁,农业产量低而不稳。该区农业人均耕地 0.2hm²,为全国人均耕地的 2.3 倍,耕地相对较多,但土地生产力低下,人均收入 1942 元左右。

黄土高原地区主要工业企业集中于西安、太原、兰州等大中型城市,其他多数地区工业基础薄弱。该区石油产量约占全国的 1/4,原煤产量占全国的一半以上。近年来,随着煤炭、石油、天然气的大规模开发,带动了相关产业和地方经济的发展,例如,晋陕蒙接壤地区形成了神府、东胜、准格尔、河东四大经济增长中心。但黄土高原地区大多属于资源型工业,高新技术产业还相当落后,工业产值、经济效益均低于全国水平。该地区是我国贫困人口的主要集中地区,贫困县约占全国贫困县的 1/5,是国家重点扶贫地区之一。

4. 西北土石山区

位于宁夏南部的六盘山区主要属于作为宁夏五个地级市之一的固原市,它地处西安、兰州、银川三个省会城市构成的三角地带中心。固原市辖四县一区,即西吉县、隆德县、泾源县、彭阳县和原州区,面积 1.054 万 km²。

固原市古称高平、原州,是历史上的经济重地、交通枢纽、军事重镇和丝绸之路东段北道必经之路,史称"据八郡之肩背,绾三镇之要膂"。固原市文物古迹星罗棋布,风景名胜享誉天下,有秦昭襄王时代修筑的秦长城、建于汉代的固原古城遗址、始建于北魏和兴盛于唐代的须弥山石窟、元始祖忽必烈的避暑行宫等人文景观;六盘山自然保护区内有老龙潭、凉殿峡、荷花苑等著名旅游景点。特别因当年毛泽东同志气吞山河的壮丽诗篇《清平乐·六盘山》而使六盘山令世人瞩目,固原市作为陕甘宁边区的一部分也留下了许多可歌可泣的红色动人故事。

固原市全市户籍总人口在 2011 年为 155.3 万,其中农业人口 130.92 万,回族人口 71.81 万人(46.2%),是全国主要的回族聚居区之一。固原市 2011 年实现地区生产总值 129.29 亿元,完成工业总产值 56.14 亿元、农林牧渔增加值 33.82 亿元、第三产业增加值 61.33 亿元;全社会固定资产投资 136.78 亿元,实现地方财政收入 14.45 亿元,实现社会消费品零售总额 37.74 亿元。城镇居民人均可支配收入 14 878.64 元,农民人均纯收入 4044.1 元。

固原市有广袤的耕地、草场和森林;境内探明的矿产资源有 15 种,其中石英砂、石灰岩、烟煤、芒硝、黏土储量丰富。农畜产品种类多、数量大,生产胡麻、马铃薯、小麦、豌豆等杂粮和苹果、梨、西瓜等水果。皮毛、枸杞、甘草、蕨菜等享有盛誉。近年来农业逐步加强,产业化步伐加快,已形成土豆淀粉、肉牛、林果、油麻、药材、水泥、石膏等支柱产业,特别是淀粉生产享誉全国。

由于历史和自然原因,固原市比较贫困,一直被国家列为扶贫攻坚重点地区,享受国家对“老、少、边、穷”地区和支持中西部发展的所有优惠政策,并被国家将六盘山区连片特困地区在 2011 年确定为我国十年扶贫攻坚的主战场。

5. 西北高寒区

1) 人口现状

据统计,该区内总人口数为 143.11 万,占河西走廊人口 484.29 万的 29.55%,占甘肃总人口的 5.47%。其中,农业人口 125.83 万,占该区总人口的 87.92%;游牧民人口数 4.01 万人,占该区总人口数的 2.8%。

2) 农牧业状况

2008 年农作物种植面积 30.94 万 hm²,其中,灌溉作物种植面积 22.0 万 hm²,旱作种植面积 8.94 万 hm²;粮、油、菜、草种植比例为 7.5∶1.7∶0.5∶0.3;牲畜存栏总量 826 万羊单位。肃南、肃北、天祝三县以畜牧业为主,山丹、民乐、凉州、甘州、永昌、古浪、永登等农牧兼营。

3) 经济状况

该区所在县 2007 年 GDP 总值 358.45 亿元,占全省 GDP 总量的 13.3%。县均 GDP 值 35.8 亿元,高于全省县均 GDP 值 31.06 亿元。在该区所在市中,兰州、金昌、酒泉 3 市经济总量分别位列全省前 3 位、武威市第 7 位、张掖市第 9 位。

在保护区及周边范围内有 71 个乡(镇),人口约 70 万。农业总产值为 118 185.2 万元,其中种植业产值为 81 579.00 万元,占农业总产值的 69.0%;畜牧业产值 32 361.12 万元,占 27.4%;林业产值 923.89 万元,占 0.8%;其他产业产值为 3 321.19 万元,占 2.8%。

6. 西南长江三峡库区

1) 重庆段

三峡库区(重庆段)包括巫山县、巫溪县、奉节县、云阳县、开县、万州区、忠县、涪陵区、丰都县、武隆县、石柱县、长寿县、渝北区、巴南区、江津区 15 个县区,总人口数为 172.54 万,人口密度达到 499 人/km²。

2006 年年底,重庆库区 15 区县完成地区生产总值 1223.99 亿元,按可比价格计算,同比增长 13.4%,增速高于全市 1.2%。其中长寿及以下 12 个库区腹心区县完成地区生产总值 774.60 亿元,同比增长 11.6%,增速低于重庆库区 1.8%;8 个重点移民区县完成地区生产总值 595.56 亿元,同比增长 11.7%,增速低于重庆库区 1.7%。从经济总量看,渝北、涪陵和万州分列库区前三位,分别完成地区生产总值 183.11 亿元、153.87 亿元和 152.29 亿元;从增速看,渝北、巴南和万州分列前三位,增速分别为 25.0%、16.0% 和 14.0%。

库区城镇居民基本生活保障进一步加强。2006 年库区城镇居民享受最低生活保障的户数为 19.47 万户、人数为 42.31 万,发放保障金额 3.99 亿元,同比分别增长 13.7%、14.8% 和 29.7%,增幅高于全市平均水平 7.4%、7.5% 和 13.9%。截止到 2006 年末,库区登记失业人数为 5.88 万,城镇登记失业率 4.20%,同比下降 0.13%。

2) 湖北段

三峡库区(湖北段)包括湖北省宜昌市境内的兴山县、夷陵区、秭归县和恩施土家族苗族自治州的巴东县。四县区总人口 156.9 万,其中农业人口 127.3 万,非农业人口 29.6 万。2010 年,四县区全年 GDP 总量为 328.5 亿元,比上年增长 16.9%,高于湖北省省平均水平 2.1%。产业结构进一步优化,三次产业结构由上年的 18.6∶46.2∶35.2 转变为 17.6∶52.5∶29.8,第二产业比重进一步上升,在国民经济中的地位进一步突出。分区县看,夷陵区 GDP 总量达 182.2 亿元,增长 18.1%,经济总量及增幅均占居库区四县之首,最低的巴东县全年 GDP 增幅也达到了 14.8%。

湖北库区四区县通过严格控制一般性支出,确保"三农"、机关运转和项目建设等重点支出,提高城乡居民收入、干部职工待遇等措施,对民生保障和社会服务领域的财政支持力度不断加大,民生保障能力进一步提高,支出结构不断优化。全年地方一般预算支出 73.1 亿元,比上年增长 50%,其中,教育、卫生、社会保障和就业支出分别比上年增长 42%、19.3% 和 4.3%。

7. 华东长江三角洲地区

1) 安徽省

全省常住人口为 5950.1 万,男女比例为 106.3∶100;土地资源,全省国土总面积约 14.01 万 km²,占全国 1.4%,位于第 22 位。其中,平原 3.5 万 km²、丘陵 4.2 万 km²、山区 4.3 万 km²、圩区 0.9 万 km²、湖沼洼地 1.1 万 km²,分别占总面积的 25.5%、29.5%、31.2%、6.4% 和 7.9%。土地分为农用地、建设用地、未利用地三类。全省 GDP 为 7345.7 亿元。

2) 浙江省

浙江省常住人口为 4687.85 万,其中,男性人口 2388.98 万,女性人口 2298.87 万,分别占总人口的 50.96% 和 49.04%,人口密度 452 人/km²。全省各类总土地面积(不包括钱塘江河口水面)15 809.6 万亩,其中农用地 13 007.3 万亩,占 82.3%;建设用地 1573.9 万亩,占 9.9%;未利用地 1228.4 万亩,占 7.8%。全省生产总值为 22 832 亿元,比上年增长 8.9%。其中,第一产业增加值 1162 亿元,第二产业增加值 11 843 亿元,第三产业增加值 9827 亿元,分别增长 2.3%、6.8% 和 12.5%。人均 GDP 为 44 335 元(按年平均汇率折算为 6490 美元),增长 7.6%。

3) 江苏省

根据我国 2010 年的第六次全国人口普查,江苏省常住人口为 78 659 903,与 2000 年相比,增长率 5.75%,年平均增长率为 0.56%,2010 年,地区生产总值实现 40 903 亿元,"十一五"期间年均增长 13.5%;人均地区生产总值从"十五"末的 3046 美元提高到 7700 美元。财政总收入 11 743 亿元,其中地方一般预算收入 4080 亿元。社会消费品零售总额 13 482 亿元,年均增长 18.6%,消费成为经济增长的最大拉动力。全社会固定资产投资 23 187 亿元,年均增长 21.5%,民间投资占全社会投资比重达 64.2%。

4) 上海市

上海全市面积为 6340km^2;截止到 2010 年,上海城镇人口占总人口 89.3%,城镇化水平居全国首位;人口密度为 3631 人/km^2,是全国人口密度最大的城市;它的常住人口 2302 万,其中沪籍人口 1412 万,上海农用地面积 5166.08km^2,主要有耕地、园地、林地、水面四类。上海市生产总值(GDP)19 195.69 亿元,其中,第一产业增加值 124.94 亿元,下降 0.7%;第二产业增加值 7959.69 亿元,增长 6.5%;第三产业增加值 11 111.06 亿元,增长 9.5%。第三产业增加值占全市生产总值的比重为 57.9%,比上年提高 0.6%。全市按常住人口计算的人均生产总值为 82 560 元。

8. 华东山地丘陵地区

1) 人口

根据 2010 年第六次全国人口普查主要数据公报,华东地区户籍登记人口 39 286.12 万,包括台湾常住人口总数为 41 602.33 万,到 2012 年年末,华东地区常住人口突破 4500 万,达到 4503.93 万,人口总量上了一个新台阶。据年度人口变动情况抽样调查资料显示,人口出生率为 13.46‰,死亡率为 6.14‰,自然增长率为 7.32‰,全年净增人口 15.50 万。男性 2318.60 万,女性 2185.33 万,男女性别比为 106:100,65 岁及以上老年人口 376.1 万,占总人口的比重为 8.4%。全年出生人口 60.5 万,出生率 13.46‰;死亡人口 27.6 万,死亡率 6.14‰;自然增长率 7.32‰。

2) 土地资源

以江西省为例,全省常态地貌类型以山地、丘陵为主,山地占全省面积的 36%,丘陵占 42%,岗地、平原、水面占 22%。江西省土地总面积为 166 894.34km^2,占全国土地总面积的 1.74%,居华东地区各省市的首位,按完成调查的 1992 年全省人口 3913.09 万计算,人均占有土地 0.43hm^2(合 6.45 亩)。在土地总面积中,耕地面积 3 091 521.89hm^2,占全省土地总面积的 18.52%;园地面积 149 425.50hm^2,占全省土地总面积的 0.90%;林地面积 10 327 739.29hm^2,占全省土地总面积的 61.88%;牧地面积 2844.04hm^2,占全省土地总面积的 0.02%;居民点及工矿用地面积 551 270.59hm^2,占全省土地总面积的 3.30%;交通用地面积 108 029.41hm^2,占全省土地总面积的 0.65%;水域面积 1 299 221.54hm^2,占全省土地总面积的 7.78%;未利用土地面积 1 159 381.43hm^2,占全省土地总面积的 6.95%。

3) 经济

以江西省为例,江西经济在中西部属于发达行列,2012 年,江西省实现地区生产总值12 948.5 亿元,比 2011 年增长 11.0%。其中,第一产业增加值 1520.2 亿元,增长 4.6%;第二产业增加值 6967.5 亿元,增长 13.1%;第三产业增加值 4460.8 亿元,增长 9.5%。三次产业对经济增长的贡献率分别为 5.0%、66.6% 和 28.4%。三次产业结构调整为11.7:53.8:34.5。人均生产总值 28 799 元,增长 10.5%。非公有制经济快速发展,实现增加值 7246.1 亿元,增长 12.0%,占 GDP 的比重达 56.0%。全年财政总收入 2046.0亿元,比上年增长 24.4%。其中,公共财政预算收入 1371.9 亿元,增长 30.2%。财政总收入占生产总值的比重达到 15.8%,同比提高 1.7%;税收总收入 1652.1 亿元,增长20.7%,占财政总收入的比重 80.7%。

9. 中南地区

1) 河南

2011 年河南生产总值达到 2.7 万亿元,全国排名第五,且国务院将建设中原经济区上升为国家战略。其是小麦、棉花、油料、烟叶等农产品的重要生产基地,也是重要的食品工业大省。工业门类覆盖了国民经济行业的 38 个大类,2011 年全部工业增加值 1.44 万亿元。服务业总量居全国第九位,中部六省第一位。2010 年接待国内外游客总人数 2.58亿人次。

2) 湖北

2011 年生产总值达到 19 594.19 亿元,全国排名第十,居中部第一。以耕作业为主,粮食生产居首要地位,是中国重要的粮、棉、油、猪生产基地。主要农产品产量处在全国前列。湖北为中国工业重点建设地区,拥有武钢等大型矿山基地;建成以钢铁、机械、电力、纺织、食品为主体,门类齐全的综合性工业生产体系,是全国重要工业生产基地之一。服务业在 2011 年增值 7206.13 亿元。

3) 湖南

2011 年生产总值达到 19 635.19 亿元,全国排名第九。产出了占全国 6% 的粮食、8% 的棉花、13% 的柑橘、6% 的油茶籽、11% 的猪肉、8% 的淡水产品。矿藏丰富,以"有色金属之乡"和"非金属之乡"著称,采矿业十分发达。第三产业在 2011 年增加值为 7576.8亿元。各类节会活动举办较多,石油及制品、金银珠宝、电子出版物及音像制品等商品持续热销。

10. 华南地区

1) 广东

2012 年全省实现地区生产总值(GDP)57 067.92 亿元,比上年增长 8.2%。其中,第一产业增加值 2848.91 亿元,增长 3.9%,对 GDP 增长的贡献率为 2.2%;第二产业增加值 27 825.30 亿元,增长 7.6%,对 GDP 增长的贡献率为 47.1%;第三产业增加值26 393.71 亿元,增长 9.2%,对 GDP 增长的贡献率为 50.7%。三次产业结构为 5.0:48.8:46.2。在现代产业中,先进制造业增加值 10 529.64 亿元,增长 8.3%;现代服务业增加值 15 036.65 亿元,增长 9.5%。在第三产业中,批发和零售业增长 9.4%,住宿和餐饮业增长 7.0%,金融业增长 10.9%,房地产业增长 7.0%。民营经济增加值 29 319.97亿元,增长 9.1%。2012 年,广东人均 GDP 达到 54 095 元,按平均汇率折算为 8570美元。

2) 广西

2012 年广西生产总值 13 031.04 亿元,比上年增长 11.3%。其中,第一产业增加值2172.37 亿元,增长 5.6%;第二产业增加值 6333.09 亿元,增长 14.4%;第三产业增加值4525.58 亿元,增长 9.5%。第一、二、三产业增加值占地区生产总值的比重分别为16.7%、48.6% 和 34.7%,对经济增长的贡献率分别为 8.1%、62.5% 和 29.4%。按常住人口计算,人均地区生产总值 27 943 元。

3) 海南

2012 年海南省实现地区生产总值(GDP)2855.26 亿元,按可比价格计算,比上年增长 9.1%。其中,第一产业增加值 711.47 亿元,增长 6.3%;第二产业增加值 803.67 亿元,增长 10.9%;第三产业增加值 1340.12 亿元,增长 9.4%。从动态看,经济增速呈现逐季加快态势。一季度全省地区生产总值增长 8.0%,上半年增长 8.1%,前三季度增长8.4%,全年增长 9.1%。

1.2 研究区面临的主要生态环境问题

1.2.1 东北地区

1. 森林采育失调,可采森林资源枯竭,生态功能严重衰退

东北地区是我国最大的木材生产基地,但长期的"重采轻育"和"重取轻予",使得林区于 20 世纪 80 年代中期全面进入可采森林资源枯竭的危难困境。据统计,与新中国成立初期相比,东北北部和东部山区、半山区天然林锐减,天然林面积由 6500 万 hm^2 下降到 5787万 hm^2,每公顷蓄积量由 $172m^3$ 下降到 $84m^3$。同时,大部分天然原始林变成了次生林,质量显著下降,生态功能严重衰退。以辽宁省为例,由于多年来采补失调,以及乱砍滥伐,使得天然林面积减少,原始森林几乎绝迹;天然防护林比例偏低,只占天然林面积的22.9%;尤其是龄组结构不合理,幼龄林和中龄林面积占天然林面积的 81.8%,近熟林、成熟林和过熟林仅占天然林面积的 18.2%,生态功能严重削弱。

2. 东北平原西部地区土地荒漠化严重

人类活动对东北平原西部地区的强烈影响始于 20 世纪 30 年代农业开发,尤其是 80年代初期的大规模农业开垦进一步改变了草原景观,使得植被破坏严重。东北平原西部地区的土地荒漠化主要表现为土地沙漠化和土地盐碱化。据研究,该区土地沙漠化面积为 72 280.6km^2,占土地总面积的 22.2%。自 50 年代至 80 年代末,土地沙漠化面积迅速扩大,平均以每年 1.5%~3.7% 的速度递增;自 90 年代以来,沙漠化呈现逆转趋势,但总

体而言,沙漠化发展仍然大于逆转。该区土地盐碱化面积 33 850.8km² ,占土地总面积的 10.44% ,每年以 1.4%～2.5% 的速度发展。尤其是吉林省最为严重,据统计,目前全省水土流失面积已达 315 万 hm² ,占全省辖区面积的 16.5% ;西部草原面积为 136 万 hm² ,其中盐碱化面积 47.2 万 hm² ,占 36.7% ,沙化面积 15.8 万 hm² ,占 11.6% 。

3. 黑土区水土流失严重,质量退化

东北地区的黑土主要位于松嫩平原中部,面积约 1100 万 hm² ,占东北地区土地总面积的 8.9% ,其中,黑土耕地约 815 万 hm² ,占全区耕地面积的 32.5% 。但近半个世纪以来,由于过度开垦,黑土地区大约 2/3 的耕地存在严重的水土流失,肥力下降,有机质含量由开垦初期的 70～100kg/hm² 下降到 20～50kg/hm² ,严重退化。据统计,目前东北黑土区每年流失黑土约 1 亿～2 亿 t,流失掉土壤中的 N、P、K 元素折合成标准化肥达 400 万～500 万 t,流失的土壤养分价值可达 5 亿～10 亿元。据有关实测资料分析表明,黑土区土壤有机质含量水平平均由 12% 下降到 1%～2% ,土壤总空隙度由 67.9% 下降到 52.2% ,田间持水量由 57.7% 下降到 26.6% ,水文性团粒由 58% 下降到 35.8% ,土壤容重由 0.39g/cm³ 增加到 1.26g/cm³ 。

4. 湿地大幅度萎缩退化,生态功能严重衰退

东北地区是我国湿地的重要分布区,主要分布在三江平原,松嫩低平原,辽河下游平原和滨海地区,呼伦贝尔高原和大、小兴安岭,长白山区。湿地是东北地区重要的生态屏障,但自新中国成立以来,由于大规模的农业开垦,湿地面积锐减,以及水利工程建设等人为因素的影响,湿地景观丧失,破碎化严重。湿地所具有的抵御洪水、调节径流、蓄洪抗旱、调节气候、防止水土流失和净化水质以及维持生物多样性等方面的生态功能严重衰退。三江平原典型流域的研究表明,从 20 世纪 50 年代开始,湿地明显受到人类活动干扰,60 年代和 80 年代尤为明显。大规模的开荒基本上是开垦天然的草甸湿地、沼泽化草甸湿地和沼泽湿地,湿地面积由 1949 年的 534 万 hm² 减少到目前的 94.7 万 hm² 。

5. 松辽流域水质污染严重,城市河段尤其突出

东北地区主要流域的水污染问题已经相当严重。辽河流域是我国水污染最为严重的流域之一,70% 以上断面为劣Ⅴ类,基本丧失环境功能。松花江流域河流水质超标率枯水期为 87.5% ,平水期为 68.8% ,丰水期为 75.0% 。2004 年,松辽流域水质污染依然比较严重,在评价总河长中,四类以上(包括Ⅳ、Ⅴ、超Ⅴ类)水质占 63% 。2005 年,辽宁省 6 条主要河流中,除鸭绿江为Ⅱ类水质外,浑河、太子河、辽河、大辽河、大凌河均为超Ⅴ类水质,在 36 个省控干流断面中超Ⅴ类水质的断面占 69.4% 。吉林省 2004 年监测数据也显示,16 条主要江河的 63 个水质断面中好于Ⅲ类水体的占 33.4% ,Ⅳ类水体占 20.6% ,Ⅴ类和劣Ⅴ类水体占 46% 。其中,辽河流域Ⅴ类和劣Ⅴ类水体占 76.9% ;松花江流域Ⅴ类和劣Ⅴ类水体占 40% 。

东北地区污染性行业大多集中布局在城市密集区,使得城市河段污染突出。辽宁省的资料表明,浑河流经抚顺、沈阳两市后,水质由Ⅱ类恶化到超Ⅴ类;太子河流经本溪、鞍

山两市后,水质由Ⅳ类恶化到超Ⅴ类;大凌河流经朝阳、锦州后,水质也由Ⅱ类恶化到Ⅴ类,且多项指标超过Ⅴ类水质标准。

6. 大城市空气颗粒物污染严重,部分地区酸雨污染突出

东北地区空气污染大多具有典型的煤烟型污染特征,采暖期的城市环境空气质量明显劣于非采暖期,颗粒物是影响空气质量的主要污染物。辽宁省城市冬季采暖期颗粒物浓度是非采暖期的 1.3～1.5 倍;同时,春季风沙扬尘污染突出,总悬浮颗粒物浓度是冬季的 1.6 倍,是夏季的 1.9 倍。吉林省城市大气煤烟型污染未从根本上解决,采暖期燃煤产生的污染负荷占大气污染负荷的 40% 以上。据辽宁省相关资料统计,近年来辽宁省酸雨范围扩大,强度增强,频率增大。出现酸雨的城市由 3 个增加到 8 个,2 个县级市也出现酸雨;年均 pH 小于 5.6 的酸雨城市从无增至 4 个,酸雨频率上升了 5.9 个百分点,代表酸雨强度的降水平均 pH 由 6.93 下降到 5.31。

7. 部分资源型城市矿山环境问题严重

资源型城市是东北老工业基地的重要组成部分,且大多是以矿产资源为支撑的重工业城市。在矿产资源开发中,由于不合理的开采方式、过度开发以及治理滞后等原因,对周围生态环境的破坏在相当长时期内还将继续存在,且有逐年加重的趋势。较为严重的生态环境问题有土地资源破坏、环境污染、地面塌陷、滑坡和泥石流、海水入侵、地下水短缺等。据统计,东北地区的矿山每年剥离岩土约 2.2 亿～2.6 亿 t,露天矿坑及堆土(岩)场侵占了大片山村(林)和农田。根据 28 个重点露天矿调查,仅堆土场占地总面积即在 4500hm² 以上,并且每年还要新占土地约 400hm² 以上。东北地区重点煤矿 1985 年有矸石山 671 座,7.8 亿 t,至 1998 年增加到 730 座,近 9 亿 t,今后每年还要继续扩大占用土地。

1.2.2　华北土石山区

1. 生态系统全面退化

中国是世界上唯一囊括全球生态系统类型的国度。然而不幸的是,中国自然生态系统都处在不同程度的退化过程之中。青藏高原草地生产力由 20 世纪 60 年代的 300 千克/亩下降到 100 千克/亩以下;地下鼠量由过去的 8～10 只/公顷增至 30 只/公顷;土地裸露率由不到 10% 增加到 30% 以上。全国 90% 的可利用天然草原出现不同程度的退化,并以每年 200 万公顷的速度递增。红树林由历史上最大面积 25 万 hm²,下降到目前不足 1.5 万 hm²。

2. 水土流失急剧

中国水蚀、风蚀和冻融面积达 356 万 km²;全国沙化土地 174 万 km²,涉及全国 30 个省(区、市)。黄河流域年入河泥沙 16 亿 t;长江流域每年土壤流失量 24 亿 t。随土壤流失的还有各种营养元素,仅黄河流域每年流失的泥沙中,就含有 N、P、K 三种元素总量约

4000 万 t,超出了 2003 年全国的化肥需求量(3990 万 t)。

3. 濒危物种增加

联合国《国际濒危物种贸易公约》列出的 740 种世界性濒危物种中,中国占 189 种。中国濒危或渐危高等植物 4000~5000 种,占中国高等植物总数的 15%~20%。栖息地环境改变、生境破碎化,以及大型水利工程是造成物种濒危或灭绝的重要原因。1988~2000 年期间,黑龙江省嫩江县天然林斑块数由 240 上升为 343,平均斑块面积由 80hm² 下降为 68hm²。由于三峡工程实施和环境污染,长江上已难寻觅白鳍豚的踪迹,科学家承认该物种已功能性灭绝。

4. 天然湿地大量消失

在北方,河北省过去 50 年来湿地消失了 90%,即便侥幸存留的湿地,80% 以上也变成了污水排泄场所;陕西关中一带 30 多个县,几十年来消失上万个"涝池"(池塘)。生态危机在南方,中国最大的淡水湖鄱阳湖,水域面积从最高 4000km² 减少到不足 50km²。干旱、半干旱区湿地状况更不容乐观:内蒙古阿拉善盟,由于上游地区过度开发黑河水,进入绿洲的水量由 9 亿 m³ 减少到目前的不足 2 亿 m³,致使东西居延海干枯,数百处湖泊消失。湿地被誉"地球之肾","肾"萎缩大大降低了其调节气候、调蓄洪水、净化水体的能力,并在一定程度上加重了旱涝灾害。

5. 人工林树种单一

几十年来,大量发展人工纯林的传统不但未有改观,反而愈演愈烈。以杨树为例,原来的"南方杉家浜,北方杨家将",现已发展成了"东西南北中,全是杨家兵"。如今,杨树已经南下江南,接近了南岭。整个大西北、华北平原,甚至江南一些地区,也以杨树为主。高密度、单一树种的人工纯林对国土生态贻害无穷,单一树种形成的种群实质上是一种生物多样性极端下降的"绿色荒漠"。

6. 林水关系紧张

中国北方多数地方水资源紧缺。但是,为了提高大树成活率,许多造林地都需要采用抽取地下水灌溉。这种情况从北京到内蒙古到黄土高原都很常见。这些地方实际上应该种植灌木或草本而非大乔木。通过对比年降雨量和树木的蒸腾量,我们发现,很多地区杨树林年用水量超过天然降水,这样的林子不可能成林,即使成林也不可持续。如果不给浇灌,即使这些林子能暂时成活,当表层土壤水分被吸收殆尽,整片林子都将死亡。个别树木在低凹地带或被阴地带可能成活,但可能成为"小老头树"——树龄很大,但又低又矮。

1.2.3　西北黄土区

1. 水土流失现状

黄土高原地区北部风沙肆虐,西部边缘地区冻融危害,其余大部分地区水蚀剧烈。区内共有水土流失面积 47.2 万 km²,占该区总面积的 72.77%,年均输入黄河的泥沙达 16

亿 t,多年平均侵蚀模数达 3700 t/(km² · a),最大侵蚀模数达 3 万 t/(km² · a)以上。其中侵蚀模数大于 5000t/(km² · a),且粒径 0.05mm 以上的粗沙模数大于 1300t/(km² · a)的多沙粗沙区,面积 7.86 万 km²,占黄土高原水土流失面积的 16.65%,主要分布于河口镇至龙门区间的 23 条支流和泾河上游(马莲河、蒲河)部分地区、北洛河上游(刘家河以上)部分地区,涉及陕、晋、蒙、甘、宁五省(自治区)的 45 个县(旗)。该区年均输沙量占黄河同期输沙总量的 62.8%;粒径 0.05mm 以上粗泥沙输沙量占黄河粗泥沙总量的 72.5%。侵蚀模数大于 5000t/(km² · a)且粒径 0.1mm 以上的粗沙模数大于 1400 t/(km² · a)的粗泥沙集中来源区,面积 1.88 万 km²,仅占黄土高原水土流失面积的 3.98%,而年均输沙量占全河输沙总量的 21.7%;对黄河下游河道淤积有重要影响的粒径 0.05mm 以上粗沙输沙量约占全河同粒径粗沙输沙总量的 34.5%,粒径 0.1mm 以上粗沙输沙量占全河同粒径粗沙输沙总量的 4%。这一区域主要分布在黄河中游右岸皇甫川、孤山川、窟野河、秃尾河。严重水土流失不仅使黄土高原地区土地退化,植被破坏,生产力低下,也使黄河下游淤积严重,河床不断升高,给下游两岸人民生活带来巨大危害,阻碍了当地社会经济的可持续发展。

2. 水资源问题

1) 资源型短缺问题

黄河流域水资源的短缺是绝对的资源性短缺。黄河流域处于干旱半干旱气候区,是我国西北和华北的重要水源,也是我国主要的缺水地区。黄河流域面积占全国面积的 8%,其河川径流量仅占全国的 2%。花园口以上多年平均径流深 77mm,相当于全国平均径流深的 28%;流域内人均水量 543m³,为全国的 25%;耕地每公顷平均水量 4605m³,仅占全国的 17%。

随着全球气候变暖,流域大部分地区呈现暖干化趋势,天然径流量将有相当减少,水资源的供需矛盾日趋尖锐。在全球变化影响下,黄河未来几十年径流量也会呈减少趋势,这更加剧了流域水资源的短缺。

2) 水质型缺水问题

黄河水资源危机不仅表现为水量的匮缺,而且还表现为因严重的水污染而造成的水质恶化、水体功能降低和丧失,导致了所谓的水质型缺水。黄河流域工业长期沿袭低投入、高消耗、重污染的发展模式,用水量和排污量大的企业较多,大量未经处理或达不到排放标准的废污水直接进入黄河干支流。20 世纪 90 年代初,进入黄河的废污水年排放量达 42 亿 t,与 80 年代初期相比增加了一倍,大量未经处理或未达标排放的废污水进入黄河,使水质呈急剧恶化之势。原国家环境保护总局 1997 年发布的《中国环境状况公报》表明,黄河污染(Ⅳ类及劣于Ⅳ类水质)河长占评价河长的比例已居全国 7 大江河的第 2 位。

近 20 多年来,随着工业和城市的发展,水污染日趋严重,大量污水未经处理直接排入河道;农业大量施用化肥和农药,造成面源污染。另一方面,由于黄河的径流总量小,水体纳污能力低,更易造成水污染指数严重超标,使本属资源型缺水的黄河,又产生了污染型缺水,进一步加剧了水资源的供需矛盾。

3）管理型缺水问题

所谓的管理型缺水是指由于对水资源配置不合理,存在水资源无序、过度开发,用水效率低,用水量大,浪费严重,造成自然水资源不能满足生产生活用水需求的问题。据分析,在非干旱地区人均供水量大于$500m^3$/人(或干旱地区人均供水量大于$2000m^3$/人)的地区,总供水量可以基本满足需求,只是由于各种原因致使该地区出现暂时性缺水,一般可以通过节水挖潜、资源合理配置等措施解决。在我国西北地区水资源的问题不在数量多少,而"应着眼对现有水资源的科学有序利用和管理以及生态环境保护";西北地区的缺水更多地表现为管理型缺水,因人为的不合理开发、利用和缺乏科学管理而导致水资源不足。黄河流域上中游地区人均实际用水量$905m^3$,中下游地区人均实际用水量$438m^3$,整体看来,黄河流域也还是属于管理型缺水。黄河在20世纪70年代以来持续断流,后在国家有关部门的统一协调,加强水资源的统一管理下,避免了黄河近几年断流现象的发生。

4）流域洪水资源及下游地上悬河

黄河的高含沙水流在输移过程中沿程落淤,在下游形成"地上悬河"。新中国成立以后,黄河下游大堤加高了4次,每次平均加高1m,桥梁也跟着加高。例如,开封市这一段的黄河,要比市区的地面高10m,一旦发生大的暴雨洪水,危险就很大。为减缓黄河下游河床的抬升趋势,必须有足够的径流量将这些洪水期间淤积的泥沙输送入海。研究表明,每年用来输沙所需的径流量大约为200亿m^3,这对水资源严重不足的黄河来说,无疑是雪上加霜。这是黄河水资源问题的一大特点,也是黄河治理开发和水资源开发利用中的最大难题。

3. 森林植被现状和存在的问题

1）森林覆盖率低,造林速度缓慢

经过近50年的努力,黄土高原包括山西、陕西、内蒙古、宁夏、甘肃5省(区)106个县,总面积约$2.3×10^5km^2$,总人口约$2.7×10^7$,森林覆被率由建国初期的3%左右增加到15.5%(包括灌木),平均森林覆被率为每5年增加1.25%,进度缓慢。造成这种状况的原因主要是造林质量不高,成活率降低,保存率更低。根据一些资料,黄土高原造林保存率只有25%~30%。其中,还有相当数量的低产林和低效林。

2）造林树种单一与自然条件类型多样性不适应

黄土高原千沟万壑,地形破碎,形成了多种小生境。但造林中采用的树种非常单一,主要有刺槐、杨树、柠条等,带来了许多问题。不能根据立地条件类型的差异来选择树种,导致环境条件不能充分满足树木成活、生长的需求,使造林成活率低,树木生长不良,甚至形成"小老树"。根据有关调查,在低于550mm降水区,低产林占到林地总面积的1/3左右。这些林分生长不良,生物量低,郁闭迟,很难形成森林环境和良好的枯枝落叶层,生态效益不高。由于树种单一,一旦发生病虫害,便会导致毁灭性的后果。

3）大量采用外来种和人工种,导致了一些新问题

黄土高原的主要造林树种大多是外来种和人工种,导致了一些新的问题。例如,刺槐是外来种,杨树中多采用的是北京杨、合作杨、大关杨等,灌木中的柠条属蒙古区系成分,这些种均不是当地自然植被的建群种和优势种,由于这些树种大量应用于造林,使原有的

环境与植被之间的"平衡"关系发生了变化,诱发了许多意想不到的问题。这些外来种和人工种抗逆性强,尤其是抗旱性强,耗水量大,在降水不能满足的情况下,过度消耗土壤中储水,使土壤含水量降到很低水平。

1.2.4　西北土石山区

1. 水土流失

在六盘山外围为黄土丘陵沟壑区,区内丘陵起伏、沟壑纵横、梁峁交错,川、塬、沟、台、壕、掌、山坡等多种地形交错分布,由于干旱少雨、植被稀疏、暴雨集中,加之人口不断增加和超载导致滥伐、滥牧、滥挖、滥垦等造成的植被严重破坏,水土流失严重,自然灾害频繁,是全国生态环境问题最突出、生态系统最脆弱的地区之一。由于这里地处内陆,缺少矿产资源,工商业与经济均不发达,人口密度大,是个生产条件差、贫困落后的以农业为主的地区,素有"苦甲天下"之称。

以固原市为例,全市水土流失面积 8008hm²,占总面积的 76%,土壤侵蚀模数多在 2000~10000t/(hm²·a)之间,年均输入河道的泥沙达 4200 万 t。严重的水土流失造成生态环境恶化、区域经济落后、人民生活贫困,是制约区域经济社会可持续发展的重要因素和头号生态环境问题。改革开放以来,固原市坚持以小流域为单元,实行山水田林草路统一规划、综合治理、高效开发,取得了明显的生态、经济和社会效益。据统计,全市累计治理水土流失面积 5246km²,占水土流失面积的 65.5%,但其中保存合格的治理面积占水土流失面积的 50%左右。

2. 洪水灾害

固原地区存在一定的洪涝灾害问题,主要是由暴雨而产生,所以一般发生在 6~9 月的多雨季节,其中以 7、8 月份最多,占 70%以上。这个季节正是夏作物成熟、收割、打碾、入库,秋作物正在生长、成熟以及冬小麦的播种阶段。一旦发生洪涝,往往导致局部地区水土流失,河水猛涨会冲毁农田、房屋、桥梁、堤坝,带来严重的人民生命财产损失。

由大暴雨引起的洪涝灾害主要以固原地区南部为多,且沿山一带高于平原一带。统计分析表明,全年出现中雨及以上降雨次数最多的是泾源站,1961 年出现了 30 次中雨及以上降水过程。1964 年固原市降水量 650~792mm,是 1961 年以来雨量最多的一年。1985 年 8 月中旬至 9 月中旬,固原市遭受历史上少见的、持续长达 30 天左右的连阴雨灾害,在多处山区引发了山洪灾害。

3. 干旱灾害

干旱是固原地区分布最广、对农业生产影响最大的灾害,主要表现为久晴、少雨、高温,形成大气干旱、土壤干旱,引起农业、牧业、草原旱灾和人畜饮水困难,给生产和生活带来极大影响。旱灾主要分布在固原地区北部,其特点是受灾面积广,干旱持续长,自然景观恶劣,气候干燥少雨。固原干旱在春、夏、秋季都有发生,其中春旱最多,秋旱次之;连旱中以春夏连旱最多,夏秋连旱次之,春夏秋连旱较少。固原地区历史上的大旱之年几乎都是春夏秋连旱造成的,如 1972～1973 年持续 2 年的干旱,使固原市旱象持续达 300 多天,造成小河断流、水库干涸、土窑裂缝,干土层达 30cm,人畜饮水极为困难。1987 年是新中国成立以来旱灾最严重年份,旱情持续 10～13 月之久,造成了很大农业生产损失。

4. 水资源短缺

水资源短缺是制约固原经济社会发展的瓶颈,水资源出现严重短缺始于 20 世纪 70 年代,大概和 1972 年黄河出现首次断流同期。如何统筹、合理、科学利用水资源是目前面临的一个重大课题。固原市水利基础设施仍然薄弱、水土资源分布极不均衡,生态环境十分脆弱,工程型缺水、资源型缺水问题十分突出,远不能满足经济社会发展需要。全市人均水资源 377m³,亩均水资源 108m³,是黄河流域亩均值 290m³ 的 37%,是全国亩均值 1437m³ 的 8%。在全市农业用水和农村人饮严重匮乏的同时,城市用水供需矛盾也已很突出,如西吉县城每天缺水近 3000m³。水资源优化配置难、干旱缺水、水资源量少、水质差、时空分布不均,配置利用与节约保护难度大,是制约区域经济社会发展的根本问题。随着城镇化步伐加快、工业用水迅速增加,全市水供需矛盾会更加凸显。

1.2.5　西北高寒区

祁连山境内自然地貌和生态系统由冰川、森林、草原到荒漠呈带状更迭,不仅是石羊河、黑河、疏勒河三大水系 56 条内陆河的发源地,也是青海、甘肃、内蒙古地区重要的生产、生活、生态水源区,素有"高山水库"之称。多年来,受气候变化等多种因素的综合影响,祁连山及黑河流域上游出现冰川萎缩、雪线上升、林线上移、森林缩减,草场退化、生产力下降,生物种类减少、病虫鼠害蔓延等生态恶化问题。

一是森林植被涵养水源能力减弱,径流调蓄功能下降。据在黑河水系三条支流监测表明,流域森林覆盖率减小,径流量年际和月际变化值加大,冬春枯水季节补给河川的径流量减小,使河西走廊春季用水高峰期水资源更加短缺。

二是水土流失严重。据原武威地区水土保持工作站 20 世纪中期调查,武威市山区水土流失面积达到 5977.24km²,占总土地面积的 53.2%。水土流失损毁大量土地,整块土地被切割得支离破碎,土地生产力下降。水土流失还使水库泥沙淤积加快,缩短了水库的使用寿命。根据甘肃省第三次土壤侵蚀遥感调查结果,张掖现有水土流失面积 39 804.71km²,其中轻度以上 15 775.19km²,占总土地面积的近 40%。与 1995 年相比,水土流失面积和强度都有所增加。

三是由于出山径流量减少,地下水位降低,导致下游天然沙生植被枯死,沙漠化土地加剧。河西地区沙漠化土地呈递增态势,递增速率分别为 1949～1960 年为 0.18%,1961～1970 年为 0.72%,1971～1990 年为 0.32%,1991～1993 年为 0.38%,1994～1999 年为 0.42%,平均递增速率为 0.38%。2004 年第三次荒漠化监测结果显示,河西地区沙化土地面积达到 1671.14 万 hm²,较 1999 年又增加 59.24 万 hm²。伴随着土地荒漠化的扩展,河西走廊的干旱、大风、沙尘暴、低温霜冻等自然灾害频繁发生,其中以沙尘暴造成的影响范围最广,威胁最大。20 世纪 50 年代沙尘暴发生 5 次,60 年代发生 8 次,70 年代发生 13 次,80 年代 14 次,90 年代 23 次。进入 21 世纪,沙尘暴次数、频度有逐年加快之势,已成为全国沙尘暴策源地之一,仅 2000 年强或特强沙尘暴达到 9 次。

四是冰川退缩,雪线上升。据中国科学院兰州冰川冻土研究所观测表明,作为甘肃省河西走廊生命线的祁连山区,冰川融水比 20 世纪 70 年代减少了大约 10 亿 m³,冰川局部地区的雪线正以年均 2～6.5m 的速度上升,有些地区的雪线年均上升竟达 12.5～22.5m。祁连山区属于黑河流域的冰川 368 条,总面积 110.27km²,总储量 27.5 亿 m³。2007 年 1 月 29 日与 2006 年 1 月 31 日相比,祁连山中段积雪面积减少了 8.7%,黑河流域上游冰川面积缩小更是高达 24.3%。20 世纪 70 年代末 80 年代初,黑河干流祁连县一带冰川雪线高度为 4500m,肃南县一带冰川雪线高度为 4400m,现在这样的高度已看不到冰川雪线。

五是林线上移,植被、草原退化。据专家研究资料表明:21 世纪初与新中国成立初期相比,祁连山天然森林面积减少了 16.5%,森林分布带下限由 1900m 退缩至 2300m。目前全山区 619 万亩灌木林中有近 30% 退化为灌丛草地,逐步向草原化、荒漠化过度,灌木林下限比 20 世纪 50 年代上升 40 多 m。黑河流域上游的山地草场退化面积达 1068 万亩,占可利用草场的 50%,植被覆盖率降低了 30%～38%,天然草原产草量较 1986 年减少了 40%。2008 年肃南干旱草原面积达 87 万 hm²,占可利用草原面积的 1/2。

六是冻土分布下线上移,水源涵养功能降低。据祁连山森林生态定位研究表明:1998～2008 年间,西水林区排露沟流域年平均气温升高 1.4℃,冻土分布下线由 3140m 上移至 3180m,上移 40m,这种由于气温升高而引起的冻土分布下线的上移,导致冻土退化带的单位面积产水量减少,森林调节水源涵养的功能减弱。

七是物种资源减少,火险等级提高。由于气候变化,生态环境恶化,加之人为破坏,野生动物种类减少,种群退化。祁连山区分布的雪豹、藏羚羊、马麝、藏野驴等一些珍贵动物濒临灭绝。马鹿、白唇鹿、狐狸等经济动物种群退化,雪鸡、蓝马鸡、血雉等国家重点保护野生动物数量减少,一些猛禽、食虫鸟类数量明显稀少。珍贵稀有的冬虫夏草、雪莲、红景天等 12 种高原独有的珍稀药材逐年减少,生物资源濒临灭绝。祁连山动植物种类和数量的减少,使得生态失衡,有害生物种群数量大量上升,导致了森林、草原病虫鼠害暴发成灾,严重威胁着林草植被的安全。林区内冬春两季可燃物含水量接近风干状态,林内可燃物载量高于 1987 年大兴安岭火灾时塔河地区的平均水平,林内可燃物大量积累,火险等级提高,森林防火形势严峻。

八是气候持续干旱,病虫害发生严重。据气象统计资料,20 世纪 80 年代以来,祁连山北麓面积最大的肃南县气温明显上升,降水量逐年下降,年均最高气温 2008 年比 1986 年升高了 1.38℃,年均最低气温 2008 年比 1986 年上升了 0.65℃,年均降水量不到 260mm,比 1986 年减少了 90mm。近 20 年来,由于采取封山育林措施,林内枯枝落叶和风倒木、枯立木、病腐木大量积累,林内卫生状况恶化,云杉嫩梢小蛾类、阿扁叶蜂、落叶松球蚜等害虫连年发生,并呈扩散蔓延趋势。通过虫鼠害监测调查,2008 年虫鼠害发生面积达 34.9 万 hm²,危害严重地区痂蝗、草原毛虫的虫口密度达 79～131 头/m²;高原鼢鼠等鼠害严重地区有效鼠洞达 1800～2100/hm²。虫鼠害造成的牧草损失,可供饲养 23 万个羊单位的牲畜。

1.2.6　西南长江三峡库区

1. 森林资源减少

三峡库区人多地少,人口密集,"四料"需求量大,致使过度砍伐森林,却忽视森林抚育,管理粗放,导致森林覆盖率逐年下降。重庆以下各县 20 世纪 50 年代后期与 80 年代初期比较,20 余年森林覆被率减少了 50%,鄂西段也减少了 40% 左右。90 年代以后在长江三峡地区沿江两岸森林植被破坏更为严重且森林覆被率分布不均,沿江地带不足 10%,有的低于 5%,巴南区和万县市只有 2.56% 和 3.04%。库区植被具以下特点:①森林面积小,质量低,分布不均,幼林比例大;②森林自然类型多,但面积小(不足 30%),丘陵低山区的常绿阔叶林不足库区面积的 0.01%,而次生林面积大,类型少,幼林多(占 60%);③森林的生物生产力不高,特别是经济林的单位产量低,灌丛面积大,优质草场资不足;④林种结构不合理,用材林比例大(87%),而经济林、防护林和薪炭林比例过小(13%),难以发挥出林业的水土保持和扶贫作用;⑤植被朝着森林—灌丛—草丛—荒野—石化方向逆向演替,原生的亚热带常绿阔叶林大量减少,代之以马尾松居多数的针叶林为主的次生林。进入 90 年代,随着人们保护森林的意识增强,国家也实施了一系列保护森林的举措,如"天然林保护工程""退耕还林工程",森林覆盖率虽有所回升,但森林整体质量却明显降低。

2. 水土流失加剧

强烈的下切和物质的快速移动产生严重的水土流失。根据最新调查资料显示,重庆市三峡库区共有水土流失面积 2.58 万 km^2,占辖区面积的 56%。全区平均土壤侵蚀模数为 3765.71t/(km^2·a),直接进入江河的泥沙约 5340.75 万 t,占土壤侵蚀总量的 55%。此外三峡地区山高坡陡,耕地面积少且以坡耕地为主,由于坡耕地难以保水、保土和保肥,导致土地贫瘠、产量低、经济贫困,农民为了生存,大肆毁林开荒扩大耕地面积。人为的毁林陡坡开荒加剧了水土流失的发生。据研究,三峡库区入江泥沙 70% 以上来自陡坡开垦的耕地。加上库区人口密度大,人地矛盾尖锐,人口带来的生存压力使库区土地的垦殖指数平均为 38.2%,超过全国平均数的一倍多。陡坡耕作造成了严重的水土流失,水土流失量的 60% 以上来自陡坡耕地。

3. 自然灾害愈加频繁

重庆三峡水库区的自然灾害主要有干旱、洪涝及地质灾害。植被减少、土层减薄,使土壤涵蓄水量降低,小气候变异,加剧洪、旱、虫、风、雹灾害。重庆是著名的伏旱区,伏旱频率高达 80%～90%。同时,也是暴雨集中区,因此洪涝灾害尤为频繁。

20 世纪 90 年代,长江流域的局部水灾年年发生,特别是 1994 年、1995 年、1996 年和 1998 年发生的严重水灾,直接经济损失分别高达 200 亿元、590 亿元、700 亿元和 1600 亿元。1998 年夏天的长江流域特大洪灾,洪水持续近 80 天,前后经历了 8 次洪峰。受灾人口近 2 亿,死亡 1300 余人,成为继 1954 年以来长江发生的最大一次全流域洪灾。长江流域频繁的洪涝灾害给世人敲响了警钟。一些专家指出,长江流域森林植被的严重破坏、水土流失的加剧是诱发流域特大洪水的重要因素。

　　4. 水环境质量状况

　　对三峡库区 40 条一级支流水质监测表明：回水区上游 41 个断面水质为 I 类、II 类、III 类、IV 类、V 类和劣 V 类的断面比例分别为 12.2%、53.7%、22.0%、2.4%、2.4% 和 7.3%；年均值超标较严重的项目有粪大肠菌群、总磷、化学需氧量、氨氮和五日生化需氧量，其断面超标率分别为 29.3%、14.6%、9.8%、9.8% 和 9.8%。回水区 47 个断面水质为 I 类、II 类、III 类、IV 类和劣 V 类的断面比例分别为 10.6%、57.4%、19.2%、6.4% 和 6.4%，江北区的朝阳溪、巴南区的一品河和花溪河污染较重，以劣 V 类为主；水体呈富营养的断面占 34.0%，其中为轻度富营养和中度富营养的断面比例分别为 23.4% 和 10.6%；万州区的苎溪河、江北区的朝阳溪、巴南区的一品河和花溪河呈中度富营养；年均值超标较严重的项目有粪大肠菌群、总磷、化学需氧量、五日生化需氧量、氨氮和高锰酸盐指数，其断面超标率分别为 25.5%、12.8%、10.6%、10.6%、6.4% 和 6.4%。

1.2.7　长江三角洲地区

　　长江三角洲是我国自然灾害的高发地带，如，浙江省暴雨一年四季均有发生，主要在 5~9 月，有暴雨引起的洪涝灾害也经常发生，总的来说是，东西部较重，中部较轻。浙江 20 世纪 60、70 年代是夏秋多为少雨干旱期，到了 80 年代，夏秋雨旱交替出现，一般来说中西部和岛屿较严重。表 1-1 是浙江省的水土流失状况表。

表 1-1　浙江省水土流失概况

内容	无明显侵蚀面积	水土流失面积						总土地面积
		轻度	中度	强烈	极强烈	剧烈	小计	
面积/km²	93 544.19	3 086.46	4 539.48	1 476.77	823.59	178.86	10 105.16	103 649.35
占总土地面积的/%	90.25	2.98	4.38	1.42	0.79	0.17	9.75	100.00
占水土流失面积的/%	—	30.54	44.92	14.61	8.15	1.77	100.00	—

　　安徽省的气象灾害主要包括暴雨洪涝、干旱、低温雨雪冰冻等，随着经济发展和人口增加，安徽省的水土流失面积在增加。表 1-2 为安徽省的水土流失面积对照表。

表 1-2　安徽省水土流失概况　　　　　　　　（单位：km²）

流域面积		所辖面积	无明显侵蚀	轻度	中度	强度	极强度	剧烈	总面积
淮河	I	66 940	60 554.3	4 980.4	1 221.8	170.1	13.4	—	6 385.7
	II		61 807.44	3 713	1 151	237	31.2	0.36	5 132.56
长江	I	72 694.95	50 214.25	15 446.39	6 228	760.2	27.53	18.58	22 480.7
	II		59 052.96	9 941.82	3 188.86	426.37	67.39	17.55	13 641.99
全省	I	139 634.95	110 768.55	20 426.79	7 449.80	930.3	40.93	18.58	28 866.4
	II		120 860.4	13 654.82	4 339.86	663.37	98.59	17.91	18 774.55

　　江苏省的主要环境问题得到初步控制，但情况依然严峻，全省水系遍布，但河道、湖泊

被分隔,水利设施影响生物资源的多样性,水质污染和富营养化严重。经济在快速发展,人口在不断增加,而森林植被在减少,给生态环境带来巨大的压力。江苏水土流失主要分布在丘陵山区(低山、丘陵、岗地)和平原沙土区,流失类型以水力侵蚀为主,主要表现为面蚀、沟蚀。

1.2.8 华东山地丘陵地区

森林生态功能下降,虽然赣江流域整体森林覆盖率不断提高,但由于林分结构不合理,林种、树种单一,森林涵养水源功能不高,旱涝灾害频繁。

水土流失加剧。近年来赣江流域加大了水土流失治理力度,水土流失面积大幅减少,但开发建设项目人为水土流失并未得到有效遏制,入河泥沙有增无减,河床抬高,防汛抗洪难度增大。

水体污染越来越严重。随着工业化的快速推进,一些污染型企业将未经处理的污水直接排入赣江及其支流,沿江市镇的生活污水、生活垃圾以及农业生产中面源污染都汇入赣江,使赣江整体水质下降,水环境恶化,赣江流域将面临水质型缺水;水资源承载力将面临不足,随着流域经济的发展和人口的增加,生产、生活、生态用水量都将急剧上升。

湿地面积缩减、功能减弱。当前在城市化进程中,大量挤占湖泊水面,湿地净化水质、调节气候、保育物种的功能退化;生物多样性遭到破坏,在工业园区、城市新区建设过程中普遍采取大填大挖,削高填低,大面积平整土地方式,农业开发、植树造林仍采用落后的全垦炼山方法,使经过长期自然演替的天然生态环境遭到破坏,重建的人工生态环境植被品种单一,生态稳定性差,生物多样性不复存在。

进入 20 世纪 90 年代,频繁发生的洪水给江西省造成了巨大的损失。据统计,1998年洪灾使该省 19 个县市(区)受灾,159 万多人无家可归,81 万 hm² 农田绝收,倒塌房屋121 万多间,直接经济损失 384 亿多元。

1.2.9 中南地区

中南地区有着较丰富的森林资源,典型地带性植被为常绿阔叶林,兼有以马尾松、杉木、湿地松为主要组成成分的暖性针叶林、竹林和经济林。但是,由于多种原因,森林资源被过量采伐,天然林资源日益减少,导致整个地区生态环境十分脆弱。主要表现在:①水土流失严重,河床抬高,泥沙淤积,洪涝灾害频繁;②自然灾害频繁,森林的乱砍滥伐,导致了生态环境恶化,因而自然灾害频频发生,受害面积和范围不断增大,严重制约着该地区经济的发展,威胁着人民群众的生命财产安全;③生物多样性受到破坏,由于森林生态系统的破坏,特别是天然林的破坏,使很多物种受到破坏,种类和数量都在逐渐减少,有的濒临灭绝。

1. 洪涝灾害

洪水灾害是一种突发性强、发生频率高、危害严重的灾害。全球每年都因洪水灾害而造成巨大损失,我国一直是受洪水灾害最严重的国家之一。据初步统计,我国约有 50%的人口和 70%的财产分布在洪水威胁区内。据史料记载,在我国大约平均每两年就会发生一次较大范围的洪涝灾害。而就中南地区而言,洪涝灾害是破坏和威胁本区域人民生活和经济发展的最重要因素。

2. 土壤侵蚀

湖北省水土流失的主要类型是水力侵蚀,包括面蚀和沟蚀,但局部地区重力侵蚀的发展也很明显,泥石流、滑坡、崩塌等时有发生。湖南省轻微程度以上水土流失面积为 4.02万 km²,占全省总面积的 18.98%。其中轻度侵蚀为 16 268km²,占全省土地总面积的40.81%,中度侵蚀为 21 460km²,占全省土地总面积的 53.83%,强度侵蚀为 2078km²,占全省土地总面积的 5.21%,极强度侵蚀为 56km²,占全省土地总面积的 0.14%,剧烈侵蚀为 1km²。全省除纯湖区的安乡、南县、沅江等 3 县市无明显水土流失外,其余 119 个县市区均有不同程度的水土流失。不合理的人类活动加剧了土壤侵蚀,造成了严重后果。

3. 水土流失

水土流失是指在水力、风力、重力、冻融等外营力作用下,水土资源和土地生产力的破坏和损失。它包括土地表层侵蚀及水的损失,也称水土损失。我国是世界上水土流失较为严重的国家之一,全国轻度以上水力侵蚀面积 179 万 km²,轻度以上风力侵蚀面积 188万 km²。公布水土流失面积达 367 万 km²,占国土总面积的 38%,在漫长的时间里,由于遭到人类不当经济活动的干扰破坏,致使水土流失加剧。随着人口增长,资源缺乏,能源危机,粮食不足等问题的出现,人们为了满足人类社会之需,对土地资源的破坏越来越严重,破坏了生态环境的平衡,制约着经济的快速发展和社会的安定团结,水土流失问题显得更为严峻。在中南地区水土流失同样是恶化生态环境的头号问题。

1.2.10　华南地区

近年华南因降水时空分配不均引起的季节性干旱,使桉树人工林的大面积发展对当地水资源的影响成为争论和关注的焦点,而桉树耗水量研究是核心问题之一。桉树是否会抽取过多的地下水以及是否会破坏当地水资源,是目前桉树人工林水文学研究的焦点问题之一,广受重视。高要丘陵山区 3 年的观测结果显示:4~6 年生尾巨桉人工林年均蒸散量为 900.6mm,蒸散率为 59.3%,年均径流量为 619.8mm,径流系数为 40.9%;雷州沿海平原区的河头、纪家 3 年生尾叶桉人工林蒸散量分别 1039.9mm、1081.4mm,蒸散率分别为 67.9%、70.2%,对地下水年补给量为 510.9mm、410.6mm,占降水量的 33.4%、26.7%,没有出现过分消耗水资源的现象。

1.3　研究区域分区

1.3.1　东北地区

1. 分区依据与方法

参照中国地理分区的划分,结合本书的研究特点,采用三级分区开展本项目的具体研究观测内容,三级分区依据如下:

第一级分区:研究区域;

第二级分区:地形地貌特征;

第三级分区:降水量分布。

2. 分区结果

根据地形地貌特征、降水量分布特征对研究区域进行了三级分区(图 1-1),具体结果如下:

第一级分区:东北地区;

第二级分区:平原区、山地丘陵区;

第三级分区:年均降水量分区。

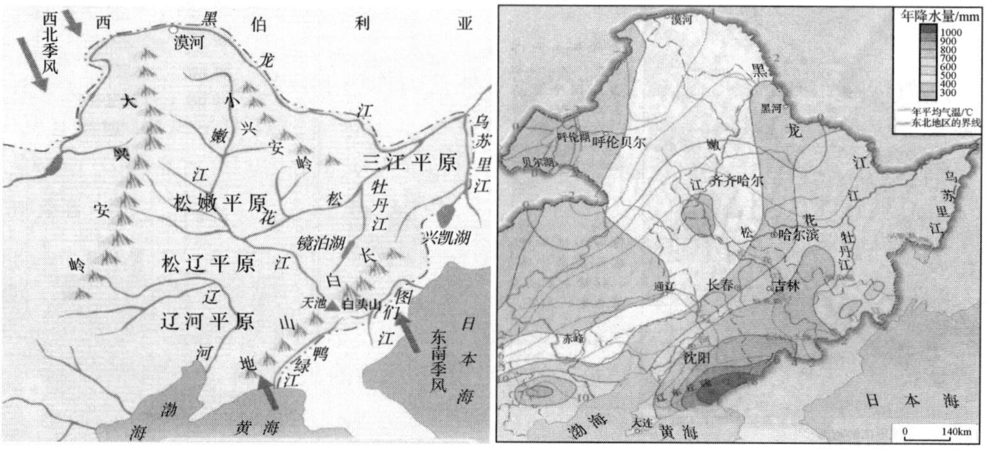

图 1-1　东北地区分区图

1.3.2　华北土石山区

1. 分区依据与方法

降水是径流的最主要来源,也是影响径流量的主要的因素之一。在我国,常用多年平均降水量作为划分干旱区与湿润区的标准,通常,将降水量大于 800mm 地区划分为湿润区,降水量 400~800mm 的地区划分为半湿润区,降水量 200~400mm 的地区划分为半干旱区,降水量小于 200mm 的地区划分为干旱区。

干燥度指数(k)是表征气候干燥程度的指数,它是地区潜在蒸散发量与降水量的比值,反映了某地区水分的收入与支出状况。通常也以干燥度为 1.0 的等值线来区分湿润地区和干燥地区。

在本书的研究中,我们以降水量与干燥度指数作为分区依据,对华北土石山区进行分区划分,分区方法如下:

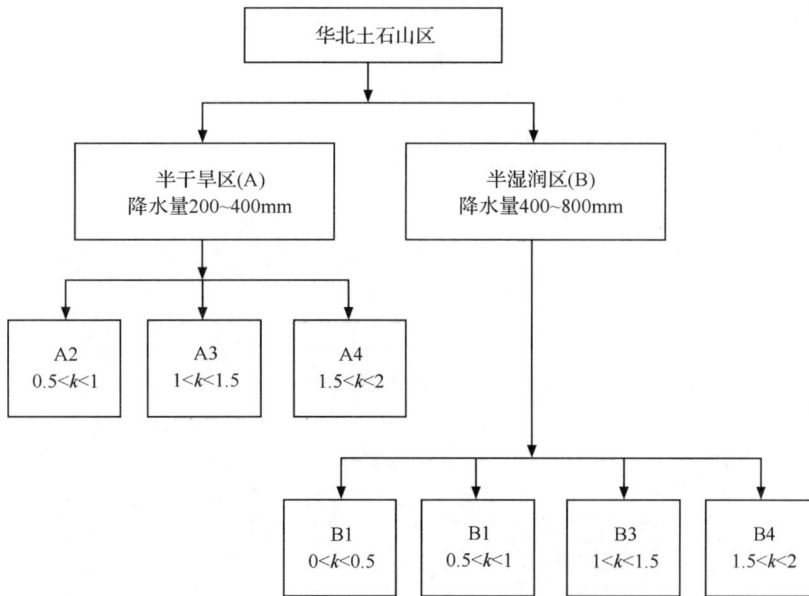

```
                        ┌─────────────┐
                        │  华北土石山区  │
                        └──────┬──────┘
                ┌──────────────┴──────────────┐
                ▼                              ▼
        ┌───────────────┐            ┌───────────────┐
        │   半干旱区(A)    │            │   半湿润区(B)    │
        │ 降水量200~400mm │            │ 降水量400~800mm │
        └───────┬───────┘            └───────┬───────┘
        ┌───────┼───────┐
        ▼       ▼       ▼
    ┌──────┐┌──────┐┌──────┐
    │  A2  ││  A3  ││  A4  │
    │0.5<k<1││1<k<1.5││1.5<k<2│
    └──────┘└──────┘└──────┘
```

```
                    ┌───────┬───────┬───────┬───────┐
                    ▼       ▼       ▼       ▼
                ┌──────┐┌──────┐┌──────┐┌──────┐
                │  B1  ││  B1  ││  B3  ││  B4  │
                │0<k<0.5││0.5<k<1││1<k<1.5││1.5<k<2│
                └──────┘└──────┘└──────┘└──────┘
```

2. 分区结果

华北土石山区分区结果如图 1-2 所示。

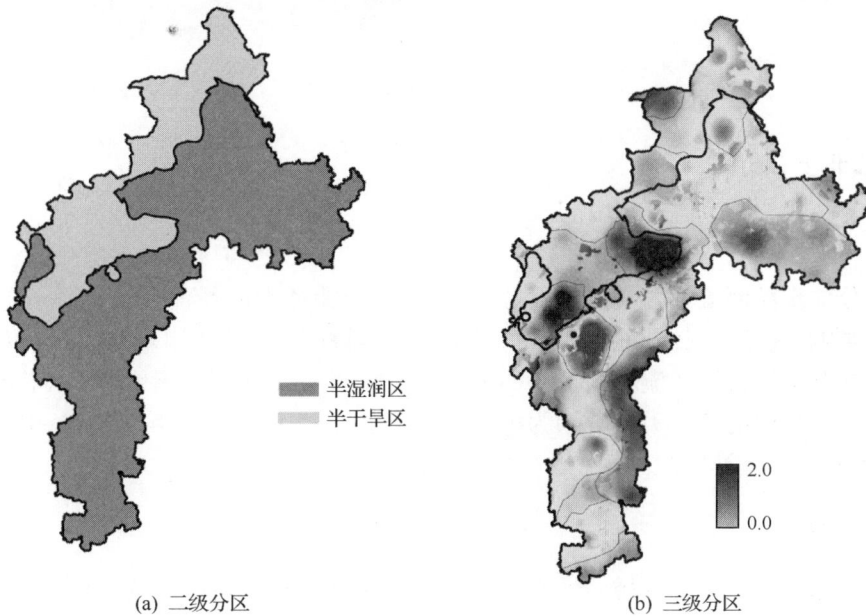

半湿润区
半干旱区

(a) 二级分区　　　　　　　　　　　　(b) 三级分区

图 1-2　华北土石山区分区图

1.3.3　西北黄土区

　　本书的研究遵循流域的完整性,以便以后在流域尺度上模拟水沙过程,分析产水过程与森林植被之间的响应关系。首先借鉴贺莉对黄河流域区域划分的研究成果,将黄土高原分为河口镇以上区域、河口镇至龙门区间支流(包括泾河和北骆河)、龙门至三门峡区间(包括渭河干流、南山支流和汾河)和三门峡至花园口区间(包括伊洛河和沁河流域)4 个二级分区,之后根据洪水来源采用了地貌特征的分类体系进一步将在二级分区划分石山区、黄土区和风沙区。黄土高原三级分区见图 1-3。

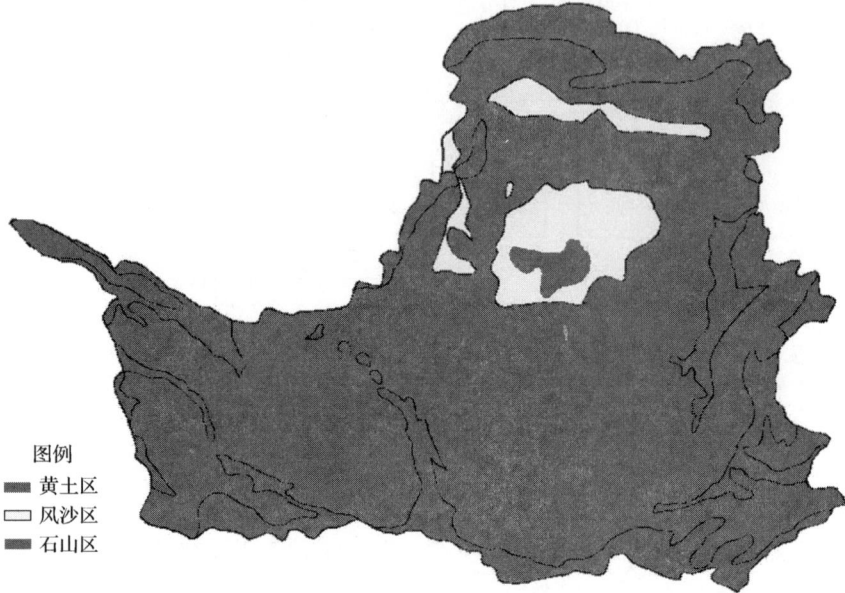

图例
■ 黄土区
□ 风沙区
■ 石山区

图 1-3　西北黄土区黄土高原分区图

1.3.4　西北土石山区

1. 分区依据与方法

为充分体现泾河流域的空间差异,区分不同空间特征下的径流变化以及气候变化和土地利的影响,在考虑气候、地形、植被、土壤等空间特征的前提下,以气候带分布为基础,根据流域的分水岭将泾河流域划分为四个亚区,即泾北区、泾中区、泾西区(六盘山所在地区)、泾南区。它们的气候类型分别为中温带半干旱气候、中温带半湿润气候、中温带半湿润气候、暖温带半湿润气候。

2. 分区结果

为体现流域内众多子流域输沙变化的空间差异,根据地形特征和控制测站的空间分布,在划分亚区的基础之上,又进一步划分了 11 个河段。其中,山城川河段、马连河中游河段和东川河段属于泾北区;泾河上游河段、泐河河段和洪河河段属于泾西区;马连河下游河段、茹河河段和蒲河主河段属于泾中区;泾河中下游河段和三水河河段属于泾南区(图 1-4)。

从流域及河段间的从属关系来看,马连河流域包括 4 个河段,即山城川、东川、马连河中游和马连河下游河段;泾河干流上游包括 5 个河段,即泐河、洪河、泾河干流上游、蒲河

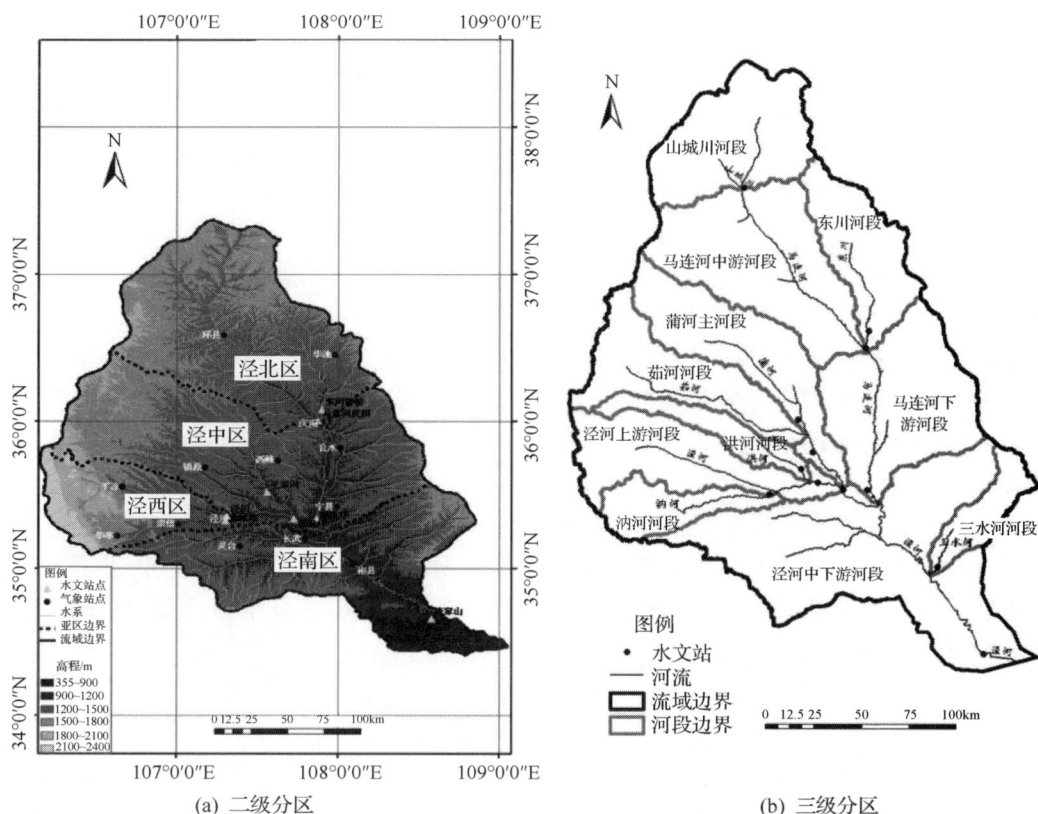

(a) 二级分区　　　　　　　　　　　　(b) 三级分区

图 1-4　西北土石山区泾河流域分区图

主干及其支流茹河河段；泾河中下游包括 2 个河段，即三水河和泾河中下游河段。

1.3.5　西北高寒区

1. 分区依据

本着因害设防，因地制宜的原则，为合理利用资源，制定生态保护和建设战略、调整农林牧布局，依据祁连山区域生态环境脆弱性、生态服务功能重要性、生态环境特征的相似性和差异性进行的地理空间分区。生态保护功能区划按类型区、功能区和布局区进行 3 级分区。

一级区划分：即类型区。本区域战线长，跨度大，光、热、水、气及植被资源所构成的生态多样性特征水平分布差异性明显，按照以上因子的差异性，把整个项目区区划为三个一级区：Ⅰ1 祁连山西段；Ⅰ2 祁连山中段；Ⅰ3 祁连山东段。

二级区划分：即功能区。在一级分区的基础上，结合祁连山垂直分异规律以及自然保护区区划，根据不同区域生态经济服务功能类型进行分区。区划为三个二级区：Ⅱ1 重点保护区；Ⅱ2 林草植被恢复区；Ⅱ3 生态示范区。

三级区划分：即布局区。将二级区区划落实到具体行政区，按照实施项目类型，进行项目布局所形成的项目实施单元，使各功能区的保护与治理措施能够有序有步骤的进行。

2. 分区结果

一级区划：

祁连山中段包括的单位有：肃南县、山丹、民乐县、临泽、高台、祁连山保护区；

祁连山东段包括的单位有：山丹县、山丹马场、祁连山保护区。

二级区划：

Ⅱ1 重点保护区，该区由国家级自然保护区核心区、缓冲区，现代冰川主要分布区，重要河流及重要水库上游封护区四部分组成。

Ⅱ2 林草植被恢复区划分依据是：分布于重点保护区以下，主要区域位于中段海拔3000～3850m，东段海拔 3000～3600m。大部分地方有植被覆盖，中段构成高山草原，东段森林草原茂盛。本区域要加大造林、封山育林（草）力度，对草场实行轮牧、休牧，增加地面植被盖度。

Ⅱ3 生态示范区位于祁连山海拔 3000m 以下，是草原、农作物生长良好的区域，也是主要的人口集中分布区。由于人口压力和过度的开发利用，导致植被破坏严重，出现水土流失和荒漠化。本区的重点是采用生态恢复技术和治理工程，恢复植被，同时发展经济，特别是高效生态产业，实现生态保护与经济发展"双赢"。

3. 区划分析

祁连山国家级自然保护区，主要分布在肃南、山丹、民乐 3 个县境内，生态区位处于举足轻重的地位；中段冰川、森林、草原分布集中，为水源涵养能力最强和天然草场最好的区域，区内人口较多，收入较低；东段为主要的森林分布区，区内人口众多，农牧民收入较低；重点保护区包含了所有冰川及重要河流、自然保护区的核心区和缓冲区，是主要的产流区；林草植被恢复区是祁连山区天然林草分布区，也是生态保护与修复的重点区。

1.3.6　西南长江三峡库区

1. 分区依据与方法

降水是径流的最主要来源，也是影响径流量的主要的因素之一。三峡库区不同位置的年平均降雨量在 920～1830mm 范围内，因此整体属于湿润区，但是不同位置的降雨还是存在明显差别的，故我们以三峡库区多年平均降雨量 1200mm 为界限，划分为 2 个二级区：少雨区 A 和多雨区 B。

在二级分区中根据植被覆盖分级标准，将归一化植被指数 NDVI 划分为 5 个等级作为三级分区：<0.3（低植被覆盖），0.3～0.45（中低植被覆盖），0.45～0.60（中等植被覆盖），0.60～0.75（中高植被覆盖）和>0.75（高植被覆盖）。

在本书的研究中，我们以降水量与 NDVI 作为分区依据，将西南三峡库区进行分区划分，分区方法如下：

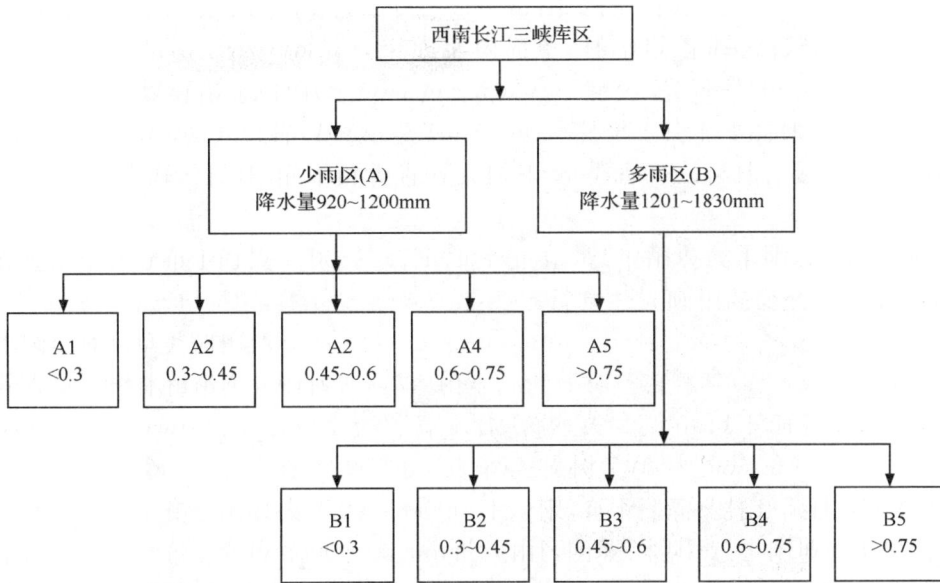

2. 分区结果

西南长江三峡库区分区结果如图 1-5 所示。

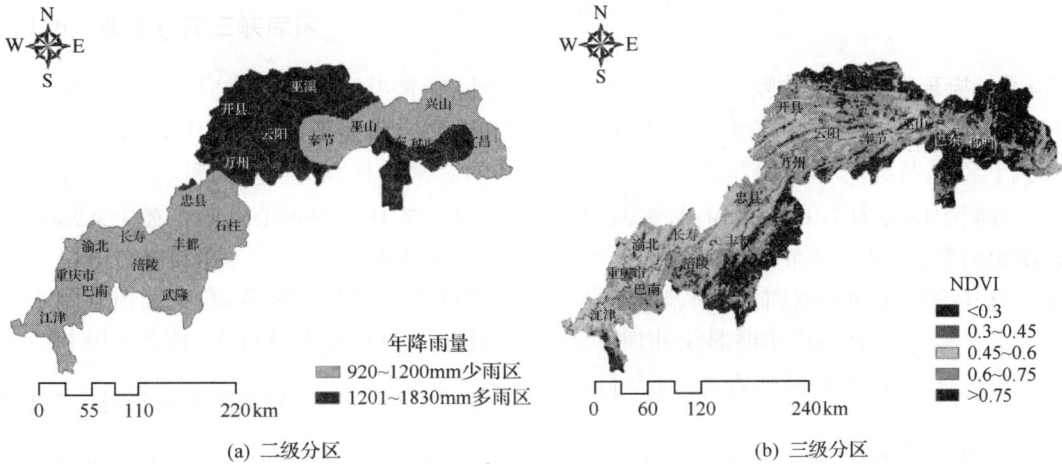

(a) 二级分区　　　　　　　　　　　(b) 三级分区

图 1-5　西南长江三峡库区分区图

1.3.7　长江三角洲地区

本研究区按照长三角区地形地貌进行划分低山丘陵区、平原区、丘陵区(图 1-6)。

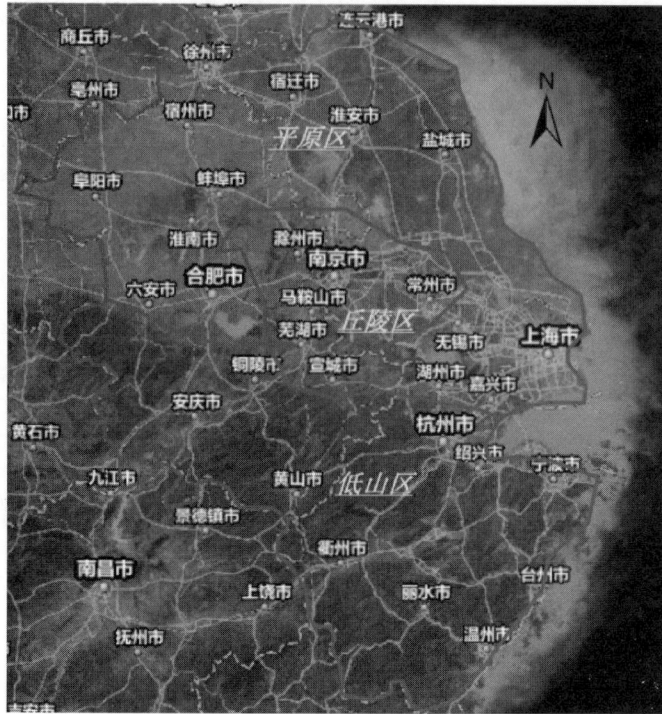

图 1-6　长江三角洲地区分区图

1.3.8　华东山地丘陵地区

1. 分区依据

参照中国地理分区的划分,结合本书的研究特点,采用三级分区开展本项目的具体研究观测内容,三级分区依据如下:

第一级分区:根据地形地貌特征划分;

第二级分区:根据气候带及植被特征分区;

第三级分区:根据典型森林植被划分。

2. 分区结果

根据地形地貌特征、植被分布特征(图 1-7,图 1-8)以及生态站布点情况对研究区域进行了三级分区,具体结果如下:

第一级分区:华北丘陵山地地区;

第二级分区:暖温带落叶阔叶林区、亚热带常绿阔叶林区;

第三级分区:常绿阔叶林、针阔混交林、杉木林、毛竹林。

图 1-7　华东地区 DEM 图

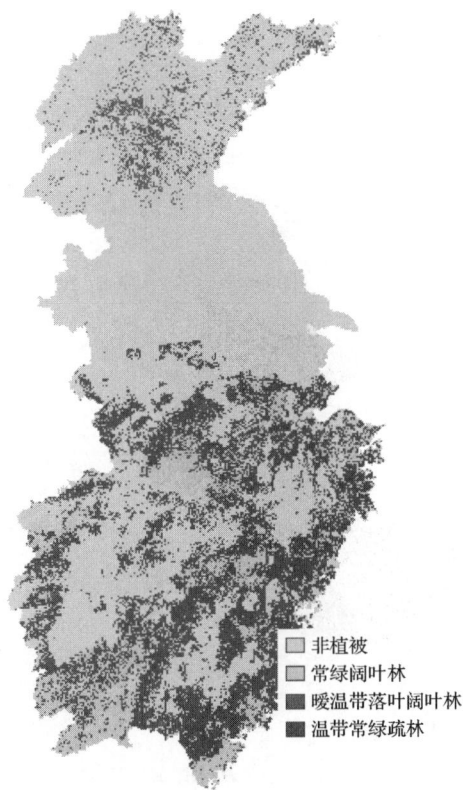

非植被
常绿阔叶林
暖温带落叶阔叶林
温带常绿疏林

图 1-8　华东地区植被类型图

1.3.9　中南地区

1. 分区依据与方法

根据不同的降雨量将中南地区分为半干旱、半湿润区和湿润区,并根据森林类型分为针叶林区、阔叶林区和灌木区。

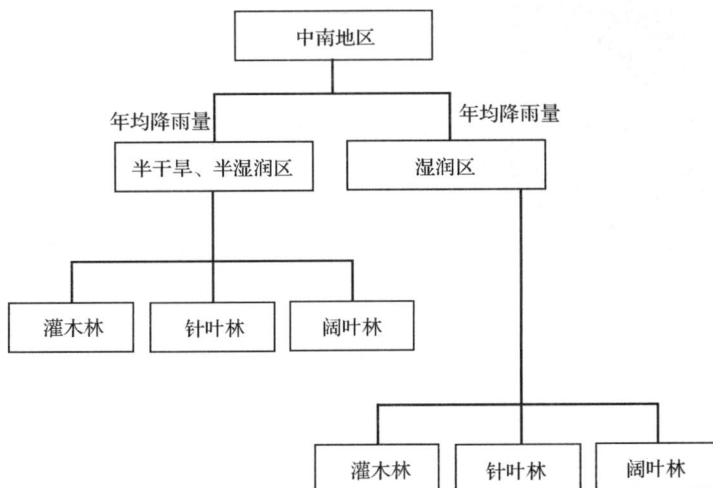

2. 分区结果

中南地区分区结果如图 1-9 所示。

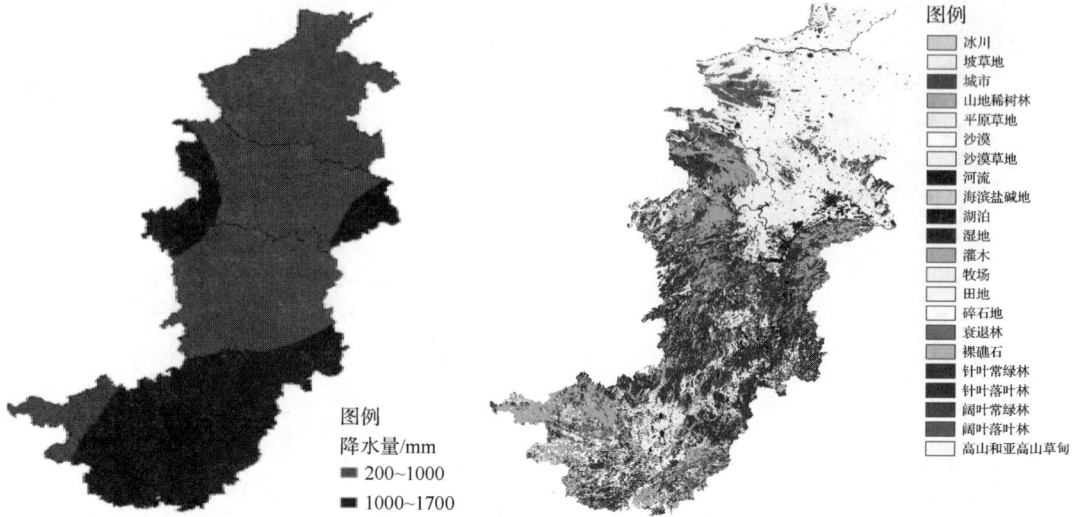

图例
降水量/mm
- 200~1000
- 1000~1700

图例
- 冰川
- 坡草地
- 城市
- 山地稀树林
- 平原草地
- 沙漠
- 沙漠草地
- 河流
- 海滨盐碱地
- 湖泊
- 湿地
- 灌木
- 牧场
- 田地
- 碎石地
- 衰退林
- 裸礁石
- 针叶常绿林
- 针叶落叶林
- 阔叶常绿林
- 阔叶落叶林
- 高山和亚高山草甸

图 1-9　中南地区分区图

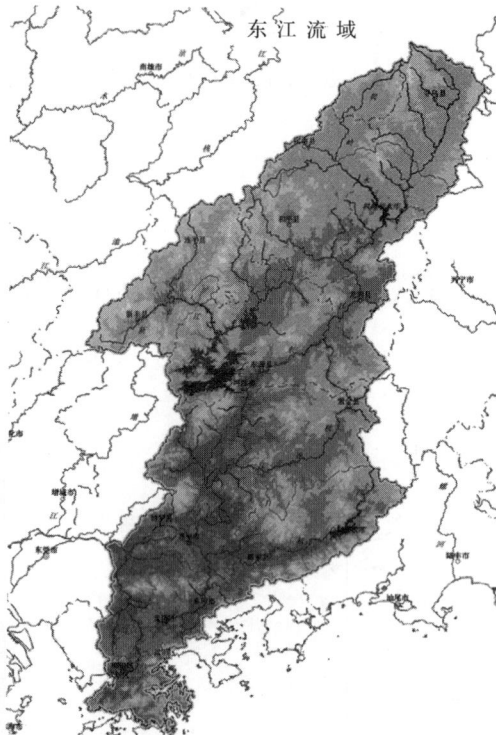

东 江 流 域

图 1-10　华南地区东江流域分区图

1.3.10　华南地区

一级分区:项目的研究区域(华南地区);

二级分区:项目研究的流域(东江流域);

三级分区:项目研究具体地点的生态水文关系(地带性植被、桉树人工林等)。

1. 分区依据与方法

一级分区的边界为我国华南地区的行政边界;

二级分区的边界为流域边界;

三级分区的边界为具体地点的样方边界或地表径流场的边界。

2. 分区结果

华南地区东江流域分区结果如图 1-10 所示。

1.4　试验区基本情况

1.4.1　东北地区

1. 阔叶洪松林试验区

凉水国家级自然保护区位于我国小兴安岭山脉的东南段（达里带岭支脉）的东坡，行政区域隶属于黑龙江省伊春市带岭区，其地理坐标为东经 128°53′20″，北纬 47°10′50″，保护区的总面积为 6000hm²，南北长 11km，东西宽 6.3km，距带岭林业实验局 26km，交通便利，四周与带岭林业实验局的 6 个林场相邻，东为红光林场，北为寒月林场，西为东风林场，西北为北列林场，西南为碧水林场。保护区属于典型的低山丘陵地貌，地形较为复杂，具有明显的温带大陆性气候特征，年平均降水量为 676.0mm，年蒸发量为 805.4mm，相对湿度 78%，属于湿润地区。土壤的地域分布是由暗棕壤、沼泽土和草甸土组成。地带性植被是以红松占优势的针阔混交林，属于温带针阔混交林地带北部亚地带。

2. 兴安落叶松试验区

漠河县坐落于祖国的最北部，位居中俄界河黑龙江之滨，是全国纬度最高的地区，漠河县位于全国九大山系之一的大兴安岭山脉的北坡，黑龙江上游南岸。地理坐标为东经 121°07′～124°20′，北纬 52°10′～53°33′；样地地点位于漠河县北极村境内。属于寒温带大陆性季风气候，年平均气温在 −5.5℃，平均气温低于 0℃ 的月份长达 8 个月之久，年平均降水量为 460.8mm，5～6 月为旱季，7～8 月为汛期。土壤的地域分布主要由棕色针叶林土、沼泽土、草甸土组成，分布着大兴安岭地区地带性植被——寒温带针叶林，以兴安落叶松为单优势种的明亮针叶林，混有一些东北植物区系成分的阔叶树种。

1.4.2　华北土石山区

1. 北京山区

北京市位于华北平原的北端，北以燕山山地与内蒙古高原接壤，西以太行山与山西高原毗连，东北与松辽大平原相通，东南距渤海约 150km，往南与黄淮海平原连片。北京市市界的地理坐标为北纬 39°28′～41°05′，东经 115°25′～117°30′，南北长约 176km，东西宽约为 160km。主要由西北山地和东南平原两大地貌单元组成，地势大致呈阶梯式下降，依次为中山—低山—丘陵—台岗地—山前洪积扇—平原带状分布。大部分平原和低山丘陵区属暖温带半湿润季风型大陆性气候，年均温度 11.5℃，7 月最高为 25℃，1 月最低为 −6℃，年无霜期为 150d；年平均降水量为 580mm（1958～2008 年）年际、年内及空间分布极不均匀，汛期（6～9 月）降水量约占全年总量的 85%；土壤随海拔高度增加呈垂直带性分布。

2. 妙峰山林场

北京西山(妙峰山)林场地处北京市西北部,地理坐标为北纬 39°54′,东经 116°28′。本节气象观测点位于北京海淀区北安河乡境内的国家级森林公园——鹫峰国家森林公园,园区总面积达 811.73hm²,园区内地形复杂多变,平均海拔 300.4m,最大相对高差达 1000 余米,平均坡度 16°~35°。研究区内主要岩石类型为硬砂岩,属华北大陆性季风气候,春季多风,冬寒夏热。年平均气温 12.2℃,年日照 2662h,年平均蒸发量 950mm,降水集中在 7 月、8 月份,年降水量近 650~750mm。一年中无霜期 190~200d,植物生长期约 220d。植被属于温带落叶阔叶林带,植被种类丰富。

1.4.3　西北黄土区

吉县试验区(吉县站)位于黄河中游黄土高原东南部半湿润地区的山西省临汾市,属黄土高原残塬沟壑区和梁峁丘陵沟壑区。地理坐标为东经 110°27′~111°7′,北纬 35°53′~36°21′。森林植物地带属于暖温带半湿润地区落叶阔叶林。吉县站主要由蔡家川流域试验区(38km²)和红旗林场试验区(131km²)组成,分别代表黄土梁峁丘陵沟壑类型区和黄土残塬沟壑类型区。其海拔高程在 800~1600m 之间。蔡家川流域试验区上游(最高海拔为 1600m)为土石山区,植被为天然次生林植被;流域中下游为黄土丘陵沟壑地貌,以人工造林形成的防护林及封山育林形成的天然次生林草植被和农田生态系统为主。蔡家川流域对黄土高原较大尺度的流域具有极好的代表性。红旗林场试验区主要代表人工林生态系统。

1.4.4　西北土石山区

1. 叠叠沟小流域

叠叠沟小流域位于六盘山北端,属于六盘山外围土区与周围黄土区的交界地带,其地理坐标为东经 106°4′55″~106°9′15″,北纬 35°54′12″~35°58′33″,面积 25.4km²,海拔 1975~2615m,最大高差 640m,流域呈南北走向,东坡和西坡是其主要坡向,坡度较缓,多为 10°~30°,流域形状系数为 1.58。年均降水量 430mm,7~9 月份降雨占全年降水 62%,属温带半干旱气候。土壤类型分为上游黄土区段和中下游灰褐土区段。叠叠沟小流域处于森林草原向典型草原过渡区,领域内主要植被有针叶林、落叶阔叶林、落叶灌丛和草地。

2. 香水河小流域

香水河小流域位于六盘山南段东坡,地理坐标为东经 106°12′10.6″~106°16′30.5″,北纬 35°27′22.5″~35°33′29.7″。小流域面积为 43.74km²。年均降水量 591.6mm,主要集中在 6~9 月份,占全年降水量的 71.8%。多年平均气温为 5.9℃,土壤类型主要有灰褐土和亚高山草甸土。现存植被以历史上反复破坏后形成的天然次生林为主,占流域面积 58.51%,主要树种有白桦(*Betula platyphlla*)、山杨(*Populus davidiana*)、辽东栎

（*Quercus liaotungesis*）、少脉椴（*Tilia paucicostata*）、红桦（*Betula albosinensis*）、糙皮桦（*Betula utilis*）和华山松（*Pinus armandii*）等。

1.4.5　西北高寒区

研究区设在祁连山中段，甘肃省祁连山水源林生态系统定位研究站西水试验区排露沟流域（100°17′～100°18′E，38°32′～38°33′N），海拔 2640～3796m，流域面积为 2.74km²，属高寒山地森林草原气候。区域年平均气温 0.5℃，极端最高气温 28.0℃，极端最低气温−36.0℃，7 月平均气温 10.0～14.0℃；年降水 290.2～467.8mm；年均蒸发量 1051.7mm；平均相对湿度 60％。土壤主要类型为山地森林灰褐土、山地栗钙土以及亚高山灌丛草甸土 3 个类型，总的特征是土层薄、质地粗，以粉沙块为主；成土母质主要是泥炭岩、砾岩、紫红色沙页岩等；有机质含量中等，pH 为 7.0～8.0。研究区土壤和植被类型随山地地形和气候的差异而形成明显的垂直分布带，青海云杉（*Picea crassifolia*）林是构成乔木层唯一建群种，以斑块状分布在阴坡、半阴坡。海拔 3300m 以上是以金露梅（*Potentilla fruticosa*）、鬼箭锦鸡儿（*Caragana jubata*）和吉拉柳（*Salix gilashanica*）等为优势种的湿性灌木林。而阳坡、半阳坡则主要为山地草原（海拔 2600～3000m），主要优势种有珠牙蓼（*Polygonum viviparum*）、黑穗薹草（*Carex atrata*）和针茅（*Stipa capillata*）。

1.4.6　西南长江三峡库区

1. 缙云山

缙云山国家级自然保护区地质构造属川东褶皱带华蓥山帚状弧形构造。缙云山属于温汤峡背斜的一部分，南段为箱形山脊，顶部平缓。其海拔介于 200～952.2m 之间，相对高差 752.2m。缙云山的东翼较陡，坡度 60°～70°，西翼较缓，坡度 20°左右，缙云山气候温和，夏热冬暖，年均气温 13.6℃，具有典型的亚热带季风湿润性气候特征，＞10℃年积温为 4272.4℃，降雨丰富，气候潮湿，年平均降水量 1611.8mm，最高年降水量 1783.8mm，相对湿度年平均值为 87％。缙云山地形平缓，土层深厚，土壤肥力高。缙云山作为亚热带森林生态系统的天然本底，有多种具代表性的生态系统，针叶林以马尾松林为主，针阔混交林主要有马尾松和杉木混交四川大头茶、四川山矾、广东山胡椒等，竹林主要有毛竹林、慈竹林等，常绿阔叶灌丛植被主要有里白、铁芒萁、细齿叶柃、杜茎山、淡竹叶等。

2. 四面山

四面山林场面积 224km²，介于东经 106°22′～106°25′，北纬 28°35′～28°39′之间，研究区响水溪流域总面积 12.34km²，距离江津市 90km，处于笋溪河上游头道河的中上游河段。该区属于四川盆地川东褶皱带与贵州高原大娄山山脉的过渡地段。区内山峦起伏，海拔高度在 1000～1550m 之间。区内层状地貌发育。属于北半球亚热带季风性湿润气候区，气候温暖湿润，雨量充沛，四季分明，无霜期长，为 285d。多年平均降雨量 1127mm，雨季集中在 5～9 月，占年平均降雨量的 62.7％，主要土壤类型为黄壤土、紫色土、黄黏土等，属于中亚热带偏湿性常绿阔叶林，主要的乔木树种有马尾松（*Pinus massoniana*）、杉木（*Cunninghamia lanceolata*）、枫香树（*Liquidambar formosana*）、木荷（*Schima superba*）、福建柏（*Fokienia hodginsii*）、毛竹（*Phyllostachys pubescens*）等。

3. 香溪河流域

香溪河系长江三峡大坝坝首第一条支流，位于湖北省西北部，流域面积 3183km²，兴山境内流长 78km，株归境内流长 11.1km，为峡谷型河流。属亚热带大陆性季风气候，春季冷暖交替多变，雨水颇丰；夏季炎热多伏旱，雨量集中；秋季多阴雨；冬季多雨雪，早霜。山峦起伏，气候垂直变化明显，小气候特征十分显著。年均降水量为 900～1200mm，绝对降水量充沛。土壤类型繁多，共分七类土型：黄壤、黄棕壤、棕壤、石灰土、紫色土、水稻土、潮土，其中黄棕壤和石灰土占土地总面积的 78.6% 左右。香溪河流域大部分地区为山区，森林资源极为丰富。林业用地面积达 276.1 万 hm²，占土地总面积 71%，森林覆盖率达 60.3%，高于全国森林覆盖率的 3 倍。香溪河流域植被有中亚热带常绿阔叶林和北亚热带常绿、落叶阔叶混交两个林带。

1.4.7　华东长江三角洲地区

试验地上舍小流域位于安徽省岳西县毛尖山乡上舍村境内，地理位置为 N34°32′20″，E116°50′12″，属于典型的亚热带季风气候，气温和降水的地域分布变化很小，年平均气温 14.6℃，极端低温 −8℃，最高气温 30℃，年平均日照时间 1200h，年平均降水量 1400mm，年平均无霜期 212d。土壤为片麻岩发育的山地黄棕壤，平均有效土层厚度 60cm，森林覆盖率 69%，多为原生植被遭破坏后形成的天然次生林和人工林，主要乔木植被类型有马尾松（*Pinus massoniana*）、杉木（*Cunninghamia lanceolata*）、毛竹（*Phyllostachys pubescens*）等，其中，马尾松、杉木林占绝对优势。

1.4.8　华东山地丘陵地区

试验地位于大岗山国家级森林生态系统定位研究站试验区，分布于江西省分宜县境内，地理坐标为东经 114°30′～114°45′，北纬 27°30′～27°50′，试验区面积为 9339.9hm²。地形主要为低山丘陵地形，地貌为侵蚀构造地形，起伏较大，地势破碎，相对高差达 1000m，最高峰海拔为 1091.8m。研究区地处亚热带地区，属中亚热带季风湿润气候，温暖湿润，四季分明。春夏两季，研究区内闷热多雨；秋冬两季，干燥少雨。大岗山地区日照充足，太阳总辐射年平均为 486.6kJ/cm²，全年平均日照时数为 1657.0h，年平均气温为 16.8℃，雨量充足，年平均降水量为 1590mm。植物区系组成和地理成分相当丰富，森林覆盖率高达 76.4%，现有的植被类型主要是天然次生常绿阔叶林、落叶阔叶林、针阔混交林、毛竹林以及大面积杉木人工林。

1.4.9　中南地区

会同杉木林生态站位于湖南省怀化市会同县广坪镇境内，地处湖南省西南边陲，离会同县城 15km，距怀化市 120km、长沙市 630km。会同杉木林生态站站址地理位置为东经 109°45′，北纬 26°50′。年平均温度为 16.8℃，年平均降水量在 1100～1400mm 之间，年平均相对湿度约为 80%。试验区海拔高度 300~500m,相对高度在 150m 以下,为低山丘陵地貌类型。土壤质地细,介于中壤与中黏壤之间。该区域典型的地带性森林植被类型为常绿阔叶林,由于该地区森林资源经营历史长,人工林成为该地区主要的森林景观,经营的树种有杉木、马尾松等。

1.4.10　华南地区

1. 龙川试验区

研究地位于东江中上游龙川县西塘,地理位置为北纬 24°06′41″、东经 115°14′11″,海拔 160m,属于亚热带季风气候区,光照充足,雨量充沛,年均日照时数 1704h,年均气温 21.0 ℃,年均降水量 1718.7mm,研究区土壤属红壤,土壤容重为 1.20g/cm³。试验区原为人工马尾松、杉木、尾叶桉的残林,2003 年通过林分改造,在火烧和砍伐迹地基础上种植多种乡土阔叶树种,以促进地带性植被的重建和恢复。

2. 龙门试验区

研究地点位于中国广东省惠州市龙门县,该县的面积为 2308km²,人口 32 万。由于该县有 75% 的森林覆盖率而被认为是广东省的绿色城市之一。然而,大部分位于龙门的次生林正在被较高经济价值的不可持续的人工林桉树和柑橘所替代。研究区域是龙门县有贾泉泉的重要小流域,占地面积约 10km²。其植被类型主要有天然的次生林、桉树林、杉木林、竹林、柑橘林和一些灌木。

1.5　研究技术路线与方法

1.5.1　研究方法

1. 试验区标准地设置与调查

根据以往资料和林地实际情况,在具有代表性的典型地段选取典型林分,每种林分类型设置方形大样地,使用罗盘仪和测绳按一般方法进行标准地的边界测量,并在四个角点设小水泥桩进行标志,采用相邻网格法,再将每个大样地划分为几个标准样地。

利用 GPS 对标准地进行定位,测定标准地的海拔、坡度、坡向等立地因子,采用典型样方法进行植被群落学调查,小样地按从左到右、从上到下的顺序依次调查,以每个小样地为调查单元。对乔木层的调查:对标准地内树木(起测胸径 3cm 的乔木)进行每木检尺并分别用网格进行全林定位,坐标原点以每个调查单元的西北角来记录,每株树木在该调查单元内的横纵坐标用皮尺进行测量,横坐标(X)表示南北方向坐标,纵坐标(Y)表示东西方向坐标。在样地中记录所研究林分的每个个体的位置,坐标值用距离(m)直接表示(精确到 0.1m),调查指标包括林分郁闭度,密度,林龄,每种乔木的名称、数量、胸径、树高、东西和南北冠幅等。冠幅测量时,对每株检尺木用皮尺按北、东、南、西四个方位的冠幅半径,记录到 0.1m;胸径测量时,用围尺逐株测定胸径,测定精确到 0.1cm;用勃鲁莱测高器逐株测定树高,精确到 0.1m。对灌草层的调查:将每个 30m×30m 的标准样地进一步划分成 10m×10m 的更小的样方,通过调查,记录每个灌木和草本种的名称、数量、多度、盖度和高度等。在每块 30m×30m 样地内沿对角线选取若干个 50cm×50cm 枯落物样方,除去样方内植物活体部分,进行枯落物厚度和现存量的调查,最后计算得出每种典型林分样地的枯落物储量,将未分解层和半分解层的枯落物分别收集,装入密封塑料袋,带回实验室。

2. 气象特征监测

1) 林外气象站

在监测样地外的空旷地建立综合气象观测站。在气象站内空旷地面采用 LPM 激光雨谱仪(laser precipitation monitor,德国,Thies Clima 公司)进行林外降雨监测。该仪器应用激光原理对高速运动物体进行测定,探测面积为 45.6cm²,测定对象最小直径达到 0.16mm,可测定运动物体的总量、大小、强度和运动速度。

同时利用激光雨谱仪配套的自动气象站监测空气温度(℃)、空气相对湿度(%),风速(m/s)和风向等,数据采集密度为 1 次/min[图 1-11(a)]。同时,另外自动气象站(HOBO,美国,Onset 公司)同步测定净辐射(W/m²)、空气温度(℃)、空气相对湿度(%)、水面蒸发(mm)、风速(m/s)和风向等,数据采集密度为 1 次/15min[图 1-11(b)]。

(a) 林内LPM激光雨谱仪　　　　　　　　　　(b) 林外HOBO综合气象站

图 1-11　气象观测观测系统

2) 林内气象站

在监测样地内设立 LPM 激光雨谱仪对比观测林内的雨滴谱分布规律。采用 Dynamet-1K 小型气象站(Dynamax 公司)同步测定林内降雨量(mm)、净辐射(W/m²)、空气温度(℃)、空气相对湿度(%)、水面蒸发(mm)、风速(m/s)和风向等指标,数据采集密度为 1 次/15min。

3. 林冠截留监测

1) 林内降雨

在 4 个 10×10m 典型林分的小样地内分别设置了 1 个规格为长 120cm、宽 13cm、高 35cm 的雨量槽,槽底部为"V"形,便于雨水聚集,在雨量槽底部开设一直径 1.5cm 的圆形出口,槽底铺设有窗纱网,防止枯枝落叶掉入集水槽堵塞出水口,出水口用 PVC 橡胶管接入美国生产的型号为 RG3-M 的自记式雨量计,对降雨过程进行实时监测。

2) 树干流量的测定

在典型林分监测小样地内各按树木径级选择了 3～5 株有代表性的样树,用长 1.5m、直径 3.0cm 的橡胶管剖开后从树干上部缠绕至基部,将橡胶管下方树皮修平后用铁钉将其固定并用薄橡胶皮密封以防止漏水,在橡胶管下方连接集水桶,在每次降雨后用及时筒测定集水桶中的水量。

4. 枯落物监测

1) 枯落物的厚度和现存量调查

在各树种林分样地内用钢尺量测量枯落物层总厚度,在 1m×1m 范围内分未分解层和半分解层取出并装入牛皮纸袋中带回,经称重后在烘箱内设置温度 70℃烘干,再称其干重。称量工具为精度 0.1g 的电子天平。

2) 枯落物持水测定

用室内浸泡法测定林下枯落物的持水量及其吸水速度的方法为:将烘干后枯落物装入自制尼龙网里浸入水中,分别在 15min、30min、1h、2h、4h、6h、8h、10h 和 24h 时取出,沥水至没有水滴滴落为止,用精度为 0.1g 的电子天平称重。每次取出称重后所得的枯落物湿重与其干重差值,即为枯落物浸水不同时间的持水量。

5. 林地蒸散发监测

1) 乔木蒸腾

热扩散式液流计是利用 Grainer 热扩散传感器(thermal dissipation probe,TDP)原理,把两根热电偶探针直接插入边材,上面的探针包含一个电加热器,下面的探针作为参照。传感器测量加热探针和其下面边材温度之间的差异。根据 dT(探针间的温差)变量和 0 流速时的 dT_{max}(最大温差)可以直接转换为液流速度,再根据边材面积,求出茎流通量。本节采用 SF-L 型热扩散式液流计,其与 Grainer 热扩散式液流计的区别在于在上部探针两边各增加了一个热电偶,用于测定未加热状态的树干自然温度梯度。另外,SF-L 型热扩散式液流计能够测定夜间液流速度。

2) 林下灌木蒸腾

林下灌木蒸腾采用 EMS62 包裹式茎流计(environmental measuring system,BRNO,

CzechRepublic)测定的枝条液流量来推求灌木的蒸腾。EMS62 包裹式茎流计测量系统是一款野外测量系统,适用于茎秆直径为 6~20cm 的树秆和树枝。采用模块化设计,连接安装方便,与其他茎流测量系统相比,具有可以直接计算出茎流量的特点,而不需要后期的人工数据计算。在样地中选择典型荆条样株,在样株上选择合适的标准枝,2010 年 6~9 月份连续测定了 3 个标准枝的枝干液流。

3) 枯落物蒸发

用之前描述过的每日枯落物自然含水率测定方法来推算每日枯落物蒸发量。并在典型日测定枯落物蒸发日变化过程。

4) 土壤蒸发测定

采用自制的微型蒸渗仪(microlysimeter)来测定土壤蒸发量,微型蒸渗仪内筒用不锈钢管制成,高 20cm,内径 11cm,表面积 95.0cm²,备有内径稍大、白铁皮制成的有底外套桶。测定时将内筒竖直紧贴土壤,上垫木板用胶皮锤将其敲入直至内筒留 0.5cm 露出地面为止,之后将内筒连土小心挖出并削去底部多余的土壤,将内筒放入外套筒中,用聚乙烯胶带封住内外筒缝隙以免进土。用精度为 0.1g 的电子天平称重,再将其埋入土中,保持桶内外土壤面平齐,其中一部分还需要在上方覆盖原状枯落物。生长季内每天上午 8 点和下午 5 点左右分别称重一次,两次结果的差值可换算成土壤蒸发量。由于微型蒸渗仪隔绝了土壤侧向和底部的水分交换,因此会出现时间越长与周围土壤水分特征差异越大的情况,为了减少由这种原因造成的误差,需要每隔 1~2 日更换筒内的原状土,雨后应立即更换新土。

6. 土壤特征测定

1) 土壤物理性质调查

在典型树种林分小样地内以及其他妙峰山样地的坡上、坡中、坡下,进行土壤剖面综合调查和取样。同时用手持罗盘仪测定每个样点的坡向和坡度,采用 GPS 测定经纬度、海拔。剖面调查包括土层厚度、植被概况、母质类型以及各土壤分层的颜色、质地、紧实度、石砾含量、根系密度等常规指标。

在深度 0~10cm、10~20cm、20~40cm、40~60cm 以及 60cm 以下分层次用环刀在剖面上取原状土样,每个层次取三个重复。在室内测定土壤水分物理性质、土壤石砾含量以及土壤机械组成等指标。具体测定方法和计算方法按林业部科技司编写的《森林生态系统定位研究方法》(1994)中森林土壤定位研究方法的要求进行。

2) 土壤水分入渗特征

用双环法测定各树种林分小样地的土壤表层水分入渗规律,内环直径为 7.5cm,外环直径为 15cm。测定和计算方法采用国家林业行业标准《森林土壤水分——物理性质的测定》(LY/T 1215—1999)和《森林土壤渗滤率的测定》(LY/T 1218—1999)。

3) 土壤体积含水率

土壤含水率的动态监测采用德国产的 TRIME-T3 型管状土壤含水量测试仪测定。测量前先将 1m 长的探管用仪器自带专用设备埋入土壤中,实际埋深包括全部土层和一段疏松母质层,探管外壁套一橡胶圈与土壤表层紧贴以防水分沿管壁流下影响测定结果,非测量时间要在管口盖塑料盖以防进水。测定时将仪器 T3 型管状探头用数据线连接 PDA 掌上电脑,将探头分不同深度插入探管中,用 PDA 操作测定,仪器每次测定的土壤含水量是与 T3 型管状探头对应的 20cm 范围内的土壤含水率值。这种测定方法具有测点固定、对土壤破坏较小、测定方便、可操作性强等优点,适合进行长期定点观测。

另外,在核心区各树种林分小样地内的 TRIME 探管附近,按土壤深度 5cm 和 15cm 各设置 5TE 土壤三参数(土壤温度、土壤体积含水量、土壤电导率)和土壤水势探头,并配以 EM50 数采,可每隔 15min 测定一次土壤参数值变化。

1.5.2 技术路线

项目总体研究技术路线如图 1-12 所示。

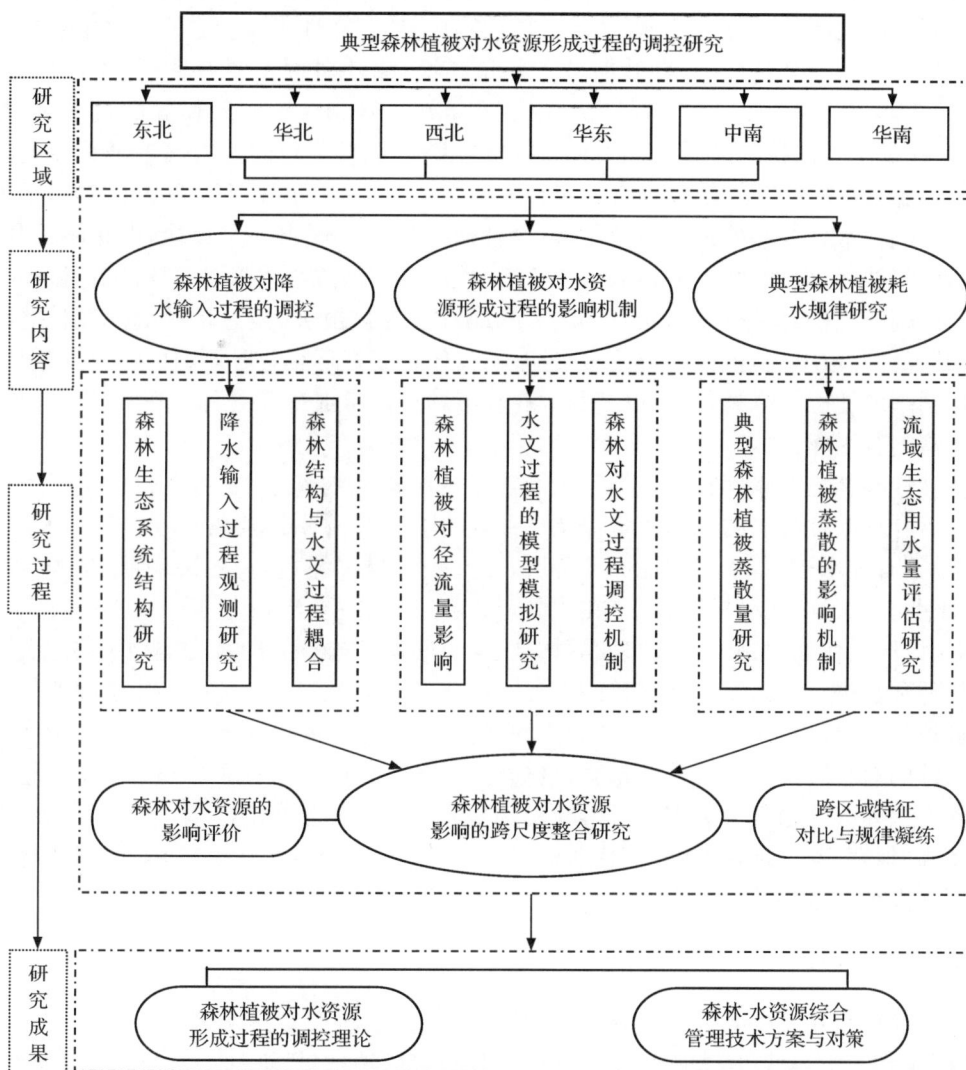

图 1-12 研究技术路线图

第 2 章　森林生态系统结构特征

2.1　典型森林生态系统类型与特征

2.1.1　东北地区

阔叶红松林是中国东北东部山区的地带性森林植被,是温带针阔混交林的典型代表,和全球同纬度地区的森林相比,以其建群种独特、物种多样性丰富及含有较多的亚热带成分而著称。在阔叶红松林中,针叶树种主要是红松,阔叶树种主要有紫椴、蒙古栎、水曲柳、春榆(*Ulmus japonica*)、裂叶榆、大青杨(*Populus ussuriensis*)及槭属的色木槭、拧劲槭等,这些都是长白植物区系的代表种。阔叶红松林垂直分布的海拔高度随纬度的增加而下降。小兴安岭阔叶红松林垂直分布高度为 $300 \sim 700\text{m}$,单株可达 800m 左右,随着海拔高度、气候、水分等环境条件的变化,植物种群的分布呈现出一定规律,即鱼鳞云杉、蒙古栎、紫椴、糠椴、枫桦、红皮云杉依次与红松组合混交,构成小兴安岭红松阔叶林的主体。小兴安岭阔叶红松林是中国东北东部山区的地带性森林植被,是温带针阔混交林的典型代表,其森林覆被率高,植物种类繁多,且有不少保存完好珍稀物种,年代久远,地带性强,和全球同纬度地区的森林相比,以其及含有较多的亚热带成分而著称,是一个天然、稀有、物种丰富的基因库。

落叶针叶林是由以落叶松柏类为主的针叶树所构成的森林,是寒温带的地带性植被类型。落叶针叶林林冠的色彩非常单调一致,结构简单,乔木层通常一层,并常由落叶松组成,林下有灌木层、草本层和地面苔藓层,落叶松林呈鲜绿色,树冠尖塔形,冬季针叶脱落,林下明亮,又称"明亮针叶林"。在我国,兴安落叶松主要集中分布于大兴安岭寒温带山地,是该区的代表树种。在大兴安岭林区,与兴安落叶松有关的森林类型主要包含兴安落叶松林和白桦——兴安落叶松林两大类。在兴安落叶松林中,兴安落叶松种群处于优势建群地位,生长发育状况最佳。但因立地条件的差异(主要是海拔高度),其中分布广且具代表性的有杜鹃——兴安落叶松林、越桔——兴安落叶松林、杜香——兴安落叶松林和草类——兴安落叶松林。大兴安岭落叶松林是北方针叶林分布的南延,植物种类多,森林覆被率高,保存完好,地带性强,年代久远,具有典型的原始性和代表性,是我国森林生态系统不可多得的基因库。

2.1.2　华北土石山区

华北地区自然条件差异较大,跨越寒温带、中温带、暖温带三个温度带,以及湿润、半湿润、干旱和半干旱区,属大陆性季风气候。分布有松柏林、松栎林、云杉林、落叶阔叶林,以及内蒙古东部兴安落叶松林等多种森林类型,除内蒙古东部的大兴安岭为森林资源集中分布的多林区外,其他地区均为少林区。

华北森林区包括 6 个亚区,即燕山山地森林亚区、太行山北段山地森林亚区、太行山南段山地森林亚区、吕梁山森林亚区、中条山森林亚区、伏牛山北坡森林亚区。华北山地暖温带落叶阔叶林区的植物区系成分属中国-日本植物区系的北部区,以东亚区系成分为主。落叶阔叶林以落叶栎类、榆、槐、槭、杨、桦等为常见,针叶林主要有油松(*Pinus tabulaeformis* Carr.)、华北落叶松(*Larix princis-rupprechtii* Mayr.)、青扦(*Picea wilsonii* Mast.)、红皮云杉(*Picea koraiensis* Nakai)。低山丘陵区以松、栎、杨、桦等人工林或落叶阔叶次生林为主。

油松林是中国暖温带落叶林区域的重要森林类型,多为单层纯林,较少为混交林,常见的混交树种有蒙古栎(*Quercus mongolica* Fisch.)、辽东栎(*Quercus wutaishanica* Mayr.)、槭、椴、山杨(*Populus davidiana* Dode)、白桦(*Betula platyphylla* Suk.)等。油松林下植被层比较发达,主要成分是一些早生至中生的灌木;活地被物层不发达,主要为禾本科和薹草属的一些种类,具体的植物种类组成及盖度因地理区域和林型而异。

华北落叶松属松科落叶松属为中国特有的乔木树种,是中国华北地区针叶林的主要建群种之一。华北落叶松林是中国暖温带亚高山地区的代表性森林类型,主要集中分布在山西、河北境内,北京的局部地区有小片分布,其最适分布区为山西的管涔山、五台山、关帝山林区。华北落叶松天然林为山地森林垂直带谱的最高组成成分,它能适应高海拔寒冷的气候条件。天然华北落叶松林有纯林也有混交林,纯林多为同龄林。华北落叶松林下的灌木、草本植物组成成分各山系略有差别,总体较少,盖度一般不超过 30%。

侧柏在我国广泛分布于华北的低山、丘陵和平原上,内蒙古、河北、北京、山西、山东、河南、甘肃等地都有分布,垂直分布海拔 1000～1200m。侧柏林所处的生境干燥,温差大,土层瘠薄,因此侧柏林的植物种类较少,结构也较简单。侧柏为单纯林,伴生树种少,侧柏喜光,幼苗略耐阴,对温度适应范围宽,适深厚肥沃土壤,也能耐干旱,不耐水淹,常生于石灰岩山地,抗有害气体能力中等。下木层盖度为 30% 左右,优势种为荆条,在土层较厚、坡度平缓的地段,荆条生长茂密,盖度大。

刺槐原产北美洲阿巴拉契亚山脉,我国 18 世纪末首先在青岛引种栽培,后遍及全国,尤以华北及黄河流域最为普遍,垂直分布在海拔 2100m 以下,海拔在 400～1200m 的地方生长最好。刺槐林多为人工栽培,多数为纯林,少数有人工栽培的混交林,在山地,有的林分是人工栽植了刺槐而林内有其他阔叶树的天然更新而形成的混交林,一般与杨树、柳树、榆树等树种形成混交林。

栓皮栎在我国分布很广,北自辽宁兴城、丹东,南至广东、广西,在华北地区主要分布在河北、山西、山东以及北京等地,垂直分布山东半岛 50～500m,太行山、燕山山系海拔 500～1000m 以下的低海拔山地的阳坡。栓皮栎喜光,幼年期稍耐阴,对温度适应范围宽,栓皮栎中常见的伴生树种有栾树(*Koelreuteria paniculata* Laxm.),下木层盖度一般高达 60%,草本主要以矮丛薹草、大油芒(*Spodiopogon sibiricus* Trin.)、白羊草为主。

2.1.3　西北黄土区

黄土高原自东南向西北植被类型可分为森林植被区、森林草原植被区、草原植被区、荒漠草原植被区 4 个类型区。黄土高原地区现有的森林资源多以天然次生林分布为主,主要生长在人烟稀少的深山和石质高山地带,部分分布在黄土覆盖的低山丘陵区,分布极不均匀。黄土高原地区的天然森林植被以落叶阔叶林为代表,由于长期以来,森林被无节制的开发利用和破坏,原生性森林已荡然无存,只是在高山深谷、林场等地残存小片,广大的高原、丘陵、山地已经被农田及以栎、杨、桦、松、柏类为主次生林、次生灌丛或草丛所取代。天然植被主要为松科松属的白皮松(*Pinus bungeana*)、落叶松属的华北落叶松(*L. principis-rupprechtii*)、柏科侧柏属的侧柏(*Platycladus orientalis*)、杨柳科杨属的山杨(*Populus davidiana*)、榆科榆属的榆树(*Ulmus pumila*)、桦木科桦木属的白桦(*Betula platyphylla*)、虎榛子属的虎榛子(*Ostryopsis davidiana*)、壳斗科栎属的辽东栎(*Quercus liaotungensis*)、豆科胡枝子属的胡枝子(*Lespedeza bicolor*)、蔷薇科李属的山桃(*Prunus davidiana*)、蔷薇科杏属的山杏(*Armeniaca sibirica* Lam.)、蔷薇属的黄刺玫(*Rosa xanthina* Lindl.)、绣线菊属的三裂绣线菊(*Spiraea trilobata*)、鼠李科枣属的酸枣(*Ziziphus jujuba*)、萝摩科杠柳属的杠柳(*Periploca sepium*)、胡颓子科沙棘属的沙棘(*Hippophae rhamnoides*)、茄科枸杞属的枸杞(*Lycium chinense*)、禾本科孔颖草属的白羊草(*Bothriochloa ischaemum*)、冰草属的冰草(*Agropyron cristatum*)和菊科蒿属的茵陈蒿(*artemisia capillaris* Thunb.)、艾蒿(*Artemisia argyi*)、黄花蒿(*Artemis annua*)等形成的次生林。

2.1.4　西北土石山区

六盘山植物区系地理成分是以温带性质为主(占 82.78%)的植物区系。六盘山地带性植被类型较为复杂,其中辽东栎(*Queicus liaotungensis*)林和华山松(*Pinus armandii*)林是该地区较稳定的森林顶极群落。六盘山森林植被在组成与结构上十分丰富和复杂,针叶树种除华山松以外,还有油松(*Pinus tabulaeformis*)、华北落叶松(*Larix principis-upperchtii*)、青海云杉(*Picea crassifolia*)以及少量的刺柏(*Juniperus formosana*)。富有阔叶树种,有众多大中型乔木:如辽东栎、白桦、红桦(*Betula albo-sinensis*)、糙皮桦(*Betula utilis*)、山杨(*Populus davidiana*)、少脉椴(*Tilia paucicostata*)、白蜡树(*Fraxinus chinensis*)、臭檀(*Evodia daniellii*)、水曲柳(*Fraxinus mands churica*)、华椴(*Tilia chinensis*)、小叶朴(*Celtis bungeana*)、漆(*Toxicodendron vernicifluum*)、鹅耳枥(*Carpinus turczaninowii*)及青榨槭(*Acer davidii*)等。

在六盘山中心区域,现有的森林绝大多数是天然次生林。由于位于自然保护区,人为破坏影响很少,加之降水相对丰富,所以森林植被茂密,森林植被的景观异质性分异非常明显,在六盘山外围区域,随着海拔高度降低,降水减少,温度升高,水分限制树木生长的作用非常突出,而且人为破坏植被作用较强。六盘山的地带性植被主要分为糙皮桦林、华山松林、辽东栎林、油松林、青海云杉林、紫苞风毛菊草甸 6 种类型。六盘山的非地带性植被主要分为白桦林、红桦林、山杨林、华北落叶松林、落叶阔叶灌丛等几种类型。

2.1.5　西北高寒区

祁连山水源涵养林的分布和组成,受立地水热状况的影响具有明显的地带性特点,各类型分布地段和组成结构具有较大的差异性。

青海云杉林分布于祁连山海拔 2500～3300m 阴坡、半阴坡,土壤为山地灰褐土,建群种为青海云杉($Picea\ crassifolia$),组成结构简单,林型以青海云杉纯林为主。西部 2900m 以上有少数与祁连圆柏($Sabina\ przewalskii$)混交,东部 2900m 以下有少数与山杨($Populus\ davidiana$)、红桦($Betula\ albo\text{-}sinensis$)混交。其主要的林型结构有灌木青海云杉林、藓类青海云杉林、灌木藓类青海云杉林、草类青海云杉林、马先蒿藓类青海云杉林。

祁连圆柏林分布于海拔 2700～3300m 地带的阳坡、半阳坡或半阴坡,建群种为祁连圆柏,组成较青海云杉简单,林下灌木较多,多形成灌木-祁连圆柏混交林。主要林型有草类灌木圆柏林和草类圆柏林。

除青海云杉林和祁连圆柏林外,祁连山水源涵养林还有青扦($Picea\ wilsonii$)、油松($Pinus\ tabulaeformis$)、桦木和山杨等乔木林型;海拔 2800m 以下河谷尚有小片青杨($Populus\ cathayana$)、小叶杨($Populus\ simonii$)、榆树($Ulmus\ pumila$)。

灌丛林分布于祁连山海拔 2500～3300m 上下限,有干性灌丛林和湿性灌丛林两大林型。干性灌丛林分布于海拔 2300～2500m 的浅山区阴坡、半阴坡、半阳坡或干旱河谷,上接山地森林草原植被带,主要建群种有狭叶锦鸡儿($Caragana\ stenophylla$)。湿性灌丛林分布于海拔 3300～3800m 亚高山区阴坡、半阴坡,下接山地森林草原植被带,土壤为亚高山灌丛草甸土,建群种有青海杜鹃($Rhododendron\ przewalskii$)、吉拉柳($Salix\ gilashanica$)、鬼箭锦鸡儿等。主要林型有杜鹃灌丛林和柳类灌丛林。

2.1.6　西南长江三峡库区

研究地区的气候类型为亚热带湿润季风气候,植被群落类型属亚热带常绿阔叶林,森林生态系统类型可划分为亚热带常绿阔叶混交林、亚热带山地落叶阔叶混交林、亚热带针阔混交林、亚热带山地灌丛矮林的常绿阔叶灌丛、竹林、亚热带山地灌丛矮林的落叶阔叶灌丛以及草丛 7 种。在区域内有 3 种分布最广泛的水源林植被群落,即针阔混交型、常绿阔叶型和竹林群落。针阔混交林主要有马尾松阔叶树混交林、杉木阔叶树混交林、马尾松杉木阔叶树混交林,常绿阔叶林主要有四川大头茶林和栲树林,竹林群落主要有毛竹马尾松阔叶树混交林、毛竹杉木阔叶树混交林、毛竹阔叶树混交林和毛竹纯林。

2.1.7　长江三角洲地区

该地区为北亚热带常绿落叶阔叶混交林地带,乔木层组成主要由青冈属、润楠属的常绿种类和栎属、水青冈属($Fagus$)的落叶种类为优势或共优势种,灌木层主要有柃木属($Eurya$)、山矾属($Symplocos$)、杜鹃属($Rhododendron$),草本层常有薹草属以及淡竹叶($Lophatherum\ gracile$)、沿阶草($Ophiopogon\ bodinieri$)和狗脊蕨($Woodwardia\ japonica$)等。人为活动的长期影响,常绿阔叶树残存较少,以落叶阔叶树(如麻栎、栓皮栎)占优势,外貌近似落叶阔叶林。平原盆地多为农业植被,以一年两熟为主,如稻—玉米、麦—稻、双季稻等;果树以落叶种类为主,如苹果、梨、桃等;经济林有茶园、油桐林和漆树林等。

2.1.8　华东山地丘陵地区

大岗山地区的植物区系组成和地理成分相当丰富,森林覆盖率高达 76.4%。现有的植被类型主要是:天然次生常绿阔叶林针阔混交林、毛竹林以及大面积杉木人工林。

1. 常绿阔叶林

常绿阔叶林是大岗山地带性植被,过去全境曾分布着葱郁的常绿阔叶林,但目前许多地方都已破坏殆尽,仅在局部地方有小片残存常绿阔叶林,它的垂直分布,从海拔 250m 到 1100m。常绿阔叶林遭受破坏后,一些喜光树种如枫香、拟赤杨、南酸枣等容易侵入,并挺拔于林冠之上,成为森林受破坏干扰的标志。随海拔升高,常绿阔叶林中也会侵入一些落叶阔叶树、水青冈、栋类等,形成过渡类型。常绿阔叶林比较复杂,类型多样,各类型之间相互渗透,常见的有甜槠、苦槠、栲树等类型。

2. 针阔混交林

针阔混交林是针叶林和阔叶林过渡类型,是天然林主要类型之一,可分为低山丘陵和中山山地针阔混交林两大类型。前者在海拔 600m 以下,水平分布与常绿阔叶林一致,主要是由马尾松林、杉木、福建柏等暖性针叶树与壳斗科的栲属、青冈属、石栋属,山茶科的木荷属,以及樟科、杜英科的常绿阔叶林树种组成,又称暖性针阔混交林;中山山地针阔混交林一般分布在海拔 800m 以上的中山山地,主要建群种为南方铁杉和甜槠、木荷、小叶青冈及部分落叶阔叶树,又称温性针阔混交林。

3. 杉木林

分布于海拔 200~800m,杉木天然林已基本绝迹,只有零星单株杉木与阔叶树混生,在常绿阔叶林中作为伴生树种存在。现有杉木林为人工栽培,林相整齐,由于地形和立地条件的差异,林下植物不同。杉木＋柃木＋狗脊蕨,分布在海拔 600m 以下山坡中下部和山洼上部。杉木＋紫麻＋鱼腥草分布在山洼和山脚下水沟。杉木＋映山红＋铁芒位于山脊或山坡上部,海拔 600m 上下。杉木＋五节芒是一种比较特殊的群落,发生在杉木人工林抚育工作未跟上的新造林地。

4. 毛竹林

毛竹林的垂直分布也很广泛,在交通不便、劳动力不足的边远地区和海拔较高地段,毛竹林分布比较集中,长期又未砍伐利用,绝大部分毛竹与其他针阔叶乔、灌木混生,呈自生自灭状态。在自然状况下,以毛竹林为绝对优势的单一建群种的纯林较少,绝大部分是与针叶树、阔叶树组成两个或多个共建种的混交林。毛竹林为大岗山的优势群落类型,分布在海拔 300~800m,在年珠林场呈片状分布,部分与阔叶林镶嵌或混交,在上村,因进行过低改和抚育,林相整齐,生长良好。毛竹林下植物简单,在大岗山有 3 种群丛。毛竹＋淡竹叶＋油点草,是大岗山毛竹林普遍存在的类型。毛竹＋苎麻＋鱼腥草,分布在山洼和水沟旁。毛竹＋油茶＋寒莓,是分布在海拔 700m 以上的类型,常有阔叶树侵入,如兰果树、豹皮樟等。毛竹林群落乔木层高 7～15m 不等,郁闭度在 0.60 左右。但在大岗山地区也常见一些为了保护地力而人为地留下一定比例的针阔叶树种,混生于毛竹林中这些针阔叶树种常见的有栲属、青冈属、润楠属植物。在毛竹林中,灌木层由于人工经营管理而常遭到砍伐,破坏较为严重,分布较少,优势种不显著,盖度多在 15% 以下。常见的林下灌木植物有黄瑞木、沿海紫金牛、毛冬青等。

2.1.9　中南地区

杉木群落具有明显的垂直结构,乔、灌、草三层分明。乔木层为杉木层,杉木存在两极分化现象,但林相仍然较为整齐,并混有少量散生的其他乔木树种,如木油桐(*Vernicia montana*)、樟木(*Cinnamomum camphora*)、马尾松(*Pinus massoniana*)等,长势均较好;灌木层种类虽然很多,但却以杜茎山为主,且呈丛状分布,覆盖度在 0.7 左右,其中还混生较多落叶和常绿的乔木幼树,草本层种类较少,优势种明显,其中芒萁(*Dicranopteris dichotoma*)呈均匀丛状分布,还有乌蕨(*Stenoloma chusanum*)、碎米莎草(*Cyperus iria*)、芒(*Miscanthus sinensis*)、荩草(*Arthraxon hispidus*)、狗脊蕨(*Woodwardia japonica*)等,平均覆盖度为 0.5～0.7。

樟木属喜光树种,稍耐阴;喜温暖湿润气候,不耐干旱和严寒,在低温度达 -10℃ 时易遭冻害,对土壤要求不严,除含盐量高于 0.2% 的盐碱土外都能生长,但以湿润、深厚、肥沃的微酸性或中性沙壤土最宜,在地下水位高的平原地区会因根浅而易遭风害,且易早衰。樟木属深根性树种,根系发达,具有较强大的水平根系和垂直根系,特别是水平根系更为发达。水平根系大部分分布在土壤表层内。

马尾松分布极广,北自河南及山东南部;南至两广、台湾;东自沿海;西至四川中部、贵州及云南,遍布于华中华南各地。一般在长江下游海拔 600～700m 以下,中游约 1200m 以上,上游约 1500m 以下均有分布。幼年稍耐荫蔽,能在杂草丛中生长,3～4 年后穿出杂草逐渐郁闭成林,林区群众形容马尾松的生长特性:"三年见草不见树,五年见树不见人"。其为中国长江流域各省重要的荒山造林树种,也是江南及华南自然风景区和普遍绿化及造林的重要树种。

2.1.10　华南地区

北热带半常绿季雨林、湿润雨林地带的典型植被为热带季雨林,主要为半常绿季节雨林和石灰山季雨林,雨林仅分布在局部山前地区、发育不完整。在海岸地带,热性刺灌丛和草丛及红树林分布很广,其中红树林为我国主要分布区之一,组成种类丰富,但没有水椰(*Nypa fructicans*)。大面积分布的次生植被是桃金娘(*Rhodomyrtus tomentosa*)、岗松(*Baeckea frutescens*)、鹧鸪草(*Eriachne pallescens*)等组成的热性灌木草丛。

南热带季雨林、湿润雨林地带为发育比较典型的雨林、季雨林,而且热带林的结构和特征显著,分布在 500m 以下的丘陵地区。500～1500m 之间分布有以鸡毛松(*Podocarpus imbricatus*)为标志的山地雨林,或者以陆均松(*Dacrydium pierrei*)为标志的山地常绿阔叶林。1500m 以上的热带山地是以广东松(*Pinus kwangtungensis*)为标志的小面积常绿阔叶苔藓林,砍伐后常形成山地灌木草丛。海滩地分布以红树(*Rhizophora*) *apiculata*）、红海兰（*Rhizophora stylosa*）和水椰为标志的半红树林,海滨热性刺灌丛和热性砂生草丛也很典型。

2.2　典型地区冠层结构特征

2.2.1　东北地区

1. 主要组成树种树冠的面积分布

以在凉水国家级自然保护区建立的300m×300m永久样地为基础进行研究,红松的树冠数（1052个）和树冠斑块数量（768个）均最多,其次为冷杉（树冠数量为523个,树冠斑块数量达365个）。从面积来看,裂叶榆树冠的平均面积最大,为38.56m²,而红松的树冠斑块平均面积最大,达69.89m²,这是由于红松在阔叶红松林中处于绝对优势,其树冠重叠部分较多;冷杉的树冠面积和斑块面积均最小。

枫桦、冷杉和水曲柳树冠面积在0~20m²分布最多,随面积增大,树冠数量减少;其他树种树冠的面积分布表现为单峰型,在20~50m²范围内树冠分布最多。各树种树冠斑块的面积分布与树冠面积分布规律相同。此外,各树种面积大于100m²的树冠与斑块数量较少。

利用Pearson检验分析主要组成树种树冠面积与胸径以及树冠面积与树高的相关性,结果表明,所有树种树冠面积与胸径都呈显著正相关,其中枫桦、水曲柳和裂叶榆树冠面积与胸径的相关性良好,其他树种相关性程度较低。花楷槭与青楷槭树冠面积与树高相关性不显著,其他树种树冠面积与树高都呈显著正相关,但相关程度不高。

2. 叶面积指数

阔叶红松林的叶面积指数具有明显的季节变化特征（图2-1,图2-2）。2007年5月1日少数树种开始展叶,全天空图像测得的叶面积指数（LAI）值为3.06,2008年4月30日

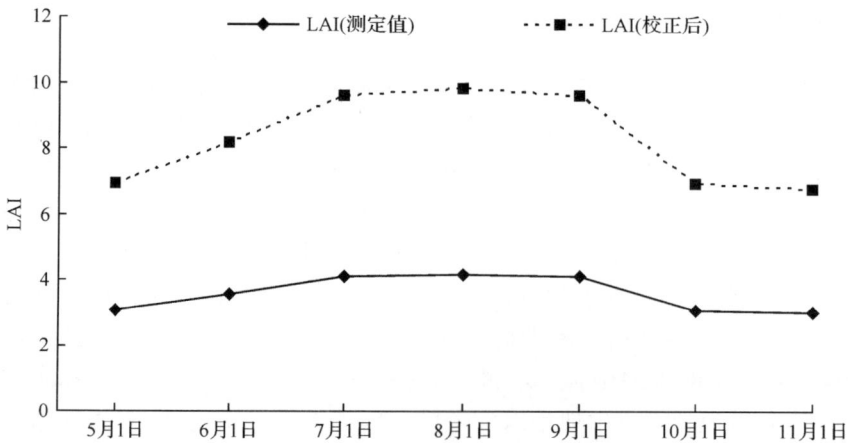

图 2-1　2007年叶面积指数季节动态

测得为 3.85。随着展叶进行,叶面积指数呈递增趋势,到 2007 年 7 月 1~15 日之间达到最大值 4.23,2008 年测得最大值为 4.07,出现在 7 月 1 日。从 9 月份开始,随着各树种进入落叶期,叶面积指数逐渐变小。9 月 1 日~10 月 1 日时叶面积指数下降较快,此时为各树种的落叶高峰期,10 月 1 日往后,整个样地的叶面积指数值下降减缓,到 11 月 15 日达到整个测量期的最低值 2.99,此时的叶面积指数主要反映了阔叶红松林未凋落的多年生针叶和植物的枝条树干的面积指数。2008 年的研究中发现,样地的叶面积指数值在展叶季节的变化趋势相较于 2007 年差异较大,而落叶季节则有相似性,但在时间上提前了 15~20d 左右。

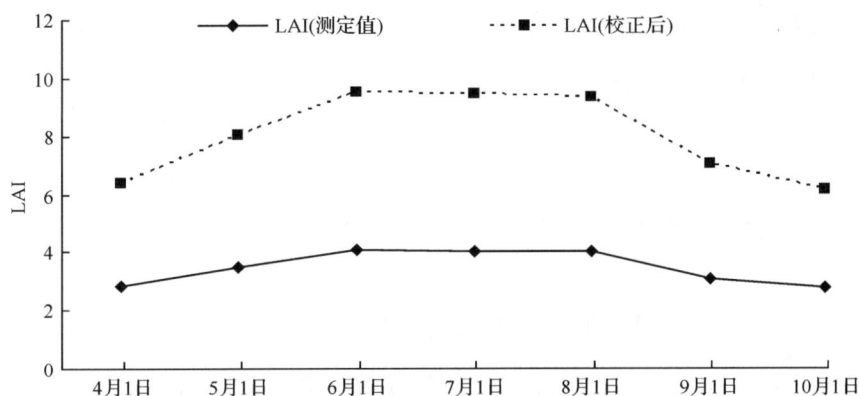

图 2-2　2008 年叶面积指数季节动态

2.2.2　华北土石山区

1. 叶面积指数动态变化

本书的研究应用 LAI-2000 测量了 2011~2012 年生长季(6~9 月)研究区域的侧柏林、油松林、松栎混交林以及灌木林四种林分的叶面积指数,测量频率为每 10 天测量一次,对四种林分在 2011~2012 年的两个生长季相同时段的叶面积指数进行平均,得到各林分在 6~9 月的叶面积指数的动态变化,结果如图 2-3 所示。

从图中可以看出,油松、侧柏两种林分的叶面积指数相差不大,松栎混交林的叶面积指数明显大于其他两种乔木林分,而三种乔木林分的叶面积指数明显大于灌木林分的叶面积指数。在整个生长季,四种林分的叶面积指数表现出了一致的变化趋势,均表现为"增加—平稳—减小"的趋势。灌木林分叶面积指数的增加阶段相比三种乔木林分时间较短,约为 6 月 1~25 日左右,平稳阶段约为 6 月 25 日~7 月 25 日,减小趋势月为 7 月 25 日~9 月 30 日;三种乔木林分叶面积的增加阶段约为 6 月 1 日~7 月 31 日,平稳阶段约为 8 月 1~31 日,减小阶段约为 9 月 1~30 日。

2. 叶面积指数变异系数

变异系数是统计学上衡量各观测数据离散程度的一个有效的量值。其计算公式为

$$C_v = \frac{\text{SD}}{\text{MN}} \times 100\%$$ (2-1)

式中,C_v 为变异系数;SD 为标准差;MN 为平均值。

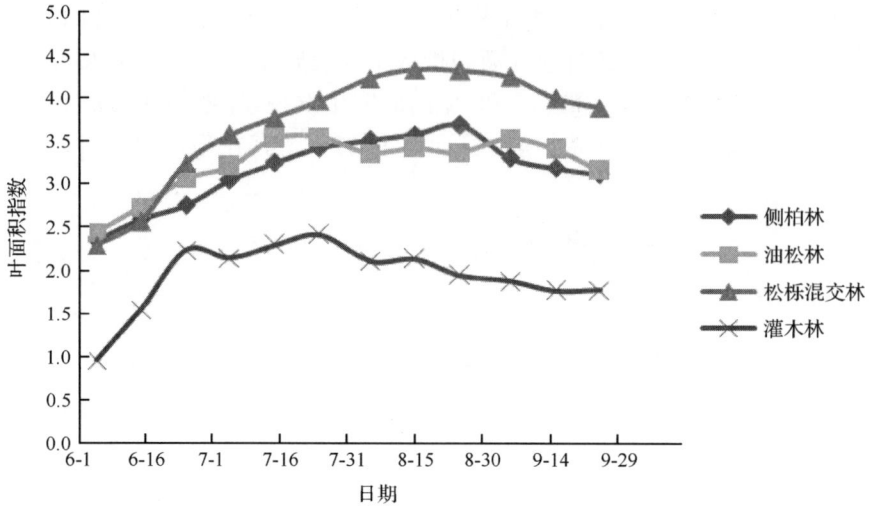

图 2-3　生长季叶面积指数动态变化

基于四种林分 2011~2012 年生长季 6~9 月的叶面积指数,计算了各林分 6 月、7月、8 月、9 月以及整个生长季叶面积指数的变异系数,结果如图 2-4 所示。

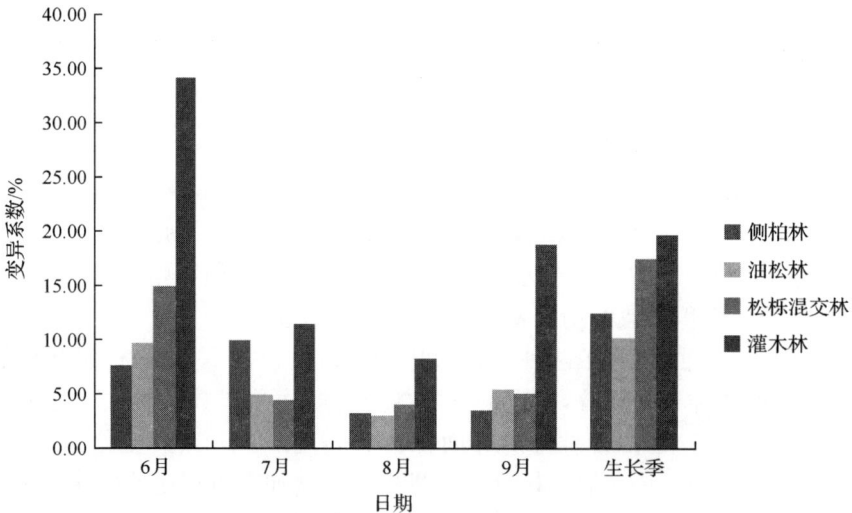

图 2-4　生长季叶面积指数变异系数

从图中可以看出,无论是各月份还是整个生长季,灌木林叶面积指数的变异系数均要高于三种乔木林分,其在 6 月份有最大的变异系数为 34.12%,其次为 9 月,变异系数为18.68%;这与灌木林的生长变化趋势有关,6 月份灌木林开始快速生长,叶面积迅速增加(见图 2-3),而 9 月份则是灌木林生长衰退时期,叶片开始枯萎凋落,叶面积指数降低,因此这两个月份有较大的变异系数。7 月和 8 月灌木生长平稳,叶面积指数变化较小,因此其变异系数也较小。

就三种乔木林分来讲,6 月的叶面积指数的变异系数要明显高于其他三个月份,这也是由于 6 月为乔木林迅速生长月份,叶面积迅速增加;三种林分在 6 月的叶面积指数变异系数有明显差异,松栎混交林>油松林>侧柏林,这与三种林分叶面积指数增长趋势有关,从图 2-3 中可以看出,在 6 月份,松栎混交林的叶面积指数的增加趋势要明显大于其他两种乔木林分。三种乔木林分叶面积指数变异系数的最小值均出现在 8 月份,而 8 月份也正是其叶面积指数稳定的月份。

就整个生长季来说,四种林分的变异系数为灌木林>松栎混交林>侧柏林>油松林。这主要是由于灌木林在生长季中的生长和枯萎变化最大,因此其变异系数也最大;松栎混交林为针阔混交林,其中栓皮栎为落叶阔叶树种,其叶片的生长和凋落对叶面积指数的影响也较大;而侧柏和油松为常绿针叶林,在整个生长季内叶片的生长和凋落的变化幅度要远远小于其他两种林分,因此,其叶面积指数的变异系数也最小。

2.2.3　西北黄土区

在林地中选取树形和树冠具有代表性的标准木,测量树冠的冠幅大小并用冠层分析仪进行冠层解析,并在林地中测量林内叶面积指数。利用相机在林下距离树干一定距离处拍摄树冠影像,之后用图形处理软件对拍摄照片进行处理,计算树的郁闭度。以油松为例,其冠层郁闭度特征如表 2-1 所示。

表 2-1　单株树种冠层郁闭度特征

油松 1			油松 2		
离树干距离/cm	冠层厚度/m	郁闭度	离树干距离/cm	冠层厚度/m	郁闭度
368	0.4	0.39	195	0.5	0.31
252	1.3	0.57	135	0.7	0.54
136	3.1	0.84	75	2	0.89
20	4.1	0.94	15	3.2	0.94
−20	4.2	0.94	−20	2.9	0.95
−110	0.7	0.7	−95	2.2	0.78
−200	0.1	0.32	−170	0.6	0.48

由表 2-1 可知,油松树形可以模拟为三角形,距离树干距离越近,则郁闭度越高,冠层厚度也越厚。计算不同森林类型的郁闭度,其结果如表 2-2 所示,结果表明,次生林的郁闭度最大,为 0.86,其次为刺槐林,油松林的郁闭度最小,为 0.62。

表 2-2　不同类型森林郁闭度对比

森林类型	油松林	刺槐林	次生林
郁闭度	0.62	0.79	0.86

2.2.4　西北土石山区

随着林冠郁闭度增加,林冠层 LAI(图 2-5)几乎线性增大;但灌木层 LAI 先增大后逐渐减小,在林冠郁闭度 0.5 左右达到最大值,在林冠郁闭度 0.9 以后几乎为零;而草本层的 LAI 随林冠郁闭度的增加缓慢线性减小,从 0.74 降到 0.35;总的 LAI 随林冠郁闭度增加先是急剧增大,在郁闭度 0.6~0.8 之间保持最大且相对稳定,之后开始轻微下降。在林冠郁闭度小于 0.3 和 0.4 时,草本和灌木的 LAI 分别可超过林冠 LAI,这可能会造成林地生产力浪费;只有当林冠郁闭度大于 0.4 时,林冠层 LAI 才大于灌木层和草本层的 LAI,这时林冠的遮光作用格外增强。

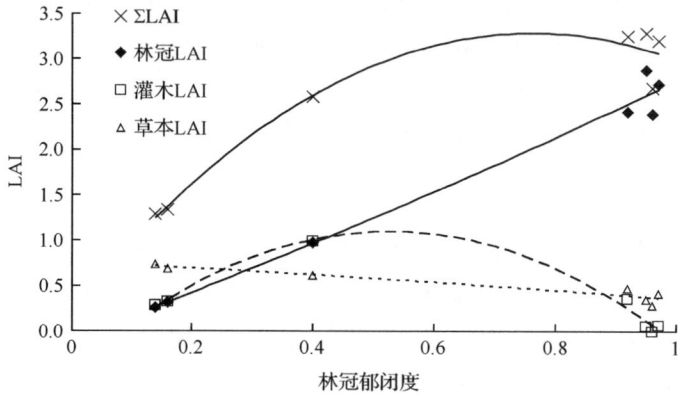

图 2-5　叠叠沟华北落叶松林内不同层次在 7~8 月份的 LAI 与林冠郁闭度的关系

在整个生长季内(5~10 月),阴坡华北落叶松林冠层和林下草本层的 LAI 动态变化见图 2-6 和图 2-7。林冠层 LAI 呈现出一条先上升、到最大值后相对稳定、然后再下降的单峰曲线。从 4 月下旬到 6 月中旬为 LAI 迅速增长期,此期间温度快速上升,地面 50cm 以下的土壤蓄水量在初期较高但却因干旱少雨而迅速下降,水分逐渐成为影响 LAI 增加的主要因子。由于乔木根系能利用 50cm 以下土壤水分,LAI 随温度上升很快增大;6 月

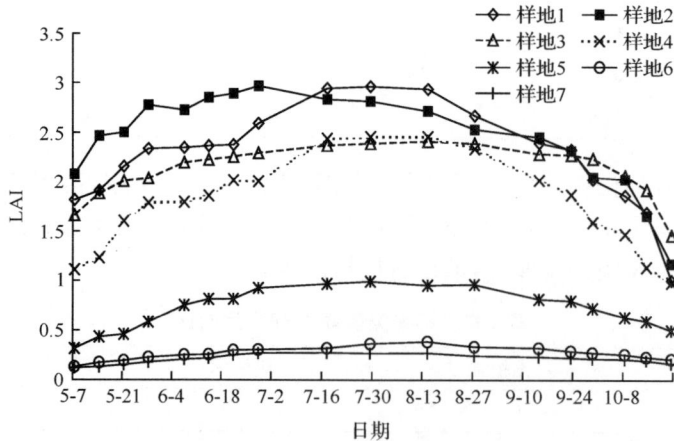

图 2-6　叠叠沟阴坡各华北落叶松林样地的林冠层 LAI 的季节变化

中旬到 9 月初为相对稳定期,枝叶生长较缓慢,LAI 只有缓慢变化;虽然此时期温度较高,但 50cm 以下土壤蓄水量有时不足,成为限制 LAI 增大的因子。8 月中旬 LAI 达到最大值,此时温度、水分均达到最佳;在 9 月上旬到 10 月下旬为 LAI 下降期,即使此时土壤水分充足,但受温度降低影响,LAI 下降较快,特别在 9 月下旬后温度快速下降导致针叶迅速凋落。

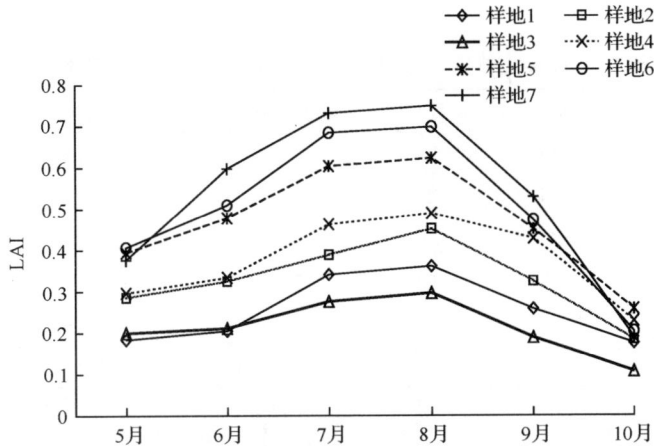

图 2-7 华北落叶松各样地草本叶面积指数(LAI)的月变化

　　林下草本层 LAI(图 2-7)的季节变化趋势与林冠层基本相同,为单峰曲线,但林下草本层 LAI 在生长季初期(5～6 月)增长较慢,这是因草本根系较浅,无法利用深层土壤水分,其生长更多受到 0～30cm 土壤水分的限制,加之此时温度较低,导致草本不能迅速生长和 LAI 增长缓慢;在进入生长季中期(7～8 月)后,随着温度升高尤其是雨季到来,0～30cm 土壤水分迅速得到补充,LAI 进入较快生长期,各样地的林下草本层 LAI 达到其最大值。在 9 月上旬到 10 月下旬以后,虽然 0～30cm 土壤水分充足,但随温度下降,LAI 逐渐减小。

2.2.5 西北高寒区

1. 叶面积指数特征

　　通过对青海云杉冠层半球图像的处理,从中也提取出了冠层孔隙度,29 张青海云杉半球图像提取的孔隙度在 0.126～0.356 之间,平均值为 0.246。

　　通过对青海云杉林冠层叶面积指数的空间分布的研究,结果表明:随着海拔的增加,LAI 也增加,在海拔 2900m 时,LAI 达到最大值;之后,随着海拔的逐渐增高,LAI 却呈现下降趋势,在海拔 3000m 时,LAI 达到较低值。从空间分布上看,在海拔 3200m 以上时,估算的 LAI 值误差较大,这主要是因为受林下植被的影响。在海拔＞3100m 的较高处,林冠比较稀疏,林下灌木发育良好,NDVI 值较大,从而反演得到的 LAI 值也较大。

2. 冠层盖度特征

　　海拔在 2600～2900m 处,水分条件是森林生长发育的关键因子,随着降水量的增加,土壤水分含量增加,青海云杉林盖度逐渐增加(表 2-3),冠幅盖度由 87.53% 增加到 95.79%,冠层盖度由 68.98% 增加到 80.34%;在 2900m 以上,温度成为控制因子,随着海拔的增加,其生境条件逐渐不利于青海云杉林的生长,青海云杉林盖度逐渐减小,冠幅盖度由 87.75% 减小到 39.87%,冠层盖度由 71.70% 减小到 40.03%。但冠幅盖度和冠层度之差随着生境的改变变化不大,充分反映了青海云杉林结构的一致性,即枝叶空隙度的稳定性。

表 2-3　祁连山排露沟流域 6 个固定样方林冠平均盖度估算

样方号	坡度/(°)	海拔/m	株数/株	胸高断面积/cm²	冠幅盖度/%	冠层盖度/%
1	30	2655	54	172.56	87.53	68.98
4	27	2835	99	159.85	92.21	77.02
2	25	2889	89	162.93	95.79	80.34
3	21	3005	88	164.28	87.75	71.7
5	22	3106	33	19.47	71.69	57.01
6	34	3260	15	18.56	39.87	22.15

3. 冠幅结构特征

种群冠幅结构反映了种群个体的长期竞争水平,在植物生长过程中具有重要的作用,在森林中,它与林木胸径、林木竞争指数、林分密度、枝下高和树冠比等因子有着显著的关系,反映了植物占据空间的能力。调查样方内胸径大于等于 1cm 的所有青海云杉个体的冠幅级频率分布如图 2-8 所示,由图可知,青海云杉种群冠幅主要集中在 2~3m 这个冠幅级,其次是 1~2m 冠幅级。说明青海云杉林不同高度级的冠层相互重叠,形成复层异龄林,林分的郁闭度较大,散射光线和半阴微环境造就了以孢子繁殖的苔藓类植物大量生长,其平均厚度达到 10cm 左右。对青海云杉冠幅级和个体数对应关系进行曲线拟合,三次方程 $y=5.3176x^3-91.759x^2+408.88x-173.87(R^2=0.8355, p<0.01)$ 能够进行很

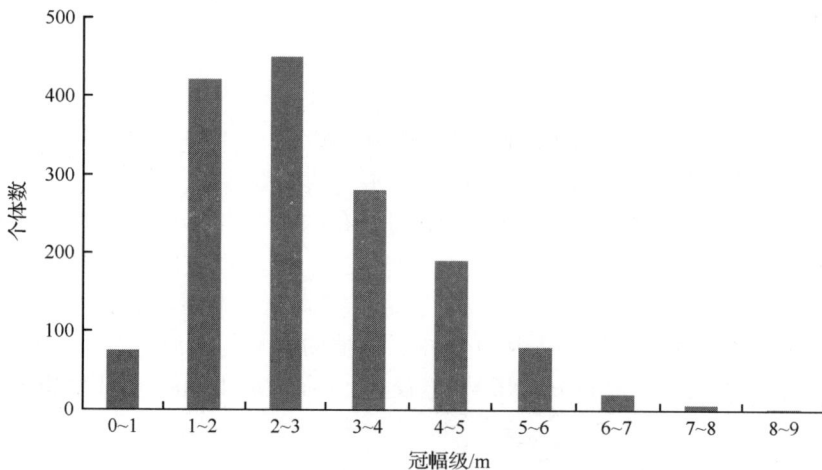

图 2-8　青海云杉种群冠幅级频率分布图

好的描述,式中:y 表示冠幅级(m),x 表示个体数,经统计分析,青海五杉冠幅的分异指数为 0.53,种群个体冠幅差异亦属明显分异。

　　植被冠层的大小、形状以及结构在树木的生长过程中有着重要的作用。树木在其生长过程中,由于邻近树木的压力,其枝条会偏向于有较多可利用资源或有利于树冠伸展的方向生长,这也往往造成冠层结构特征各异,而冠层的结构特征客观地反映了树木对空间资源的利用情况。

2.2.6　西南长江三峡库区

　　典型林分外貌上林冠较平整,群落的层次可分为乔灌草三个层次。乔木层只有 1~2层,上层林一般高 20m 左右,30m 以上的很少。调查发现,缙云山自然保护区内的森林主要以天然林为主。林分的郁闭度较大,在 0.7~0.9 之间;叶面积指数变化范围为 1.67~3.92(图 2-9)。

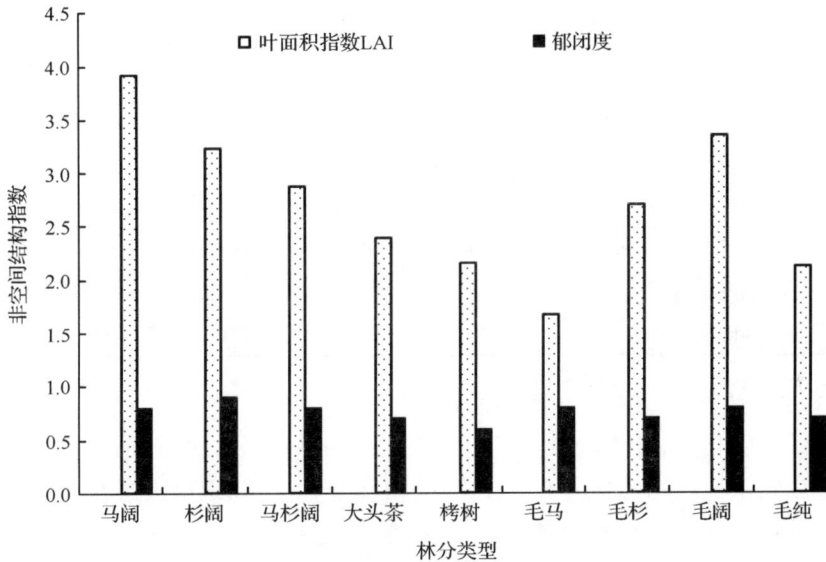

图 2-9　典型林分冠层结构特征

　　林下的灌木层比较稀疏。草本层以蕨类植物占优势,常见有附生和藤本植物。林下灌草的种类丰富,除毛竹纯林灌木层和大头茶林草本层的种类以及盖度相对降低外,其他林分地的灌草种类和盖度均较大,盖度在 40%~80% 之间。

2.2.7　长江三角洲地区

1. 森林植被地上部分生物量结构

　　华东长江三角洲地区 5 个试验林分的标准木地上部分生物量结构如表 2-4 所示。

表 2-4　各林分生物量空间分布　　　　（单位：kg）

林分	树高/m	0～2	2～4	4～6	6～8	8～10	10～12
马尾松幼林	主干	3 800	2 860	1 900	620	26	0
	枝条	0	0	1 050	612	35	0
	叶	0	0	260	615	0	0
马尾松中龄林	主干	22 000	15 500	12 500	5 500	1 250	0
	枝条	0	0	10 000	5 685	1 350	0
	叶	0	0	2 000	2 500	1 250	0
杉木幼林	主干	6 600	3 200	1 159	348	0	0
	枝条	400	450	1 101	81	0	0
	叶	700	1 101	2 203	1 264	0	0
杉木中龄林	主干	13 309	7 259	5 012	2 765	691	0
	枝条	0	0	1 210	1 417	1 210	0
	叶	0	0	0	1 538	2 567	0
毛竹林	主干	93 440	61 867	53 091	35 009	15 084	3 404
	枝条	0	4 185	20 362	10 493	1 843	906
	叶	0	1 156	2 530	2 498	1 499	750
栎林	主干	93 440	61 867	53 091	35 009	15 084	3 404
	枝条	0	4 185	20 362	10 493	1 843	906
	叶	0	1 156	2 530	2 498	1 499	750

1）地上部分生物量结构受林龄的影响

马尾松幼林的枝条、叶生物量主要分布在 4～8m 树高处，树冠外观呈圆锥形，马尾松中龄林枝条生物量比较均匀地分布在 4～8m 树高处，叶生物量最大层在 6～8cm 树高处，树冠外观呈抛物线体形。杉木幼林枝条、叶生物量主要分布在 2～6m 树高处，枝条生物量最大层在 4～6m 树高处，树冠外形呈抛物线体形。杉木中龄林枝下高明显上升达 4m 左右。枝条、叶生物量主要分布在 4m 以上，6m 以下枝条全部枯死，树冠外形呈倒圆锥形。栎林枝条、叶生物量主要分布在 4～8m，枝条生物量最大在 4～6m 树高处，树冠外形呈抛物线体形。

2）地上部分生物量结构受树种的影响

同龄的杉木幼林和马尾松幼林相比，后者的枝叶量在树高各层次上的分布比前者集中。杉木幼林枝下高约为 2m，明显小于马尾松幼林。杉木两个林分的生物量随着树高的上升而递减的趋势比马尾松明显，杉木主干的尖削度明显大于马尾松。

2. 森林植被地上部分生物量组成及分配比例

各林分地上部分生物量及分配比例见表 2-5。

乔木层生物量占整个林分生物量的比例均大于 85%，主干生物量占全林分总生物量的 60% 以上,故对林分生物量的影响最大的主要是乔木层主干生物量。地上部分总生物量的大小排序与主干生物量一致,为马尾松中龄林>栎林>杉木中龄林>马尾松幼林>杉木幼林>毛竹林。

表 2-5　不同林分地上部分生物量

		马尾松幼林	马尾松中龄林	杉木幼林	杉木中龄林	毛竹林	栎林
总生物量/(t/hm²)		52.67	119.86	37.98	77.19	22.04	102.08
乔木层	总量/(t/hm²)	48.37	115.94	36.18	75.84	18.96	98.66
	主干/(t/hm²)	36.47	79.94	23.09	59.39	14.67	69.24
	枝条/(t/hm²)	6.93	24.96	4.43	8.16	3.03	25.57
	叶/(t/hm²)	4.97	11.04	8.66	8.29	1.26	3.85
下木层/(t/hm²)		4.30	3.92	1.80	1.35	3.08	3.42
各组分占总生物量的百分比/%	主干	69.24	66.69	60.80	76.94	66.56	67.83
	枝条	13.16	20.82	11.66	10.57	13.75	25.05
	叶	9.44	9.22	22.80	10.74	5.72	3.77
	乔木层	91.84	96.73	95.26	98.25	86.03	96.65
	下木层	8.16	3.27	4.74	1.75	13.97	3.35

叶是光合作用的主要营养器官,叶量的多少对树木生长状况有很大影响。杉木林叶生物量占全林分总生物量的比例都高于马尾松林。这与杉木初期生长迅速、成材早的生长特性是一致的。随着林龄的增大,杉木林内自然整枝增强,故杉木中龄林的枝条、叶占总生物量的比例比幼林小,主干生物量占总生物量的比例比幼林的大。

林下灌木和草本生物量的大小对降水再分配有一定影响。毛竹林郁闭度小,林下光照条件好,灌木和草本生长较好,下木生物量占林分总生物量的比例最大,下木盖度达 97% 以上。杉木幼林郁闭度大,林下光照条件弱,下木生长不良,下木生物量占林分总生物量的比例小。与杉木幼林相比,马尾松幼林枝叶生物量小,占林分总生物量的比例也小,林下透光量大,下木生长条件比杉木幼林好,且马尾松幼林林下优势木为油茶,耐阴性强、生长好,故下木生物量和占林分总生物量的比例则是马尾松幼林比杉木幼林的大。

2.2.8　华东山地丘陵地区

1. 常绿阔叶林冠层结构特征

江西大岗山常绿阔叶林群落的乔木层可为三个亚层,第一亚层高 20~30m,这一亚层种类较少,树冠不连续;第二亚层高度为 10~19m,这一亚层树木密度较大,树冠较连续;第三亚层高度为 10m 以下,由于上层乔木的小树和下层灌木的高大植株嵌入其中,种类组成较为复杂,且密度较大。

2. 叶面积指数特征

竹林的叶面积指数是指生长在林地上竹叶的面积总和与其占据的土地面积的比值。

由于竹叶两年就更换一次(新生竹一年换叶),加上砍伐、生长(新竹),整个竹林的叶面积处于动态变化的过程中,叶面积指数是竹林的状态函数。对于受到保护的试验林分,叶面积指数的变化依赖于密度增加带来的正效应与空间减小引起单株叶面积减小负效应的比较。

由图 2-10 可知,毛竹平均单株叶量在密度为 2400 株/hm^2 时即达到最高值,平均单株叶面积也是如此,而叶面积指数直到密度升高至 4305 株/hm^2 时,才逐渐稳定下来。

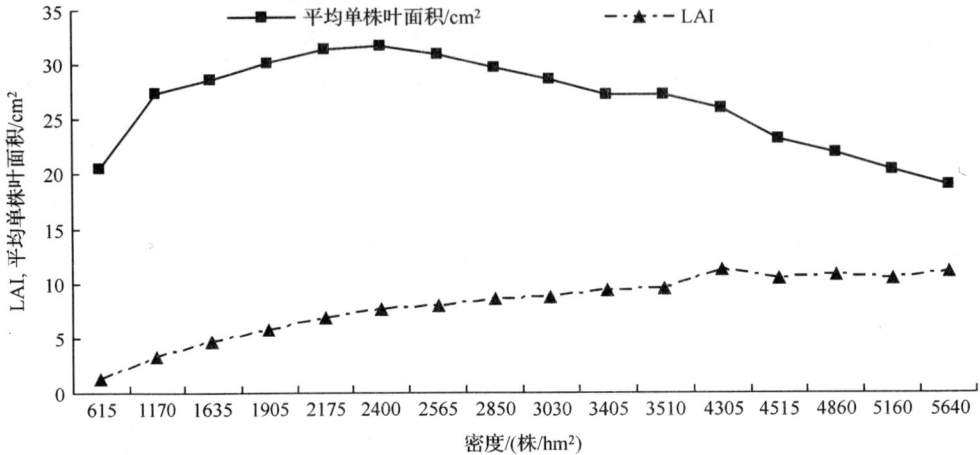

图 2-10　不同密度毛竹林叶面积指数的变化

2.2.9　中南地区

1: 冠幅、冠长与密度的关系

从各经营类型及其不同发育阶段中的树冠形态变化情况可以看出:①林分在任一发育阶段中,平均树冠幅度和树冠长度都与直径密度的变化规律一样,是随林分密度增大而减小的。而树冠长度占树高的百分数和树高与密度的关系一样,并不随林分密度呈有规律的变化。②无论哪一种经营类型的林分,树冠的幅度和长度都不像孤立木树冠生长那样随年龄增大而加大,在不同群体发育阶段中是有所消长的。例如,在树冠郁闭阶段,群体得到最大的发展,以后由于个体树冠增大,彼此互相遮荫日趋严重,原利于个体生长因素(树冠大)转化为不利于个体生长的因素,促进群体发展的条件变成抑制群体发展的条件,出现了个体与群体的矛盾,于是产生了自动调节现象。通过群体的这种自动调节之后,进入树冠疏开阶段,群体中个体的冠幅与冠长则有所消退。例如,在树冠郁闭阶段时,稀、中、密三类型的林分中平均舒树冠幅度分别为 3.8cm、3.0cm 和 2.4cm,进入树冠疏开阶段后,冠幅相应下降到 2.9cm、2.6cm 和 2.0cm,当林分转入成熟阶段,冠幅与冠长完全可以通过控制林分密度和及时的营林措施(如人工整枝等)来达到合理的林冠结构。

2. 树冠系数和林分蓄积量

树冠系数是树冠直径和树高的比值,是确定树冠发育密度的重要指标。通常它是随树种和年龄的不同而发生变化。聂斯切洛夫认为,对多数树种来说,这个指标随年龄有着如下变化：Ⅰ龄级为 1/4，Ⅱ龄级为 1/5，Ⅲ、Ⅳ龄级为 1/6，Ⅴ龄级为 1/5。显然，这种变化看来是不具什么规律性的。对各经营类型杉木林同样也是这种情况，在不同的群体发育阶段中的变化表现得较为复杂，但是，树冠系数和林分蓄积量大小有着较紧密的相关关系。

2.3 典型地区地被物层结构特征

2.3.1 东北地区

枯落物的蓄积量受多种因子的影响，如林型、林龄、生长季节、人为活动、枯落物的输入量、分解速度、本身的厚度和性质等。由表 2-6 可知，5 种林分的枯落物厚度大小为：杜鹃＋落叶松林＞杜香＋落叶松林＞落叶松纯林＞樟子松＋落叶松林＞白桦＋落叶松林。从总蓄积量的角度来看，白桦＋落叶松林枯落物的总蓄积量最大为 235.15t/hm²，这是由于人为干扰，对白桦林进行间伐，而使枯落物储量变大，而杜香＋落叶松林枯落物的总蓄积量最小为 152.32t/hm²。

表 2-6 不同林分枯落物厚度和蓄积量

林地类型	枯落物厚度/mm			枯落物蓄积量				
				未分解层		半分解层		总蓄积 /(t/hm²)
	未分解层	半分解层	总厚度	蓄积量 /(t/hm²)	占总量 /%	蓄积量 /(t/hm²)	占总量 /%	
白桦＋落叶松林	27	15	42	93.07	39.58	142.08	60.42	235.15
杜香＋落叶松林	37	23	60	88.26	57.94	64.06	42.06	152.32
杜鹃＋落叶松林	41	32	73	130.96	60.51	85.46	39.49	216.42
落叶松纯林	33	17	50	137.40	63.93	77.52	36.07	214.92
樟子松＋落叶松林	26	18	44	117.44	61.37	73.92	38.63	191.36

分析枯落物未分解层、半分解层的蓄积量发现，不同林型林下枯落物各层次蓄积量所占比例各不相同，白桦＋落叶松林林下枯落物未分解层所占比例最小，占总蓄积量的39.58%，这是由于针阔混交林下枯落物较易分解而积累量小；而落叶松纯林林下枯落物未分解层所占比例最大，占总蓄积量的 63.93%，这是由于针叶林枯落物分解速度较慢而积累量较大。从总蓄积量的角度看，尽管白桦＋落叶松林未分解层所占比例最小，但总蓄积量最大。

2.3.2 华北土石山区

在四个典型树种小样地内测量枯落物层厚度，所得结果见表 2-7。可见，栓皮栎、侧柏、油松和刺槐四个树种的枯落物层厚度差别明显，其厚度分别为 10.5cm、4.0cm、3.8cm和 2cm。栓皮栎枯落物厚度明显大于侧柏和油松，而刺槐枯落物厚度最小。据实地观察，这可能与栓皮栎的叶片大而厚、堆积疏松有关；而针叶树枯落物分解速度慢，地表枯落物厚度中等，密度较高；刺槐产生的枯落物生物量小，且叶片小而薄，分解速度快，所以厚度最小。各样地枯落物不同层次储量如图 2-11 所示,可以看出各树种单位面积储量排序为侧柏(1218.5g/m²)＞栓皮栎(945.7g/m²)＞油松(803.3g/m²)＞刺槐(239.8g/m²)。据实地观察:栓皮栎叶片大而厚;针叶树枯落物分解速度较慢;而刺槐枯落物产量少,且叶片小而薄容易分解,因此其枯落物储量普遍较小。栓皮栎的半分解层单位面积干重占总量的 77.12%,油松的半分解层占总量的 85.77%,侧柏的半分解层占总量的 81.01%,刺槐的半分解层占总重的 82.44%。栓皮栎的自然含水率为 137.92%,油松为 94.82%,侧柏为 55.76%,刺槐为 37.62%。刺槐的自然含水率最小,这是因为栓皮栎枯落物厚度大、吸收的悬着水较多;而刺槐枯落物是由厚度小,较为破碎,悬着水少造成的。

表 2-7　样地内枯落物储量及厚度组成

| 林分 | 厚度/cm | | 鲜重/(g/m²) | | 干重/(g/m²) | | 自然含水率/% |
	未分解	半分解	未分解	半分解	未分解	半分解	
栓皮栎	4	6.5	425	1825	216.4	729.3	137.92
油松	1.5	2.3	195	1370	114.3	689	94.82
侧柏	1.5	2.5	260	1335	194.5	829.5	55.76
刺槐	1	1	65	265	42.1	197.7	37.62

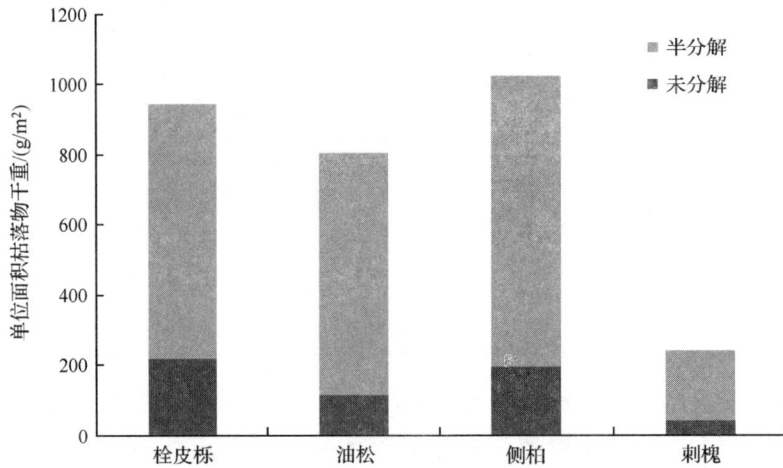

图 2-11　样地内枯落物干重储量比例

2.3.3　西北黄土区

在研究区内,对样地地被物进行了调查(表 2-8),并进行枯落物持水实验,不同地类枯落物吸水速率与持水量见表 2-9 和图 2-12。

表 2-8　研究区地被物基本情况

地类	坡向/(°)	坡度/(°)	枯落物层厚度/cm
刺槐林	N45	15	2.3
油松林	N100	21	4.7
次生林	N40	35	6.2

表 2-9　不同地类枯落物吸水速率与持水量

时间/h	吸水速率/(kg/h)			持水量/(kg/m)		
	刺槐	油松	次生林	刺槐	油松	次生林
0.25	1.300	1.772	1.252	0.607	0.725	0.600
0.5	0.596	1.146	0.636	0.580	0.855	0.605
1	0.326	0.586	0.372	0.608	0.868	0.659
2	0.177	0.354	0.205	0.635	0.990	0.697
4	0.092	0.185	0.111	0.651	1.020	0.730
6	0.067	0.129	0.078	0.683	1.053	0.755
8	0.050	0.096	0.059	0.681	1.049	0.761
10	0.047	0.083	0.054	0.747	1.110	0.823
24	0.021	0.040	0.025	0.777	1.248	0.877

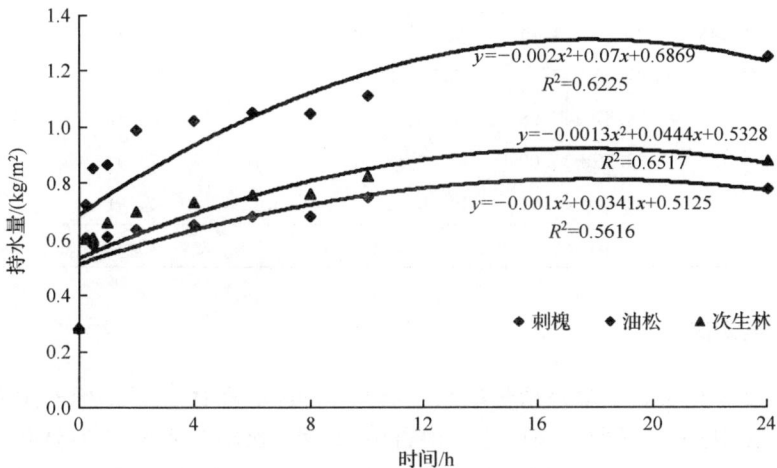

图 2-12　不同地类枯落物持水过程曲线

$$y=-0.002x^2+0.07x+0.6869$$
$$R^2=0.6225$$

$$y=-0.0013x^2+0.0444x+0.5328$$
$$R^2=0.6517$$

$$y=-0.001x^2+0.0341x+0.5125$$
$$R^2=0.5616$$

由图 2-12 可以清晰看出,在前 2h 内,枯落物吸水速率变化较大,之后渐渐缓慢趋于平稳,随着浸泡时间的增加,枯落物的持水量也在不断增加,24h 后持水量达到最大值。不同地类的枯落物,吸水过程曲线趋势一致。但是,油松林持水量为最大,其次为次生林,刺槐林为最小。

这样的结果可能是由森林植被自身因素造成,或者是由枯落物分解程度不同导致的。一般情况下,枯落物层分解程度越高,孔隙就越小,持水能力越强。油松林属于针叶林,刺槐林属于阔叶林,由于针叶林的枯落物较阔叶林蓄积量更大,所以分解程度较高,蓄水能力也更强。

2.3.4　西北土石山区

在 2009 年 7~9 月,在香水河小流域内选择建立了主要森林类型样地,并作为对照选择布设了典型的灌木林、草地、草甸设置样方;采用标准地调查主要乔木树种与灌木的生物量,采用收获法测定草本生物量和枯落物现存量。

枯落物现存量在不同植被类型间差异极显著($p<0.01$),乔木林最大,灌木林较小,草甸和草地很小,各类样地大小顺序为:华北落叶松林>华山松林>桦木林>山杨林>疏林>灌木林>草甸>草地。山杨林和疏林的枯落物易分解,所以最低;华北落叶松和华山松林的针叶难分解,所以枯落物现存量最大,为山杨林3.7倍;灌木林因凋落量少且易分解,所以枯落物现存量仅为乔木林的1/3。草地和草甸生物量小且分解快,枯落物现存量在乔木林的10%以下(表2-10)。

表 2-10　香水河主要植被类型的活体植被总生物量及枯落物现存量　　（单位：t/hm^2）

植被类型		植被生物量				枯落物量
		地上	地下	地上/地下	总活体生物量	
	草地	0.70	0.37	1.89	1.07	0.49
	草甸	1.25	1.04	1.20	2.29	0.82
	灌木林	15.59±6.40	5.18±1.40	3.01	20.77	3.13±1.86
乔木林	华北落叶松林	49.83±4.40	8.54±0.55	5.83	58.37	18.21±1.42
	华山松林	87.33±11.70	15.37±2.64	5.68	102.70	11.99±0.77
	桦木林	66.87±15.98	17.55±3.84	3.81	84.42	10.90±0.37
	山杨林	62.95±19.02	17.02±3.30	3.70	79.97	7.67±3.09
	疏林	34.05±9.61	10.86±2.12	3.14	44.91	7.06±1.18
	平均	64.09	14.28	4.49	78.37	12.12

2.3.5　西北高寒区

苔藓、枯枝落叶层处于森林植被层与土壤层之间,是森林生态系统的重要组成部分,是林地水汽交换的重要界面。该层主要由苔藓、枯死、脱落的新鲜或半分解、分解凋落物等组成,不仅影响林地土壤的发育、水热通气状况、营养元素的循环及林地生物种群的类型及数量,而且苔藓作为一种疏松多孔物质依靠其强大的表面能及其类似于海绵性状的弹性力特性,具有明显的截持降水、消减动能、阻延径流、防止土壤强力冻结以及维系土壤结构的作用。

祁连山林区青海云杉林内苔藓枯落物分布与组成存在明显差异,15个样地平均厚度为8.2cm,厚度最大达13.7cm,最薄仅1.5cm,相差近10倍;苔藓枯落物中未分解成分较多,占总量的42.8%;半分解和已分解成分较少,分别占23.8%和33.4%;未分解成分在0.8~7.8cm之间波动,半分解成分在0.7~2.9cm之间波动,已分解成分在0.4~3.8cm之间波动,表明苔藓枯落物组成受立地条件和环境条件影响而表现出不同样地之间的差别。

调查中普遍发现,在海拔2700~2800m处青海云杉林区苔藓枯落物层厚度是一个峰值,3000~3100m是另一个峰值,最大值出现在海拔2760m,该样地胸径、树高、林龄均较大;最小值出现在海拔2900m,高海拔地区无论厚度,还是蓄积量波动均较小,低海拔地区由于不确定的人为干扰造成其波动幅度较大,特别是在海拔2800m处,由于人为过度经营,林内苔藓、枯落物较少。

苔藓在海拔 2600～3300m 处随海拔的增大其厚度和盖度也增大,并且在坡度和坡向相同的情况下表现更为突出,但在海拔 3300m 以上分布则较少,并且呈现随海拔的增加呈递减趋势。海拔 2600～3300m 为乔木林分布带,而海拔 3300m 以上则为灌木林分布带。因此,苔藓分布与乔灌的林型有关,苔藓主要分布在祁连山北坡青海云杉林内,灌木林内分布较少,灌木林带分布少是因为灌木林分布带常年有冻土分布,气温低不利于苔藓的生长。

为了在剔除人类过度经营样地资料的基础上较真实地反映自然分布规律,对相关资料进行分析,结果显示苔藓枯落物随海拔的升高,其分布增加的趋势得到了加强,拟合苔藓枯落物蓄积量(T,t/hm^2)与海拔(A,m)之间的线性关系可以得到较为理想的线性方程:

$$T = 0.1388A - 278.39, \quad R^2 = 0.4409 \tag{2-2}$$

2.3.6　西南长江三峡库区

由对缙云山典型水源林下枯落物储量调查可知(表 2-11),从枯落物重量组成来看,基本上是半分解层现存量大于未分解层。从枯落物层的厚度组成来看,一般是半分解层大于未分解层。枯落物半分解层厚度范围为 1.2～3.8cm,未分解层厚度在 0.7～2.4cm之间。枯落物的总厚度主要集中在 1.9～5.5cm 左右,以杉木阔叶林的最厚,毛竹纯林的最薄。从枯落物总储量来看,以四川大头茶林的储量最大,达 17.52t/hm^2,毛竹纯林下枯落物储量最小,为 8.41t/hm^2。从表中还可以看出,缙云山水源林以针阔混交林和常绿阔叶林型的水源林下枯落物储量总体较大,而竹林群落总体储量相对较低,这是因为针叶和阔叶树种枯枝落叶的总量较大,积累量大,而竹林的枝叶较少,分解且较慢,栲树林下枯落物储量较小的原因可能是由于该林分密度较小、物种多样性指数较低以及林分上中层的树种比例较小,而使单位时间和面积上落在林地上的枝叶量较少。9 种典型水源林下枯落物储量大小依次为四川大头茶林(17.52t/hm^2)＞马尾松杉木阔叶林(14.36t/hm^2)＞马尾松阔叶林(13.94t/hm^2)＞毛竹杉木林(13.23t/hm^2)＞杉木阔叶林(11.51t/hm^2)＞栲树林(10.64t/hm^2)＞毛竹阔叶林(10.13t/hm^2)＞毛竹马尾松林(9.15t/hm^2)＞毛竹纯林(8.41t/hm^2)。

表 2-11　缙云山水源林典型林分枯落物的厚度与储量

林分类型	厚度/cm			储量/(t/hm^2)		
	未分解层	半分解层	合计	未分解层	半分解层	合计
马尾松阔叶林	2.4	2.1	4.5	4.31	9.63	13.94
杉木阔叶林	1.7	3.8	5.5	4.59	6.92	11.51
马尾松杉木阔叶林	1.2	2.3	3.5	7.74	6.63	14.36
四川大头茶林	1.9	3.5	5.4	7.53	9.99	17.52
栲树林	1.6	1.3	2.9	3.28	7.38	10.64
毛竹马尾松林	1.2	1.5	2.7	3.28	5.87	9.15
毛竹杉木林	2.2	1.6	3.8	5.86	7.37	13.23
毛竹阔叶林	1.4	1.7	3.1	3.65	6.48	10.13
毛竹纯林	0.7	1.2	1.9	3.11	5.30	8.41

2.3.7　长江三角洲地区

华东长江三角洲地区各林分枯落物生物量各组分特征如表 2-12 所示。

表 2-12　不同林分枯落物生物量组分比

林分	生物量/(t/hm²)	组分比/%		
		枝	叶	半分解成分
马尾松幼林	2.67	4.20	48.47	47.33
马尾松中龄林	11.09	1.32	18.02	80.66
杉木幼林	6.67	23.20	51.34	25.46
杉木中龄林	12.56	28.69	31.67	39.64
毛竹林	3.10	1.03	48.21	50.76
栎林	10.60	3.19	32.66	64.15
灌木林	6.25			

由表 2-12 可知：

（1）林地枯落物生物量随着林龄的增大而增大。同一树种林龄越大其林分自然整枝越强，个体内各部分对营养空间的竞争也加强，树冠上移，枯落物的量也越大。马尾松中龄林的枯落物量（11.09t/hm²）是其幼林的 4.2 倍，杉木中龄林的枯落物量（12.56t/hm²）是其幼林的 1.9 倍。

（2）枯落物生物量随林分内树种生物学特性的不同而不同。杉木初期生长迅速，枝下高低，自然整枝开始早，所以同龄林的杉木和马尾松林，前者的枯落物明显大于后者。毛竹林的枯落物因毛竹枝、叶质轻，地上部分总的生物量小等原因，其枯落物生物量较小。灌木林由于生长了一些硬阔叶类灌木如油茶、杜鹃、茶树等，其枯落物生物量比毛竹林和马尾松幼林大。

（3）枯落物成分及其分解状况因树种和林龄而异，杉木林自然整枝早，有大量枝条枯落，故杉木幼林枯落物中枝、叶成分所占比例为 74.54%，中龄林为 60.36%，均大于60%。而马尾松林、毛竹林、栎林枯落物半分解成分占枯落物总量的百分比均大于杉木林。表明马尾松林、毛竹林和栎林的分解状况优于杉木林。马尾松和杉木的中龄林的半分解枯落物量占枯落物总量的百分比均比其幼林大。可见，林分枯落物的分解状况随林龄的增大也越趋良好。枯落物的分解是养分循环的一个重要环节，枯落物分解越快，土壤肥力状况越好，系统越稳定。由以上分析可知，该地区栎林、马尾松林和毛竹林的养分循环状况要优于杉木林。

2.3.8　华东山地丘陵地区

枯枝落叶层由于直接覆盖地表，能够防止雨滴打击。由于枯枝落叶的不断凋落和分解，逐渐改善土壤性质，增加降水入渗，对保持水土、涵养水源有巨大的作用。林分的树种组成不同，林分的生长状况、林地内的水热条件等都有所不同，而这些因素将影响着枯落物的输入量、分解速度，从而影响到林内枯落物的蓄积量。由表 2-13 可知，不同密度林分枯落物总厚度在 2.8～3.3cm 之间,密度为 3400 株/hm² 的林地最大,900 株/hm² 的林地最小,随林木密度增加呈现先增大后减小的趋势。未分解层厚度与总厚度变化趋势相同,而半分解层随林木密度增加逐渐增大,方差结果显示,各密度林地枯落物总厚度、未分解层厚度、半分解层厚度均不显著($p>0.05$),说明林木密度的变化对枯落物厚度影响不大。从表中可以看出,未分解层厚度均高于半分解层厚度,可能是由于半分解层中枯落物内部已部分分解,孔隙较小,结构较实;而未分解层枯落物凋落较晚,分解较慢,结构比较稀松,厚度较大。

表 2-13　不同密度杉木林枯落物蓄积量

样地号	密度 /(株/hm²)	厚度/cm		总厚度 /cm	蓄积量/(t/hm²)		总蓄积量 /(t/hm²)	蓄积量比例/%	
		未分解层	半分解层		未分解层	半分解层		未分解层	半分解层
样地Ⅰ	900	1.6	1.2	2.8	1.64	2.30	3.94	41.61	58.39
样地Ⅱ	1700	1.7	1.2	2.9	2.07	2.09	4.16	49.75	50.25
样地Ⅲ	2700	1.7	1.3	3.0	2.21	2.08	4.29	51.44	48.56
样地Ⅳ	3400	1.9	1.4	3.3	2.64	2.70	5.34	49.49	50.51
样地Ⅴ	4700	1.6	1.4	3.0	2.46	2.81	5.27	46.70	53.30
平均	2680	1.7	1.3	3.0	2.20	2.39	4.60	47.80	52.20

不同密度林分枯落物的蓄积量波动范围为 3.94～5.27t/hm²,依次为 3400 株/hm²＞4700 株/hm²＞2700 株/hm²＞1700 株/hm²＞900 株/hm²,这是由于随着林分密度的增加,林分郁闭度增加,林冠透光性逐渐变差,不利于枯枝落叶层的分解,进而积累了更多的枯落物。而 3400 株/hm² 蓄积量高于 4700 株/hm² 的主要原因是由于后者密度较大,林木之间竞争激烈,生长较慢,生物量减少。除 2700 株/hm² 外,其余各林分半分解层蓄积量均高于未分解层,而半分解层厚度明显高于半分解层,这是由于未分解层枯落物凋落的时间不长,分解较慢,且处于枯落物上层,堆积稀松,内部孔隙较大,质量较轻。经方差分析,半分解层蓄积量、总蓄积量随密度变化产生的差异均不显著($p>0.05$)。未分解层中,林分密度为 900 株/hm² 与 3400 株/hm² 差异极显著($p<0.01$),与 4700 株/hm² 差异显著($p<0.05$),说明林分密度对未分解层的蓄积量有很大的影响。综合整个杉木林来看,枯落物层平均厚度为 3.0cm,总蓄积量平均值为 4.60t/hm²,其中未分解层占47.80％,半分解层占 52.20％。

2.3.9　中南地区

在杉木林中,根据林地不同生长阶段,对林下地被物厚度、储量、成分等指标进行测定。在速生阶段,地被物总厚度为 1.3cm,总储量为 5.37t/hm²,其中未分解层厚度为0.8cm,储量为 3.65t/hm²,易分解的半分解层厚度为 0.5cm,储量为 1.72t/hm²;干材阶段,地被物层总厚度为 3.5cm,总储量为 15.5t/hm²,其中未分解层为 6.2cm,储量为11.7t/hm²,半分解已分解层厚度为 1.3cm,储量为 3.8t/hm²;成熟阶段,地被物厚度为8.5cm,储量为 23.31t/hm²,其中未分解层厚度为 5.5cm,储量为 18.7t/hm²,半分解已分解层的厚度为 3cm,储量为 4.61t/hm²。林分不同生长阶段年均地被物量大小关系为:成熟阶段>干材阶段>速生阶段；针叶在地被物中所占比例最大，在速生阶段占总地被物量的 65.99%，在干材阶段时，针叶地被物量占总量的 70.30%，从速生阶段到干材阶段地被物的积累量远大于干材阶段到成熟阶段的积累量；林分中各生长阶段的枝条、针叶、果实的地被物总量都在增加，但是碎屑的量在减少。另外，从速生阶段到成熟阶段，地被物年平均生物量在 1100kg/hm² 左右。

在樟树林，林内的枯枝落叶层较厚，生物量较大，达 12.42t/hm²，占林分总生物量的 11.18%，其中已分解凋落物占凋落物总量的 48.37%，达 6.01t/hm²，其次是未分解凋落物，占 31.63%，为 3.93t/hm²，半分解凋落物只占 20%，仅为 2.48t/hm²。从地被物的两个亚层生物量所占的比例看，其从侧面反映了林地凋落物的分解状况。表明林地死地被物层内未分解层积累的凋落物并不多，而以半分解层为主，其生物量为 2157t/hm²，占死地被物层总生物量的 51.4%。可见，林内地被物层中的凋落物在适宜水热条件下，大部分向半分解和已分解层转移。

湿地松林分内的枯枝落叶层较厚，生物量较大，达 20.30t/hm²，其中已分解层为 12.78t/hm²，占地被物总生物量的比重最大，为 62.95%；未分解层和半分解层分别为 3.86t/hm² 和 3.66t/hm²，分别占地被物总生物量的 19.02% 和 18.03%。

枫香林内的枯枝落叶较少，枫香林分林下地被物的总生物量为 10.41t/hm²，其中幼树层生物量占林下地被物生物量的 14%，灌木层生物量占林下地被物生物量的 30%，草本层生物量为 0.66t/hm²，仅占林下地被物生物量的 6%，地被物层生物量所占比例最大，达 50%。

马尾松纯林的年凋落物量为 3.44t/hm²，在凋落物的组成中，枯叶占绝对优势，在凋落物总量中其比例达 50%~71%，其他组分所占的比例在各群落中差异较大，按各群落的平均值排列，依次为枝>其他>皮>果。在不同龄组的马尾松林中，以近熟林(23 年生)的凋落量最高，达 11 434kg/(hm²·a)；中龄林(14 年生) 次之，为 9916kg/(hm²·a)；幼龄林再次之(8 年生)，为 4588kg/(hm²·a)；成熟林(38 年生)最低，为 4390kg/(hm²·a)。

2.3.10　华南地区

研究区典型森林生态系统枯落物特征如表 2-14 所示。

表 2-14　主要森林植被类型枯落物储蓄量

植被类型	枯落物储蓄量/(t/hm²)			未分解	半分解
	未分解	半分解	总量	所占比例/%	所占比例/%
阔叶林	2.10	6.61	8.71	24.11	75.89
针阔混交林	3.51	8.62	12.13	28.94	71.06
杉木林	4.60	7.41	12.01	38.30	61.70
马尾松林	2.82	1.96	4.78	59.00	41.00
灌草地	2.65	2.11	4.76	55.67	44.33

2.4　典型地区根系层结构特征

2.4.1　华北土石山区

　　根长密度是指单位土体中根系的长度。根长密度越大,说明单位土体内的根系越多,就越容易形成网络结构的连通性良好的根孔,影响土壤水分运移。图 2-13 显示了直径＜1mm 根系的根长密度随土壤深度的变化曲线。

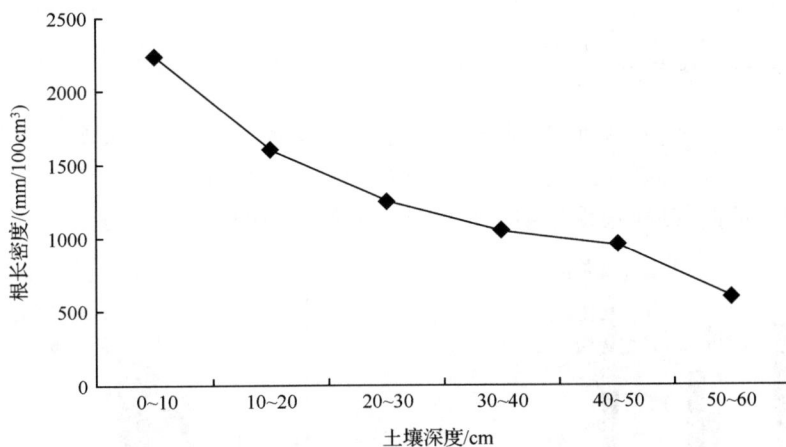

图 2-13　直径＜1mm 根系根长密度均值随土壤深度的变化

　　从图 2-13 中可以看出,该曲线在 0～60cm 深度范围内相对平滑,根长密度随土壤深度的增加明显呈降低的趋势,对该曲线进行对数拟合,相关系数 R^2 值较大。拟合结果如式(2-3):

$$y = -896 \cdot \ln(x) + 2300, \quad R^2 = 0.988 \tag{2-3}$$

式中,y 为根长密度(mm/100cm³),x 为土壤深度(cm)。

　　综合以上分析,可知根长密度随土壤深度的增加呈减小的趋势。

　　图 2-14 显示了直径＞1mm 根系根长密度均值随土壤深度的变化,就直径为 1～3mm

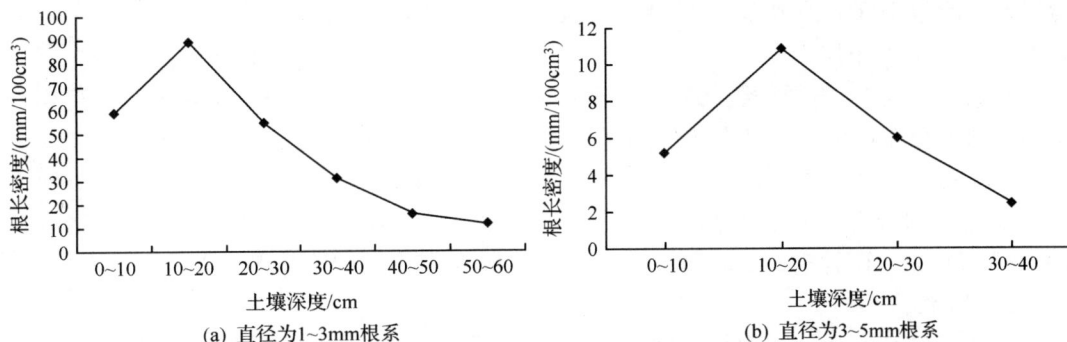

(a) 直径为 1～3mm 根系　　　　(b) 直径为 3～5mm 根系

图 2-14　直径＞1mm 根系根长密度均值随土壤深度的变化

根系来说,根长密度最大值未出现在 0~10cm 层,而是出现在 10~20cm 层,与样地内无草本植被有关;在 10~60cm 深度范围内,随土壤深度的增加,根长密度呈明显的减小趋势,根长密度随土壤深度的变化情况为:在 10~20cm 深度处达到最大值,之后,随土壤深度的增加,根长密度呈减小的趋势。就直径为 3~5mm 根系来说,其变化趋势与直径 1~3mm 根系根长密度变化情况一致,0~10cm 深度内,尚未分枝形成足够多的直径 3~5mm 树木根系,最大值出现在 10~20cm 层,之后,随土壤深度的增加,根长密度值呈减小的趋势。

2.4.2　西北黄土区

1. 根系生物量分布特征

根系生物量密度是反映地下部分生长的重要指标,是根系生长发育的最直接指示(Jamaludheen,1997)。研究区刺槐根系生物量密度分布特征见图 2-15。从图 2-15 中可以看出,在同一坡向,刺槐根系生物量密度具有相似的空间分布特征。

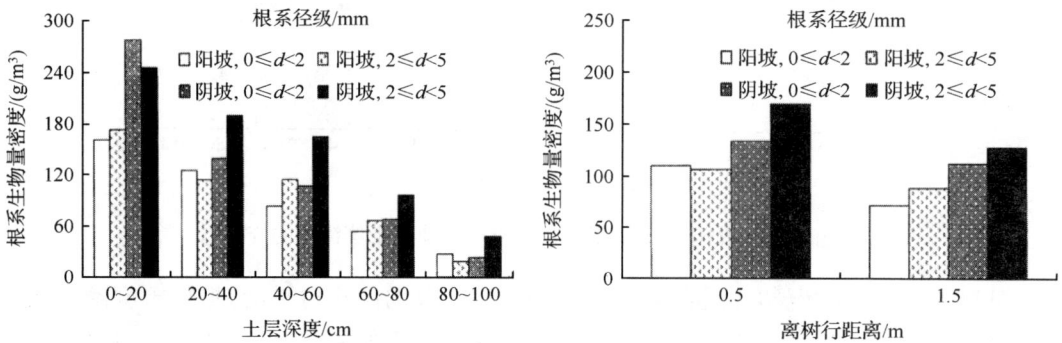

图 2-15　根系生物量密度垂直分布和水平分布

在垂直方向上,不同径级($0 \leqslant d < 2$mm 和 2mm$\leqslant d < 5$mm)根系生物量密度在不同深度的土层中分布特征较为一致,根系生物量密度随着土层深度的增加而逐渐减少。$0 \leqslant d < 2$mm 和 2mm$\leqslant d < 5$mm 两种径级的根系在 0~60cm 土层中,阳坡刺槐根系生物量密度分别占自径级取样区 0~100cm 土层中根系生物量密度的 81.86% 和 82.68%,阴坡刺槐根系生物量密度分别占 85.16% 和 80.65%。可以看出根系生物量密度较为集中地分布在 0~60cm 的土层中。

在水平方向上,不同径级($0 \leqslant d < 2$mm 和 2mm$\leqslant d < 5$mm)根系生物量密度在离树行不同距离处分布特征同样具有相似的规律,距离树行越近,根系生物量密度越大。在 $0 \leqslant d < 2$mm 和 2mm$\leqslant d < 5$mm 两种径级的根系中,阳坡刺槐在距树行 0.5m 和 1.5m 两个距离根系生物量密度分别占各自径级全部取样区 0~100cm 土层中根系生物量密度的 60.59% 和 39.41%,54.92% 和 45.08%。阴坡刺槐则分别占 54.40% 和 45.60%,57.27% 和 42.73%。

与细根($0 \leqslant d < 2$mm)生物量密度相比,较粗根(2mm$\leqslant d < 5$mm)根系生物量密度占全部根系生物量密度的 51.85%,是决定刺槐根系生物量分布特征的主要因素,但由于大

径级根系的功能主要起到构架和支撑作用,吸收功能相对较差,所以对于树木的吸收功能产生影响较小。而作为水分和养分吸收的主要器官,细根系生物量的差别对于树木的生长产生了决定性的作用,阳坡刺槐和阴坡刺槐细根根系生物量密度分别占全部根系生物量密度的 48.15% 和 45.30%。

在同一坡向,根系生物量密度虽然具有相似的空间分布特征,但不同坡向刺槐根系生物量密度具有明显差异,相同径级、相同位置阴坡刺槐生物量密度明显大于相同条件下的阳坡刺槐生物量密度。

2. 根系根长密度、根表面积密度分布特征

根长、根表面积分布特征同样可以较好地反映不同径级根系在林木生长过程中的作用。根表面积根系是与土壤之间进行营养交换的界面,在反映根系生长和分布特征的各项指标中,根系的表面积与林木生长的关系非常密切。

刺槐根长密度和根表面积密度分布特征如图 2-16 所示。从图中可以看出,同一坡向,不同径级刺槐的根长密度、根表面积密度的分布特征与根系生物量密度分布特征类似。

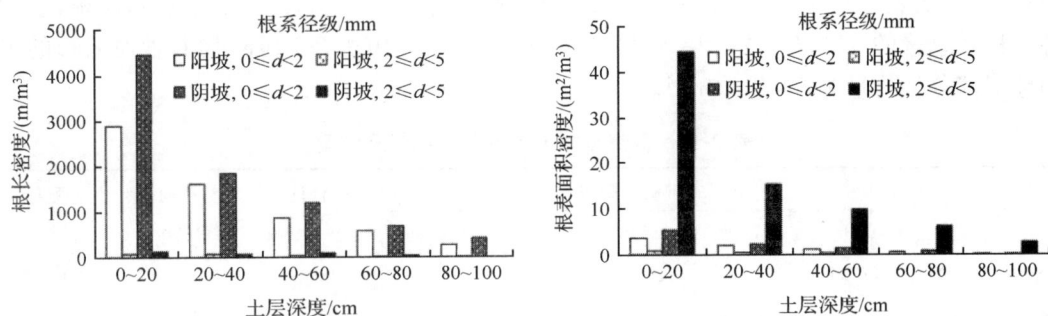

图 2-16　根长密度和根表面积密度垂直分布

在垂直方向上,不同径级($0 \leqslant d < 2mm$ 和 $2mm \leqslant d < 5mm$)根长密度和根表面积密度在不同深度的土层中分布特征较为一致,根长密度和根表面积密度均随着土层深度的增加而逐渐减少。经计算 $0 \leqslant d < 2mm$、$2mm \leqslant d < 5mm$ 两种径级的根系在 $0 \sim 60cm$ 的土层中,阳坡刺槐根长密度和根表面积密度分别占自径级取样区 $0 \sim 100cm$ 土层中 85.95%、80.81% 和 84.10%、81.29%,阴坡刺槐根长密度和根表面积密度则为 86.90%、84.73% 和 86.31%、88.01%,再次验证出 $0 \sim 60cm$ 土层根系较为集中区域。

表 2-15 显示出不同径级的根长密度与根表面积密度的水平分布特征基本一致,距离树行越近,根长密度和根表面积密度越大。在距离树干 0.5m 或是 1.5m 处,无论阳坡还是阴坡,刺槐 $0 \leqslant d < 2mm$ 根长密度均大于相应的 $2mm \leqslant d < 5mm$ 根长密度。但根表面积密度却存在差异,阳坡刺槐 $0 \leqslant d < 2mm$ 根表面积密度大于 $2mm \leqslant d < 5mm$ 表面积密度,而阴坡刺槐 $0 \leqslant d < 2mm$ 根表面积密度远小于 $2mm \leqslant d < 5mm$ 表面积密度。不同坡向刺槐根长密度和根表面积密度同样存在差异,相同径级、相同位置阴坡刺槐根系根长密度和根表面积密度明显大于相同条件下的阳坡刺槐根系根长密度和根表面积密度。

表 2-15　根长密度和根表面积密度水平分布

坡向	离树行距离/m	根系直径/mm	根长密度/(m/m³)	根表面积密度/(m²/m³)
阳坡	0.5	0≤d<2	1317.736	1.871
		2≤d<5	52.864	0.478
	1.5	0≤d<2	1195.206	1.447
		2≤d<5	42.084	0.410
阴坡	0.5	0≤d<2	1891.021	2.339
		2≤d<5	75.082	16.213
	1.5	0≤d<2	1569.44	2.029
		2≤d<5	67.862	15.694

2.4.3　西北高寒区

　　根系的存在对土壤性质有重要的作用,根系不仅可以改善土壤的物理性质和结构,而且还可增强土壤的渗透性,提高土壤的抗蚀性和抗冲性。青海云杉地下部分是按不同径级划分的,从表 2-16 中看出,不同径级根生物量大小依次为根茎、粗根、中根和小根,它们各占根系总量的 33.37%、27.82%、22.30% 和 6.51%。由表 2-13 还可知,青海云杉的平均地下部分生物量为 54.27t/hm²。

表 2-16　青海云杉地下部分生物量及分配

组分	各林龄生物量					合计 /(t/hm²)	平均 /(t/hm²)	分配量 /%
	123a	130a	147a	157a	212a			
根茎(>5cm)	13.94	14.36	19.57	23.38	15.27	90.52	18.11	33.37
粗根(3~5cm)	11.62	11.96	16.32	22.82	12.79	75.51	15.1	27.82
中根(1~3cm)	9.3	9.58	13.06	18.31	10.24	60.49	12.1	22.3
小根(<1cm)	7.04	7.22	9.86	13.79	6.9	44.81	8.96	16.51
合计	41.9	43.12	58.81	82.3	45.2	271.33	54.27	100

2.4.4　西南长江三峡库区

　　试验选取研究区常见的六个树种:马尾松(*Pinus massoniana* Lamb.)、香樟[*Cinnamomum camphora*(L.)Presl]、广东山胡椒[*Lindera kwangtungensis*(Liou)Allen]、四川大头茶(*Gordonia acuminata*)、粉叶新木姜子(*Neolitsea aurata* var. *glauca*)和四川山矾[*Symplocos lucida*(Retz)Wall],并对其根系结构特征进行研究。其中前三者为高大乔木,后三者为小乔木,皆为缙云山常见优势树种。马尾松和四川大头茶是直根型树种,主根粗长,侧须根细少,而香樟和白毛新木姜子的幼树根系分布较浅,水平根和垂直根数量都很少,广东山胡椒和四川山矾根系分布最广,水平根和垂直根数量较多。

　　表 2-17 表示的是 6 种植物根结构特性以及根系根结构分类的相关参数。对于根结构的分类,本书根据所研究树种根系水平根、垂直根以及倾斜根的数量的不同,将本试验

中的 6 种植物根系分为 3 种类型,分别为:马尾松和四川大头茶——VH 型、香樟和白毛新木姜子——H 型,广东山胡椒和四川山矾——R 型。抗剪强度强弱关系为:VH 型>H 型>R 型。除此之外,根据试验过程中根系的埋深深度,在试验前通过人工计数的方法将埋深下方 50~150mm 范围内的根系按照 2mm 的径级分类计数,超过 10mm 的直径的根系在计算平均值时取 11mm 计算,试验结果表明,所有植物的小直径根系都比较多,而中等直径的根系在 H 型和 R 型中分布较 VH 型得多,而大直径根系含量除马尾松和白毛新木姜子为 0 外,其他四种树种含量相差不大。根面积比率的值可以很好地表现剪切面土壤内含根量的比值,值越大,说明含根量总的截面积越大。而本试验对于根面积比率的测量,采用以公式(2-4)计算:

$$\text{RAR} = \sum_{i=1}^{N} \frac{N n_i d_i}{4} \tag{2-4}$$

式中,n_i 代表 i 径级下的含根量;d_i 代表 i 径级下的根的中值直径,mm。

表 2-17　6 种植物根系结构相关参数

树种	树根径级						根面积比率 /%
	0~2mm	2~4mm	4~6mm	6~8mm	8~10mm	10mm 以上	
马尾松(a)	10.0	2.0	0.3	0.3	0.3	0	0.00585
四川大头茶(d)	18.7	4.3	2.3	0.7	0.7	0.7	0.02166
香樟(b)	15.7	2.7	0.3	0.7	0.7	0.7	0.01637
白毛新木姜子(e)	11.7	3.7	2.7	0.7	0.3	0	0.01343
广东山胡椒(c)	25.0	11.7	7.0	4.0	1.7	1.0	0.05801
四川山矾(f)	12.3	6.3	4.3	1.0	0.7	1.0	0.03000

通过计算可知,根面积比率大小关系为:R 型(马尾松,四川大头茶)<H 型(香樟,白毛新木姜子)<VH 型(广东山胡椒,四川山矾)。根面积比率最大值为广东山胡椒(VH 型),其次是四川山矾(VH 型);最小值为马尾松(R 型)。

2.4.5 长江三角洲地区

1. 不同树种标准木根系生物量比较

华东长江三角洲地区不同树种根系生物量特征如表 2-18 所示。

表 2-18　各树种根系生物量比较　　　　　(单位:kg)

树种	林龄/a	主根	二级根	细根	毛根	根桩	总计
马尾松	16	0.830	0.425	0.768	—	1.000	3.023
杉木	12	1.058	0.877	2.254	—	1.724	5.913
毛竹	3~5	0.406	—	2.282	0.115	1.353	4.041
栎林	45	1.542	1.054	3.125		1.983	7.704

从表 2-18 中可以看出,在相同的土壤条件下,栎林的根系较杉木多,而杉木的根系生

物量较马尾松多,16 年生的马尾松不论是主根、二级根、细的生物量,还是根桩生物量均较 12 年生的杉木小,其总生物量较杉木低 2.89kg,杉木的年平均生长量(约为0.493kg/a)比马尾松的年平均生长量(约为 0.189kg/a)大 0.304kg/a,两者相差约为 1.6倍。另一方面,毛竹在细根、根桩生物量及部生物量上也均大于 16 年生马尾松,这与毛竹是须根系植物而马尾松是主根系植物的特性有关,马尾松的主根虽然发达,但细根不发达;栎树和杉木也为侧根、须根发达的植物,而且,主根也比毛竹发达,故其主根、根桩生物量及总生物量均大于毛竹。

2. 不同年龄阶段的标准木根系生物量比较

随着年龄的增加,树木各径级根系生物量所占比重会出现一定程度的变化,见表 2-19。

表 2-19　不同年龄阶段的马尾松和杉木根系生物量比较　　　　　(单位:kg)

树种	林龄	主根	二级根	细根	根桩	合计
中龄马尾松	16 年	0.830	0.425	0.768	1.000	3.023
成龄马尾松	29 年	6.340	0.849	1.170	4.811	13.17
中龄杉木	12 年	1.058	0.877	2.254	1.724	5.913
成龄杉木	22 年	2.572	1.113	0.897	4.686	9.268

从表 2-19 可以看出,随着年龄的增加,马尾松各径级根系生物量都有所增加,尤其是主根生物量,中龄马尾松平均增长量为 0.052kg/a,成龄马尾松为 0.21kg/a,后者是前者的 4.2 倍,至于二级根、细根的年平均增长量两者相差很少,分别为 0.03kg/a、0.04kg/a,但细根在总生物量中所占的比重,却随着年龄的增长而下降,16 年生马尾松细根生物量占 25.41%,29 年生的只占 8.88%。对于总根量而言,对其影响最大的是主根和根桩,两者随年龄的增长呈比较高的增长趋势。16 年生和 29 年生马尾松的根桩和主根生物量分别相差 3.811kg/a 和 5.51kg/a,总根量也呈比较高的增长趋势。16 年生马尾松的年平均增长量为 0.189kg/a,而 29 年生马尾松为 0.454kg/a,后者为前者的 2.4 倍。

另一方面,随着年龄的增长,杉木根系中各级根(除细根)的生物量均有所增长,其中根桩、主根和二级根分别增加了 2.962kg、1.514kg、0.236kg,而细根生物量反而有所下降,它在总根量中所占比重由 12 年生的 38.12%下降为 22 年生的 8.75%,减少了近30%。但 12 年生杉木的细根量比其他各级根量都要多,这可能与其处于杆材期的发育阶段有关。12 年生的杉木根系尤其是主根根系和二级根根量较少。大量细根的存在有利于从土壤中吸收更多的水分和养分,保障树木的旺盛生长。

3. 不同树种标准木细根生物量比较

华东长江三角洲地区不同树种细根生物量特征如表 2-20 所示。

从表 2-20 中可以看出:栎树的细根量最大,其次为毛竹、12 年生杉木及 29 年生马尾松,而 16 年生马尾松与 22 年生杉木的细根生物量几乎相当。杉木随着林龄的增加细根量呈现出下降的趋势,而马尾松从幼林至中龄林细根量呈现出增加的趋势,反映了两种树

表 2-20　不同树种细根生物量比较

树种	中龄马尾松	中龄杉木	成龄马尾松	成龄杉木	毛竹	栎林
林龄	16 年	12 年	29 年	22 年	3～5 年	45 年
细根量/kg	0.768	2.254	1.17	0.811	2.282	3.125

种在铜山分场区对环境的适应产生的不同的生物学特性。细根量对林木总生物量的影响虽然微乎其微,但对林木根系生长和根系固持土壤能力具有一定的贡献,因为林木细根虽细,但在土壤中可纵横交错形成网络,可以吸收更多的水分、养分,又可以提高根系的固土功能。

2.4.6　中南地区

杉木、马尾松、枫香和樟树 4 种人工林群落总细根生物量之间差异显著($p < 0.05$),全年的总细根生物量分别为 $0.597～1.533t/hm^2$、$0.835～1.994t/hm^2$、$0.639～1.503t/hm^2$ 和 $1.260～3.575t/hm^2$,年均为 $0.979t/hm^2$、$1.243t/hm^2$、$0.919t/hm^2$ 和 $2.143t/hm^2$,表现为樟树＞马尾松＞杉木＞枫香;活细根生物量分别为 $0.517～1.407t/hm^2$、$0.699～1.892t/hm^2$、$0.605～1.296t/hm^2$ 和 $1.162～3.67t/hm^2$,年均活细根生物量分别为 $0.593t/hm^2$、$2.223t/hm^2$、$0.826t/hm^2$ 和 $1.958t/hm^2$,表现为马尾松＞樟树＞枫香＞杉木;死细根生物量分别为 $0.007～0.222t/hm^2$、$0.056～0.229t/hm^2$、$0.040～0.207t/hm^2$ 和 $0.072～0.599t/hm^2$,年均死细根生物量分别为 $0.086t/hm^2$、$0.119t/hm^2$、$0.093t/hm^2$ 和 $0.184t/hm^2$,表现为樟树＞马尾松＞枫香＞杉木;杉木、马尾松、枫香和樟树年均活细根生物量占总细根生物量的比例分别为 91.2%、90.4%、89.9% 和 91.4%。林分细根现存量与立地条件、气候、土壤类型、群落结构、树种、树龄等因素有关,不同林分在同一气候和同一土壤类型条件下,细根现存量也不同。对湖南省杉木、马尾松、枫香和樟树 4 种森林细根生物量的研究结果表明,马尾松和樟树细根生物量为 $1.242t/hm^2$ 和 $2.142t/hm^2$;杉木和枫香细根生物量为 $0.979t/hm^2$ 和 $0.919t/hm^2$,4 种森林群落中细根生物量之间差异显著,这主要是受群落主要优势树种细根发生过程中的生物学、生态学特性及外界环境综合影响的结果。

4 种人工林群落活细根和死细根生物量主要分布在 0～30cm 土壤层,年均活细根生物量占到总活细根生物量的 67.83%～76.53%,年均死细根生物量占到总死细根生物量的 66.01%～76.53%,活细根和死细根生物量均随土壤深度增加而减少。在 0～15cm、15～30cm、30～45cm 和 45～60cm 各层细根生物量分配比例中,杉木活细根为 42.25%、25.58%、20.09% 和 12.18%,死细根为 41.44%、24.57%,21.90% 和 12.09%;马尾松活细根为 41.01%、29.98%、17.36% 和 11.65%,死细根为 41.62%、30.15%、16.68% 和 11.55%;枫香活细根为 49.59%、26.97%、14.89% 和 8.55%,死细根为 45.63%、27.88%、17.04% 和 9.45%;樟树活细根为 52.89%、23.64%、12.49% 和 10.98%,死细根为 52.16%、23.99%、12.70% 和 11.15%。大量研究证明,细根生物量的垂直分布随着土层的加深而减少,主要是受土壤理化性质和养分含量的影响。本书的研究中细根生物量随土壤深度增加而明显下降的结论与大多数研究者报道相一致。在亚热带常绿阔叶林中,随着土层的加深,土壤容重会逐渐增加,细根在土壤中获得氧气会逐渐减少,所以其生物量会逐渐减少。

2.5　典型地区生态系统结构特征分析

2.5.1　华北土石山区

1. 非空间结构特征

在林分内各种大小直径林木的分配状态,称作林分直径结构,亦称林分直径分布。林分直径结构是最基本的林分结构,是测定、研究林分直径、断面积、材积以及这些因子生长的一个依据,是许多森林经营技术的基础。对不同林分的非空间结构的调查结果显示,油松林林木个体直径主要分布在4~10cm,侧柏林主要分布在8~10cm,栓皮栎林主要分布在12~14cm。油松林林木个体树高主要分布在4~10m,侧柏林主要分布在3~5m,栓皮栎林主要分布在4~9m。

2. 树种混交特征

对研究区内3种主要林分的树种平均混交度及频率进行研究(图2-17),结果表明:

(1)油松人工林林分混交度从$M_i=0$到$M_i=1$各取值的比例呈减少的趋势,林分混交度以零度混交为主,弱度混交次之,中度、强度和极强度个体分布频率基本相同,说明了油松人工林混交程度较低,树种之间隔离程度低,参照树常与同种相伴。此外,油松人工林内伴生树种混交度分布规律基本相同,各树种平均混交度分布频率均大于0.6,油松在样地内的平均混交度最小,说明油松在空间结构单元中混交程度最差,人工造林后保留或自然生长起来的部分阔叶树混交程度均较大。

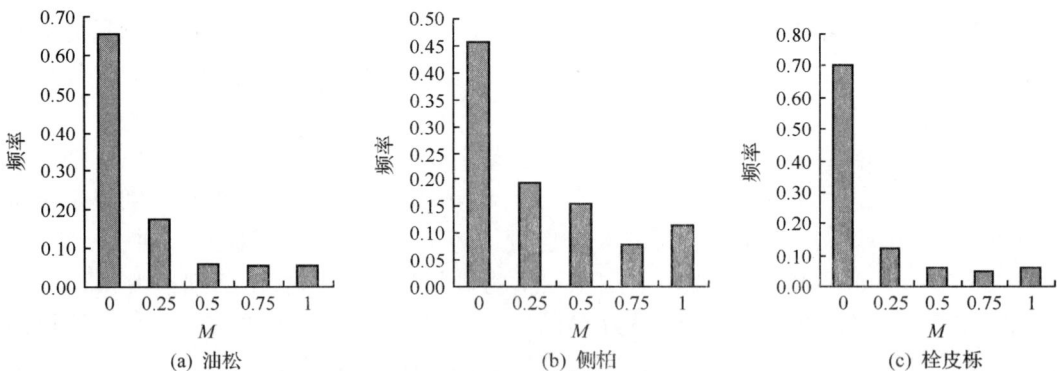

图 2-17　油松、侧柏、栓皮栎混交林林分混交度

(2)侧柏林林分混交度从$M_i=0$到$M_i=1$等级范围内呈先减小后增加的趋势,$M_i=1$的比例大于$M_i=0.75$等级的比例,说明混交情况相对而言较好。林分主要以零度混交和弱度混交为主,二者分布频率为0.760,说明同种聚集在一起生长的情况较多。

（3）栓皮栎林林分混交度较小，林分平均混交度为 0.16，以零度混交为主，零度混交的分布频率为 0.70，弱度混交的分布频率为 0.12，其他混交度等级内的分布频率相差不大，分布频率均较小，说明栓皮栎人工林混交状况不好。

3. 树种胸径分化特征

对研究区内 3 种森林林分的树种胸径分化特征进行研究（图 2-18），结果表明：

（1）油松林林分大小比数分布规律差异较大，而油松林处于不同状态的树木所占比例变化不大，个体分布频率均在 20.00％左右，优势木所占比例最大，占 21.00％，亚优势和绝对劣态分布的个体最小，均占 19.00％，在空间结构单元中比参照树大的相邻木数目和比参照树小的相邻木数目基本相同，林分个体大小分化程度均匀。

（2）侧柏林的大小比数分布规律差异较大，大小比数在等级 $U_i=0.5$ 时分布频率最大，等级 $U_i=0.25$ 的分布频度最小，侧柏林中庸木最多，亚优势木最少。

（3）栓皮栎林大小比数从 $U_i=0$ 到 $U_i=1$ 不同取值范围内的比例呈先增加后减少的趋势，林分平均大小比数为 0.490。林木大小比数等级 $U_i=0.5$ 的比例最大，$U_i=0$ 和 $U_i=0.25$ 的比例相差不大，$U_i=1$ 的比例最小，说明林分总体上分化程度较高，不同径级林木在空间结构单元中分布频度差异不大。

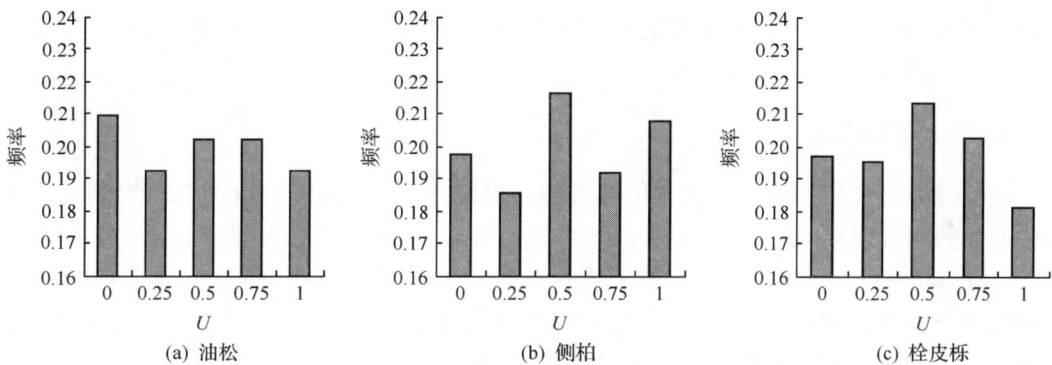

图 2-18　油松、侧柏、栓皮栎混交林大小比数分布

2.5.2　西北黄土区

1. 群落结构特征

物种多样性是反映群落或生境中物种丰富度、变化程度以及不同自然地理条件与群落的相互关系，也反映各物种对环境的适应能力和资源利用能力。均匀度指数和优势度指数能反映群落的多样性。一般来说，生境条件越适宜，多样性就越高。在反映群落类型和结构上，多样性指数相近时，均匀度小的群落比均匀度大的群落优势度更为明显。用群落生态优势度指标、物种多样性指数、种间随遇概率及均匀度指标对不同生境植物群落结构特征进行研究。不同生境的群落结构特征值如表 2-21 所示。

表 2-21　不同生境物种多样性指数和均匀度比较

生境	N	S	D	H'	$J/\%$
阴坡	878	20	3.245	5.653	0.369
半阴坡	500	18	10.985	6.143	2.197
阳坡	180	14	8.676	7.132	0.514
半阳坡	540	17	6.342	6.142	1.206
沟底	430	15	1.398	1.769	0.146

注：N 为样本数，S 为优势度指标，D 为物种多样性指数，H' 为种间随遇概率，J 为均匀度指标。

在 5 种生境群落中，阴坡的优势度指标最大，阳坡的最小；在反映群落类型和结构上，多样性指数相近时，均匀度小的群落比均匀度大的群落优势度更为明显，多样性指数较低的群落是较为不稳定的群落，如果多样性指数相近，则均匀度较高的群落较为稳定，反之，则不稳定。从表中数据可以看出阳坡、半阴坡植被最为稳定，沟底植被最不稳定。

2. 不同立地主要植被生长情况

不同立地，植被生长的地径、株高均有所不同。本书的研究分别对不同立地条件下的灌木树种沙棘、柠条和乔木树种刺槐、油松的株高进行调查，结果表明，不同立地对植被的生长状况作用明显，在水分充足的阴坡、半阴坡适合耐湿、耐阴的乔木树种生长，而在光照充足、干旱的地区适合灌木的生长。

2.5.3　西北土石山区

地处暖温带气候条件下的六盘山香水河小流域，位于六盘山自然保护区的核心区，其森林群落的树种组成、结构都能代表六盘山地区的典型森林生态系统特征。

华北落叶松人工林现为 14～25 龄的中幼林，中龄林林分郁闭度较高，在 0.4～0.8 之间，部分间伐过的样地郁闭度较低。幼龄林林分郁闭度在 0.3～0.4。林下灌木层盖度（平均为 24.6%）低于其他森林类型，而草本层植被盖度（平均 53.6%）则明显高于其他类型。华北落叶松人工林树种单一，林相整齐。林下灌木层（Shannon 指数为 0～1.77）和草本层物种多样性（Shannon 指数为 0.23～2.27）均较低（表 2-22）。

表 2-22　六盘山香水河小流域调查群落的树种组成及多样性

样地号	优势种	乔木层										灌木层		草本层	
		组成种数	种重要值									Simpson 指数	Shannon 指数	Simpson 指数	Shannon 指数
			落叶松	华山松	红桦	白桦	糙皮桦	山杨	椴树	其他	丰富度				
1	落叶松	1	100	—	—	—	—	—	—	—	0	0.07	0.17	0.63	1.20
2	落叶松	1	100	—	—	—	—	—	—	—	0	0.12	0.23	0.58	1.13
3	落叶松	1	100	—	—	—	—	—	—	—	0	0.61	1.07	0.42	1.06
4	落叶松	1	100	—	—	—	—	—	—	—	0	0.75	1.50	0.63	1.20

续表

样地号	优势种	组成种数	乔木层									灌木层		草本层	
			种重要值									Simpson 指数	Shannon 指数	Simpson 指数	Shannon 指数
			落叶松	华山松	红桦	白桦	糙皮桦	山杨	椴树	其他	丰富度				
5	落叶松	3	76.8	—	14.4	—	8.8	—	—	—	0.56	0.55	1.00	0.56	1.11
6	落叶松	1	100	41.2	9.8	8.8	9.4	30.8	—	—	0.00	0.74	1.64	0.16	0.42
7	华山松	5	—	39.8	9.2	6.9	12.5	31.6	—	—	0.99	0.83	1.99	0.31	0.70
8	落叶松	2	79.0	21.0	—	—	—	—	—	—	0.25	0	0	0.24	0.56
9	华山松	5	—	34.0	19.0	34.2	2.7	10.1	—	—	1.19	0.70	1.38	0.72	1.49
10	红桦	5	—	—	33.3	7.7	9.0	—	—	50.1	1.48	0.59	1.20	0.77	1.66
11	落叶松	1	100								0	0.00	0.00	0.77	1.66
12	落叶松	1	100								0	0.14	0.32	0.47	1.04
13	落叶松	1	100								0	0.48	0.77	0.60	1.18
14	山杨	3		7.0				83.6		9.5	0.64	0.72	1.52	0.48	1.04
15	小檗	—	—	—	—	—	—	—	—	—	—	0.79	1.94	0.71	1.67
16	忍冬	—	—	—	—	—	—	—	—	—	—	0.86	2.27	0.86	2.27
17	华山松	1	100	—							0.00	0.66	1.28	0.80	1.82
18	华山松	3	—	62.7							0.50	0.69	1.33	0.98	1.45
19	落叶松	2	66.4	33.6							0.30	0.51	0.88	0.58	1.42
20	华山松	3		72.6	16.3	—	11.1				0.47	0.43	0.81	0.27	0.66
21	华山松	4		70.4	4.8	13.6	11.3				0.85	0.69	1.52	0.58	1.23
22	落叶松	4	66.0			3.6				30.4	0.75	0.05	0.12	0.69	1.34
23	落叶松	1	100								0	0.78	1.56	0.76	1.54
24	落叶松	1	100								0	0.65	1.23	0.78	1.77
25	落叶松	1	100								0	0.43	0.76	0.75	1.80
26	落叶松	1	100								0	0.81	1.77	0.55	1.08
28	白桦	2			8.7	91.3					0.48	0.84	1.95	0.12	0.23
29	白桦	4				66.8		11.2	15.9	6.1	0.92	0.77	1.63	0.54	1.02
30	山杨	4		13.8		32.3		47.5		6.4	0.83	0.73	1.48	0.60	1.20
31	华山松	3	29.7		22.8	47.5					0.61	0.81	1.81	0.73	1.52
35	野李子	1									—	0.75	1.64	0.80	1.82
36	落叶松	1	100								0.00	0.64	1.24	0.59	1.17
37	落叶松	1	100								0.00	0.36	0.66	0.12	0.30

　　华山松林在流域内的半阳坡到阴坡均有分布,但仅在悬崖陡壁上和极陡峭的山坡上有保留。植被比较完整,林分郁闭度(0.5~0.8)高于其他森林类型,林分密度平均为1060 株/hm²。华山松林由华山松单树种组成或伴生有少量山杨、桦树等树种。由于华山林松冠层郁闭度高且冠层较厚,林下灌木层和草本层的盖度都较低,分别为 29.6% 和

24.2%。林下灌木层植被主要包括忍冬、榛子、峨眉蔷薇、香荚迷等。草本层植物多样性 Shannon 指数为 0.66~1.82,主要草种为细叶冰草和薹草。

桦木林是流域内面积比例最大的森林类型,主要分布在流域的阴坡和半阴坡。林分密度平均为 878 株/hm² 和林冠郁闭度都较低(0.58)。主要组成树种为白桦、红桦和糙皮桦。桦木林是流域内树种组成相对丰富的类型,乔木层树种丰富度为 0.48~1.48。林下灌木层盖度较高(54.2%),树种多样性指数为 1.20~1.95。林下草本层盖度则相对较低(23.3%),多样性指数(Shannon 指数)为 0.23~1.66。

山杨林是流域内原生植被遭破坏后,植被自然恢复早期的过渡类型。山杨是阳性树种,保护区森林植被经过多年的自然恢复更新后,目前山杨林次生林仅在光照充足的坡顶和坡上部有少量的保存。山杨林内伴生有白桦、红桦、华山松等树种,山杨林林分密度平均为 1025 株/hm²,林冠郁闭度平均为 0.53。林下灌木层盖度平均为 50%,草本层盖度平均为 32.5%。

小流域内森林大多是遭长期破坏后形成的次生林,天然林郁闭度总体不高,且不同类型间差异较大,变化范围为 0.2~0.8。不同类型森林平均郁闭度大小依次为:华山松林(0.66)＞华北落叶松林(0.54)＞桦林(0.57)＞山杨林(0.53)＞稀疏次生林(0.20)。

小流域内的森林植被垂直层次结构明显而简单,由乔木层、灌木层和草本层构成,少有层间植物。华北落叶松人工林各层盖度表现为乔木层盖度(80%)＞草本层(40%)＞灌木层(25%)。天然次生林各层植被盖度在不同类型间存在差异。华山松林和桦林表现为乔木层(80%,80%)＞灌木层(30%,65%)＞草本层(10%,10%)。山杨林和稀疏次生林则表现为灌木层盖度(50%,75%)＞乔木层(40%,20%)＞草本层(20%,20%)。

2.5.4　西南长江三峡库区

1. 非空间结构特征

1) 树种组成特征

树种组成常作为划分森林类型的基本条件,是森林生态系统非空间结构的重要林学特征之一。马尾松阔叶树混交林样地内的主要针叶树种为马尾松,阔叶树种所占比例为 64.13%,林分内针阔比为 4∶6。杉木阔叶树混交林样地内的针叶树比例为 45.68%,树种为杉木和滇柏,林分内针阔比为 5∶6,杉木与阔叶树比为 2∶3。马尾松杉木阔叶树混交林是研究区内主要的针阔混交林类型,样地内的针叶树总比例为 54.9%,树种分别为马尾松和杉木,阔叶树种所占比例为 45.1%,林分内针阔比为 5∶4。四川大头茶混交林样地中四川大头茶占总林木的 44.12%,与其他阔叶树种总和比例为 2∶3。栲树混交林样地内主要是常绿阔叶林树种,丝栗栲所占总林木的 44.72%,刺果米槠占总林木的 23.90%,与其他阔叶树种总和比例为 9∶1,林分内长有少量的杉木和马尾松,所占比例仅为 1.85%。毛竹马尾松林样地内毛竹占总林木的 52.45%,针叶树种比例为 30.83%,竹针比 5∶3,竹针阔比为 5∶3∶2。毛竹杉木林样地主要树种为毛竹和杉木,占总林木的比例分别为 56.67% 和 29.17%,针叶树种比例为 30.00%,竹针比 6∶3,竹针阔比为 6∶3∶1。毛竹阔叶林样地中毛竹占总林木的比例为 56.94%,其他阔叶树种比例为

42.67%,针叶树种为马尾松,所占比例不足 0.5%,竹阔比 6∶4。毛竹纯林,乔木层只有 1 个树种。

2)直径分布特征

9 种林分的直径分布形状主要呈现反"J"形。除毛竹杉木林和毛竹纯林这两个林分外,其他 7 种林分的径级范围均较广,直径分布为 3～25cm 以上径阶,中小径阶的林木占多数,直径小于 11cm 的林木在林分中均占到 50% 以上。其中马尾松阔叶林、马尾松杉木阔叶林、栲树林、毛竹马尾松林、毛竹阔叶林分的林木径级均达到 40cm 以上,栲树林径级甚至达到 50cm 以上。毛竹杉木林和毛竹纯林内,毛竹密度很大,且毛竹生长到一定年限后,直径增长基本停止,因此这两个林分的树种径级范围不大。

3)树高结构特征

在森林生态系统中,不同树高的林木分配状态,称作林分树高结构,也称林分树高分布。通过样地调查得到 9 种林分的林木树高分布。9 种林分的树高分布形状主要呈现单峰山状或多峰山状,分布范围较广。马尾松阔叶林的树高从 2～21m 连续分布,5m、13m 和 18m 左右范围的树高分布频数集中;杉木阔叶林的树高从 5m 开始林木数量急剧增加,到 12m 后林木数量急剧减少;马尾松杉木阔叶林的树高 3～16m 的分布相差不大,高于 16m 以上的林木比例较小;四川大头茶林的树高 8～14m 的分布较多;栲树林的树高从 3～17m 连续分布,分布呈随高度增加而逐渐增多,到 13m 后林木数量急剧减少;毛竹马尾松林的树高 2～5m 的低矮林木和 16m 左右的林木占多数;毛竹杉木林的树高 4m 左右的和 12m 左右的林木占多数;毛竹阔叶林的树高在 8～15m 左右的林木占多数,分布近似呈对称的单峰山状;毛竹纯林的树高分布从 6～18m 连续分布,无其他分布形式,这与纯林的树种单一以及毛竹前期生长快后期生长慢等特点有关。

2. 群落多样性特征

从群落总体物种多样性指标大小(图 2-19)可以看出,不同林分的植物物种多样性水平存在着一定的差异。以 Simpson 指数和 Shannon-Wiener 指数的大小排序,各林分群

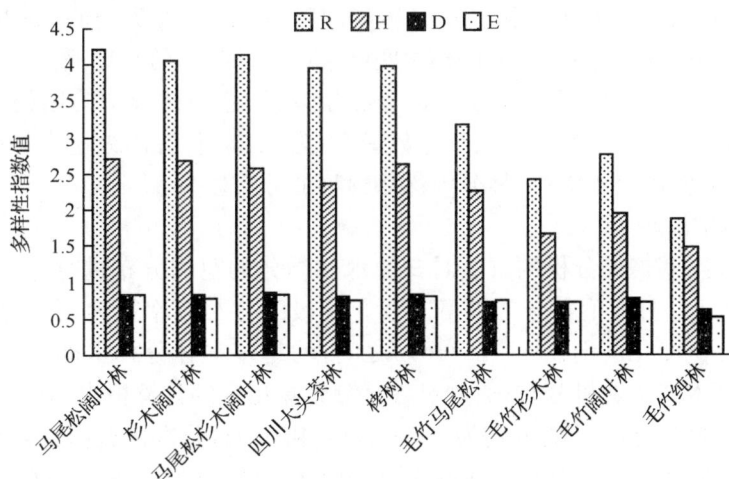

图 2-19 不同水源林群落总体物种多样性参数

落物种多样性水平由高到低为:马尾松阔叶林>杉木阔叶林>马尾松杉木阔叶林>栲树林>四川大头茶林>毛竹马尾松林>毛竹阔叶林>毛竹杉木林>毛竹纯林。可以看出,针阔混交型水源林最好,常绿阔叶型水源林次之,竹林最差;从 Margalef 指数和 Pielou 均匀度指数分析来看,各林分多样性水平虽然大小顺序存在差异,但仍是以针阔混交林最高,竹林平均相对较低,且以毛竹纯林的多样性水平最低。林分物种多样性水平以马尾松阔叶林的最高。其次是马尾松杉木阔叶林和栲树林,以毛竹杉木林和毛竹纯林最低。针阔混交林和常绿阔叶林对提高森林群落的物种多样性作用十分显著,而以纯林的效果较差,这是由针叶树种自身的特性所决定的,如自肥能力较差、枯落物分解困难等,相对于针阔混交林,其保持水土和涵养水源的能力要差。因此,可以通过一定的措施进行改造,针叶林补植其他阔叶树种使之逐渐发展为针阔混交林,纯林营造为混交林,进而来提高森林的物种多样性水平。

3. 空间结构特征

1)树种混交特征

对研究区内 8 种混交林(已排除毛竹纯林)的树种平均混交度及频率进行研究,全林分强度混交和极强度混交分布频率较高的林分有马尾松阔叶林、杉木阔叶林、马尾松杉木阔叶林、栲树林和四川大头茶林,这几种林分内树种达到强度混交以上的比例均在 55%以上,平均混交度在 0.6 以上,接近强度混交。从林分混交程度来看,各林分混交度大小依次为马尾松阔叶林(0.82)>马尾松杉木阔叶林(0.79)>栲树林(0.73)>杉木阔叶林(0.65)>四川大头茶林(0.60)>毛竹阔叶林(0.57)>毛竹马尾松林(0.566)>毛竹杉木林(0.48),整体以马尾松林的混交度较高,竹林群落的混交程度较低。

2)树种胸径分化特征

对研究区内 9 种森林林分的树种胸径分化特征进行研究,全林分平均大小比数在 0.35~0.65 之间,其中多数林分在 0.5 左右,且分布频率比较平均,林分多处于中庸状态。各林分林木大小分化程度由强到弱的顺序为:毛竹阔叶林(0.65)>马尾松阔叶林(0.523)>毛竹纯林(0.517)>毛竹杉木林(0.471)>四川大头茶林(0.467)>栲树林(0.45)>杉木阔叶林(0.43)>马尾松杉木阔叶林(0.42)>毛竹马尾松林(0.35)。以毛竹马尾松林林木大小分化最严重,平均大小比数为 0.35,这与林分中马尾松对毛竹的优势度很高有关;而毛竹阔叶林的平均大小比数最大,为 0.65,林分内处于劣势的林木分布频率高,说明该林分整体处于劣势,林分内优势树种的分布较少。

3)空间分布格局

采用角尺度空间格局分析的方法对 9 种森林林分的空间分布进行分析,得到 9 种森林林分的角尺度。9 种典型林分均以 $W=0.5$ 等级的分布频率最大,各林分在此等级分布的林木株数比例变化范围在 50%~66%之间,均超多本林分林木株数的一半以上,即林分内大部分林木属于随机分布;通过对各林分聚集指数的计算得出马尾松阔叶林、马尾松杉木阔叶林和栲树林的 R 值分别为 1.03、0.93 和 0.92,非常接近 1;这三个林分林木空间分布格局均为随机分布。其他 6 种林分的聚集指数均小于 1,林木空间格局呈聚集分布状态。这一结果与角尺度分析结果一致。

第3章 森林生态系统对降水输入过程的调控机制

3.1 林冠层水分传输

3.1.1 林冠截留特征

林冠截留是一个重要的水文过程,不仅影响到降水的重新分配,还产生滞留作用,在森林生态系统水文循环和水量平衡中占有重要的地位。林冠截留一直是森林水文学中研究的重要内容之一。林冠层的截留作用不仅在能量方面减弱了雨滴对地表的打击力度,而且在数量上减少了林内雨量,调节了地表径流形成的数量和强度,能有效减轻水土流失,另一方面林冠使到达地表的降水分布不均,而林木根系由于有干流的补偿而比其他地段接收更多的降水。林冠截留通常采用林冠截留率作为不同林分截留作用的表征量。

1. 林冠截留总量

国外研究结果表明,林冠截留率一般在 10%～30%,温带针叶林林冠截留率在 20%～40%之间。国内研究表明:林冠一般可截留全年降雨的 15%～30%,全年林冠截留率一般在 20%左右。热带雨林和川西高山原始林可达 30%以上。温带针叶林、亚热带杉木林、马尾松林、季风常绿阔叶林林冠截留分别占全年降水量的 20%～40%、15%、25% 和 30%。我国学者对地跨我国南北不同气候带及其相应的森林植被类型林冠截留率的分析研究表明,截留率变动范围在 11.4%～34.3%,变动系数为 6.68%～55.05%(张光灿等,2000)。林冠截留功能波动性大,稳定性小,其中以亚热带西部高山常绿针叶林最大,亚热带山地常绿落叶阔叶混交林最小。

对东北地区阔叶红松林和兴安落叶松林的林冠截留试验观测结果表明,原始红松林林冠总截留量为 54.39mm,占同期降雨量 16.72%,与蔡体久等 2005 年研究的原始红松林林冠截留率 19.61%相比略微偏低;落叶松林林冠截留总量为 13.88mm,其总截留量占总降雨量的 17.28%,与吴旭东等 2006 年研究的落叶松林林冠截留率 18.61%相比略低,其主要原因可能是由于观测年内降水量较少,其总降雨量为 325.2mm,与年平均降水量 676.0mm 相比较,是一个缺水干旱的年份。徐丽宏等(2010)对比了香水河小流域及周边主要植被类型在生长季的冠层截留特征,表明不同森林类型的冠层截留率介于 8.59%～17.94%,其中以辽东栎林最大,华北落叶松林与其相当,红桦林的最小;两种灌木林分的截留率相近,均在 15%左右。

2. 林冠截留容量

冠层截留容量是表征冠层截留降水能力的重要参数,反映了植被冠层的静态最大截留能力。对六盘山地区主要森林类型的浸水测定结果表明,针叶林冠层截留容量常介于

0.3～3mm,阔叶林的冠层截留容量一般少于1.8mm。各森林植被类型的冠层截留容量介于7.80～18.44t/hm²,以油松人工林的最大,达18.44t/hm²,相当于水深1.84mm;辽东栎林的最小,为7.8t/hm²,相当于0.78mm。其截留容量顺序依次为油松林(1.84mm)＞华山松林(1.67mm)＞华北落叶松林(1.65mm)＞辽东栎-少脉椴林(1.42mm)＞红桦林(1.27mm)＞辽东栎林(0.78mm)。枝干吸附容量也相当可观,大约占到总截留容量的9.59％～20.48％,各主要树种的树干吸附容量介于0.13～0.29mm,红桦的最小,辽东栎-少脉椴的最大。冠层叶截留容量达0.62～1.63mm,油松林的最大,辽东栎林的最小。从植被类型看,针叶林冠层截留容量较大,阔叶林的较小。

3. 林冠截留月季变化

由于月份降雨不均,伴随每月降雨量的不同,森林植被林冠截留量也存在差异。东北地区原始红松林林冠的逐月截留率(图3-1)各不相同,其中6月份的截留率最高,为38.46％;9月份的截留率最低,为1.42％;7月份的截留率也较其他月份低很多,为2.40％。

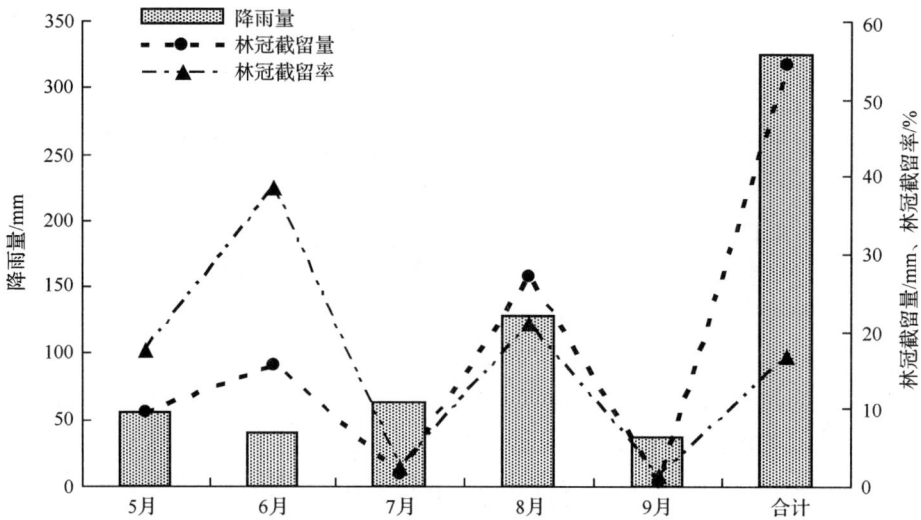

图3-1　阔叶红松林林冠截留季节动态

对长江三角洲地区不同林分的观测结果也表明,林冠截留量存在月季变化。据2012年4月至2013年3月111次降水事件的观测结果表明(图3-2),杉木的林冠截留量与截留率在2月份都达到最大,分别为50.02mm和48.19％;毛竹在8月份的林冠截留量最大,为41.81mm,而林冠截留率最大的月份是1月份,所占频率为40.71％;麻栎林冠截留量和截留率最大的月份为3月,截留量和截留率分别达到38.82mm和60.19％;马尾松在12月份林冠截留量最大为39.61mm,在1月份截留率最大,为47.16％。

4. 林冠截留量与降雨量之间的关系

降雨是林冠截留的最主要影响因子,大多数研究均表明,林冠层截留量随降雨量的增加而增加。

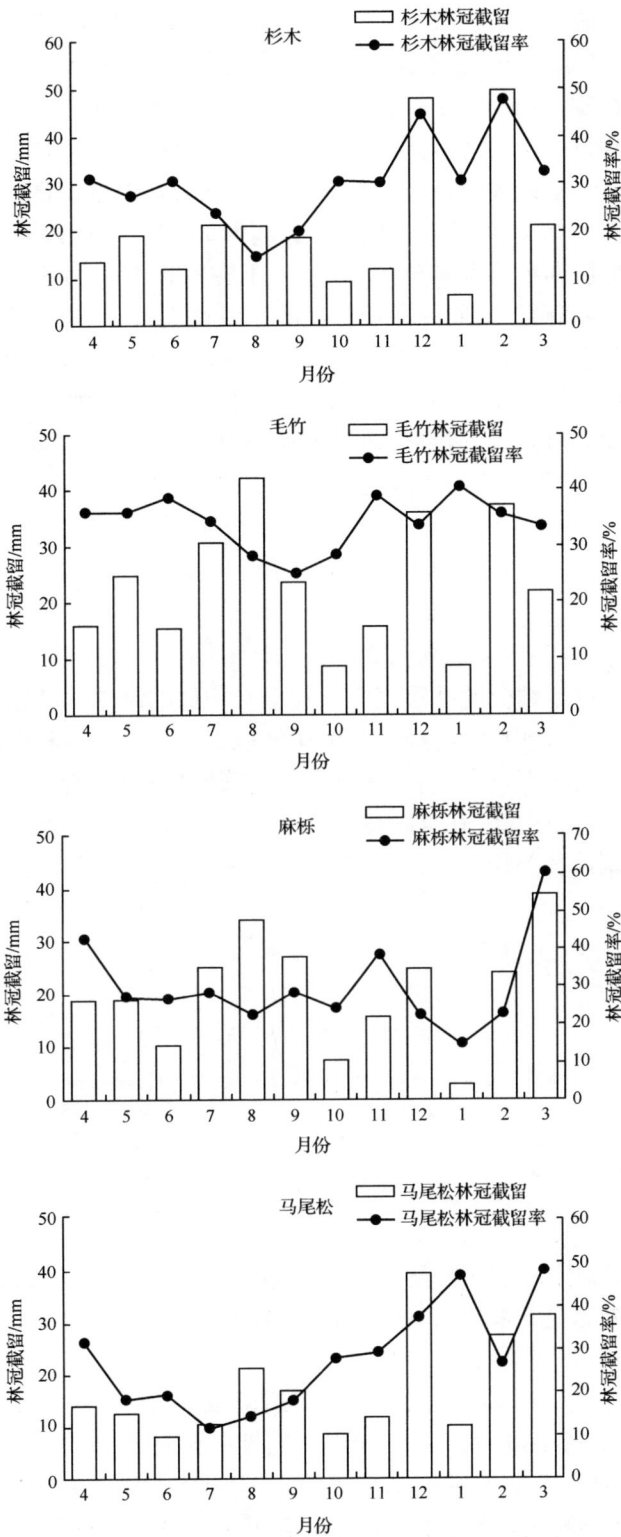

图 3-2 长江三角洲地区不同林分林冠截留月季变化特征

　　以青海云杉林为研究对象,通过对 1998～1999 年在 3 块样地上收集到的 65 次降雨截留资料进行分析,结果表明:青海云杉林冠截留量在 30.7～161.0mm 之间,平均值为 80.4mm,并在一定范围内(林冠层未饱和的情况下),随着降雨量的增加呈增加的趋势,降雨量越大,林冠截留量上升越慢,到达一定高度后,不再随着降雨量的增加而增大,这是因为林冠层对降雨有一个最大截持量。林冠截留量 y 与降雨量 x 的回归方程见式(3-1):

$$y = 0.0518x^2 + 1.9339x - 3.3286, \quad R^2 = 0.9577 \tag{3-1}$$

　　对长江三角洲地区四种典型林分 2012 年 4 月至 2013 年 3 月 111 次降水观测结果表明,林冠截留量与林外降雨量之间存在较明显的非线性关系,经拟合发现林冠截留量与林外降水量呈幂函数关系,林冠截留量随着林外降水的增大而增大,这种变化过程在林外降雨量小于 20mm 的降水条件下尤为明显,而在中大雨的情况下则出现了一些不吻合。曲线回归结果表明,各林分林冠截留量与林外降雨量存在着较好的 Power 型曲线函数关系($y = ax^b$),各林分拟合结果如下(y 为截留量,x 为林外降雨量):

　　杉木:　　　　　　　　　$y = 0.610x^{0.673}, \quad R^2 = 0.797$ (3-2)

　　毛竹:　　　　　　　　　$y = 0.608x^{0.712}, \quad R^2 = 0.814$ (3-3)

　　麻栎:　　　　　　　　　$y = 0.528x^{0.672}, \quad R^2 = 0.637$ (3-4)

　　马尾松:　　　　　　　　$y = 0.570x^{0.622}, \quad R^2 = 0.777$ (3-5)

　　西北黄土区四种典型林分的林冠截留试验也有相似的结果。林冠截留量随着林外降雨量的增加而增大,它主要由两部分组成:填充林冠蓄水所需雨量和降雨期间林冠蓄水的蒸发所耗雨量。一般情况下,降雨期间林冠蓄水的蒸发量较小,所以截留量主要取决于填充林冠蓄水的雨量。对一次降雨的林冠截留量与林外降雨量进行回归,林冠截留量 y 与降雨量 x 具有如下幂函数关系:

　　油松:　　　　　　　　　$y = 0.3756x^{0.8850}, \quad R^2 = 0.9614$ (3-6)

　　刺槐:　　　　　　　　　$y = 0.2411x^{0.9244}, \quad R^2 = 0.9752$ (3-7)

　　沙棘:　　　　　　　　　$y = 0.3159x^{0.8880}, \quad R^2 = 0.9962$ (3-8)

　　虎榛子:　　　　　　　　$y = 0.2925x^{0.8988}, \quad R^2 = 0.9815$ (3-9)

　　油松×刺槐:　　　　　　$y = 0.5403x^{0.7552}, \quad R^2 = 0.9055$ (3-10)

3.1.2　穿透雨特征

1. 穿透雨量特征

　　穿透降雨包括林冠空隙直接降落到林地表面的降雨量和从林冠上汇集的滴落雨,是林地土壤水分和径流的主要来源,穿透降雨大小受林型、林分密度、冠层郁闭度等植被特征和降雨量、降雨强度等气象因素的制约。

　　对东北地区 2011 年 46 场降雨的红松林穿透雨量测定,结果表明(图 3-3),全年生长季内,原始红松林的穿透雨量为 269.85mm,占同期降雨量的 82.98%,比 2005 年原始红松林穿透雨占降雨量的 78.65%研究结果率偏高,但基本吻合。在不同月份,原始红松林的穿透雨和穿透雨率(穿透雨量与降雨量的比值×100%)也都有着明显的季节变化。其中穿透雨量与降雨量呈明显的正相关关系,月降雨量越大,穿透雨量就越大,反之,穿透雨量就越小;最大穿透雨量出现在 8 月,为 101.24mm,最小穿透雨量出现在 6 月,为 24.95mm,5 月、7 月、9 月穿透雨量依次为 45.81mm、61.04mm、36.81mm;穿透雨率和降雨量的关系与穿透雨和降雨量的关系则不相同;7 月和 9 月穿透雨率较高,分别为 98.42% 和 97.19%,6 月穿透雨率最低,仅为 61.44%,5 月、8 月穿透雨率依次为 82.40%、78.60%。这可能是由于 7 月份降雨的多在 4mm 以上,容易产生穿透雨,而 9 月则是凋落叶子的秋季,林冠的截留能力有所降低所导致的结果。

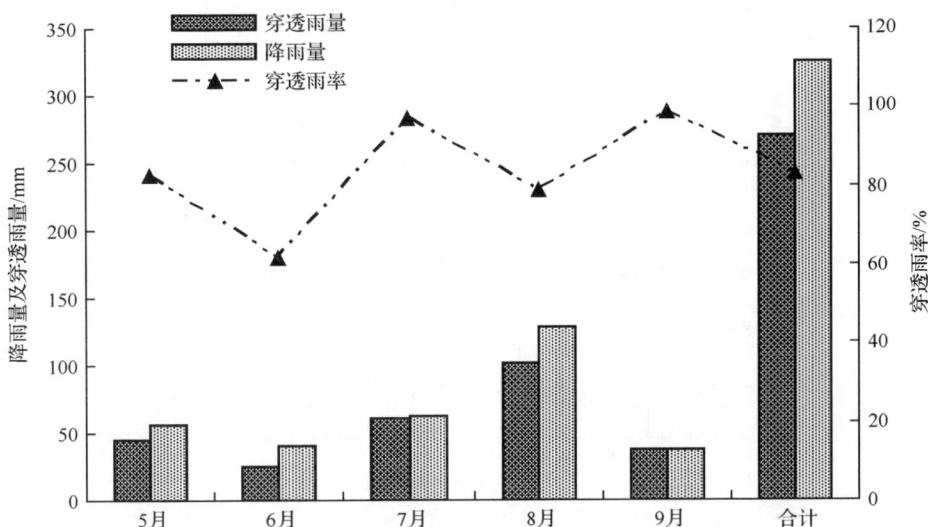

图 3-3　穿透雨季节动态

　　长江三角洲地区 2012 年 4 月至 2013 年 3 月 111 次降水事件的观测结果表明(图 3-4),杉木林穿透雨率在 8 月份穿透雨量达到最大为 122.29mm,穿透雨率在 8 月份也为最大,达到 82.16%;毛竹林穿透雨量月份达到最大 94.45mm,各月份穿透雨率基本相差不多,在 9 月份最大,为 71.93%;麻栎林全年各月份穿透雨率变化较大,在 8 月份穿透雨量最大为 110.56mm,而穿透雨率在 1 月份最大,达到 84.51%,麻栎林在冬季穿透雨率较之其他月份高,原因是麻栎为落叶林,冬季没有叶片,因此降雨不受林冠的阻拦可以直接到达地表;马尾松林穿透雨量也在 8 月份达到最大 126.61mm,7 月份的穿透雨率 87.47% 为各月份中最大穿透雨率。

2. 穿透雨量与降雨量的关系

　　降水穿透是林冠层传输水分的主要过程,穿透水是森林生态系统内进行水分循环最主要的水分来源,影响森林生态系统平衡、稳定与发展,特别是直接影响水分传输过程与效率。穿透水是降水通过林冠层后进入林地的部分,这里包括两部分:①由树木枝叶间隙直接落到地面的降水;②流经枝叶后沿叶片或枝条滴落到林内的水分。在较高密度林内,对于强度较小的降水,截留达到一定程度才产生降水穿透,但一般情况是林空有穿透水(林内降雪或降雨),而林冠下需要经过较长时间才能形成穿透水,有时甚至在整个降水过程中都不能形成穿透水。

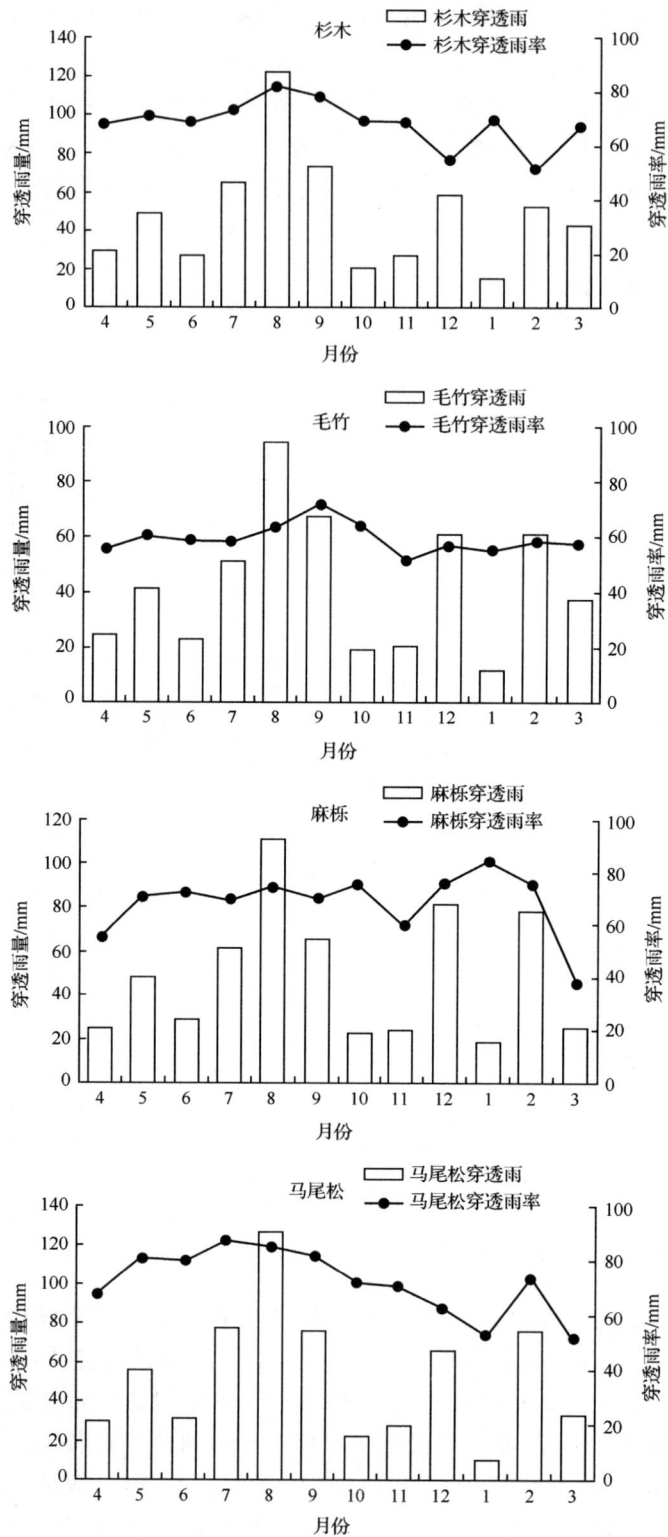

图 3-4　穿透雨和穿透雨率的月变化

林内降水量与林冠截留量随林外降雨量而变化。由于林外降雨量逐月变化,因此,林内降雨量和林冠截留量也应有逐月变化。在西北黄土地区的研究表明,林外降雨量最大的月份,林冠截留也最大。从 5 月到 7 月,林冠截留量由小变大,到 7 月份达最大;从 8 月到 10 月,截留量逐渐降低,林内降雨量的逐月变化趋势与截留量的变化趋势相同。油松林 7 月份的截留量为 33.7mm,刺槐林为 17.7mm,虎棒子林为 19.8mm,沙棘为 20.11mm,油松混交林为 34.93mm。

对各地区穿透雨量(y)与林外降雨量(x)之间关系进行拟合,基本上所有的观测点穿透雨量和降雨量的模拟关系很好,相关系数很高($p<0.05$)。平均穿透雨量也与林外降雨能够较好地拟合($p<0.05$)。尽管各地区穿透雨量与林外降雨量之间的拟合方程有所差异,但都表现出随着降雨量的增大,穿透雨量也跟着增大,两者呈现出很好的线性关系,各地区不同林分两者的拟合方程如下:

$$侧柏: \qquad y = 0.9302x - 3.2276, R^2 = 0.99 \qquad (3\text{-}11)$$

$$油松: \qquad y = 0.7858x - 1.9394, R^2 = 0.98 \qquad (3\text{-}12)$$

$$灌木: \qquad y = 0.7678x + 0.0556, R^2 = 0.99 \qquad (3\text{-}13)$$

$$松栎混交: \qquad y = 0.795x - 1.9055, R^2 = 0.99 \qquad (3\text{-}14)$$

$$青海云杉林: \qquad y = 0.8182x - 1.2381, R^2 = 0.9732 \qquad (3\text{-}15)$$

$$杉木: \qquad y = 0.812x - 0.961, R^2 = 0.973 \qquad (3\text{-}16)$$

$$毛竹: \qquad y = 0.672x - 0.584, R^2 = 0.964 \qquad (3\text{-}17)$$

$$麻栎: \qquad y = 0.775x - 0.650, R^2 = 0.959 \qquad (3\text{-}18)$$

$$马尾松: \qquad y = 0.870x - 0.951, R^2 = 0.981 \qquad (3\text{-}19)$$

为了研究青海云杉林内穿透雨的空间异质性,采用变异系数(C_v)来衡量不同降雨特征条件下穿透雨的变异程度,其计算公式见式(3-20):

$$C_v = \frac{s}{x} \times 100\% \qquad (3\text{-}20)$$

式中,s 为标准差,x 为平均值,C_v 值越大代表数据的变异程度越高。

2012 年的研究显示,青海云杉林内穿透雨变异系数随着降雨量的增加先显著减小而后逐渐趋于稳定(图 3-5),当降雨量为 0.6mm 时,林内穿透雨的变异系数高达 100%,说明林内穿透雨的空间变化很大;而后,随着降雨量的增加,穿透雨变异系数急剧减小,当降雨量大于 10mm 时,其值基本在 20% 上下波动,表明此降雨量条件下林内各观测点穿透雨的空间变化已趋稳定。这主要是因为,当降雨量较小时,降雨主要用于林冠截留,此时林分的冠层结构特征是影响林内穿透雨的主要因素;当降雨量较大时,林冠达到饱和且截留量仅占降雨量的很少部分,其余的降雨几乎全部转化为穿透雨,此时林内穿透雨的大小主要取决于降雨量,受林冠结构特征的影响较小,因此其空间变化趋于稳定。

3.1.3　树干茎流特征

1. 树干茎流量特征

树干茎流一般占降水的比例较小,据研究表明,祁连山青海云杉树皮粗糙,分枝角度

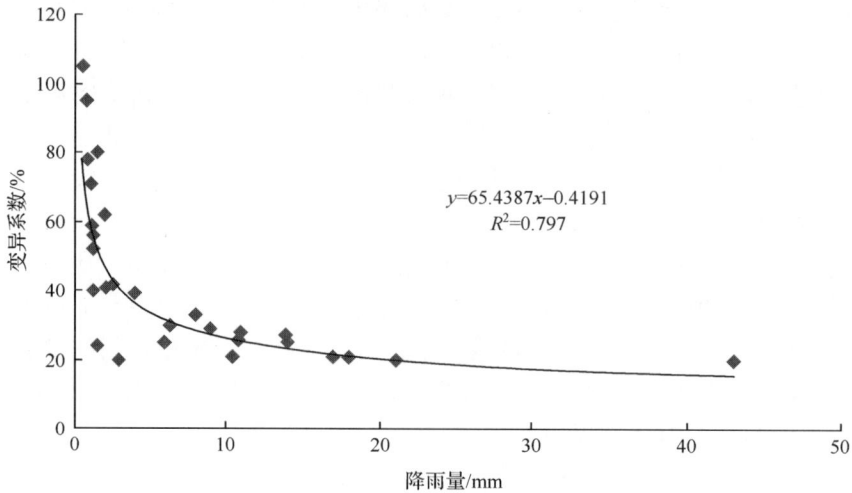

图 3-5　林内穿透雨变异系数与降雨量的关系

大,对不同降雨的雨量,干流均很小,树干茎流量仅占降水量的 $0.2\%\sim0.5\%$;当降雨量超过 12.0mm 时,开始产生树干茎流;当每次降雨量达到 26.0mm 时均产生树干茎流。雨量级在 10mm 以下时不产生干流。对祁连山中段托勒南山 4 种典型高山灌丛的树干茎流特征进行研究,金露梅、高山柳、沙棘和鬼箭锦鸡儿灌丛树干茎流率分别为 3.4%、3.2%、8.0% 和 4.2%,树干茎流量与降雨量之间呈显著正线性相关。也有研究指出,在没有前日降雨的情况下,只有当降雨量达到 5.6mm 时,青海云杉林才开始产生树干茎流,且随降雨量的增大而增多。样地内青海云杉林的总干流量为 3.4mm,平均干流率为 0.58%。

对东北地区红松林树干茎流的观测结果表明,全年生长季内,原始红松林的树干茎流量为 0.97mm,占同期降雨量的 0.30%,比 2005 年观测得到的树干茎流量 8.78mm 和树干茎流率(树干茎流量占同期降雨量的比值×100%)1.74% 的结果要低了很多。造成这种结果最可能的原因是降雨的雨量级较小,难以形成树干茎流,并且,如果降雨前树皮已经充分干燥,能够吸收大量的雨水。

由图 3-6 可知,在不同月份,树干茎流有着不同的变化。其中 8 月份的树干茎流量最大,为 0.50mm,6 月份树干茎流量最小,为 0.04mm,5 月、7 月、9 月树干茎流量依次为 0.12mm、0.25mm、0.06mm;7 月份树干茎流率最大,为 0.40%,树干茎流率、树干茎流量最小值同出现在 6 月份,最小树干茎流率为 0.09%,5 月、8 月、9 月树干茎流率依次为 0.21%、0.39%、0.16%。这也是与林外大气降雨的降雨量、降雨强度特征相一致的。

对长江三角洲地区 2012 年 4 月至 2013 年 3 月 111 次降水事件进行观测,结果表明,长江三角洲地区各森林植被类型在全年均有树干茎流出现,均在 8 月份达到最大,树干茎流量高的月份茎流率也高,杉木、麻栎以及马尾松在 10 月份时树干茎流量最小且茎流率也达到最低值,而毛竹林 10 月份茎流以及茎流率却不低,这与毛竹的林分特征相关,叶片以及树干光滑,易形成树干茎流。

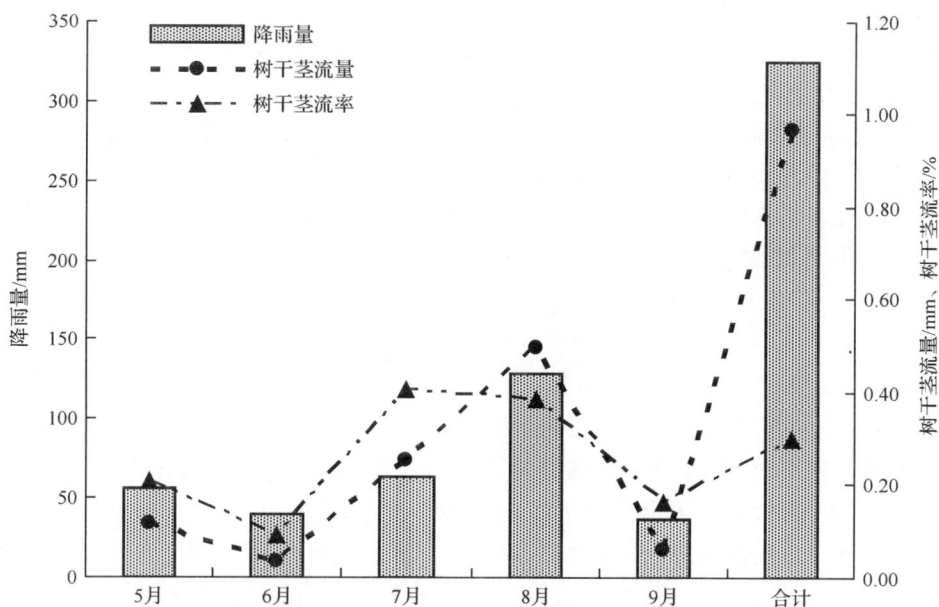

图 3-6　树干茎流季节动态

2. 树干茎流量与林外降雨量的关系

树干茎流是林冠或树干截留的降水在满足了冠层枝叶或树皮吸湿和填洼后的过剩降水在重力作用下,沿着树干向地面流动的降水。树干茎流量的大小取决于一次性降雨量的大小。在相同降雨条件下,树干的粗糙程度等因子对树干茎流量也有很大的影响。

对华北土石山区 4 种典型林分 2011～2012 年生长季的观测结果表明,树干茎流量(y)与林外降雨量(x)有明显的正相关关系,拟合结果为

侧柏:　$y = -0.0001x^2 + 0.0376x - 0.1259$, $R^2 = 0.88$,

　　　　$p < 0.001$, $n = 41$　　　　　　　　　　　　　　　　　　　　(3-21)

油松:　$y = 0.0186x + 0.0066$, $R^2 = 0.89$, $p < 0.001$, $n = 82$　　(3-22)

松栎混交:$y = 0.0233x + 0.0582$, $R^2 = 0.83$, $p < 0.001$, $n = 41$　(3-23)

从式(3-21)～式(3-23)中可以看到,不同林分的树干茎流量与林外降雨量都呈现正相关关系。油松和松栎混交林的林外降雨量和树干茎流量呈较好的线性相关性,侧柏的林外降雨量和树干茎流量呈 2 次多项式关系。这可能是因为侧柏的树皮光滑且多纵裂,其吸水的能力要逊于油松和栓皮栎,导致侧柏在吸水达到饱和后树干茎流量呈现明显增加的趋势。

对西北高寒区青海云杉林的观测结果表明,祁连山青海云杉树皮粗糙,分枝角度大,对不同降雨的雨量,干流均很小,树干茎流量仅占降水量的 0.2%～0.5%;当降雨量超过12.0mm 时,开始产生树干茎流;当每次降雨量达到 26.0mm 时,均产生树干茎流。雨量级在 10mm 以下时不产生干流。试验观测期间青海云杉林的树干茎流总量为 3.4mm,占总降雨量的 1.2%,树干茎流率的变异系数为 60.83%。树干茎流量(y)和降雨量(x)间

呈显著的关系,关系方程见式(3-24):

$$y = 0.001x^2 - 0.08x + 2.005, R^2 = 0.963, p = 0.03 \tag{3-24}$$

对长江三角洲地区 4 种典型林分 2012 年 4 月至 2013 年 3 月 111 次降水事件的观测结果表明,当林外降雨量很小时,各林分基本不产生树干茎流。从图中趋势线可以看出它们之间存在较好的线性函数关系($y=a+bx$),树干茎流量随着林外降水的增大而增大,线性回归结果表明确定系数 R^2 均超过了 0.68,各林分线性方程拟合结果如下(y 为树干茎流量,x 为林外降雨量):

杉木:　　　　　$y = 0.031x - 0.121, R^2 = 0.710$ 　　　　(3-25)

毛竹:　　　　　$y = 0.076x - 0.075, R^2 = 0.686$ 　　　　(3-26)

麻栎:　　　　　$y = 0.028x - 0.083, R^2 = 0.681$ 　　　　(3-27)

马尾松:　　　　$y = 0.006x - 0.010, R^2 = 0.727$ 　　　　(3-28)

在降雨量较小时,穿透雨会被林冠全部截持形不成树干茎流,理论上说,当树干茎流为 0mm 时,x 轴的截距就为形成树干茎流的最小雨量,而这个值可以根据拟合出的方程计算得到。苏南丘陵区杉木林、毛竹林、麻栎林以及马尾松林形成树干茎流的最小雨量分别为 3.9mm、0.99mm、2.96mm、1.67mm,即形成树干茎流的最小降雨量顺序为杉木＞麻栎＞马尾松＞毛竹,这个结果与观测到的数据吻合。毛竹更容易形成树干茎流与毛竹林分特征有关,毛竹叶片、树干较其他三种树种更为光滑,水分容易到达树干底部,而杉木树皮更易吸收水分,因此形成树干茎流需要较大的降雨量。

3.1.4　降水再分配特征

大气降雨通过森林,在垂直层次上首先受到林冠层的拦截,冠层截留的水量,最终通过蒸发回到大气层,不再参与森林水分循环过程,这一项过程不仅改变了降雨的水量分配和空间格局,也改变了降雨的时间特性、削弱了雨滴动能。

对全国各地区不同森林植被类型的研究均表明林冠层对降水具有再分配的作用。东北地区原始红松林 2011 年的研究结果表明,林冠总截留量为 54.39mm,占同期降雨量 16.72%,穿透雨量为 269.85mm,占同期降雨量的 82.98%,树干茎流量为 0.97mm,占同期降雨量的 0.30%。

对华北土石山区 4 种不同林分类型的降水再分配过程进行观测(图 3-7),选取了 2011 年 6 月 7 日至 2012 年 9 月 25 日实测的 41 场降雨作为研究主要数据进行分析,结果表明,林冠层截留总量可以达到降雨量的 15%～45%,而树干茎流量则一般占到降雨总量的 0.3%～3.8%。

在西北黄土区以人工刺槐林为研究对象,对 2007 年和 2008 年 7～10 月场降雨间隔时间大于 8h 的 19 场降雨及林内穿透雨量、树干茎流量等进行统计,结果表明,林外总降雨量为 455.20mm,林内穿透雨总量为 349.94mm,树干茎流总量为 9.62mm,分别占林外降雨量的 76.88%、2.11%。林冠截留总量为 95.64mm,占林外降雨总量的 21.01%。平均穿透雨率为 77.44%、平均树干茎流率为 2.16%、平均截留率为 20.40%。

对西北高寒区青海云杉林降水再分配特征的研究表明,试验观测期间,34 场降雨的林冠截留量、穿透雨量、树干茎流量分别为 64.5mm、212.6mm 和 3.4mm,分别占大气降

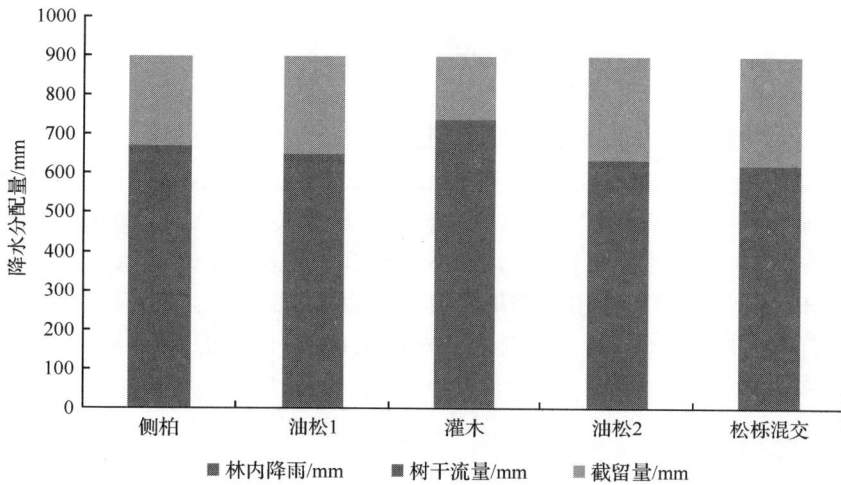

图 3-7　华北土石山区研究期林冠层降雨分配量及分配比率

雨量的 23.0%、75.8% 和 1.2%。

对西南长江三峡库区(图 3-8)的 9 种典型林分降水再分配进行对比分析,结果表明:穿透雨、树干茎流和林冠截留量(率)变化范围分别为 1107.2~1282.3mm(73.66%~85.31%)、1.4~20.4mm(0.11%~1.36%)、200.4~393.9mm(13.33%~26.2%),其中马尾松阔叶林穿透雨量最低及截留量(率)最高,分别为 1107.2mm(73.66%)和 393.9mm(26.20%),毛竹纯林穿透雨量最高及截留量(率)最低,分别为 1282.3mm(85.31%)和 200.4mm(13.33%)。

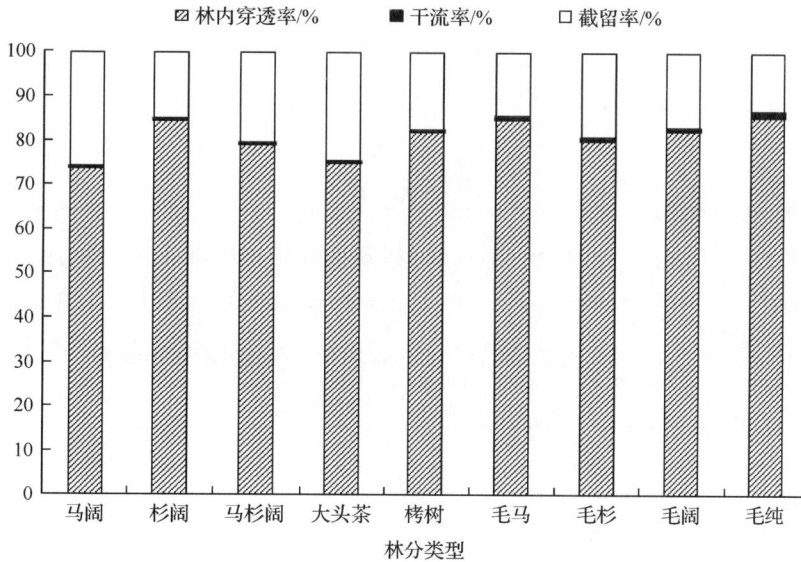

图 3-8　西南长江三峡库区研究期间 9 种林分的林冠截留特征

3.2　地被物层水分传输

　　地被物层主要是指覆盖在林地土壤表面未分解、半分解的枯落物层,是森林生态系统的重要组成部分。枯落物层作为森林生态系统中独特的结构层次,因其特殊疏松结构、较强的类似于海绵的吸水性和收缩弹性,具有截留降雨、消减雨滴动能、减小土壤侵蚀、调节地表径流、改变森林水文化学特性的功能,不仅对森林土壤发育和改良有重要意义,而且在降水过程中起着缓冲器的作用。凋落物覆盖于地表,增大了地表的粗糙系数,可起到阻缓径流的作用,从而增加了径流入渗时间和入渗量,同时还能抑制土壤水分的蒸发,故能起到很好的蓄水保水的作用。

3.2.1　枯落物蓄积量

　　华北土石山区 4 种不同林分的枯落物蓄积量调查结果显示(表 3-1),松栎混交林、油松、侧柏和灌木的枯落物层厚度差别明显,其厚度分别为 8.8cm、4.1cm、3.8cm 和2.3cm。松栎混交林枯落物厚度明显大于侧柏和油松,而灌木枯落物厚度最小。从枯落物不同层次储量可以看出:各树种单位面积储量排序为松栎混交($1145.7g/m^2$)>侧柏($1024g/m^2$)>油松($803.3g/m^2$)>灌木($259.7g/m^2$)。松栎混交林中栓皮栎堆积疏松而且叶片厚大,导致松栎混交林枯落物储量最大;而针叶树枯落物分解速度慢导致枯落物厚度中等,储量中等;灌木林叶片小且薄,分解快,导致枯落物量最小。

表 3-1　华北土石山区典型林分样地内枯落物储量及厚度组成

林分	厚度/cm		鲜重/(g/m²)		干重/(g/m²)		自然含水率/%
	未分解	半分解	未分解	半分解	未分解	半分解	
松栎混交	4	4.8	425	1825	216.4	929.3	96.39
油松	1.8	2.3	195	1370	114.3	689	94.82
侧柏	1.3	2.5	260	1335	194.5	829.5	55.76
灌木	1	1.3	65	265	42.1	217.6	27.07

　　对华东长江三角洲地区麻栎林、毛竹林、杉木林和马尾松林 4 种不同森林类型的林下枯落物进行调查,测定其未分解层、半分解及分解层的厚度和质量,调查结果见表 3-2。从

表 3-2　华东长江三角洲地区不同林分类型各层枯落物储量

林分类型	枯落物储量情况					
	总厚度/mm	总储量/(t/hm²)	未分解层		半分解与分解层	
			储量/(t/hm²)	比例/%	储量/(t/hm²)	比例/%
麻栎	42	18.04	10.23	56.71	7.81	43.29
毛竹	25	12.57	8.45	67.22	4.12	32.78
杉木	31	9.39	5.61	59.74	3.78	40.26
马尾松	11	3.25	2.14	65.83	1.11	34.17

中可以看出,研究区各林分枯落物厚度在 $11\sim42mm$ 之间,现储量在 $3.25\sim18.04t/hm^2$ 之间。不同林分类型的枯落物蓄积情况有一定的差别,以厚度和总储量来看,麻栎林最好,其次为毛竹林,再次为杉木林,马尾松林最差。

3.2.2　枯落物层持水过程

华北土石山区不同林分的枯落物吸持水率与浸泡时间的关系表明(图 3-9、图 3-10),枯落物持水率变化过程分三个阶段:持水迅速增加在 $0\sim1h$;持水增加减慢在 $1\sim6h$,在 $6h$ 以后趋于稳定。

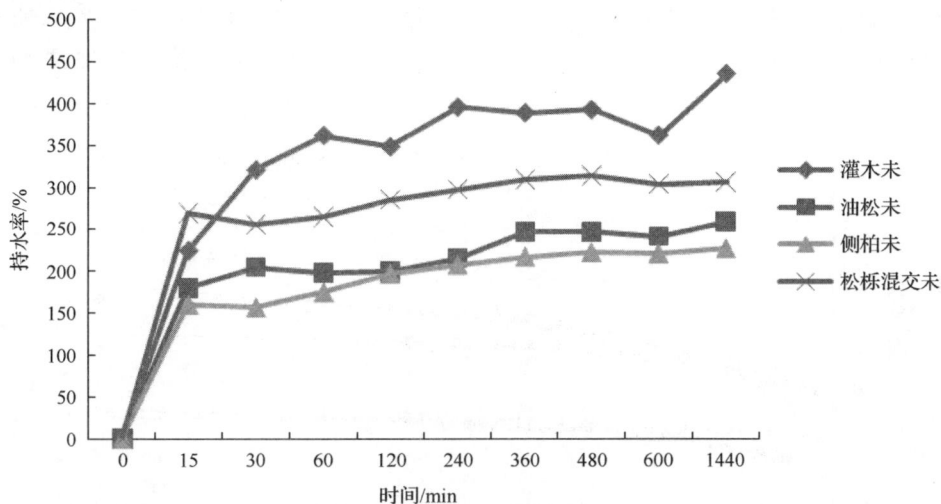

图 3-9　未分解层枯落物持水率变化

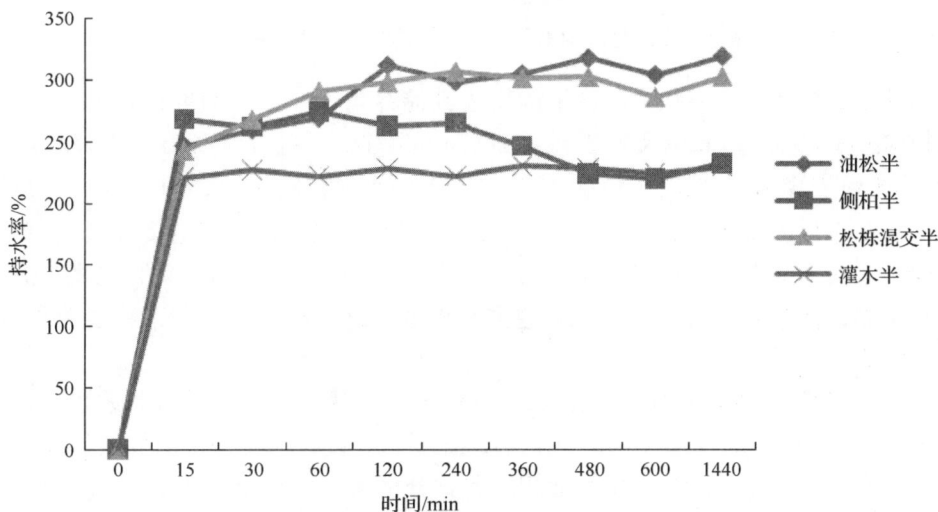

图 3-10　半分解层枯落物持水率变化

根据图中表示的枯落物持水率随时间的变化情况,可把截持过程分为 3 个阶段。第 1 阶段为迅速吸收阶段,开始干燥的枯落物能够迅速吸水;第 2 阶段为缓慢吸收阶段;第 3

阶段为饱和阶段,枯落物湿重在某一值上下浮动,达到最大持水量。从未分解层枯落物的持水率来看,混交林枯落物持水率大于针叶树种,原因是针叶凋落的叶片油脂含量高,吸水能力低于阔叶林凋落的叶片。

对西北土石山区风干枯落物进行浸水过程(图 3-11)试验后发现,随浸水时间延长,不同植被的枯落物持水率变化依次经历快速增大期(浸水 0～2h)、慢速增大期(2～5h)、趋于稳定期(5～10h)及稳定期。其中,0.5h 内增幅均为最大,不同植被表现为沙棘＞华北落叶松＞虎榛子＞草地;5h 内,沙棘枯落物持水率保持最高,其次为华北落叶松、虎榛子和草地;5h 后,华北落叶松持水率逐渐超过沙棘,而草地持水率逐渐与虎榛子持平;10h 后枯落物持水率不再变化。采用对数函数对 4 种植被枯落物吸水过程进行拟合,所得回归方程见图 3-11。其中,y 为枯落物持水率,x 为浸水时间(h),方程确定系数 R^2 均大于 0.90($p<0.001$)。

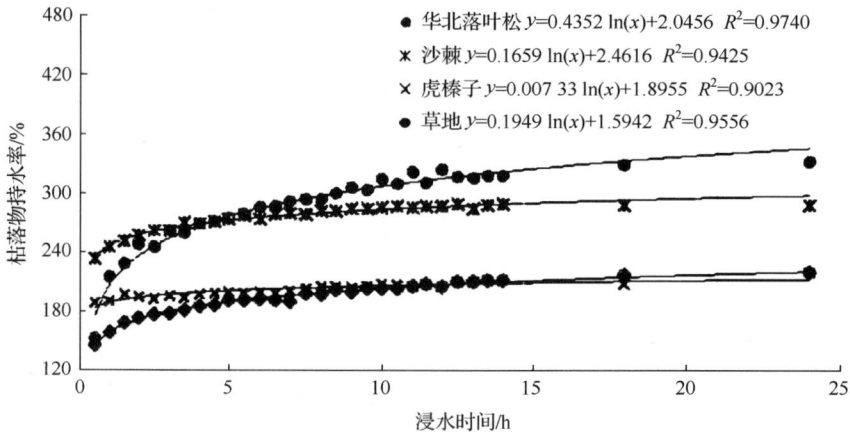

图 3-11　西北土石山区叠叠沟不同植被的枯落物持水率与浸水时间的关系

枯落物层的持水能力在很大程度上取决于其储存量大小。本研究区,华北落叶松林地枯落物储存量(6.49t/hm²)及最大持水量(21.55t/hm²,相当于 2.2mm 水深)均为最高,其次为虎榛子灌丛、沙棘灌丛和草地,三者最大持水量依次为 12.75t/hm²、9.02t/hm² 和 5.55t/hm²。与其他地区的林分枯落物相比,六盘山华北落叶松林的 2.2mm 枯落物最大持水量明显低于武夷山甜槠林(5.2mm)和滇中常绿阔叶林(5.4mm)的,但高于海南岛山地雨林和热带次生林(0.7～1.1mm),这主要与华北落叶松人工林凋落物层分解较慢、蓄积量较大有关。

对长江三角洲 4 种典型林分枯落物分层采集进行浸水试验,测定时段为 0.5h、1h、1.5h、2h、4h、6h、8h、10h、12h 和 24h。图 3-12 描述了不同森林类型枯落物层持水速度与持水率随浸泡时间变化的过程。单位面积下各林分枯落物层在浸入水中 0～2h 时其持水速度最快,2～6h 之间较快,6h 之后逐渐趋于平缓。这是因为随着浸泡时间的延长,枯落物逐步达到持水的饱和状态。相比未分解层的持水速率,半分解层与分解层的持水速率略低。各林分枯落物层 24h 平均持水速度存在着差异,从未分解层来看,毛竹林最好,其次为麻栎林,再次为杉木林,马尾松林最差;从半分解与分解层来看,麻栎林最好,其次为毛竹林,再次为杉木林,马尾松林最差。

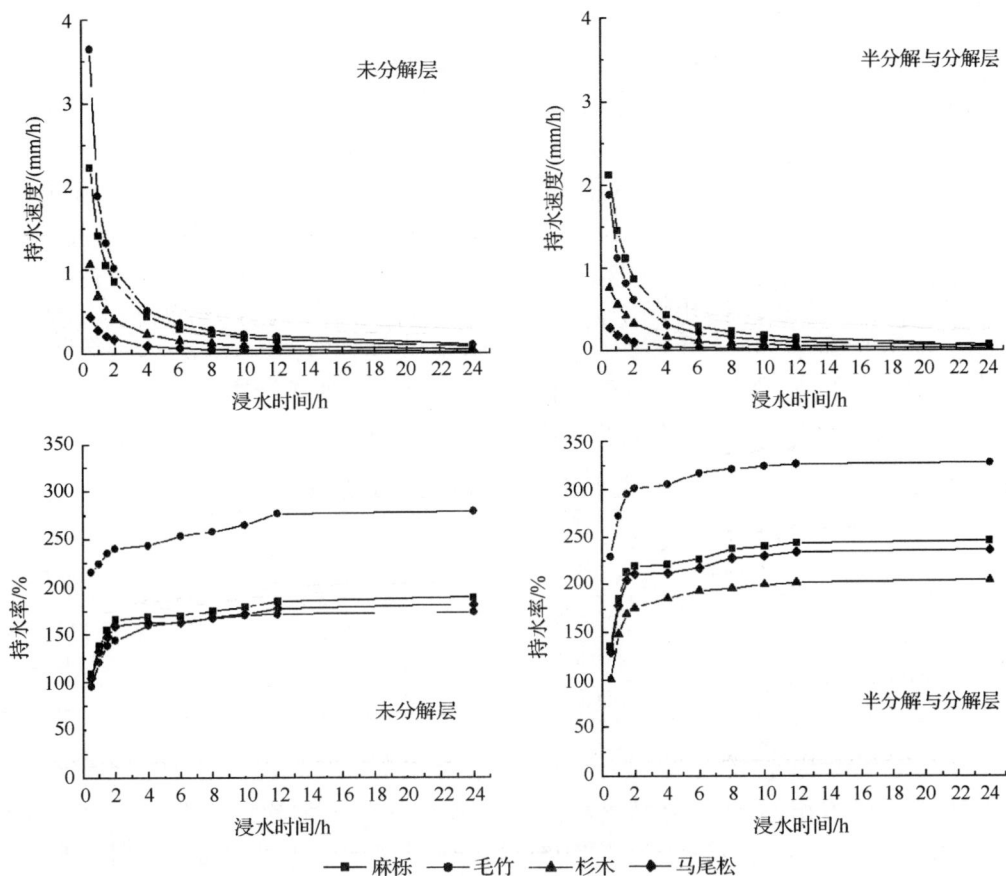

图 3-12　不同森林类型典型林分枯落物层持水速度(率)测定

3.2.3　枯落物持水能力

枯落物的最大持水量不代表枯落物的截留量,通常我们采用有效拦蓄量来估算枯落物对降雨的实际拦蓄量,即

$$W = (0.85R_m - R_o)M \tag{3-29}$$

式中,W 为有效拦蓄量,t/hm^2;R_m 为最大持水率,%;R_o 为平均自然含水率,%;M 为枯落物蓄积量,t/hm^2。

以东北地区阔叶红松林为研究对象,其枯落物特征如表 3-3 所示。最大持水量一般只用来反映枯落物层持水能力的大小,并不能代表枯落物对降雨的拦蓄量,当降雨达到 20~30mm 以后,不论枯落物层含水量的高低,实际持水率约为最大持水量的 85% 左右,所以用最大持水量来估计枯落物层对降雨的拦蓄能力则偏高,不符合它对降雨的实际拦蓄效果,因此一般用有效拦蓄量估算枯落物对降雨的实际拦蓄量。原始阔叶红松林枯落物层最大持水率表现出未分解层>半分解层>全分解层,其可能原因有,天然杂木林和红松阔叶混交林枯叶较大,上层叶片完整,因此吸水量也较大。原始阔叶红松林平均最大持水率高达 399.69%，也就是说其枯落物可以蓄积约是自己蓄积量 4 倍的水量。原始阔叶红松林枯落物的总有效拦蓄量值为 84.04t/hm²，相当于拦蓄 8.404mm 的降水。

表 3-3　东北地区阔叶红松林枯落物特征

枯落物层次	枯落物厚度 /mm	最大持水量 /(t/hm²)	最大持水率 /%	有效拦蓄量 /(t/hm²)	有效拦蓄率 /%
未分解层	2.8	18.35	538.45	18.98	318.35
半分解层	3.1	48.28	379.29	39.68	119.35
全分解层	2.8	25.34	281.35	25.38	100.07
合计/平均	8.7	91.97	399.69	84.04	537.77

用室内浸泡法测得华北土石山区 4 种不同林分枯落物的最大持水率代表 R_m、R_o 和 M 用实际调查结果数据，经过计算得出了不同树种林分枯落物层的有效拦截量（表 3-4）。

表 3-4　华北土石山区枯落物的有效拦截量

林分	干重 /(t/hm²)	最大持水量/ (g/m²)	最大持水率 /%	自然含水率 /%	有效拦截率 /%	有效拦截量 /(t/hm²)	有效拦截深 /mm
松栎混交	11.46	24.74	261.568	96.39	84.41	7.98	0.8
油松	8.03	23.26	289.561	94.82	151.31	12.15	1.22
侧柏	10.24	18.7	182.638	55.76	99.48	10.19	1.02
灌木	2.6	7.41	308.941	27.07	224.98	5.4	0.54

从表中可以看出，4 种林分枯落物层的有效拦截量上油松（12.15t/hm²）＞侧柏（10.19t/hm²）＞松栎混交（7.98t/hm²）＞灌木（5.40t/hm²）。虽然松栎混交林的最大排在第一位，但其有效拦截率仅排在第三位，原因是松栎混交林的初始含水率较高且枯落物层厚度大，蒸发速率慢，导致了有效拦截量较低。

由图 3-13 可知，四川大头茶林下枯落物拦蓄水能力最大，而毛竹纯林最低，但由于枯落物拦蓄能力是枯落物的持水率、枯落物储量、枯落物分解程度等多方面的综合作用结果，针阔混交林整体的枯落物由于储量较大，所以其拦蓄能力整体也较大。

通过对中南地区林分不同生长阶段枯落物层的持水能力的比较得出表 3-5，随着林分的生长，林分中枯落物的未分解层和半-已分解层的最大持水率不断增加，林分不同生长阶段最大持水率关系为：成熟阶段＞干材阶段＞速生阶段，成熟阶段林分枯落物未分解层最大持水率为 286.95%，速生阶段林分枯落物未分解层最大持水率为 215.62%；同时，成熟阶段林分半-已分解层枯落物最大持水速率也要大于干材阶段和速生阶段。同样，林分不同生长阶段林分最大持水量的大小关系也为：成熟阶段＞干材阶段＞速生阶段，成熟阶段林分未分解层枯落物最大持水量比速生阶段增加了将近一倍，而林分从速生阶段生长到成熟阶段时，半-已分解层枯落物最大持水量也从 59.31t/hm² 增加到了 73.99t/hm²。速生阶段林分枯落物未分解层持水量相当于水深为 0.91mm，半-已分解层枯落物持水量相当于水深为 5.23mm，在干材阶段和成熟阶段枯落物层持水量的相当水深都比速生阶段有所增大。

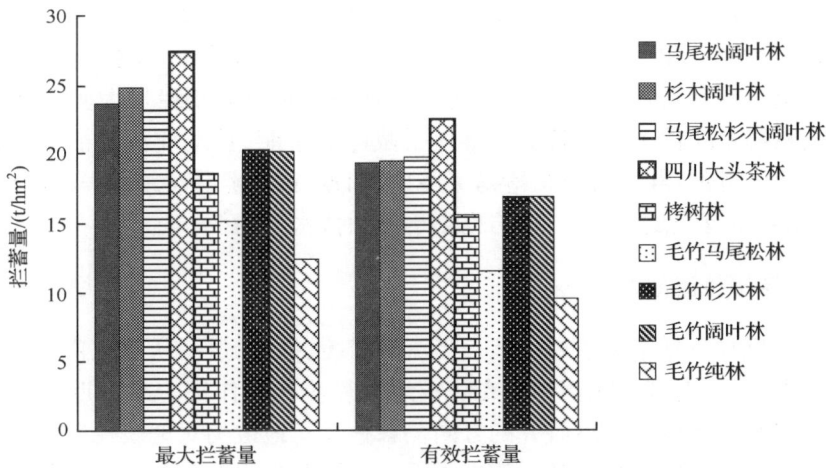

图 3-13　西南长江三峡库区水源林典型林地的枯落物拦蓄水能力

表 3-5　枯落物持水能力的比较

林分生长阶段	最大持水率/%		最大持水量/(t/hm²)		相当水深/mm	
	未分解层	半-已分解层	未分解层	半-已分解层	未分解层	半-已分解层
速生阶段	215.62	238.66	17.62	59.31	0.91	5.23
干材阶段	274.84	243.34	23.51	68.25	1.89	6.15
成熟阶段	286.95	255.67	34.17	73.99	2.45	6.94

西北高寒区青海云杉林苔藓枯落物层的持水特征表明（表 3-6），青海云杉林苔藓枯落物层持水率在 262.6%～418.2% 之间变化，平均为 319.8%，其最大持水量约为其自身干重的 3～5 倍左右。研究认为，苔藓枯落物层的最大持水率一般只能反映枯枝落叶层本身可以持水能力的大小，即在短时的一次暴雨过程中可能最大的持水量，不能用来估算苔藓枯落物层实际拦蓄穿透水的能力。苔藓枯落物层含水率的变化取决于降水量、本身蓄积量和持水能力及天气条件，但在同一时期内，无论有无降雨，变化趋势基本一致，且含水率的增减差异不大。次降雨量达到 20～30mm 时，不同立地、各种林型苔藓枯落物层的持水率均低于最大持水率的 85%，所以苔藓枯落物层最大持水率只能用来反映其水文特性，即在短时的一次暴雨过程中可能最大的持水量，但不能用来估算苔藓枯落物层实际拦蓄穿透水的能力。

表 3-6　青海云杉林苔藓枯落物层的水文特征

	平均	最大	最小	差值
苔藓枯落物厚/cm	8.2	13.7	1.5	12.2
最大持水量/mm	36.3	59.1	7.6	51.5
最大持水率/%	319.8	418.2	262.6	155.6

森林生态系统苔藓枯落物层的现存量及林地的水热条件是否适宜枯落物层分解等直接影响其持水能力大小。经调查，祁连山西水试验区苔藓枯落物层蓄积量平均为

113.4t/hm²,样地调查值在 29.4~174.6t/hm² 范围内波动,最大最小相差 145.2t/hm²;
苔藓枯落物层最大持水量平均为 36.4mm,测定值在 7.6~59.1mm 之间变化;而且苔藓
枯落物层持水能力与其蓄积量呈正相关,随着苔藓枯落物层蓄积量增大其持水能力呈增
加趋势。在自然降水条件下测定苔藓枯落物层截持降水能力,发现苔藓枯落物层对降水
的截留是有一定限度的,除与苔藓枯落物层厚度、前期含水量、降水条件等多个因素有关
外,截留的降水即使有充足的降水,补给也小于最大持水量的 85%。

3.2.4 枯落物滞缓径流能力

不同森林类型林下枯落物层通过地表径流的滞缓、拦蓄、过滤从而在森林水文调配过
程中发挥出重要作用,尤其是枯落物层在防止地表径流冲刷作用中成为近年来森林水文
及水土保持学科密切关注和重点研究的方向。森林及其地被物对地表径流的影响作用在
很大程度上可用经典曼宁公式中的 n 值来表示,林地对坡面径流的阻延作用主要反映在
坡面粗糙度系数的变化上,因为粗糙度系数的大小能决定坡面流速的大小以及坡面汇流
时间。因此,测定和定量分析不同林分类型枯落物的糙率系数值,对于深刻揭示研究区林
分类型防蚀机理有着重要意义。

我国学者张洪江最早采用水槽冲刷试验方法,在室内进行枯落物对槽面径流速度的
影响试验,并通过曼宁公式和谢才公式整理推导得出了室内测定枯落物糙率系数的计算
公式,后续学者大都沿用了他的测定方法,并取得了较好的研究成果。本书沿用张洪江的
枯落物水槽冲刷试验设计,对研究区不同林分类型枯落物层的糙率系数进行了测定,不同
干重条件下各林分枯落物的糙率系数见图 3-14。

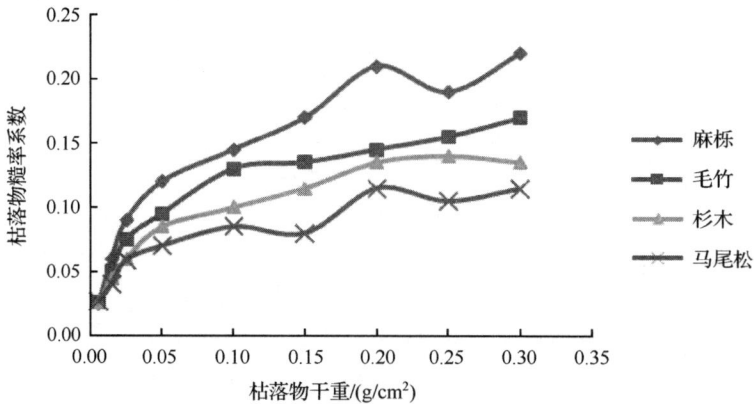

图 3-14 不同干重条件下各林分枯落物糙率系数 n 值

活地被物层在时空尺度上的动态变化要比林冠层剧烈和复杂得多,使得对水分在活
地被物层上的传输与水量转换难于准确测定。直到目前为止,国内外还没有一种理想的
直接测定活地被物层水分传输的方法,现有的研究大部分是通过间接方法。但间接测定
法只适用于下层植被密度不大的地方,所测结果一般偏大。

森林死地被物层具有较大的水分截持能力,从而影响到穿透降雨对土壤水分的补充
和植物水分的供应。森林死地被物层的性质和土壤表层的腐殖质层厚度影响土壤的渗

透。森林死地被物层的持水能力与其种类、干重、湿度、分解程度、累积状况以及前期水分状况、降雨等气象条件密切相关。

3.3　林冠层与枯落物层水文功能影响因素分析

3.3.1　林冠层水文功能影响因素分析

1. 影响因素概述

1）降雨量

大量的研究表明,降雨量是影响林冠截留的主导因素。对辽东地区几种主要森林植被类型林冠截留观测发现:当降雨量小于 0.5mm 时,几乎全部被林冠所截留,随着降雨量的增加,林冠截留量也逐渐增加,但其截留率却随降雨量的增加而减小;当降雨量小于 1.5mm 时,截留率下降幅度较大,其变化范围在 30％～100％之间;当降雨量大于 1.5mm,截留率下降缓慢,基本维持在 20％左右,最后随着降雨量的进一步增大,截留率趋于一个稳定值。

2）降雨强度

降雨强度对林冠截留量的影响也非常大,当降雨强度较小时,截留的降水基本上都被用来湿润叶片表面了,所以降雨截留量相对较高,而当在降雨强度较大时,雨滴对枝叶冲击力比较大,林冠截留量比较小。一些学者对马尾松林的林冠截留特征做了研究,研究结果表明林冠截留量与降雨量、降雨强度呈多元线性相关,并且还在此基础上建立了以降雨强度、穿透系数和树干茎流率为参数的林冠截留量模型。

王安志等在对云杉截留降雨研究过程中,将不同降雨强度与不同的叶面积指数组合起来进行研究,其研究表明,单位叶面积最大截留量会随降雨强度的增加而递减,这个关系可以用降雨强度与叶面积指数回归的多项式表示。

3）林冠结构

林冠截留量的大小主要取决于林分的结构、郁闭度、叶面积指数、树种、树龄、林型。一些研究表明林分的郁闭度不同,其截留量也存在差别,比如一些学者对刺槐林做了研究,当郁闭度为 0.3～0.5 时,截留量 49.2mm/a;当郁闭度为 0.5～0.8 时,截留量增至 62.5mm/a;郁闭度为 0.8 以上时,其截留量达 94.1mm/a。王彦辉和于澎涛等（1998）学者也相继提出林冠的叶面积指数是连接林冠与其水文功能的纽带。另外,对不同林龄的峨眉冷杉林林冠截留研究发现其林冠截留量也不同,幼龄林中穿透水量最大,所以可以认为幼龄林林冠截留降雨的能力最弱,而成熟林中穿透水量最小,可以认为成熟林林冠截留能力最强。不同树种的截留率差异很大,如东北蒙古栎林截留率为 19.9％,而白桦林和红松林截留率为 25.9％。

4）其他因子

降雨特性、林冠结构对林冠截留量的影响很大,林冠层在降雨前的干燥程度对截留的影响也很大。有观测资料表明,本次降雨与前次降雨时间相隔不同,截留率也存在差异。王安志等（2005）通过研究还确定了云杉枝叶的截留速率与树冠湿润程度之间的定量关系。在坡向、坡位的不同林地,即使同一林分,穿透水也会存在差异,进而导致而截留量不同,这是因为不同的坡向因太阳辐射强度和日照时数有区别,使得林分内水热状况出现较大的差异,因而林冠层的截留能力也就有了差异。风对林冠截留也有一定的影响,大风能在极短的时间内减少林冠截留量,增加穿透雨。有学者对林冠截留雾水的研究发现,林缘处的雾水截留量与每天 0:00～10:00 的平均风速呈显著的正相关($p<0.01$),风速大,则雾水截留的边缘效应向林内越深入,且空间变异性减小。另外温度和林相的季节变化等都对林冠截留产生影响,且各因子之间还存在着相互影响。

2. 影响因素分析

1) 气象因素

采用最大值化处理方法,将林冠截留量和各气象因子的原始值标准化处理后,以林冠截留量为参考数列,以各气象因子为比较数列,进行灰色关联度分析。灰色关联度值越大,说明比较数列与参考数列的发展趋势越接近,即比较数列对参考数列的影响越大。据此由表 3-7 可以看出,温性针叶林的林冠截留量与其影响因子的灰色关联度大小顺序依次为:降雨量＞降雨强度＞风速＞气温＞空气湿度;针阔混交林的林冠截留量与其影响因子的灰色关联度大小顺序依次为:降雨量＞风速＞降雨强度＞空气湿度＞气温;常绿阔叶林的林冠截留量与其影响因子的灰色关联度大小顺序依次为:降雨量＝降雨强度＞风速＝气温＞空气湿度;常绿落叶阔叶混交林的林冠截留量与其影响因子的灰色关联度大小顺序依次为:降雨量＞降雨强度＞风速＞气温＞空气湿度;暖性针叶林的林冠截留量与其影响因子的灰色关联度大小顺序依次为:降雨量＞降雨强度＞风速＞气温＞空气湿度。

表 3-7　不同类型林分林冠截留量与其影响因素的灰色关联度

森林类型	降雨量	降雨强度	风速	气温	空气湿度
温性针叶林	0.99	0.85	0.84	0.7	0.54
针阔混交林	0.98	0.91	0.97	0.4	0.43
常绿阔叶林	0.81	0.81	0.76	0.76	0.5
常绿落叶阔叶混交林	0.92	0.89	0.86	0.44	0.19
暖性针叶林	0.95	0.82	0.78	0.68	0.56
平均值	0.93	0.86	0.84	0.6	0.44

西南长江三峡库区不同林分的林冠截留研究也表明,降雨量级对林冠截留量有很大的影响。9 种森林林分的林内降雨、树干茎流和林冠截留在不同雨量级下的差异规律表现为(表 3-8):雨量级在 0～5mm 时,各林分的林冠层几乎截留了所有的降雨,截留量平均值均不超过 1mm,此时截留率最大;雨量级达到时 5～10mm、10～25mm 和 25～50mm,穿透降雨量(率)和林冠截留量(率)差异增大;随着雨量级的增大到＞50mm 以上时,林冠层截留逐渐趋向于饱和,林冠截留量(率)也逐渐减小,各林分差异性逐渐较小。各林分的干流量(率)极小,除竹林外,在 0～5mm、5～10mm、10～25mm 和 25～50mm 雨量级下,干流量基本都接近 0.0mm,基本属于没有产生干流;在雨量级＞50mm 以上时,

针阔混交林和常绿阔叶林分的干流量出现,达到 0.1mm 以上;毛竹纯林群落干流量在雨量级 10～25mm 时,干流量超过 0.1mm。

表 3-8　西南长江三峡库区不同森林林分在不同降雨量级下的林冠截留特征

林分类型	雨量级/mm	观测次数	平均降水量/mm	平均穿透雨量/mm	平均穿透雨率/%	平均干流量/mm	平均干流率/%	平均截留量/mm	平均截留率/%
马尾松阔叶林	0～5	47	1.5	0.6	40.48	0.000	0.00	0.9	59.50
	5～10	31	7.1	3.9	55.16	0.004	0.06	3.2	44.77
	10～25	26	17.1	13.1	76.55	0.026	0.15	4.0	23.30
	25～50	11	33.8	29.2	86.48	0.048	0.14	4.5	13.38
	>50	4	75.6	68.6	90.74	0.123	0.16	6.9	9.09
杉木阔叶林	0～5	47	1.5	0.7	43.89	0.001	0.05	0.8	56.06
	5～10	31	7.1	4.7	66.74	0.007	0.10	2.3	33.16
	10～25	26	17.1	13.7	79.68	0.030	0.18	3.5	20.14
	25～50	11	33.8	29.1	86.04	0.067	0.20	4.6	13.76
	>50	4	75.6	69.7	92.19	0.168	0.22	5.7	7.59
马尾松杉木阔叶林	0～5	47	1.5	0.7	49.37	0.000	0.00	0.8	50.62
	5～10	31	7.1	5.2	73.45	0.002	0.03	1.9	26.52
	10～25	26	17.1	13.5	78.66	0.011	0.06	3.6	21.28
	25～50	11	33.8	29.6	87.63	0.022	0.07	4.2	12.30
	>50	4	75.6	70.3	93.11	0.054	0.07	5.2	6.82
四川大头茶林	0～5	47	1.5	0.7	44.11	0.000	0.03	0.8	55.86
	5～10	31	7.1	4.5	63.24	0.007	0.10	2.6	36.66
	10～25	26	17.1	13.2	77.15	0.034	0.20	3.9	22.65
	25～50	11	33.8	29.3	86.64	0.062	0.18	4.5	13.17
	>50	4	75.6	70.1	92.75	0.154	0.20	5.3	7.05
栲树林	0～5	47	1.5	0.8	50.76	0.000	0.01	0.7	49.24
	5～10	31	7.1	4.5	64.00	0.004	0.05	2.5	35.95
	10～25	26	17.1	13.8	80.28	0.017	0.10	3.4	19.61
	25～50	11	33.8	30.0	88.79	0.035	0.10	3.8	11.11
	>50	4	75.6	70.6	93.47	0.086	0.11	4.8	6.41
毛竹马尾松林	0～5	47	1.5	0.8	50.28	0.002	0.11	0.7	49.61
	5～10	31	7.1	4.7	66.04	0.022	0.30	2.4	33.66
	10～25	26	17.1	13.3	77.36	0.087	0.50	3.8	22.13
	25～50	11	33.8	29.6	87.70	0.188	0.56	4.0	11.74
	>50	4	75.6	69.5	92.04	0.451	0.60	5.6	7.37

林分类型	雨量级/mm	观测次数	平均降水量/mm	平均穿透雨量/mm	平均穿透雨率/%	平均干流量/mm	平均干流率/%	平均截留量/mm	平均截留率/%
毛竹杉木林	0~5	47	1.5	0.8	50.61	0.002	0.16	0.7	49.23
	5~10	31	7.1	4.6	65.53	0.029	0.40	2.4	34.07
	10~25	26	17.1	12.4	72.35	0.092	0.53	4.6	27.12
	25~50	11	33.8	29.5	87.31	0.222	0.66	4.1	12.04
	>50	4	75.6	69.5	91.99	0.602	0.80	5.5	7.22
毛竹阔叶林	0~5	47	1.5	0.7	46.89	0.001	0.10	0.8	53.02
	5~10	31	7.1	4.8	67.76	0.016	0.22	2.3	32.02
	10~25	26	17.1	12.3	71.67	0.046	0.27	4.8	28.07
	25~50	11	33.8	29.2	86.44	0.101	0.30	4.5	13.26
	>50	4	75.6	70.1	92.82	0.395	0.52	5.0	6.66
毛竹纯林	0~5	47	1.5	0.9	58.82	0.008	0.51	0.6	40.67
	5~10	31	7.1	5.1	71.75	0.077	1.09	1.9	27.16
	10~25	26	17.1	13.3	77.63	0.205	1.20	3.6	21.17
	25~50	11	33.8	29.3	86.75	0.440	1.30	4.0	11.94
	>50	4	75.6	69.6	92.08	1.170	1.55	4.8	6.37

2) 林分类型

为了深入了解不同类型林分对林冠截留的影响,对中南地区不同类型林分林冠截留能力进行比较。本书的研究采用单因素方差分析法对每场降雨的各林分林冠截留量进行了分析,结果如表 3-9 所示。

表 3-9　不同林分类型标准地的林冠截留能力分析

森林类型	项目	穿透雨量/mm	透流率/%	林冠截留量/mm	截留率/%
温性针叶林	总计	464.88	60.31	303.32	39.35
	平均	18.6	55.82	12.13	44.18
针阔混交林	总计	467.18	60.61	301.02	39.05
	平均	18.69	55.09	12.04	44.91
常绿阔叶林	总计	554.43	71.93	213.77	27.73
	平均	22.18	68.67	8.55	31.33
常绿落叶阔叶混交林	总计	488.58	63.39	279.62	36.28
	平均	19.54	57.87	11.18	42.13
暖性针叶林	总计	439.09	56.97	329.11	42.70
	平均	17.56	49.92	13.16	50.08

不同类型林分的林冠截留能力不同。从整个雨季 25 场降雨的总林冠截留率来看,各类型林分的大小顺序为:暖性针叶林(42.70%)>温性针叶林(39.35%)>针阔混交林

(39.05%)＞常绿落叶阔叶混交林(36.28%)＞常绿阔叶林(27.73%)；从平均林冠截留率来看,各类型林分的大小顺序是:暖性针叶林(50.08%)＞针阔混交林(44.91%)＞温性针叶林(44.18%)＞常绿落叶阔叶混交林(42.13%)＞常绿阔叶林(31.33%)。在相同的降水条件下,暖性针叶林和温性针叶林的林冠截留率相对高于针阔混交林、常绿落叶阔叶混交林和常绿阔叶林,这主要是由于针叶林林冠层具有较大的冠层厚度,同时针叶林的最大容水量相对较高,因此具有较高的林冠截留率。常绿阔叶林的林冠截留能力最差,这是因为其林分结构单一,其郁闭度也相对较小,冠层容水空间较小,因此林冠截留能力最差。

　　从表 3-10 的单因素方差分析结果可以看出,在 95% 的置信水平下,各类型林分对 25 场降雨的林冠截留能力差异不显著。表 3-10 对林冠截留能力的分析结果与表 3-9 基本相同,大小顺序为暖性针叶林＞温性针叶林＞针阔混交林＞常绿落叶阔叶混交林＞常绿阔叶林。

表 3-10　中南地区不同类型林分对 25 场降雨林冠截留能力的单因素方差分析

森林类型	降雨次数	＝0.05 的子集	显著性
常绿阔叶林	25	8.5509	
常绿落叶阔叶混交林	25	11.1849	
针阔混交林	25	12.0407	0.351
温性针叶林	25	12.1329	
暖性针叶林	25	13.1643	

3) 林分结构

　　影响林冠截留的因子很多,包括降雨量、降雨历时、降雨强度、次降雨与上一次降雨的间隔时间、降雨期间的气温、空气相对湿度以及风速等,同时还得考虑植被冠幅、叶面积指数等方面因子。

　　对华北土石山区 4 种不同林分类型的林冠截留试验研究表明,林分的叶面积指数、郁闭度、生物量等林分结构因素均对林冠截留有很大的影响。研究发现,林冠截留率与林分叶面积指数呈正相关关系,即叶面积指数越大林冠截留率越大,实际上就是单位林地面积上有更大的叶面积吸收和拦截了更多的降雨,增加了林冠截留量;同样,郁闭度和生物量与林冠截留率之间也呈正相关关系,更大的林分郁闭度和生物量也意味着更大的林冠截留率。

　　对西北黄土区 4 种林分的试验结果表明,冠层结构的特征对穿透雨空间分布具有重要的影响。观测点的离树干距离、冠层厚度、郁闭度是影响穿透雨空间变异的重要因素。林外降雨经过油松冠层后,被具有一定厚度的枝叶所拦截,但是枝叶在空间上并不是均匀分布和完全覆盖的,郁闭度的大小即反映了枝叶覆盖程度的大小,覆盖程度越大,截留量越大,穿透雨越小。虽然郁闭度的影响最大,但是它本身并不能完全反映出枝叶的截留作用,而冠层厚度又是一个冠层特性的重要指标,它对树冠的截留作用也具有重要的影响。离树干距离是一个多因子的综合指标,它并非直接决定了穿透雨空间的分布,实际上它对穿透雨空间分布的影响是经由冠层厚度、郁闭度等冠层结构因素所综合影响的结果。但是这样做在一定程度上还是反映了穿透雨的空间变异。

　　对观测点平均穿透雨率和离树干距离的关系图(图 3-15)分析可以发现:穿透雨率和

离树干距离之间的关系可以用幂函数拟合,但在 0.05 的水平下拟合效果不太显著。并不是离树干距离越远,穿透雨率越大,如离主树干 250cm 处的平均穿透雨率小于离主树干 150cm 处的平均穿透雨率。时忠杰等(2009)发现华北落叶松的穿透降雨率最小位置并不是在距树干最近的测点,而在距主树干 1~2m 之间的距离上;李振新等(2004)研究了冷杉针叶林,发现穿透降雨率最小值出现于距主树干 2~3m 之间的距离上。此处仅分析了穿透雨率和离树干距离之间的关系,从影响机制来看,导致穿透雨空间变异并非直接由离树干距离来决定的,实际上是各观测点冠层厚度、郁闭度等冠层结构因素所综合影响的结果。对观测点平均穿透雨率和冠层厚度的关系图(图 3-16)分析可以发现:平均穿透雨率与冠层厚度呈负相关关系,穿透雨率随着冠层厚度的增加而减小。对观测点平均穿透雨

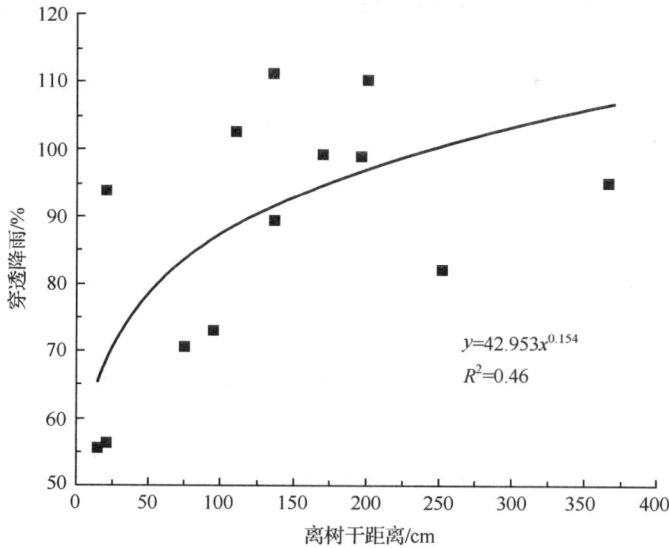

图 3-15　平均穿透雨率与离树干距离关系

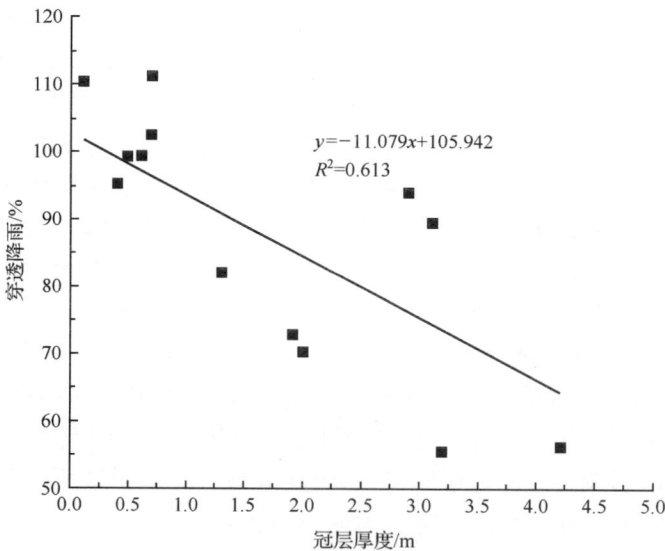

图 3-16　平均穿透雨率与冠层厚度关系

率和郁闭度的关系图(图 3-17)分析可以发现:平均穿透雨率与郁闭度呈负相关关系,穿透雨率随着郁闭度的增加而减小。

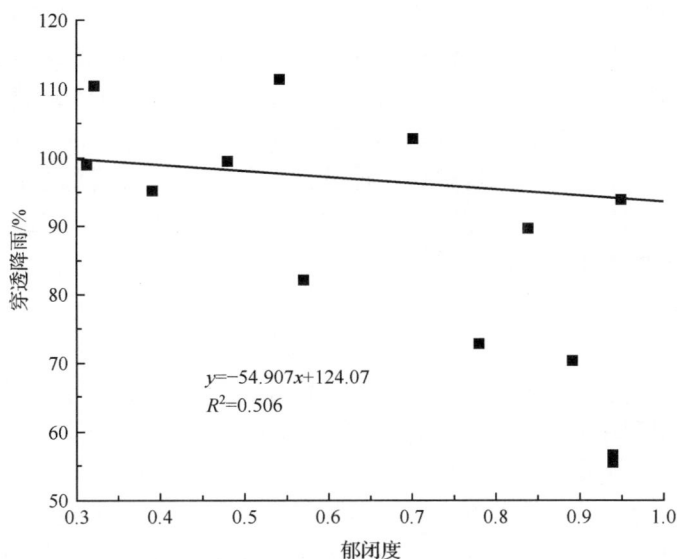

图 3-17　平均穿透雨率与郁闭度关系

将平均穿透雨率(Y)与离树干距离(X_1)、冠层厚度(X_2)和郁闭度(X_3)进行多元线性回归,标准化后的回归方程为

$$Y = 1.042X_1 + 0.101X_2 + 0.313X_3 \tag{3-30}$$

从方程(3-30)可知,离树干距离的贡献率最大,回归系数为 1.042,其次是郁闭度,回归系数为 0.313,贡献率相对最小的是冠层厚度,回归系数为 0.101。

3.3.2　枯落物层水文功能影响因素分析

枯落物的蓄水量是枯落物水文作用的一个重要指标,国内的研究对这个问题比较重视,周晓峰通过对帽儿山、凉水实验林场森林水分循环的研究,指出枯落物层的蓄水量取决于其在林地上的积累量和它本身的持水能力,而这些又与森林的树种构成、林分发育、林分的水平及垂直结构、枯落物的分解状况等多种因素有关。马雪华和杨茂瑞(1994)也认为林下枯落物储量对其持水量有重大影响。

枯落物的雨水截留量随林分类型等的变化而变化,高人(2002)在对辽东山区不同森林植被类型枯落物层截留降雨行为研究中指出,枯落物对雨水截留量随林内雨量的增加而增加,呈显著的线性关系,枯落物截留率在低林内雨量级时下降梯度较大,以后随林内雨量增大而逐渐减少,最后趋于某一定值,枯落物截留达到饱和,不同森林类型的枯落物的饱和截留率不一样。庞学勇等(2005)在研究中发现林分改造后,改造林地枯落物对降雨拦截能力有一定的提高。美国著名森林水文学家 Richard Lee 认为,枯落物对降雨的截留量大小取决于枯落物的蓄水容量。高志勤在研究中发现某一时间段内枯落物对降水的拦蓄能力,取决于枯落物的现存量和平均自然含水率,竹阔混交林枯落物表现出比毛竹纯林更强的水文调节功能(高志勤和傅懋毅,2005)。

森林地表径流的流速及流量都是土壤侵蚀的主要动力,但流速的影响更大,延缓径流产生、减小径流冲刷土壤是保持水土的关键。森林枯落物在延缓径流流速方面作用明显,闫俊华等在鼎湖山3种演替群落凋落物及其水分特征对比研究中发现,枯落物层具有缓冲雨水动能、调节和阻滞地表径流作用,减少径流量和流速、增加地面糙率的功能。枯落物层较厚,吸水及保水能力强,森林的水源涵养作用就大,发生地表径流的概率就小(闫俊华等,2001)。张振明在分析八达岭林场4种林分枯落物层阻滞径流速度时发现,枯枝落叶层能明显地阻延径流速度,滞后产流时间。枯落物具有阻延径流流速的作用,主要是因为它具有吸收径流和增加地面糙率的功能(张振明等,2005)。

1. 气象因素

刘建立等在叠叠沟小流域测定了华北落叶松林的枯落物吸水速率、释水速率和截留降雨动态变化及其影响因素。结果表明,枯落物吸水速率与浸泡时间呈对数函数关系,释水速率与时间呈幂函数关系。枯落物饱和持水能力较强,可达到自身重量4倍。对生长季内枯落物持水量动态变化的观测表明,当长时间无雨时,持水量显著下降;当降雨发生时,持水量迅速增加,这种动态过程随降雨发生不断重复。此外,由于林冠下穿透降雨分布不均匀和前期枯落物干燥导致斥水现象发生,有时可出现枯落物透过雨量大于降雨量的现象。对枯落物持水量与环境因子的相关分析表明,持水量与林内降雨量呈显著正相关($p<0.01$),而与林内气温、太阳辐射、风速、大气水势和饱和水汽压差呈显著负相关($p<0.01$)。

枯落物层的含水量有季节变化,其截留量也随之变化。王金叶等(2006)研究表明:以青海云杉枯枝落叶为例,在干旱的5~6月,降雨量较小,截留率较高;进入雨季以后,降雨量增加,截留量较大,但截留率较低;雨季后,降雨量减少,截留量也减少,但截留率又增加。青海云杉林枯落物对降雨的截留量随降雨量级增加而增大,地被物截留率则随降雨量减小而增大(表3-11)。当枯落物含水量达到最大持水量后,可作为水分的渗滤使雨水缓缓渗入土壤,减轻地表径流,森林枯枝落叶层所具有的截留降雨和调蓄降雨作用使祁连山青海云杉林地上基本很少发生地表径流。

表3-11　藓类云杉林枯落物层在不同雨强下的截留率

降雨等级	0~1mm	1~2mm	2~5mm	5~10mm	10~20mm	20~30mm	30~40mm
降雨次数	7	6	8	10	5	3	1
截留率/%	100	84.6	76.2	67.8	42.1	37.4	21.6

2. 林分类型

祁连山水源涵养林区3种主要林型枯落物积累量从高到低依次为青海云杉林、灌木林、祁连圆柏林;最大持水量从大到小依次为灌木林、青海云杉林、祁连圆柏林。森林植被的类型和结构作用,使森林类型间枯落物截持降水量之间有大的差异(表3-12)。王金叶等(2006)研究表明:郁闭度为0.5的青海云杉在测定时其自然含水量平均为0.9mm,截持量为 9.7mm；郁闭度为 0.3 的祁连圆柏林枯落物在测定时其自然含水量为 0.08mm，截持量为 1.7mm；同样郁闭度为 0.4 的灌木林枯落物在测定时其自然含水量为 0.29mm，截持是为 6.5mm。在年降水量 434.5mm 的情况下，藓类云杉林枯落物截留 78.0mm，占总降水的 17.9%。

表 3-12　不同林分枯落物对降水的拦截量

林分类型	郁闭度	枯落物积累量/(t/hm²)	自然含水量/%	最大持水量/%	截持量/mm
青海云杉林	0.5	37.9	24.67	73.9	9.7
祁连圆柏林	0.3	6.9	10.98	71	1.7
灌木林	0.4	20.2	16.67	77.1	6.5

3. 枯落物蓄积量

长江三峡库区的相关研究结果也表明，枯落物有效蓄水量与林分枯落物储量呈显著线性关系，枯落物的增加会增加其有效蓄水量（图 3-18）。对枯落物厚度和最大持水量做相关分析（图 3-19），可知枯落物厚度与最大持水量呈对数关系，持水量随厚度增加逐渐增加。

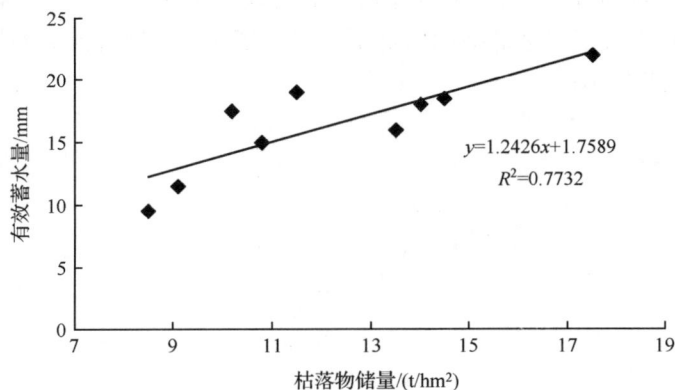

$y=1.2426x+1.7589$
$R^2=0.7732$

图 3-18　枯落物储量量与有效持水量关系

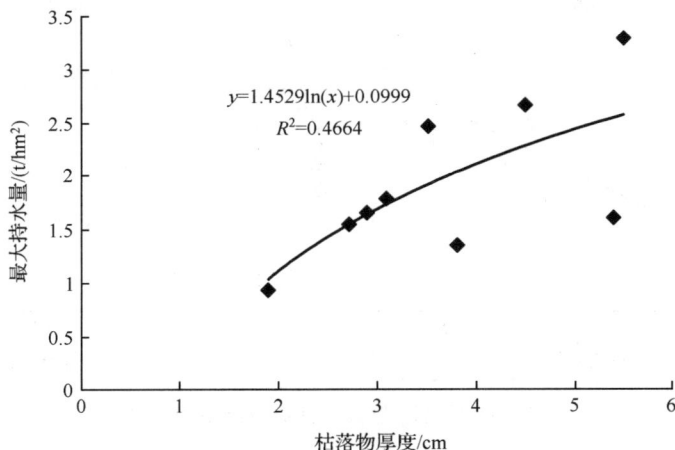

$y=1.4529\ln(x)+0.0999$
$R^2=0.4664$

图 3-19　枯落物厚度与最大持水量关系

从青海云杉林枯枝落叶累积状况和地被物截留量的实测数据可以看出,青海云杉枯落物积累量为 $37.9t/hm^2$;祁连圆柏枯落物积累量为 $6.9t/hm^2$;灌木林的枯落物积累量为 $20.2t/hm^2$。随着枯落物积累量的增加,枯落物截留量也随之增加。枯落物截留量与枯落物积累量相关性显著,用对数方程模拟枯落物截留量(y)与枯落物积累量(x)的关系模型:

$$y = -7.383 + 4.672\ln x, \quad p = 0.022, \quad R^2 = 0.999 \tag{3-31}$$

3.4　林冠结构与林冠层水文功能的耦合分析

3.4.1　非空间结构因素

1. 叶面积指数与林冠截留的耦合分析

为了消除降雨量这一影响林冠截留量最大的影响因子,采用林冠截留率数据,将所有测得的叶面积指数与林冠截留率建立相关关系。研究发现,林冠截留率与林分叶面积指数呈正相关关系,即叶面积指数越大林冠截留率越大。实际上就是单位林地面积上有更大的叶面积吸收和拦截了更多的降雨增加了林冠截留量。4 种植被类型均与林冠截留率都呈现线性相关(图 3-20)。

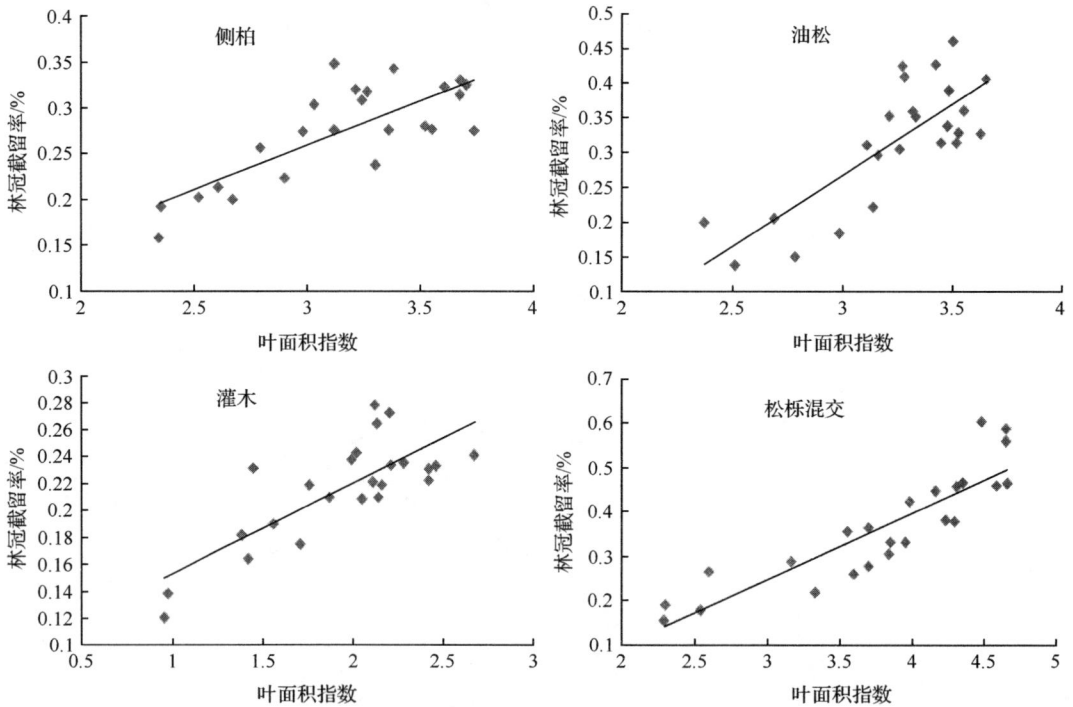

图 3-20　叶面积指数与林冠截留率的关系

基于北京山区 2011~2012 年叶面积指数与林冠截留率数据,建立了林冠截留率(y)

与叶面积指数(x)的回归方程：

$$y_1 = 0.095x - 0.028, R^2 = 0.61, n = 24, p < 0.05 \tag{3-32}$$

$$y_2 = 0.0205x - 0.348, R^2 = 0.62, n = 24, p < 0.05 \tag{3-33}$$

$$y_3 = 0.066x + 0.086, R^2 = 0.61, n = 24, p < 0.05 \tag{3-34}$$

$$y_4 = 0.149x - 0.2, R^2 = 0.78, n = 24, p < 0.05 \tag{3-35}$$

式中，y_1 代表侧柏林的林冠截留率，y_2 代表油松林的林冠截留率，y_3 代表灌木林的林冠截留率，y_4 代表松栎混交林的林冠截留率，x 代表叶面积指数(m^2/m^2)。经检验，4 个方程 R^2 均大于 0.6，p 均小于 0.05，模型拟合效果较好。

2. 郁闭度与林冠截留的耦合分析

根据叶面积指数与郁闭度的关系，推导出生长季郁闭度的变化，并与林冠截留率建立相关关系，如图 3-21 所示。研究发现，林冠截留率与郁闭度指数呈正相关关系，即郁闭度越大林冠截留率越大。四种植被类型都与林冠截留率呈现指数相关(图 3-21)。

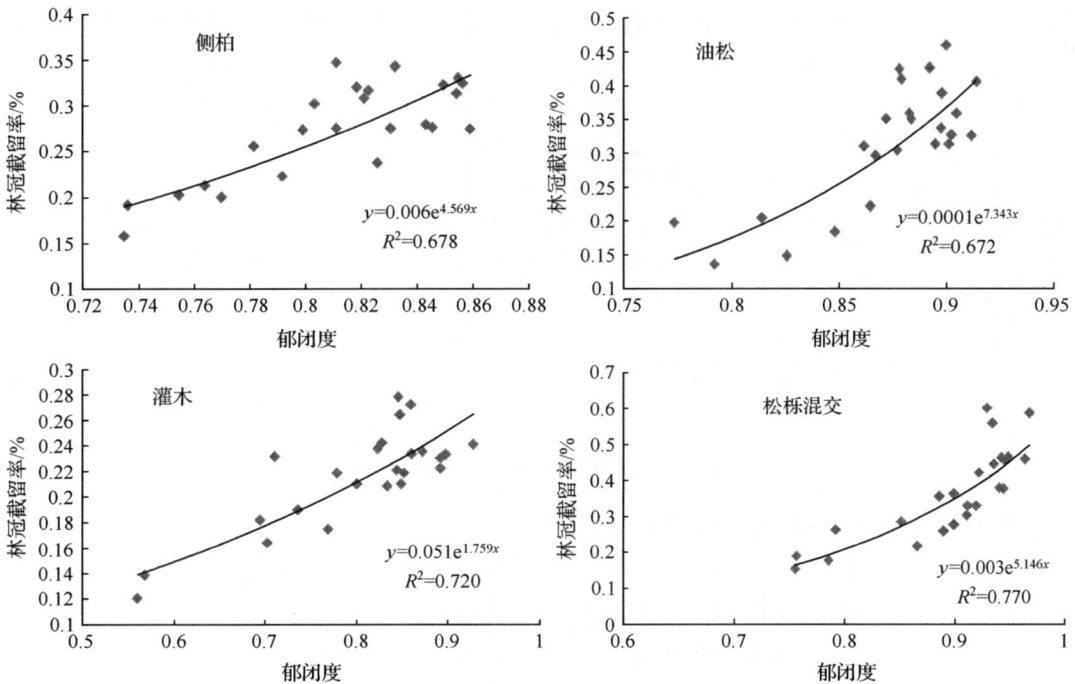

图 3-21　郁闭度与林冠截留率的关系

林冠截留率(y)与郁闭度(x)的回归方程为

$$y_1 = 0.006e^{4.569x}, R^2 = 0.68, n = 24, p < 0.05 \tag{3-36}$$

$$y_2 = 0.0001e^{7.343x}, R^2 = 0.67, n = 24, p < 0.05 \tag{3-37}$$

$$y_3 = 0.051e^{1.759x}, R^2 = 0.72, n = 24, p < 0.05 \tag{3-38}$$

$$y_4 = 0.003e^{5.146x}, R^2 = 0.77, n = 24, p < 0.05 \tag{3-39}$$

式中，y_1 代表侧柏林的林冠截留率，y_2 代表油松林的林冠截留率，y_3 代表灌木林的林冠截留率，y_4 代表松栎混交林的林冠截留率，x 代表郁闭度。经检验，4 个方程 R^2 均大于 0.65，P 均小于 0.05，模型拟合效果较好。

3. 生物量与林冠截留的耦合关系

根据叶面积指数与生物量的关系，推导出生长季生物量的变化，并与林冠截留率建立相关关系如图 3-22 所示。研究发现，林冠截留率与生物量指数呈正相关关系，即生物量越大林冠截留率越大。4 种植被类型都与林冠截留率呈现指数相关(图 3-22)。

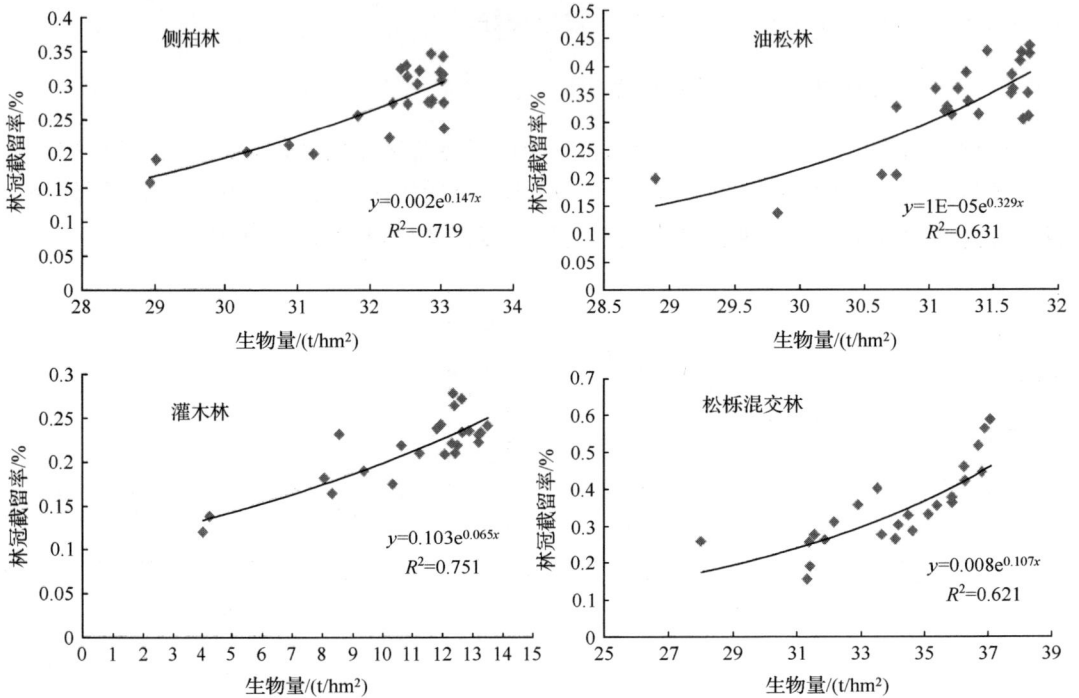

图 3-22 生物量与林冠截留率的关系

林冠截留率(y)与生物量(x)的回归方程为

$$y_1 = 0.002e^{0.147x}, \ R^2 = 0.72, \ n = 24, \ p < 0.05 \tag{3-40}$$

$$y_2 = 1\mathrm{E}-05e^{0.329x}, \ R^2 = 0.63, \ n = 24, \ p < 0.05 \tag{3-41}$$

$$y_3 = 0.103e^{0.065x}, \ R^2 = 0.75, \ n = 24, \ p < 0.05 \tag{3-42}$$

$$y_4 = 0.008e^{0.107x}, \ R^2 = 0.62, \ n = 24, \ p < 0.05 \tag{3-43}$$

式中，y_1 代表侧柏林的林冠截留率，y_2 代表油松林的林冠截留率，y_3 代表灌木林的林冠截留率，y_4 代表松栎混交林的林冠截留率，x 代表生物量(t/hm²)。经检验，4 个方程 R^2 均大于 0.6，p 均小于 0.05，模型拟合效果较好。

4. 不同因素与林冠截留的耦合分析

为研究不同的叶面积指数、郁闭度和生物量共同对林冠截留率的影响，本书采用多元线性回归的方法，建立林冠截留率与叶面积指数、郁闭度和生物量的回归方程。运用

SPSS 软件,先将各指标进行标准化,线性回归得到不同植被的不同结构指数(x)与林冠截留率(y)的关系为

$$y_1 = -0.584 + 0.047x_1 + 0.022x_2, R^2 = 0.71 \tag{3-44}$$

$$y_2 = -1.345 + 0.044x_1 + 0.047x_2, R^2 = 0.67 \tag{3-45}$$

$$y_3 = -0.443 + 0.015x_1 + 0.019x_2, R^2 = 0.65 \tag{3-46}$$

$$y_4 = -1.15 + 0.1187x_1 + 0.036x_2, R^2 = 0.61 \tag{3-47}$$

式中,y_1 代表侧柏林的林冠截留率,y_2 代表油松林的林冠截留率,y_3 代表灌木林的林冠截留率,y_4 代表松栎混交林的林冠截留率,x_1 代表叶面积指数(m^2/m^2),x_2 代表生物量(t/hm^2)。

从上面的 4 个模型看,叶面积指数和生物量都与林冠截留率呈正相关关系,之所以没有郁闭度指标是因为叶面积指数与郁闭度存在很大的共线性,在逐步回归过程中该指标被剔除。将上述模型系数标准化后为

$$y_1 = -0.584 + 0.382x_1 + 0.507x_2 \tag{3-48}$$

$$y_2 = -1.345 + 0.213x_1 + 0.639x_2 \tag{3-49}$$

$$y_3 = -0.443 + 0.171x_1 + 0.598x_2 \tag{3-50}$$

$$y_4 = -1.15 + 0.407x_1 + 0.343x_2 \tag{3-51}$$

模型中字母代表意义同上,模型中叶面积指数和生物量的系数就是该指标的贡献率,可以看出影响侧柏、油松和灌木林林冠截留率更大的是生物量,这与其物种特性相关,油松的松针呈簇状,枝叶生物量大更容易截持更多的降雨,侧柏与灌木林叶片较小,截持降雨更多依赖枝叶的数量;而由于栓皮栎叶片宽大,导致叶面积指数更能影响松栎混交林林冠截留率。

3.4.2　空间结构因素

根据西南长江三峡库区 9 种林分类型空间结构参数大小比数、混交度、角尺度、聚集指数与林冠截留率绘制散点图(图 3-23)。由图 3-23 可见,大小比数与截留率相关性不明显($R^2 = 0.03$);混交度与林冠截留率呈不显著的指数相关关系($R^2 = 0.39$);角尺度与截留率呈显著的负指数相关($R^2 = 0.49$),随角尺度的增大,林冠截留能力逐渐降低;聚集指数与林冠截留率呈显著的正指数相关关系($R^2 = 0.54$),随聚集指数的增加,截留能力逐渐增强。结合空间结构特征可知,林分空间结构指数中描述林分树种胸径差异、混交程度差异的参数与林冠截留降雨能力关系不大;但描述林分树种空间分布格局的角尺度的参数与林冠截留能力存在显著差异,当林分为随机分布时,林冠截留率较大;林分为聚集分布时,林冠截留率较小,并且随聚集程度增强而增大。

3.4.3　林冠层结构与水文功能的多因素耦合分析

以西南长江三峡库区典型植被为研究对象,采用 17 个林分结构因子——平均树高(X_1)、平均胸径(X_2)、林分郁闭度(X_3)、林分密度(X_4)、上层林分密度(X_5)、中层林分密度(X_6)、下层林分密度(X_7)、乔木层物种 Shannon-Wiener 指数(X_8)、灌木层物种 Shannon-Wiener 指数(X_9)、草本层物种 Shannon-Wiener 指数(X_{10})、群落总体物种 Shannon-Wiener 指数(X_{11})、下木盖度(X_{12})、土壤厚度(X_{13})、枯落物储量(X_{14})、树种大小比数

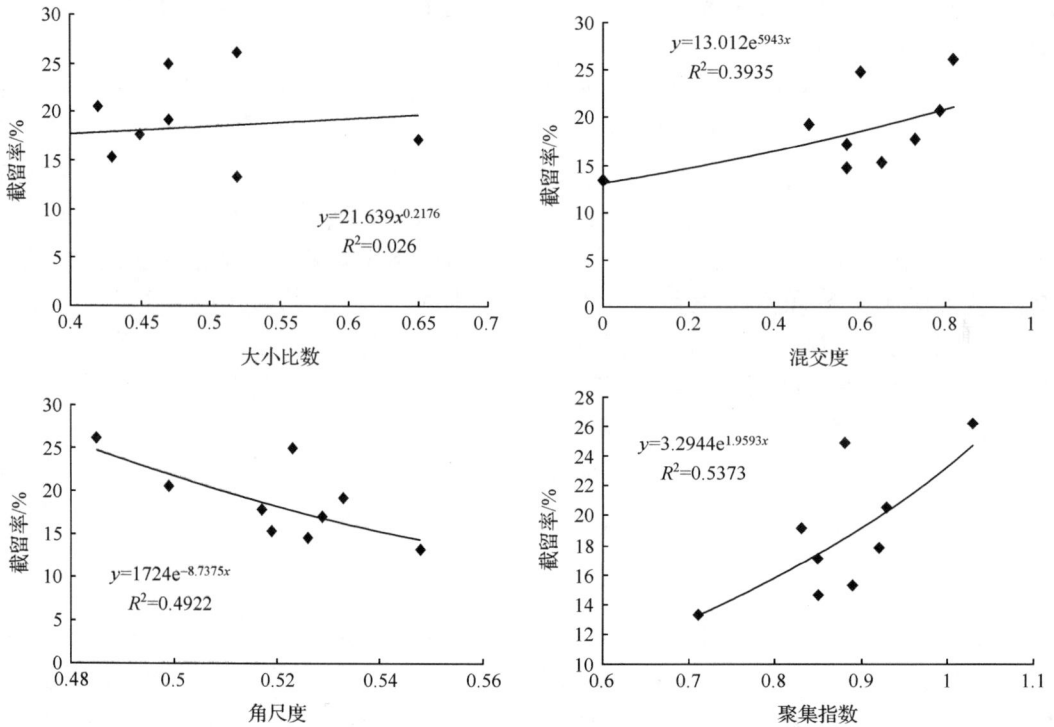

图 3-23　空间结构参数与林冠截留率关系

（X_{15}）、混交度（X_{16}）、林木分布格局（X_{17}），建立结构与林冠层水文功能耦合关系关系。

林冠层水文功能选择林冠最大持水量、林冠降雨截留量 2 个水文功能，分别设为 Y_1、Y_2，采用显著性水平 $\alpha = 0.05$，分别和各结构因子进行多元逐步回归。

1. 林冠最大持水量

式（3-52）反映了林冠最大持水量与其他林分结构因子的回归方程，结果表明，林冠最大持水量受树高、郁闭度、林分密度、上层林密度、乔木多样性、树种大小比数、混交度的影响显著。通径分析表明（表 3-13），对林冠最大持水量的直接影响作用由大到小依次为：

表 3-13　结构因子对林冠持水的直接和间接通径系数

因子	直接作用	间接作用						
		→X_1	→X_3	→X_4	→X_5	→X_8	→X_{15}	→X_{16}
X_1	1.2394		0.0654	0.1794	−0.0105	0.2461	0.0472	1.3864
X_3	0.1241	0.6532		−0.0355	0.0182	−0.0582	−0.0758	−0.6091
X_4	0.2161	1.0288	−0.0204		−0.0011	−0.2091	−0.0441	−1.1669
X_5	0.0255	0.5130	−0.0887	0.0096		−0.0775	−0.0243	−0.5828
X_8	0.3067	0.9943	−0.0236	−0.1473	0.0064		−0.0272	−1.0707
X_{15}	−0.1661	−0.3521	0.0567	0.0573	−0.0037	0.0503		0.3260
X_{16}	−1.5728	1.0925	−0.0481	−0.1603	0.0094	−0.2088	−0.0344	

混交度＞树高＞乔木多样性＞林分密度＞树种大小比数＞郁闭度＞上层林密度。可以看出,树种混交程度对林冠持水量的直接影响最大。乔木多样性和林分密度通过对树高、树种混交间接影响林冠持水量的作用也较大。

$$Y_1 = -1619.93 + 1.34X_1 + 4.27X_3 + 1.11X_4 + 0.47X_5 + 5.90X_8 - 0.25X_{15} - 0.11X_{16}$$
$$(R^2 = 0.8736, p = 0.0017) \tag{3-52}$$

2. 林冠降雨截留量

式(3-53)反映了林冠降雨截留量与其他林分结构因子的回归方程,结果表明,林冠对降雨的截留量受郁闭度、林分密度、上层林密度、中层林密度、混交度的影响显著。通径分析表明(表 3-14),对林冠降雨截留量的直接影响作用由大到小依次为:混交度＞郁闭度＞中层林密度＞上层林密度＞林分密度。混交度的直接作用最大,且通过影响林分郁闭度而对林冠降雨截留的间接作用同样较大,间接通径系数达 0.9170。郁闭度直接通径系数达 1.0403,直接作用也较大,且通过对混交度的影响而对其产生间接影响,间接通径系数达 1.3500。林分密度和中层林密度直接作用虽然较小,但通过对郁闭度和混交度的影响而间接作用却较大。另外中层林密度对降雨截留作用呈反向,可能是由于中层林密度大,会抑制下层林木的生长,对林分整体结构的改善具有不利影响,进而影响到截留的整体作用。

$$Y_2 = 107.42 + 0.04X_3 + 0.13X_4 + 0.81X_5 - 0.82X_6 + 0.06X_{16}$$
$$(R^2 = 0.9134, p = 0.0002) \tag{3-53}$$

表 3-14　结构因子对林冠降雨截留的直接和间接通径系数

因子	直接作用	间接作用				
		→X_3	→X_4	→X_5	→X_6	→X_{16}
X_3	1.0403		0.1163	0.1910	0.0575	−1.3500
X_4	0.1401	0.8635		0.1623	−0.0537	−1.1363
X_5	0.2025	0.2955	0.0372		0.0390	0.3175
X_6	−0.2380	0.8346	−0.0955	−0.0332		−1.0426
X_{16}	1.5315	0.9170	−0.1039	−0.1621	−0.0420	

3.5　地被物层结构与地被物层水文功能的耦合分析

以西南长江三峡库区典型植被为研究对象,采用 17 个林分结构因子——平均树高(X_1)、平均胸径(X_2)、林分郁闭度(X_3)、林分密度(X_4)、上层林分密度(X_5)、中层林分密度(X_6)、下层林分密度(X_7)、乔木层物种 Shannon-Wiener 指数(X_8)、灌木层物种 Shannon-Wiener 指数(X_9)、草本层物种 Shannon-Wiener 指数(X_{10})、群落总体物种 Shannon-Wiener 指数(X_{11})、下木盖度(X_{12})、土壤厚度(X_{13})、枯落物储量(X_{14})、树种大小比数(X_{15})、混交度(X_{16})、林木分布格局(X_{17}),建立结构与枯枝落叶层水文功能耦合关系关系。枯枝落叶层涵养水源功能因子选择最大拦蓄量和有效拦蓄量两个指标因子,分别设为 Y_6 和 Y_7,采用显著性水平 $\alpha = 0.05$,分别和各结构因子进行多元逐步回归。

3.5.1 最大拦蓄量

式(3-54)反映了枯落物最大拦蓄量与其他林分结构因子的回归方程,结果表明,枯落物最大拦蓄量受林分密度、乔木多样性、群落总体多样性、枯落物储量、树种大小比数的影响最显著。通径分析表明(表3-15),对枯落物最大拦蓄量的直接影响作用由大到小依次为:群落总体多样性>枯落物储量>乔木多样性>树种大小比数>林分密度。群落总体多样性的直接作用最显著,直接通径系数达1.3127,另外乔木多样性、枯落物储量因子均表现为直接作用大于间接作用;林分密度直接作用最小,通径系数为0.1336,但其通过对枯落物储量的作用而间接影响枯落物最大拦蓄量,间接通径系数为0.2474。

$$Y_6 = -193.94 + 0.003X_4 + 3.79X_8 + 7.33X_{11} + 23.39X_{14} - 8.32X_{15}$$
$$(R^2 = 0.8632,\ p = 0.0004) \tag{3-54}$$

表3-15　结构因子对枯落物最大拦蓄量的直接和间接通径系数

因子	直接作用	间接作用				
		$\rightarrow X_4$	$\rightarrow X_8$	$\rightarrow X_{11}$	$\rightarrow X_{14}$	$\rightarrow X_{15}$
X_4	0.1336		0.0220	0.0938	0.2474	-0.1010
X_8	0.3682	0.0276		-0.1516	0.0657	0.0758
X_{11}	1.3127	-0.0355	0.0426		0.5664	-0.1194
X_{14}	0.4599	0.0108	-0.3165	0.0531		0.0726
X_{15}	-0.3192	0.0408	-0.3004	-0.1086	0.0603	

3.5.2 有效拦蓄量

式(3-55)反映了枯落物有效拦蓄量与其他林分结构因子的回归方程,结果表明,枯落物有效拦蓄量受中层林密度、群落总体多样性、枯落物储量、树种大小比数的影响最显著。通径分析表明(表3-16),对枯落物有效拦蓄量的直接影响作用由大到小依次为:树种大小比数>群落总体多样性>枯落物储量>中层林密度,该4个因子对枯落物有效拦蓄量的直接作用和间接作用均较显著,各个因子通过影响其他部分因子而对枯落物有效拦蓄量造成的间接影响也较大。

$$Y_7 = -18.02 + 0.02X_6 + 4.58X_{11} + 1.05X_{14} - 9.50X_{15}$$
$$(R^2 = 0.8712,\ p = 0.0033) \tag{3-55}$$

表3-16　结构因子对枯落物有效拦蓄量的直接和间接通径系数

因子	直接作用	间接作用			
		$\rightarrow X_6$	$\rightarrow X_{11}$	$\rightarrow X_{14}$	$\rightarrow X_{15}$
X_6	0.4542		0.8583	-0.5596	-1.2839
X_{11}	1.4155	-0.2958		0.7997	1.4562
X_{14}	0.8241	0.3208	1.2948		-1.4984
X_{15}	-1.6788	0.3528	1.1520	-0.7996	

3.6　森林植被对降水输入过程的调控特征

3.6.1　林冠截留特征

1. 林冠层对降水再分配的影响

植被冠层的存在导致一部分降水被截持在植被表面,并随后直接蒸发返回大气;一部分以穿透降水形式降落地表;一部分顺植物茎干以干流形式到达地表。穿透降水和干流共同组成了林下降水。但林下降水会被枯落物层继续截持,只有到达枯落物层下面与矿质土壤接触的降水,才可能继续进入产流、汇流等水文过程。与空旷地水入入相比,森林植被对降水的再分配作用,体现为增加了植被冠层和枯落物层的截持损失,改变了对林地的降水输入方式,降低了对林地的降水输入量。

典型地区的植被冠层截持研究多是以生长季为时间单位进行统计的,涉及多种乔木森林类型和几种灌丛。对华北土石山区半湿润地区的 4 种典型林分的降水再分配研究,结果表明,总林内降雨率为灌木林(82.23%)>侧柏林(72.06%)>油松林 1 号(70.19%)>油松林 2 号(68.98%)>松栎混交林(66.66%),总干流率为松栎混交林(2.6%)>侧柏林(2.42%)>油松林 1 号(2.02%)>油松林 2 号(1.76%),总截留率为松栎混交林(30.74%)>油松林 2 号(29.26%)>油松林 1 号(27.78%)>侧柏林(25.52%)>灌木林(17.77%)。

对西北黄土区半干旱地区典型刺槐林的降水再分配研究结果表明,林冠截留总量为151.17mm,占林外降雨总量的 20.67%。平均穿透雨率为 77.44%、平均树干茎流率为2.16%、平均截留率为 20.40%。

对长江三峡库区湿润地区的 9 种典型林分的降水再分配研究结果表明,9 种典型林分的穿透雨、树干茎流和林冠截留(率)变化范围分别为 1107.2~1282.3mm(73.66%~85.31%),1.4~20.4mm(0.11%~1.36%),200.4~393.9mm(13.33%~26.2%),其中马尾松阔叶林穿透雨量最低及截留量(率)最高,分别为 1107.2mm(73.66%)和393.9mm(26.20%),毛竹纯林穿透雨量最高及截留量(率)最低,分别为 1282.3mm(85.31%)和 200.4mm(13.33%),

对西北土石山区半湿润区的香水河小流域的研究表明,存在不同森林类型的生长季冠层截持率差别,依次是红桦林(8.6%)<辽东栎×少脉椴混交林(13.9%)<华北落叶松林(14.4%)<华山松林(15.0%)<油松林(15.7%)<辽东栎林(17.9%);华西四蕊槭-石枣子灌丛和李灌丛的分别为 14.5%和 13.9%,在乔木林的变化范围之内。在对处于半干旱区的叠叠沟小流域的 2011 年研究表明,华北落叶松人工林的生长季降雨截持率为21.4%,沙棘灌丛为 24.8%,虎榛子灌丛为 9.3%,明显高于香水河小流域的相同树种的值,这是因为降水量较低、气候比较干燥。

植被冠层截留量大小受多种因素影响,包括与截留容量有关的林分类型、郁闭度、叶面积指数、林分密度等植被因素,也包括降水类型、降水间隔、降水强度等降水因素,其中植被截持容量是可调因素,一般来说,针叶林冠层截留容量大于阔叶林的,但植被生物量和表面积大小可能起着更重要的作用。

2. 枯落物层对降水再分配的影响

枯落物层截持也是植被生态耗水的一个重要方面,其截持量同时取决于枯落物数量和其持水率特征。一般来说,乔木林的枯落物量大于灌丛和草地;针叶林的枯落物难以分解,因而其枯落物量大于易分解的阔叶林的枯落物量。

对华北土石山区半湿润地区 4 种典型林分的枯落物持水过程的研究结果表明,4 种林分的枯落物最大持水量为灌木(308.94%)>油松(289.56%)>松栎混交(261.57%)>侧柏(182.64%)。

对东北地区半湿润区阔叶红松林枯落物持水能力的研究结果表明,最大持水率为未分解层(538.45%)>半分解层(379.29%)>全分解层(281.35%);对落叶松天然林不同林分类型的枯落物,未分解层的最大持水量大小为:杜鹃+落叶松林>落叶松纯林>樟子松+落叶松林>白桦+落叶松林>杜香+落叶松林;半分解层最大持水量大小为:杜鹃+落叶松林>樟子松+落叶松林>落叶松纯林>杜香+落叶松林>白桦+落叶松林。

对西北土石山区半干旱地区叠叠沟小流域的枯落物持水能力研究结果表明,华北落叶松人工林、沙棘灌丛、虎榛子灌丛、草地的枯落物储存量分别为 6.49t/hm²、3.13t/hm²、5.78t/hm²、2.53t/hm²,其最大持水率分别为 3.32、2.89、2.21、2.20,相应的最大持水深度为 2.2mm、0.9mm、1.3mm、0.6mm;而半湿润地区的六盘山香水河流域,主要森林类型的枯落物蓄积量为 4.87~30.86t/hm²,最大持水率介于 1.78~3.87,最大持水量为 0.9~7.6mm,但减去自然含水量后的有效拦蓄量为 0.23~3.82mm。

3.6.2 森林植被结构对降水输入过程的影响

叶面积指数是反映植被群体生长状况的一个重要指标,也是生态系统的一个十分重要的结构参数,它能有效地反映林分冠层结构变化等信息。对华北土石山区半湿润地区的北京山区 4 种典型林分的叶面积指数与林冠截留率的拟合结果表明,4 种林分的林冠截留率与叶面积指数均表现出显著的线性正相关关系($y=ax+b$);而对 4 种林分的林冠截留率与郁闭度和生物量的拟合结果,林冠截留率与郁闭度和生物量也表现出了显著的正相关关系,呈指数函数关系($y=ae^{bx}$);这表明林分的叶面积指数越高、郁闭度和生物量越大,林冠层的截留量越大。

以西南长江三峡库区 9 种典型林分为研究对象,分析林分空间结构参数大小比数、混交度、角尺度、聚集指数对林冠截留的影响,结果表明,大小比数、混交度与林冠截留率呈正相关关系,但相关系数不高,角尺度与林冠截留率呈负相关指数关系,表明林分角尺度越高,林冠截留率越低;林分聚集指数与林冠截留率呈正相关指数关系,表明随着聚集指数的增加,林冠截留率越高。综合林分不同林分结构因子,对林冠截留率与结构因子进行多因素耦合分析,结果表明,林冠对降水的截留量受郁闭度、林分密度、上层林密度、中层林密度、混交度等因子的影响显著,其直接影响作用由大到小依次为:混交度>郁闭度>中层林密度>上层林密度>林分密度。

对西北土石山区六盘山地区不同林分类型林冠截留进行试验研究,基于原有林冠截

留模型提出了相应修正模型,考虑了冠层郁闭度对可减持雨量和叶面积指数对冠层截留
容量的影响:

$$I_c = d\text{LAI}\left[1 - \exp\left(-\frac{CP}{d\text{LAI}}\right)\right] + \alpha P$$

式中,I_c 为林冠截留量,mm;α 为降雨蒸发率;P 为降雨量,mm;d 为单位叶面积截留容
量,mm/LAI;C 为降雨拦截系数或冠层郁闭度;LAI 为冠层叶面积指数。

六盘山地区香水河流域不同林分类型的林冠截留模型如表 3-17 所示。

表 3-17　六盘山香水河主要植被类型冠层截留模型

森林类型	模型	相关系数
辽东栎林	$I = 0.62\text{LAI}\left[1 - \exp\left(-\dfrac{CP}{0.62\text{LAI}}\right)\right] + 0.0569P$	0.84
油松林	$I = 0.56\text{LAI}\left[1 - \exp\left(-\dfrac{CP}{0.56\text{LAI}}\right)\right] + 0.0513P$	0.89
华北落叶松林	$I = 0.88\text{LAI}\left[1 - \exp\left(-\dfrac{CP}{0.88P}\right)\right] + 0.0508P$	0.67
红桦林	$I = 0.17\text{LAI}\left[1 - \exp\left(-\dfrac{CP}{0.17\text{LAI}}\right)\right] + 0.0572P$	0.95
华山松林	$I = 0.58\text{LAI}\left[1 - \exp\left(-\dfrac{CP}{0.58\text{LAI}}\right)\right] + 0.0410P$	0.86
华西四蕊槭-石枣子灌丛	$I = 0.44\text{LAI}\left[1 - \exp\left(-\dfrac{CP}{0.44\text{LAI}}\right)\right] + 0.1156P$	0.88
李灌丛	$I = 0.44\text{LAI}\left[1 - \exp\left(-\dfrac{CP}{0.44\text{LAI}}\right)\right] + 0.0920P$	0.88
辽东栎-少脉椴林	$I = 0.74\text{LAI}\left[1 - \exp\left(-\dfrac{CP}{0.74\text{LAI}}\right)\right] + 0.0407P$	0.84

第4章　森林生态系统蒸发散与耗水规律

森林蒸散发是森林生态系统水量平衡中的一个重要分量,影响着区域气候和全球水循环。它包括林地植物蒸腾、土壤蒸发、林冠截留降水的蒸发、植物表面凝结水的蒸发等。在正常情况下,森林蒸散发主要是指林冠截留蒸发、林分蒸腾耗水和土壤蒸发,它不仅是森林耗水能力的重要指标,而且还是土壤—植物—大气连续体的重要环节(余新晓等,2004)。

4.1　土壤蒸发过程特征

4.1.1　土壤蒸发过程

土壤蒸发是地气能量交换中的主要过程之一,它既是地表能量平衡的组成部分,又是水分平衡的组成部分。土壤水分蒸发是土壤水分整个运动过程中的一种特殊形式的阶段。此阶段,由于土壤与地表大气接触,土壤水分运动与大气状况密切相关。土壤蒸发速率由大气条件、土壤表层湿度与土壤内部水分传输共同控制。土壤蒸发受太阳辐射、温度、土壤温度、土壤湿度、风速、降水及其入渗方式等外界气象条件的影响,受土壤含水量、潜水埋深、土壤质地及结构、土壤色泽与地表特性、土壤中毛管的输送能力等土壤内在因素的影响。不论土壤蒸发处于蒸发的哪一过程,蒸发强度都取决于土壤表层的水汽压力与土壤表面大气中水汽压力的差值和土壤表层与土壤表面大气的质量交换系数。当水汽压力差为正值时,土壤水分发生蒸发;差值为零时,蒸发为零;差值为负数时,大气中的水汽进入土壤。

蒸发现象的产生和持续有三个必要条件:必须有持续热能供应以满足潜热要求;大气中水汽压必须小于土壤表面水汽压,水蒸气必须以扩散或对流的方式输送到大气中;土体中必须有持续不断的水分供应到土壤表层以满足蒸发的需要。前两个条件为蒸发的外部条件,通常会受到气象因素如空气温度、湿度、风速和太阳辐射的影响,这些条件决定了大气蒸发率,即大气可以从土壤表面所蒸发的最大水分通量;后一条件与土体中水的含量、土水势和土壤的传导特性有关,这些条件决定土体可以传输水分到大气中的最大速率。因此,实际蒸发速率由大气蒸发率与土壤自身传输水的能力共同决定。

土壤水分蒸发的过程就是土壤水分通过土壤表面进入大气,从而造成土壤水分逐渐减少,土壤表层逐渐变干的过程。这一过程可划分为三个阶段。

(1)蒸发初始阶段,即蒸发率为常数的阶段。这时土壤较湿,水分供应充分可以满足蒸发需求。在这一阶段蒸发率受到外部气象条件控制,即受到大气蒸发率的影响。这一阶段的土壤蒸发率也称为潜在蒸发率。由于非饱和导水率随土壤水分减少而迅速减小,蒸发不断进行,土壤表层含水量减至某一临界值时,由下向上渗透的水分不能满足蒸发力的需要,此阶段即告结束。土壤含水量的临界值并非是常数,它因土壤种类、气象条件等而改变,但一般在田间持水量左右。这一阶段持续时间最短,蒸发率最大。在较为干燥的气候条件下,这一蒸发过程通常非常迅速,可能只会持续几个小时到几天。

(2) 蒸发速率递减阶段。由于土壤蒸发不断消耗水分,土壤含水量不断减小,土壤蒸发率随土壤含水量减少而减小。此阶段土壤因素逐渐成为影响蒸发力的主要因素,气象因素逐渐退居次要因素。在这一阶段蒸发速率持续下降低于大气蒸发率。这一阶段蒸发速率受土壤内部水分传递速度的控制,因此又称为剖面控制阶段。这一阶段可能会比第一阶段持续更长的时间。以上两个阶段土壤内部水蒸气扩散量很小,通常可以忽略不计,蒸发仅在土壤表面进行。

(3) 蒸发消滞阶段(或滞缓阶段),即水蒸气扩散控制阶段。随着土壤蒸发的继续进行,土壤含水量越来越低,相应土面的水汽压也越来越低,当土壤表面水汽压降低到与大气中水汽压平衡时,表面土壤就达到了气干(风干)状态,这时土壤蒸发进入了第三阶段,即扩散控制阶段。这一阶段土体表面相当干燥,土壤中的液态水已经不能输送至土壤表面,蒸发基本上不在土壤表面进行。此时土壤热通量发生作用,土壤中水分汽化,由分子扩散作用通过干燥表层逸出大气,其速度主要取决于下层土壤的含水量及土壤中水汽压梯度,一般极其缓慢。当土壤的干燥作用逐渐向下发展,由于水汽将通过越来越深的干土层向外扩展,蒸发作用就变得更加微弱,土壤蒸发主要受土壤因素的影响。当潜水埋深达到一定深度时,土壤蒸发固定为一常数。此时土壤表层含水量值约在土壤凋萎含水量左右。这一阶段为土壤蒸发的主要阶段,该阶段持续时间最长,但蒸发率最小且稳定。随着土表蒸发的不断进行,土壤内含水量逐渐减少,土壤含水量沿土壤深度剖面向下逐渐减少,这一现象称为"干锋"现象。随着土壤体积含水量的下降,水力扩散率呈指数规律递减。然而随着土壤变干,水蒸气扩散率逐渐增加,因此当土壤含水量低到一定程度时,总扩散率存在一个最低值,当含水量继续降低时,总扩散率则有所增加。土壤蒸发率存在着日间波动。试验表明,表层土壤含水量随着蒸发率的日间波动而发生变化。土壤表面在白天逐渐变干而在夜间则逐渐变湿。土壤表层脱湿与吸湿过程的交替不可避免地导致了滞后现象的发生。由于滞后现象导致蒸发过程较早下降到低于潜在蒸发的水平,滞后现象在蒸发率波动的情况下可能会阻碍蒸发。

4.1.2　不同林分土壤蒸发特征

土壤蒸发过程,是发生于多孔介质土壤内部及其与大气界面上的复杂过程,其主要包括水分在土壤中的运移以及在土壤表面的蒸发。土壤蒸发现象既是地面热量平衡的组成部分,又是水量平衡的组成部分,受到能量供给条件、水汽运移条件以及蒸发介质的供水能力等的影响(杨文治和邵明安,2000;刘昌明等,1999;常宗强等,2003)。2010 年 6～9 月用微型土壤蒸发器(micro-lysimeter)在不同林分下测定了每日的土壤蒸发量变化,并在同一处做了覆盖原状枯落物和不覆盖枯落物的对比试验。

华北土石山区不同林分研究期测定的土壤总蒸发量、平均日蒸发量、标准差和变异系数值见表 4-1,从表 4-1 中可以看出研究期各条件下土壤平均日蒸发量在 0.68～1.51mm 之间,土壤蒸发量高于枯落物蒸发量,低于植物蒸腾耗水量。从平均日蒸发量数值上看(图 4-1),无枯落物覆盖要明显高于有枯落物覆盖的情况,而林地的土壤蒸发量要明显低于裸地。这是因为林地土壤蒸发包括两个步骤,土壤水的汽化和水汽向大气的扩散。前者需要足够的热量供应,而这主要来自太阳辐射;后者要求土面水汽压高于大气水汽压,而土面水汽压主要取决于土面温度与含水量。在林地中,由于林冠的吸收,到达林地地表的太阳总辐射要比裸地小,影响了林地土壤水的蒸发,使林地土壤蒸发量小于裸地。而枯落物的覆盖一方面能够阻挡太阳辐射,一方面能保持表层土壤湿度,因此总体上削减了土壤蒸发能力。不同树种林分原状枯落物覆盖的土壤日均蒸发量的排序为:裸地(1.08mm)>油松(0.92mm)>侧柏(0.81mm)>栓皮栎(0.76mm)>刺槐(0.68mm);不同树种林分无枯落物覆盖的土壤日均蒸发量的排序为:裸地(1.51mm)>油松(1.15mm)>栓皮栎(1.09mm)>侧柏(1.07mm)>刺槐(0.93mm)。这与林分密度、坡向、枯落物特征、土壤水分物理性质等多方面的因素有关。

表 4-1　研究期实测土壤蒸发量特征值

树种	覆盖状况	总蒸发量/mm	平均日蒸发量/mm	日蒸发量标准差	变异系数
侧柏	无枯落物	105.09	1.07	1.11	1.04
	有枯落物	73.40	0.81	0.98	1.21
栓皮栎	无枯落物	112.09	1.09	1.18	1.09
	有枯落物	78.51	0.76	0.88	1.16
刺槐	无枯落物	97.99	0.93	0.83	0.89
	有枯落物	73.12	0.68	0.67	0.99
油松	无枯落物	115.64	1.15	1.05	0.91
	有枯落物	83.15	0.92	0.92	1.00
裸地	无枯落物	169.81	1.51	1.31	0.87
	有枯落物	123.45	1.08	0.97	0.90

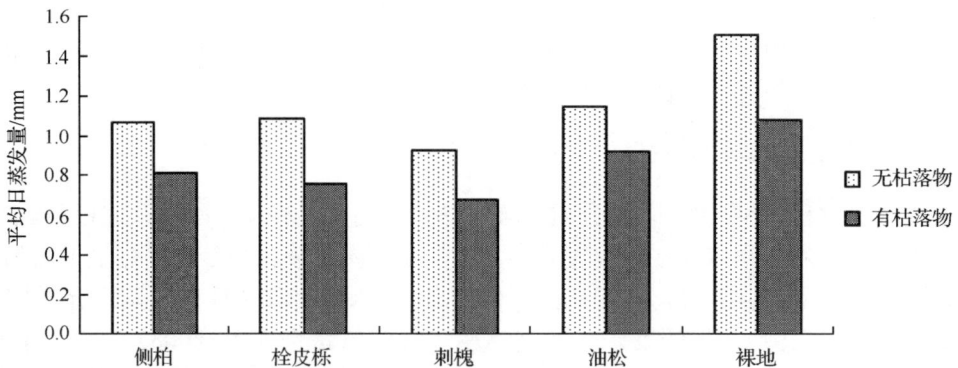

图 4-1　研究期间不同树种林分土壤蒸发综合比较

日蒸发量的变异系数数值在 0.87~1.21 之间,不同天气条件下日蒸发量的差异很大。降水日的蒸发量很小,而降水后的晴天会出现较高的土壤蒸发量,而连续干旱少雨的情况下,日蒸发量会逐渐降低。一般认为经过降水补给后土壤表土湿润,充足的土壤水分供给可最大限度地维持稳定的土面蒸发率持续数日,这期间为大气潜在蒸发力控制阶段;

随着土壤含水量的降低,特别是表层土壤水分的明显损耗,导水率则以指数函数关系快速降低,这时水分由下层向地表传导多少就蒸发掉多少,所以这一阶段为土壤导水率控制阶段;当明显出现表层干土层时,土面水汽压逐渐降低到与大气的水汽压平衡,不仅这时干土层的导水率极低,而且导热率也很小,到达地表的辐射热难以向下传导,下层的水分也不能迅速上行,此时的蒸发发生在干土层以下稍湿润的土层中,通过土壤水分汽化后以气体形式通过干土层的孔隙向外扩散,为土壤物理性质(热特性、孔隙结构等)控制阶段。

对西南长江三峡库区 2011 年 6～10 月不同林分类型的林下土壤蒸发进行测定,采用自制的简易蒸渗筒(lysimeter),每次样地 2 个重复,定期称量带土柱的内筒重和接水盆内收集到的渗漏水量,根据土柱的重量变化、渗漏量及降雨量推算出土柱的蒸发量。蒸渗筒的降雨输入量由放置在蒸渗筒附近的雨量筒测定。

由表 4-2 可知,3 种不同类型森林土壤蒸发的季节变化为:6 月份降雨量大、气温高和蒸发量达到最大值,7 月初急剧下降,到 8 月由于降雨量少干旱高温,出现最低值为几毫米,到了 9 月又逐渐回升到十几、二十毫米,然后到 10 月份蒸发量随着气温继续降低而缓缓降低。可见蒸发量与降雨量及气温具有很大的关系。不同森林类型之间:常绿阔叶林蒸发率要最强,针阔混交林次之,毛竹林最小。这可能与林分覆盖度有关:毛竹林(50%)＞针阔混交林(30%)＞常绿阔叶林(20%),盖度越大林下及土壤蒸发越小。

表 4-2　西南长江三峡库区不同林地土壤蒸发变化

日期	针阔混交林			常绿阔叶林			毛竹纯林		
	降水量/mm	蒸发量/mm	蒸发率/%	降水量/mm	蒸发量/mm	蒸发率/%	降水量/mm	蒸发量/mm	蒸发率/%
6.1～6.14	13.26	5.25	39.59	20.4	9.55	46.83	19.32	6.44	33.33
6.14～6.22	154.0	56.65	36.78	141.38	59.41	42.02	133.56	44.52	33.33
6.22～7.6	7.14	3.6	50.42	7.14	4.23	59.24	4.83	1.61	33.33
7.6～7.13	31.62	17.15	54.24	23.46	12.8	54.56	24.99	12.5	50.0
7.13～7.26	28.56	12.61	44.15	27.54	13.74	49.9	27.3	9.27	33.94
7.26～8.5	37.74	20.01	53.02	32.65	13.68	41.92	33.39	11.3	33.83
8.5～8.23	6.12	5.39	88.07	2.04	1.02	50	2.31	1.59	68.83
8.23～9.10	20.4	8.83	43.28	17.34	10.82	62.41	18.06	9.55	52.9
9.10～9.22	46.92	20.95	44.65	65.28	43.44	66.54	58.64	18.25	31.13
9.22～9.29	4.08	1.91	46.81	6.12	3.71	60.57	5.46	2.8	51.28
9.29～10.10	52.02	14.56	27.99	64.26	27.49	42.78	56.49	25.76	45.6
10.10～10.12	62.22	14.65	23.55	66.36	24.28	36.58	61.53	27.48	44.66
均值			46.05			51.11			38.36

4.1.3　土壤蒸发日变化

1. 单日变化规律

西北黄土区不同林分土壤蒸发耗水的日变化测定结果见图 4-2。由图 4-2 计算可知，研究区土壤在观测期内平均日蒸发量为 1.099mm。其中油松林日平均土壤蒸发量为 1.302mm、刺槐林为 1.071mm、山杨和辽东栎次生林为 0.923mm。土壤蒸发日变化规律为 08：00 点蒸发量较高，其中油松裸地土样和刺槐草地土样达到最大值，分别为 0.264mm 和 0.280mm，之后回落。油松草地土样在 11：00 时到达最大值 0.297mm，到 12：00～14：00，其他土样相继呈现蒸发最大值。08：00～09：00 会有 1 个土壤蒸发的高峰出现，这是因为早晨温度开始上升，温差变化较大，土壤蒸发速率开始加快，到 09：00 时，周围温度稳定，蒸发开始变得缓慢，到 13：00～14：00 时，气温再次升高为一天中温度最高，此时土壤蒸发量也增加为高，之后逐渐降低。

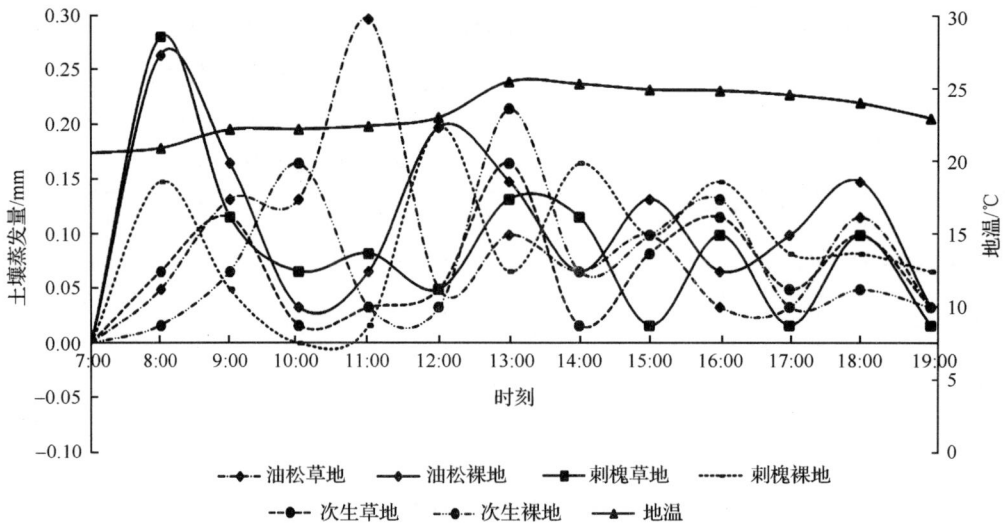

图 4-2　西北黄土区土壤蒸发量日变化

2. 多日变化规律

土壤中水汽运动与温度变化密切相关，在野外昼夜温差对表层土壤水分有较大影响。根据试验结果，绘制西北黄土区有林地土壤和裸地土壤的土壤水分日均蒸发量随时间变化的曲线图，见图 4-3。由图可见，整体上在本试验测定期间，裸地土壤水分日均蒸发量明显高于林地，说明林地林冠具有的土壤表面遮阴、林地防风等能力对土壤水分蒸发的抑制效果明显。

由图 4-3 可知，林地、裸地土壤水分蒸发量最大值出现日期有所不同。林地为 7 月 19 日，裸地为 7 月 22 日，分别为 251.3g/m² 、283.55g/m² 。两种土地利用类型土壤蒸发最小值出现在 7 月 24 日分别为林地 21.11g/m² 、裸地 25.3g/m² ，林地最大值与最小值之差为 230.19g/m² ，裸地最大值与最小值之间差值为 258.25g/m² 。可见，裸露土壤水分日均

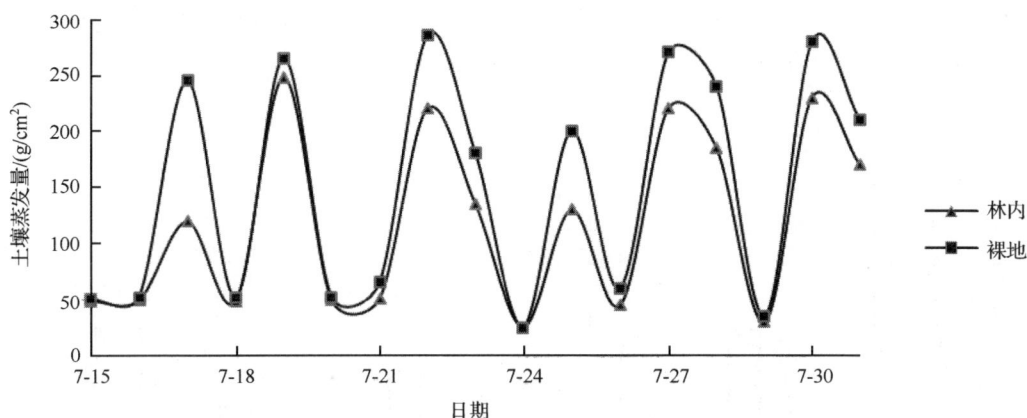

图 4-3　西北黄土区不同土地利用方式土壤水分蒸发日变化

蒸发量变化较大,而有林地则能克服这种变化。从观测的整个时段来看,在该研究时间跨度内,有林地土壤水分蒸发明显低于裸地,说明林地遮阴、改善林地小气候明显降低了土壤水分蒸发,林地土壤水分有效利用率高。裸露土壤水分日均蒸发量变化较大。

同时,两条土壤水分蒸发曲线在测定期间起伏变化趋势基本一致,对比林地和裸地两种不同土地利用类型的水分蒸发量曲线不难发现,尽管两地蒸发率变化趋势基本一致,但是林地的水分蒸发率在观测时段时,蒸发量均小于同日裸地蒸发量,且不同日期内日蒸发量之差变化幅度相对较大。在自然条件下,外界环境对土壤水分有较大影响,无论有林与否;而林地土壤蒸发与裸地之间的差异主要是由于林地独特的遮阴、改善林内小气候,有效抑制这种变化,降低土壤水分蒸发。但土壤温度、光照条件、风速等气象因素也对土壤水分蒸发有较大影响,有林地在不同天气状况条件作用下,抑制土壤水分蒸发的效率能力较裸地可能存在一定差异,从而导致林地与裸地日蒸发量之差在测定期内不同期间变化相对较大。

研究表明,林地能显著抑制土壤水分蒸发。林地不仅削弱了太阳直射从而降低了地面温度,也增加了地面粗糙度,降低了风速,故土壤水降低缓慢。裸地在 7～8 月的土壤水分无效蒸发损耗量非常大。这与熊伟等(2005)对不同植被覆盖条件下土壤水分蒸发的比较结果相似。

经过对数据的处理和换算,得到研究区刺槐林 7 月份土壤蒸发量平均每天是 0.416mm,整个 7 月份的土壤蒸发量就是 12.904mm。根据 1990 年以来对山西吉县不同坡向土壤蒸发的测定结果分析,多年平均土壤蒸发量为阳坡 341mm,阴坡 331mm。

4.1.4　不同季节土壤蒸发特征

选取长江三角洲地区裸地下垫面和森林下垫面两种类型,于 2012 年 4 月至 2013 年 3 月观测裸地、毛竹林、麻栎林以及杉木林土壤蒸发的变化,分析数据得到不同季节各下垫面土壤日均蒸发量,由图 4-4 可见,各个季节土壤蒸发量最大的均为裸地,杉木、毛竹林、麻栎林日蒸发量均小于裸地。毛竹林内地表枯落物较多,除夏季外其余三季度日均蒸发值基本都为最小的林分,麻栎因为冬季落叶,冬季土壤蒸发量较之其他林分较大,杉木林夏季日均土壤蒸发量 0.86mm 为夏季各林分中最小的蒸发量,相较裸地日均 2.25mm 的蒸发量小了 61.98%,可见森林植被对蓄水保土、抗旱保墒的作用显著。

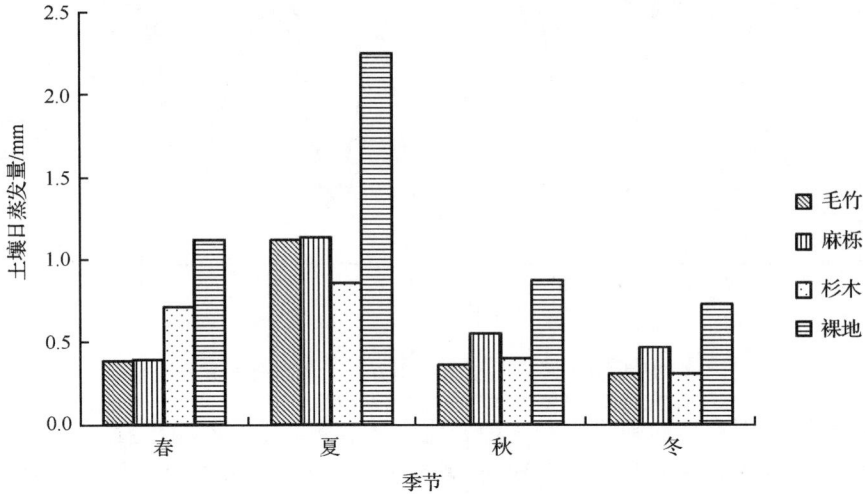

图 4-4　华东长江三角洲地区典型林分不同季节土壤日蒸发量

基于 2012 年 4 月至 2013 年 3 月观测到的结果,结合土壤蒸发日均值与非降雨天的统计数据,可得各类型土壤季节蒸发值,由图 4-5 可见,各类型土壤中,夏季土壤蒸发的水分占据全年蒸发水分的半数左右,冬季因为温度低占全年蒸发水分比例最小。裸地、毛竹林、麻栎林以及杉木林土壤年蒸发量分别为:365.31mm、159.92mm、185.60mm、167.24mm,裸地年蒸发量约为其他林分土壤蒸发量的 200%。

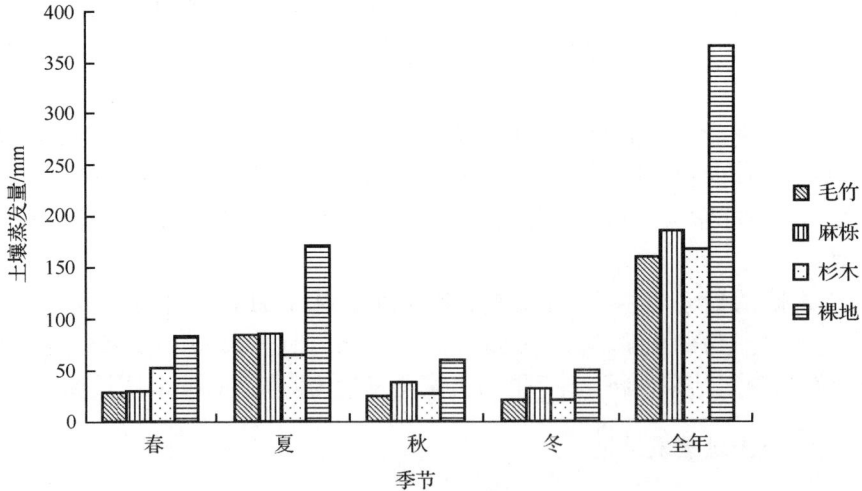

图 4-5　华东长江三角洲地区典型林分不同季节土壤蒸发量

近年来,在研究过程中,大部分学者通过建立累计蒸发量或累计蒸发率与时间的关系,对一定时间内的累计量进行了比较。对西北高寒地区不同地被覆盖下土壤月蒸发量(图 4-6)分析可知,苔藓覆盖林地的土壤月蒸发总体比枯枝落叶覆盖林地的土壤月蒸发量小,青海云杉林苔藓覆盖林地比枯枝落叶覆盖林地能有效抑制土壤水分蒸发,减少土壤水分损失。并且枯枝落叶覆盖林地的土壤蒸发量随季节波动较大(在 37.80~57.85mm 范围内波动),苔藓覆盖林地的土壤蒸发量随季节波动较小(在 35.45~47.31mm 范围内波动),变化较为平缓,充分说明苔藓的存在有效抑制了土壤水分的蒸发,具有良好的保水性能。枯枝落叶覆盖林地的总蒸发与苔藓覆盖林地的总蒸发分别是 216.17mm 与242.45mm,日均蒸发量分别是 1.41mm 与 1.58mm,变异系数为 6.95% 与 5.82%;苔藓覆盖林地的日均蒸发与枯枝落叶覆盖林地的日均蒸发相比,减少了 10.76% 的土壤蒸发。

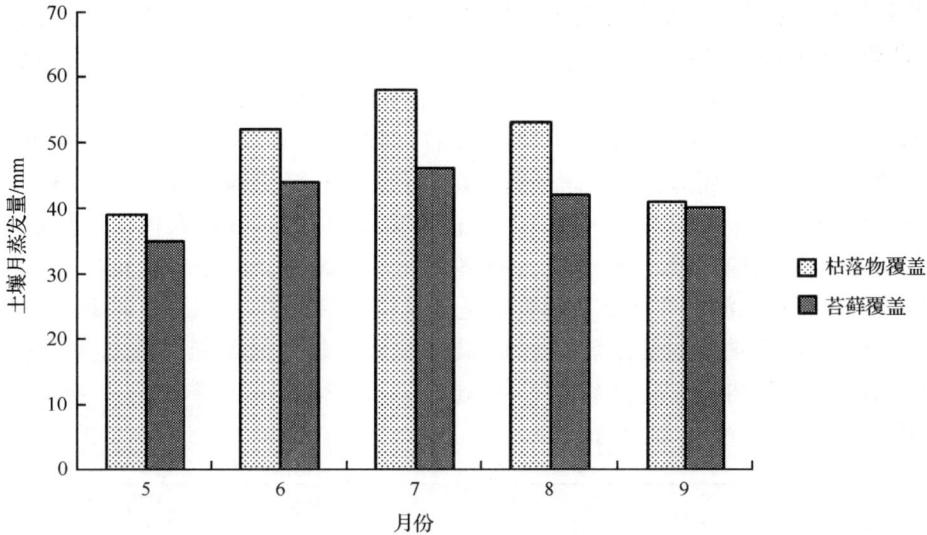

图 4-6　祁连山青海云杉林不同地被覆盖条件下土壤月蒸发量

从图 4-6 中可以看出,除 7 月份外,各月累计降水大于同期的累计蒸发,说明土壤中蓄存的水分可以基本满足蒸发的需要。7 月份降水少、相对湿度小,但日照时数长、温度高,导致苔藓覆盖林地和枯枝落叶覆盖林地的土壤蒸发量在 7 月份是最高的。

4.2　植被蒸腾过程特征

蒸腾是水分从植物体内以水蒸气的形式散失到大气中的一个包含物理机制的生态学特征过程,是植物叶片重要的生理功能之一。蒸腾遵循物理学原理,同时也受植物结构和生理作用的调节,比一般蒸发过程复杂,它是植物吸水和物质运转的重要动力。蒸腾不仅可以促进水分在植物体内的传导,而且能够降低叶面温度,使叶片免受强光的灼伤,是植物生长和适应环境的基础。蒸腾过程中土壤的营养物质随水分输送到植物各个器官,为植物进行光合作用和各种生长代谢活动提供了条件。因此,研究植物的蒸腾作用对于了解植物的生命过程以及至于与环境之间相互作用的生态关系至关重要。

4.2.1　乔木蒸腾日变化特征

在不同天气条件下,气象因子和树木的水分环境都不相同,本书的研究利用华北土石山区 2010 年实测的生长季(6～9 月)4 个典型树种树干液流速率数据来比较 3 种较典型的天气状况下(晴天、阴天和雨天)树干液流变化特征的差异。

1. 典型晴天蒸腾特征

选取 2010 年 7 月 23 日和 7 月 24 日连续两天的典型晴好天气作为研究时段,华北土石山区不同树种的树干液流速率变化过程如图 4-7 所示。从图中可以看出,在晴天条件下各树种树干液流速率都在一日内呈单峰曲线变化趋势,与太阳辐射的日变化过程较为相似,很多研究都表明太阳辐射是树木蒸腾的主要启动因子。研究中发现,不同树种的树干液流启动时间都在 4:00～4:30 左右,启动时间差异不大。树干液流速率随着辐射量的增加而不断增加最终达到峰值。不同树种液流速率日变化达到峰值的时间不同,油松在10:30 左右,侧柏在 11 点左右,刺槐在 14 点左右,而栓皮栎在 14:30 左右,这很可能是由于其所在坡度坡向以及周边树木干扰条件不同,导致树木接受辐射最大值的时间不同造成的。不同树种的树干液流速率从数值上有较为显著的差异,日最大树干液流速率侧柏＞栓皮栎＞油松＞刺槐,而最小树干液流速率为油松＞刺槐＞侧柏＞栓皮栎。从图中可以看出,从每日变化的波动性幅度上看侧柏是变化幅度最大的,其日最大值和最小值差异可达 0.11cm/min,而油松的变化幅度最小,波峰和波谷之间的差异只有 0.02cm/min 左右。典型晴天的平均树干液流速率排序为:侧柏(0.0793cm/min)＞油松(0.065cm/min)＞栓皮栎(0.060cm/min)＞刺槐(0.048cm/min)。

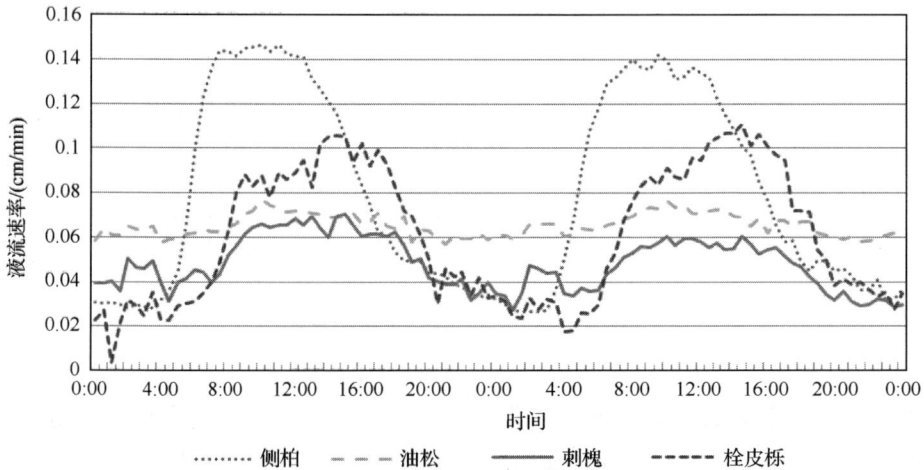

图 4-7　华北土石山区不同树种典型晴天树干液流速率变化

2. 典型阴天蒸腾特征

在阴天环境下,树干液流速率变化规律同晴天相比有了一定的区别。以 2010 年 7 月7 日为例(图 4-8),除了栓皮栎的树干液流速率变化呈典型单峰曲线外,侧柏呈多峰曲线变化,而油松和刺槐一直在较低的液流速率附近处波动,变化趋势不明显。阴天树干液流到达顶峰的时间会推迟,并且其峰型出现较多的无规律波动,这主要是由于受阴天云量变化引起的太阳辐射强度无规律增减导致的。而从波动幅度上看,各个树种阴天体现出来的变化率都明显小于晴天,相对来说,栓皮栎和侧柏的波动幅度较大,而油松和刺槐波动幅度很小,从中可以看出侧柏和栓皮栎对辐射变化的响应更加敏感。典型阴天平均的树干液流速率排序为:油松(0.0649cm/min)＞侧柏(0.0464cm/min)＞栓皮栎(0.0395cm/min)＞刺槐(0.0392cm/min)。

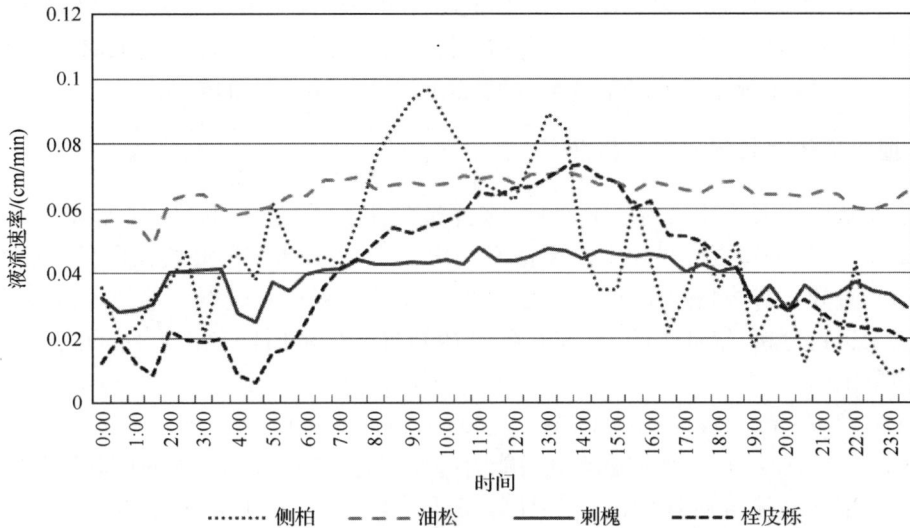

图 4-8　不同树种典型阴天树干液流速率变化

3. 典型雨天蒸腾特征

选取 8 月 21 日为典型雨天进行不同树种树干液流速率变化的研究。从图 4-9 中可

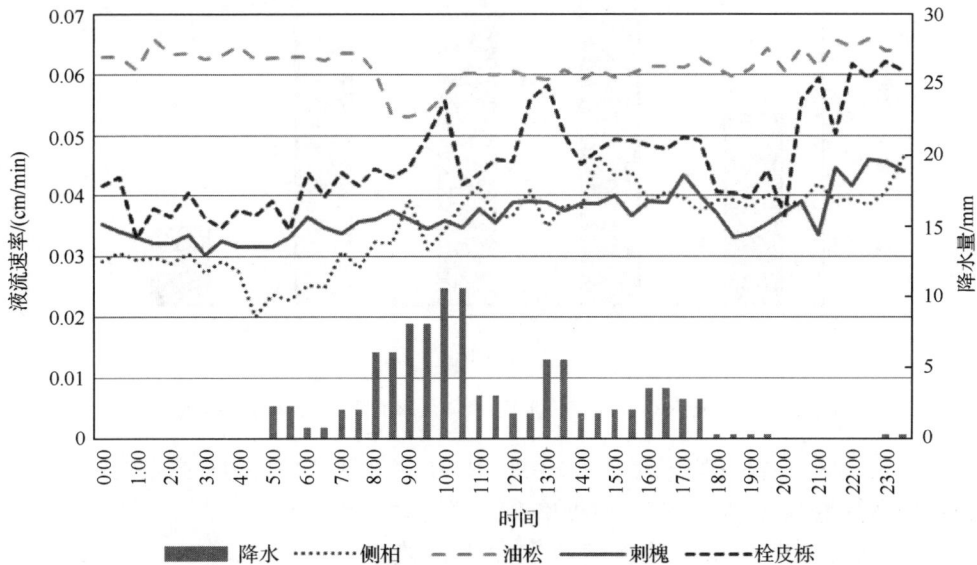

图 4-9　不同树种典型雨天树干液流速率变化

以看出,该日降雨发生在整个白天,因此对辐射的削减作用很大,降雨的发生使得白天的树干液流速率较晴天有了明显减低。研究中还发现,在主要降水过程结束后,夜间的树干液流速率有了小幅度的上升趋势,说明土壤含水量和土壤水势的大幅度增加能够增加树木的夜间树干液流速率,但增幅并不大。从不同树种比较来看,栓皮栎的日平均树干液流速率为0.0458cm/min,油松为0.0615cm/min,刺槐为0.0368cm/min,侧柏为0.0350cm/min。与之前的数据比较可以看出,栓皮栎在雨天的平均树干液流速率虽然不如晴天,但略大于阴天;油松略小于阴天和晴天,但整体来讲变化并不大;刺槐比阴天时的平均树干液流值有所下降,而侧柏是下降幅度最大的,远低于晴天和阴天的数值。

4.2.2　植被蒸腾生长季月变化特征

以东北地区兴安落叶松为研究对象,选择植物生长季的5~9月,观测其液流速率。通过对比5~9月兴安落叶松树干液流密度变化规律可知,兴安落叶松在白天的蒸腾速率7月较高,6月和8月蒸腾速率次之,5月和9月蒸腾速率相对较低。选择每月液流速率最高的三天进行分析,统计表明:液流在各月达到日峰值的时间范围有所不同,5月液流日峰值的范围为11.08~12.22cm³/(cm²·h),到达峰值的时刻在11:00~13:00之间;7月:19.16~23.75cm³/(cm²·h)(时刻10:00~12:00);9月:14.57~15.21cm³/(cm²·h)(时刻11:00~13:00)。说明随着蒸腾能力的增强,液流进入峰值的时间较为提前。

各月的单株液流日通量均值以7月(3.53kg/d)最高,其次为6月(3.52kg/d)、8月(3.37kg/d)、5月(1.95kg/d)和9月(0.76kg/d)。由图4-10可知,6~8月是兴安落叶松生长发育的主要季节,耗水量占整个生长季的80%左右,由于5月为生长初期和9月为落叶期的原因,其耗水量较低。

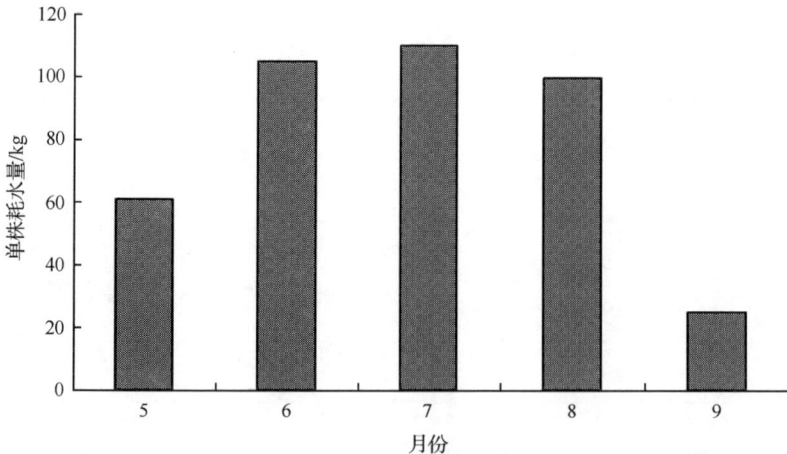

图4-10　东北地区生长季(5~9月)内兴安落叶松树干液流通量变化

西北土石山区,白桦日均蒸腾量0.9~20.4L/d,华北落叶松日均蒸腾量1.8~8.9L/d,华山松日均蒸腾量2.9~9.2L/d。白桦单株日蒸腾远大于其他两个树种(图4-11),其原因为:生长季前、中期较高的液流速率和较大的胸径[白桦(22.2cm)>华北落叶松(14.7cm)>华山松(11.7cm)]即边材面积较大,使白桦保持较高的蒸腾量。而华山松与华北落叶松相比,5 月、6 月、10 月份华山松日均蒸腾量较大,7 月、8 月、9 月份则是华北落叶松较大,这可能是由于华山松为常绿树种,全年叶量变化相对较小,因此,生长季初期和末期表现出相对较高的蒸腾量。由此可见,单株日蒸腾量主要受树木树干液流速率、边材面积及树种本身生理特征的共同影响。

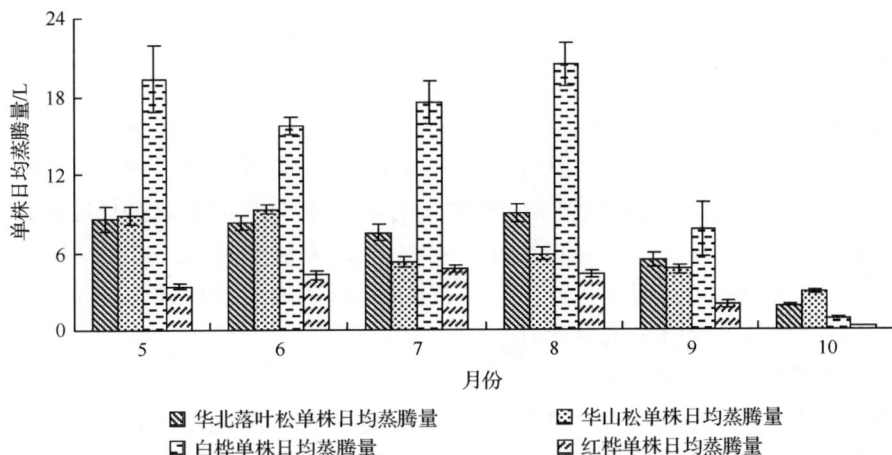

图 4-11　西北土石山区不同林分单株日均蒸腾量的月变化

以西北土石山区两种典型树种为例,华北落叶松冠层日均蒸腾量为 0.25~1.33mm/d,华山松冠层日均蒸腾量为 0.07~0.63mm/d。5 月份是树木生长初期,气温、太阳辐射逐渐回升,各林分冠层日均蒸腾量迅速增加;6 月受降雨量影响,其蒸腾量大幅降低;7 月下旬进入雨季,水分不再是限制因子,其蒸腾量迅速增大,并保持较高的蒸腾量;8 月下旬和9 月上旬受连阴雨天气影响,其蒸腾量明显下降;随着 9 月中下旬气温降低、林分蒸腾量也开始降低;10 月树木停止生长,蒸腾量降至生长季最低(华北落叶松林 0.18~0.26mm/d,华山松林 0.07~0.13mm/d),两种林分冠层蒸腾量差异极显著(图 4-12)。以

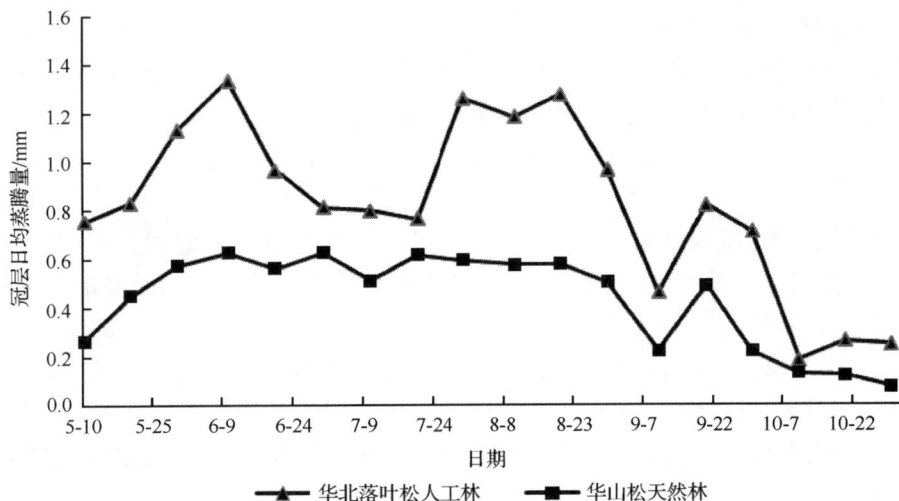

图 4-12　西北土石山区华北落叶松人工林林与华山松天然林日均蒸腾量的对比

上结果说明,林分蒸腾量受累积边材面积影响较大;少雨季节土壤水分是林分蒸腾量的限制因子;当土壤水分较为充足时,气象因子和树木生理结构是林分蒸腾量的主要影响因素。

4.2.3　林分蒸腾特征

1. 林分蒸腾计算方法

从生理学方法的角度出发,估计林分蒸腾耗水量最好的方法是在某一时间内同时测定足够大面积(能够避免边缘效应)林分内所有单株,但在实践中由于种种原因很难满足这一理想状态,因此森林水文学家们常常在测定有限样木的基础上通过尺度转换来完成对林分蒸腾耗水量的估计。在尺度转换过程中,常用的方法是寻找一个适合的空间纯量(scalar),然后调查该纯量在研究林分中的分布情况,最后通过分析样木纯量与自身耗水量的数量关系来估计整个林分的蒸腾耗水量。

1) 树木胸径与边材面积模型

于 2010 年 9 月在监测试验样地附近按照不同的径级选择了油松、侧柏、栓皮栎、刺槐各 10 株作为样木,在离地面 1.3m 处从两个不同方向用生长锥钻取木芯。用最小精度为 0.5mm 的钢直尺测量被测木的胸径和边材长度,并推导其边材面积。

以树木的边材面积为自变量,以树木胸径为因变量,利用线性、指数、幂、多项式等方程形式进行曲线估计,发现用幂函数取得了非常好的拟合效果(图 4-13)。得出的不同树种胸径与边材面积的关系式如下:

$$油松:y = 0.3446x^{2.2098}, R^2 = 0.9977, p < 0.001 \tag{4-1}$$
$$侧柏:y = 0.5427x^{2.0979}, R^2 = 0.9989, p < 0.001 \tag{4-2}$$
$$栓皮栎:y = 0.3942x^{2.1795}, R^2 = 0.9974, p < 0.001 \tag{4-3}$$
$$刺槐:y = 0.9376x^{1.7759}, R^2 = 0.9996, p < 0.001 \tag{4-4}$$

式中,x 为树木胸径(cm),y 为树木边材面积(cm²)。

2) 林分蒸腾计算公式推导

林分总蒸腾耗水量的理论推导,源于热脉冲技术对单木耗水的实测结果。单位时间通过单位树干断面积的平均水流量为 J_s(液流通量密度),按式(4-5)计算:

$$J_s = 0.714 \times (d_{tmax}/d_{tact} - 1)^{1.231} \tag{4-5}$$
$$d_t = T_{1\sim0} - (T_{1\sim2} + T_{1\sim3})/2 \tag{4-6}$$

式中,J_s 为树干液流通量密度[ml/(cm²·min)];d_{tmax} 为当 $J_s = 0$ 时根据式(4-5)计算得出,一般是在夜间空气湿度 100% 长达 2d 或树干直径停止变化处于相对稳定状态时计算的 d_t 值。d_{tact} 为根据式(4-6)计算出的 d_t 值。$T_{1\sim0}$ 为探头 S0 与探头 S1 的温度差(℃);$T_{1\sim2}$ 为探头 S2 与探头 S1 的温度差(℃);$T_{1\sim3}$ 为探头 S1 与探头 S3 的温度差(℃)。

假设同一时刻,气象因子、土壤水分对于林分内的每一棵树都是同质的,且同一径阶树木之间相同高度断面的输水能力是相同的,则某一时段 Δt 内单木的总液流量通量 Q_t 可以表示为

$$Q_t = J_{st}A_s\Delta t \tag{4-7}$$

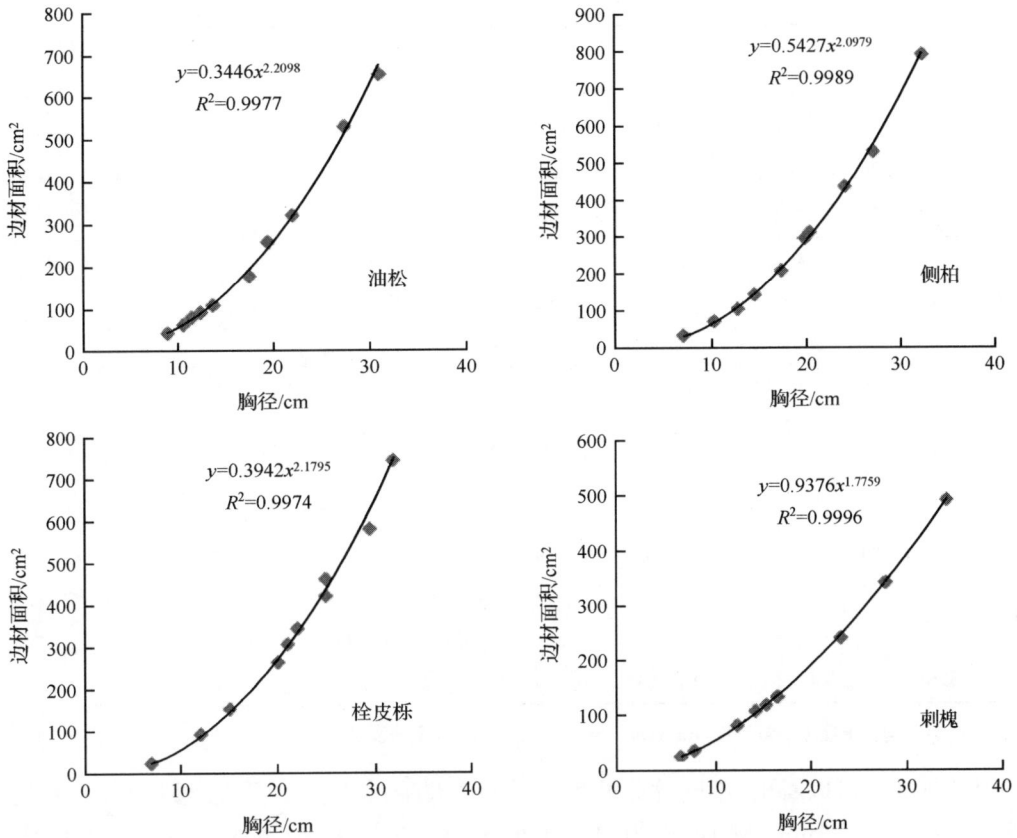

图 4-13　华北土石山区不同树种胸径和边材面积的关系

式中，Q_t 为 Δt 时间内单木树干液流通量，ml；J_{st} 为 Δt 时间内平均树干液流通量密度，ml/($cm^2 \cdot min$)；A_s 为被测树木的边材面积，cm^2；Δt 为所测定时间，min。

结合上一小节得出的不同树种胸径与边材面积的经验方程，可得出某一树种林分某一时段 Δt 内林分的总蒸腾量 E_a 为

$$E_a = \sum_{i=1}^{n} Q_{ti} = \sum_{i=1}^{n} aD_i^b J_{st} \Delta t \qquad (4\text{-}8)$$

式中，E_a 为时段 Δt 内林分的乔木总蒸腾量，ml；i 为所测林地内树木株数；Q_{ti} 为 Δt 时间内第 i 棵单木树干液流通量，ml；D_i 为第 i 棵树的胸径，cm；a、b 为胸径-边材面积回归模型参数；J_{st}、Δt 意义同式(4-7)。

2. 林分生长季蒸腾量变化

通过上一小节的研究，得出了利用热脉冲茎流计数据依靠尺度扩大的方法计算一段时间内林分蒸腾总量的关系式。根据公式，利用 4 种不同林分内的典型样木的树干液流速率生长季动态测定数据，计算得到了不同时间段的各林分乔木蒸腾耗水量变化情况，如表 4-3 所示。

表 4-3　生长季不同时期各林分乔木蒸腾量变化

月份	日期	油松		刺槐		栓皮栎		侧柏	
		J_s	E_a	J_s	E_a	J_s	E_a	J_s	E_a
6	1~10	0.065	12.72	0.064	8.81	0.048	14.21	0.038	13.20
	11~20	0.053	10.34	0.064	8.85	0.054	18.30	0.042	14.65
	20~30	0.064	12.60	0.067	9.27	0.062	15.98	0.046	16.32
7	1~10	0.058	11.34	0.049	6.74	0.039	11.51	0.030	10.38
	11~20	0.059	11.55	0.069	9.52	0.058	17.04	0.048	16.83
	20~31	0.062	12.19	0.059	8.18	0.048	14.14	0.046	16.13
8	1~10	0.079	15.44	0.095	13.01	0.068	19.86	0.059	20.63
	11~20	0.084	16.45	0.095	13.09	0.089	26.12	0.058	20.47
	20~31	0.086	16.79	0.098	13.49	0.094	27.55	0.074	25.90
9	1~10	0.073	14.26	0.051	7.02	0.052	15.38	0.058	20.47
	11~20	0.088	17.22	0.066	9.02	0.063	18.48	0.059	20.72
	20~30	0.073	14.38	0.042	5.83	0.069	20.31	0.053	18.59
	平均	0.070	13.77	0.068	9.40	0.062	18.24	0.051	17.86
	总和	0.842	165.28	0.819	112.82	0.744	218.88	0.609	214.29

注：J_s 为平均树干液流通量密度，ml/(cm² · min)；E_a 为林分乔木蒸腾总量，mm

从表 4-3 中可以看出，不同林分的生长季蒸腾量有较大的差异，油松林 6～9 月的总蒸腾量为 165.28mm，刺槐林为 112.82mm，栓皮栎林为 218.88mm，侧柏林为 214.29mm，其中蒸腾量最大的栓皮栎林总蒸腾量将近为最小刺槐林的 2 倍。生长季不同树种林分乔木蒸腾与降水动态变化如图 4-14 所示。从图中可以看出，不同树种在相同时期内的蒸腾量变化规律大体相同，在生长季 6～9 月内呈多峰曲线分布，第一个峰值在 6 月下旬，第二个峰值在 8 月下旬，第三个峰值在 9 月中旬，蒸腾量的峰值都出现在较大

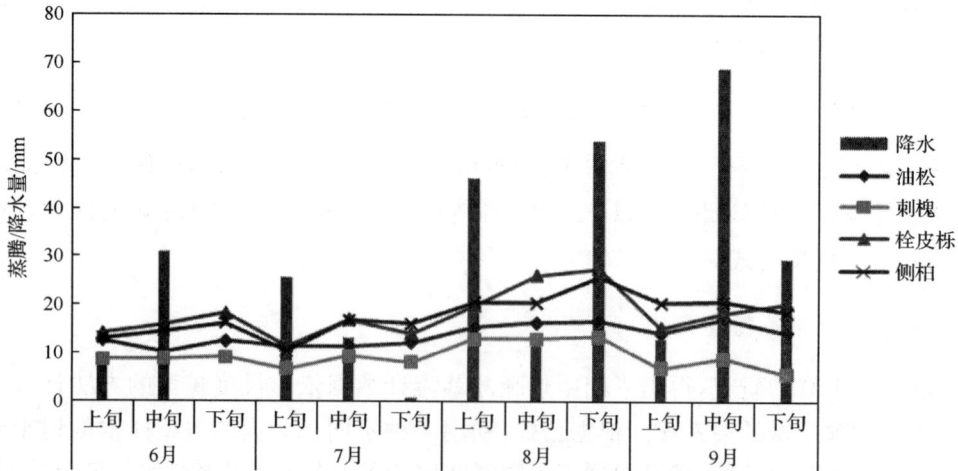

图 4-14　生长季不同树种林分乔木蒸腾与降水动态变化

规模降雨后的连续晴天时。而蒸腾量的低谷值主要在 7 月上旬和 9 月上旬,都是在连续多日无降水的情况下出现的。从之前的理论研究可知,除了降水条件外,林分的蒸腾量还与树种特征、边材面积、林分密度、林龄、气象因子、土壤因子等很多因素相关。

4.3　蒸散发特征

4.3.1　林木蒸散动态分析

利用大型称重式蒸渗仪,可以连续而精确地刻画每日的蒸散强度的动态变化过程,了解树木在一天内的耗水规律。而对不同天气下树木蒸散耗水规律的研究对分析树木耗水规律有重要的参考价值。因此,试验选取华北土石山区晴天和阴雨天两种典型天气类型,以各月同一天气类型对应时刻蒸散强度的平均值为基数,再结合某一具体日的数据,分析各树木主要与非主要生长季节蒸散强度的变化规律。

1. 晴天蒸散变化规律

以油松为例,利用蒸渗仪连续观测 2011 年 7~12 月的蒸散过程。如图 4-15 所示,在其生长季(7~9 月份)内,晴天各月的蒸散都有明显的变化。从 6:00 至 20:00,蒸散强度先增后减,从 8 时开始,空气温度不断升高,太阳辐射不断增大,蒸散强度就不断增大,到12 时左右到达第一个峰值。12:00 至 13:00 左右蒸散强度表现出清晰的减弱趋势,该时段蒸散作用表现出明显的先减小后增加的趋势,这是由于林木水分过度消耗而导致气孔收缩或关闭,出现午休现象。这种蒸散强度的日变化特性,也可能是由于蒸散速率达到峰值后供水能力小于蒸散速率,从而表现出下降趋势。下午 14 时到达全天的最大值。从14 时以后至 20 时,蒸散强度不断的降低。从整体上来看,整个曲线呈双峰走势。出现这些变化的原因主要是因为空气温度、太阳辐射、相对湿度等因子的变化。此外,蒸散作用主要发生在白天,而夜间(当日 20:00~次日 6:00)也存在着一定的蒸散作用,但夜间的蒸散量与白天相对较小,且变化幅度不大。统计表明:2011 年 7~9 月期间,晴天日内油松

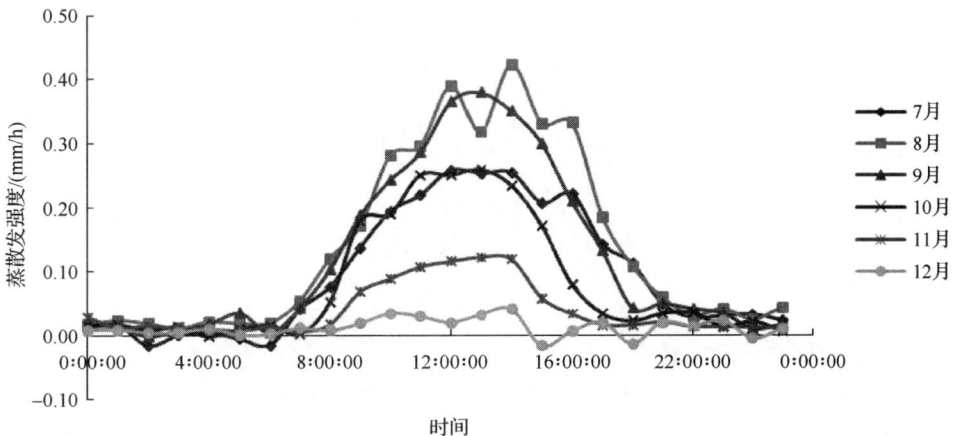

图 4-15　华北土石山区 2011 年各月晴天平均蒸散强度日变化图

林蒸散强度的最大值为 0.4mm/h,全天日平均值为 0.12mm/h。其中白天(6:00～20:00)平均为 0.2mm/h。

　　由于各月的气象条件,土壤水分以及树木自身的生理状态不同。蒸散的开始时间、结束时间、最大最小值及其出现的时间存在着一定的差异。具体来说,各月的蒸散强度在夜间的变化差异不大,而在白天则表现出现明显的不同。其中,7～9月份蒸散开始的时间较早,提高的速度也最大,且蒸散强度一直保持在 0.12mm/h 以上,直到 20:00 左右时,蒸散强度才回复到较低的水平。这是由于 7～9 月份的气温、太阳辐射强度都较高,并且正是树木生长的旺盛期,需要吸收大量的水分,故蒸散强度较高。而 10～12 月份同上 3 个月份相比,树木处于非生长季,所以蒸散启动时间延后 0.5～1h 左右,提升的速度也较慢,日蒸散强度至多达到 0.26mm/h 左右,下降的时间也比前 3 个月早 0.5h 左右,在 19:00 左右时,就已经恢复到了低蒸散状态。

　　为进一步研究树木蒸散耗水的日变化特征,每个月选取 1 个典型日进行分析。以 2011 年 7 月 29 日、8 月 16 日、9 月 10 日、10 月 27 日、11 月 5 日和 12 月 5 日 6 个典型晴天数据进行分析,结果表明:7 月、8 月、9 月三个月的晴天典型日蒸散强度的日变化比较明显。其中,夜间由于温度较低,较为稳定;而白天清晨从日出开始,蒸散强度迅速升高,除了中午"午休"现象的波动外,到午后开始总体趋势下降,日落后缓慢下降至次日日出前。这种变化趋势与各月平均蒸散强度日变化规律基本一致。而图像中的微小波动,是由树木自身的生理变化、气象条件的变化以及蒸渗仪的误差引起的。

　　非主要生长期内,晴天日各月蒸散强度也存在着一定的昼夜变化,大致趋势与生长期一致,主要区别表现为单峰曲线以及蒸散强度的峰值。如图 4-16 所示,最大值出现在正午时刻。由于非生长季各月的气象条件、土壤水分条件和树木自身的生理状态发生改变,蒸散的开始时间、结束时间、最大最小值及其出现的时间也出现了一定的差异。从 10 月份开始,随着日出时间的推迟、太阳辐射的减少和气温的不断降低,蒸散的启动时间逐渐推迟。树木为了减少体内水分的消耗、增加体内的储水量,脱去大量的叶片,这样日耗水量也将不断地减少。白天(7:00～19:00)平均蒸散强度为 0.08mm/h,最大值为 0.26mm/h。同主要生长季的 0.4mm/h 相比,蒸散强度明显降低。

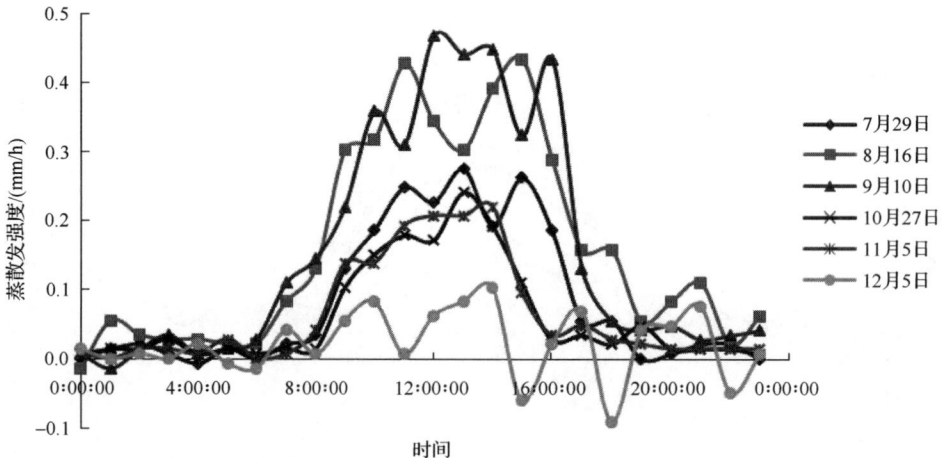

图 4-16　华北土石山区 2011 年各月典型晴天蒸散强度变化图

2. 阴雨天蒸散耗水变化规律

在树木主要生长期内阴雨天,分析各月的蒸散强度有比较明显的昼夜变化特征,表现为多峰曲线趋势。如图 4-17 所示,由于各月的气象条件、土壤水分以及树木自身的生理状态不同,蒸散的开始时间、结束时间、峰值及其出现的时间存在着一定的差异。

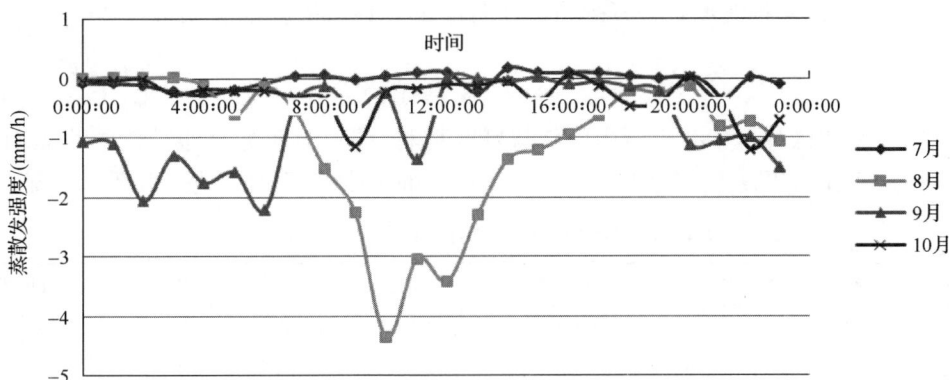

图 4-17　2011 年各月雨天平均蒸散强度变化图

通过分析得知,在 7~9 月生长期内的阴雨天里,各月蒸散强度在夜间都很稳定,差异不明显,而在白天的变化则差异明显。在白天,由于空气与土壤中的含水量增加,树木的蒸散强度有了较大程度的提升,并且随着降雨的变化伴有一定的波动。蒸散强度的总趋势与晴天的趋势近似相反,会出现负峰值。尤其是 7 月、8 月份雨热同期,白天提升幅度最大,9 月份次之。蒸散强度曲线呈现出的多峰值主要与太阳辐射、空气湿度、温度、降雨强度等气候因子有密切关系;其峰型出现较多的无规律波动,这主要是由于受阴雨天云量变化引起的太阳辐射强度无规律增减导致的。同晴天相比,虽然日照时数基本相同,但阴雨天日白天太阳辐射强度弱,大气温度相对较低,更主要的是空气湿度与饱和水气压很大,使蒸散的梯度明显减弱,因此蒸散强度必然下降。

而 10 月非主要生长期内阴雨天里,由于气温和太阳辐射的明显降低,与 7~9 月阴雨日的曲线相比,峰值很低,最大值没有超过 0.1mm/h。因此,气温和太阳辐射对蒸散强度影响较大。

总之,各种乔木在半年内蒸散强度的日变化,无论主要生长期还是非主要生长期,都表现出了一定的昼夜日变化节律。只不过由于气象条件以及树木自身的生理状态的不同,蒸散的大小、开始时间、结束时间、最大最小值及其出现的时间上存在着一定的差异。日内表现为从清晨开始,随着太阳辐射强度的逐渐增加,气温逐渐升高,蒸散强度逐渐增强,到中午左右达到最大,而后太阳强度减弱,温度降低,导致叶内外水汽压差减少,蒸散强度逐渐减小,直到次日日出时,蒸散强度降到最低值。因此,相关气象因子的分析对林木蒸散研究有重大意义。

4.3.2　蒸散耗水分配

林地蒸散耗水指的是水分通过蒸发和蒸腾作用以水汽的形式返回大气中的过程。蒸发是指林地土壤和植物枝、干、叶表面的水分蒸发,是一个物理过程;蒸腾是指森林中所有植物通过叶片气孔和皮孔散发出水分的生理过程。经过参数率定和模型检验,Brook90模型已经可以较为精确地估计和预测不同年份的优势树种的森林生态系统蒸散过程。这使我们能够结合气象数据,通过模型模拟的方法进行分析研究。蒸散是森林生态系统的水分循环中最主要的输出项,为研究林地蒸散耗水的分配情况,采用 Brook90 模型模拟了 2001～2010 年 4 种典型林分样地自然条件下的林地蒸散耗水情况。

1. 针叶林蒸散耗水分配

侧柏林和油松林是华北土石山区优势针叶树种,研究其蒸散耗水分配过程具有一定的代表性。表 4-4 和表 4-5 分别为 2001～2010 年油松林和侧柏林地蒸散耗水情况。

表 4-4　侧柏样地 2001～2010 年蒸散耗水分配过程　　（单位:mm）

年份	降水量	总蒸散	截雨蒸发	截雪蒸发	土壤蒸发	积雪蒸发	植物蒸腾
2001	338.9	344.17	56.10	0.86	35.78	2.91	248.50
2002	370.4	367.62	63.25	0.42	33.43	2.06	268.45
2003	444.9	417.81	72.31	0.59	43.07	1.63	300.20
2004	483.5	507.45	84.05	0.18	51.33	0.58	371.32
2005	410.7	411.08	72.06	0.31	43.79	1.21	293.70
2006	318	314.71	55.66	0.49	30.98	1.63	225.94
2007	483.9	480.20	83.62	0.00	58.78	0.37	337.43
2008	626.3	621.70	108.09	0.02	99.24	0.00	414.35
2009	393.6	364.00	64.30	1.03	34.98	3.82	259.88
2010	406.5	433.01	69.80	0.20	44.54	0.02	318.45
平均	427.7	426.18	72.92	0.41	47.59	1.42	303.82

表 4-5　油松样地 2001～2010 年蒸散耗水分配过程　　（单位:mm）

年份	降水量	总蒸散	截雨蒸发	截雪蒸发	土壤蒸发	积雪蒸发	植物蒸腾
2001	338.9	322.96	63.23	0.81	85.83	3.69	169.39
2002	370.4	373.25	71.28	0.40	85.59	2.88	213.10
2003	444.9	417.76	81.56	0.56	117.12	2.28	216.24
2004	483.5	488.09	94.72	0.17	151.40	0.69	241.11
2005	410.7	402.63	81.18	0.29	112.42	1.42	207.32
2006	318	308.27	62.70	0.46	89.74	2.30	153.06
2007	483.9	458.80	94.25	0.00	156.28	0.47	207.81
2008	626.3	615.89	121.83	0.02	245.40	0.00	248.64
2009	393.6	358.36	72.48	0.97	106.49	4.36	174.06
2010	406.5	426.63	78.67	0.19	122.31	0.03	225.42
平均	427.7	417.26	82.19	0.39	127.26	1.81	205.62

2. 阔叶林蒸散耗水分配

栓皮栎林和刺槐林是华北土石山区优势阔叶树种,研究其蒸散耗水分配过程具有一定的代表性。表 4-6 和表 4-7 分别为 2001~2010 年栓皮栎林和刺槐林地蒸散耗水情况。

表 4-6　栓皮栎样地 2001~2010 年蒸散耗水分配过程　　　　（单位:mm）

年份	降水量	总蒸散	截雨蒸发	截雪蒸发	土壤蒸发	积雪蒸发	植物蒸腾
2001	338.9	352.21	67.89	0.38	19.50	4.66	259.78
2002	370.4	367.18	71.94	0.45	17.17	2.55	275.08
2003	444.9	432.38	85.45	0.60	17.06	2.07	327.20
2004	483.5	494.86	96.86	0.18	26.91	0.65	370.26
2005	410.7	412.30	79.44	0.14	23.18	1.59	307.94
2006	318	314.17	62.80	0.36	15.51	2.51	232.98
2007	483.9	480.70	98.13	0.00	31.87	0.49	350.20
2008	626.3	624.74	121.94	0.01	48.47	0.00	454.32
2009	393.6	357.20	76.76	1.01	20.43	4.84	254.15
2010	406.5	439.11	80.32	0.10	30.96	0.04	327.67
平均	427.7	427.49	84.15	0.32	25.11	1.94	315.96

表 4-7　刺槐样地 2001~2010 年蒸散耗水分配过程　　　　（单位:mm）

年份	降水量	总蒸散	截雨蒸发	截雪蒸发	土壤蒸发	积雪蒸发	植物蒸腾
2001	338.9	297.64	36.96	0.18	113.58	4.85	142.06
2002	370.4	372.90	40.21	0.08	167.14	3.49	161.99
2003	444.9	399.34	43.88	0.21	195.08	2.64	157.54
2004	483.5	504.28	54.25	0.04	280.17	0.83	169.00
2005	410.7	425.55	46.35	0.07	203.86	1.66	173.61
2006	318	315.98	37.31	0.11	109.88	2.67	166.01
2007	483.9	432.03	53.68	0.00	212.07	0.60	165.68
2008	626.3	601.21	66.77	0.00	380.03	0.00	154.41
2009	393.6	367.14	40.90	0.36	162.22	5.98	157.69
2010	406.5	432.28	43.61	0.05	227.58	0.05	161.00
平均	427.7	414.84	46.39	0.11	205.16	2.28	160.90

3. 针阔林地蒸散耗水分配的比较

对上两小节中总蒸散量分配为植物蒸腾、截留降雨蒸发、截留降雪蒸发、土壤蒸发、积雪蒸发 5 个部分。从各年份总蒸散量上看,侧柏林和栓皮栎林平均年总蒸散量与降水量基本相等,而刺槐林和油松林年总蒸散量低于年总降水量 10mm 左右。林地年平均总蒸散量排序为:栓皮栎林（427.49mm）＞侧柏林（426.18mm）＞油松林（417.26mm）＞刺槐林(414.84mm),各林分总蒸散量差异并不大。植物平均年蒸腾量排序为:栓皮栎林(315.96mm)＞侧柏林(303.82mm)＞油松林(205.62mm)＞刺槐林(160.90mm),蒸腾量的顺序与林地总蒸散量相同,但各林分蒸腾量间的差异较大,蒸腾量最大的栓皮栎林的蒸腾量为最小的刺槐林的2倍左右。截留蒸发量主要为截留降雨量,平均年截留蒸发量相当于截留降水总量,排序为:栓皮栎林(84.15mm)＞油松林(82.19mm)＞侧柏林(72.92mm)＞刺槐林(46.39mm)。平均年土壤蒸发量排序为:刺槐林(205.16mm)＞油松林(127.26mm)＞侧柏林(47.59mm)＞栓皮栎林(25.11mm),土壤蒸发量的规律与植物蒸腾量的规律相反。而降雪蒸发和积雪蒸发在整个蒸散耗水中占的比例很小,对林地蒸散耗水水量分配不会造成太大的影响。

总体来看,不同林分林地蒸散的分配与林分结构相关性很强,郁闭度高、叶面积指数较大的林分,其截留降水量和蒸散量都较高,而土壤蒸发量较好;而郁闭度低、叶面积指数低的林分蒸腾量和截留降水量较小而土壤蒸发量很大。由于植被的生理适应作用,蒸腾量在不同年份之间的差异较大,干旱年的蒸腾量偏小,而湿润年蒸腾量会有较大提升,说明植被蒸腾潜力在大多数年份并没有完全发挥,植物生长受到了一定程度的水分胁迫。

4.3.3　不同林分类型蒸散发季节特征

为系统认识西北土石山区典型植被的蒸散过程及特征,在香水河小流域的华北落叶松人工林和华山松天然林等两种林分内,应用热扩散技术,结合微型蒸渗仪和传统水文学方法,分别测定了生长季内的冠层截留、乔木蒸腾、灌木蒸腾、草本＋土壤蒸散等,各分量累加后推算出整个林分的总蒸散量。

图 4-18 为华北落叶松人工林和华山松天然次生林各月日均累积蒸散量示意图,由图可知,两种林分总蒸散量变化趋势相似。5 月份气温回升,植被恢复生长,总蒸散量较高(2.92mm/d;2.39mm/d);6 月份受降雨量影响蒸散量出现低谷(2.65mm/d;2.21mm/d);7 月份降雨量增加,总蒸散量有所回升(2.92mm/d;2.69mm/d);8 月份水分充足,林分总蒸散量达到全年最大值(3.73mm/d;2.87mm/d);9 月、10 月份气温开始降低,总蒸散量

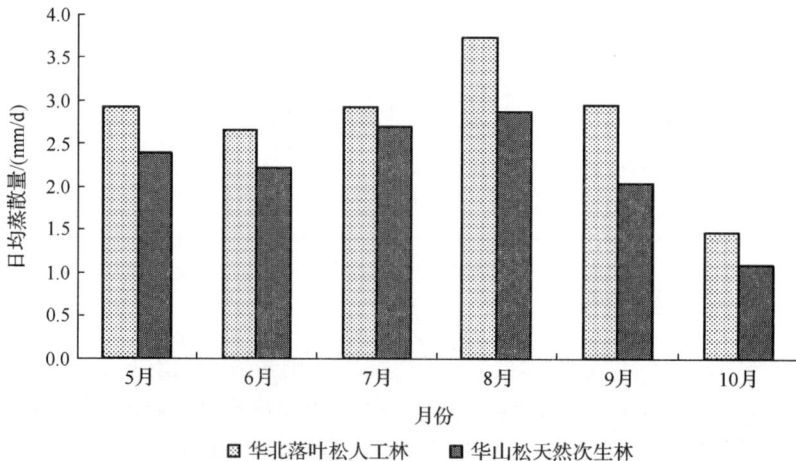

图 4-18　华北落叶松人工林和华山松天然次生林日均总蒸散量月变化

逐渐减少(1.47～2.95mm/d;1.09～2.04mm/d)。

华北落叶松人工林日均总蒸散量为 2.87mm/d,其中林分蒸散 1.53mm/d(冠层截留 0.70mm/d,乔木蒸腾 0.83mm/d),灌木蒸腾量 0.14mm/d,林下蒸散量 1.20mm/d,分别占 53.2%、5.0%、41.8%;华山松天然次生林日均总蒸散量为 2.35mm/d,其林分蒸散 1.05mm/d(冠层截留 0.61mm/d,乔木蒸腾 0.44mm/d),灌木蒸腾 0.62mm/d,林下蒸散量 0.68mm/d,分别占 44.8%、26.1%、29.1%。由此可见,受林分垂直结构影响,各蒸散分量所占比例存在明显差异,但各蒸散分量对总蒸散量的贡献一致:林分蒸腾＞林下蒸散＞灌木蒸腾。

由气象站测得,生长季总降雨量为 495.4mm,华北落叶松人工林生长季总蒸散量为 528.7mm,华山松天然次生林生长季总蒸散量为 432.9mm。前者为总降雨量的 106.7%,后者为生长季总降雨量 87.4%,两者相差 95.8cm。这主要是由两种林分结构差异以及林分树种自身生理特征差异所致,且由各蒸散分量数值可以看出,林分结构是两种林分蒸散量差异的主要影响因素。

长江三角洲地区不同林分的总体蒸发散也表现出明显的季节性差异,如图 4-19 所示,各林分夏季的蒸发散最大,其中麻栎林最低,杉木林与毛竹林基本相等,春秋季节各林分的蒸发散相差不大,约为夏季各林分的 40% 左右,冬季的蒸发散最低,杉木林约为夏季的 5.5%,麻栎林约为夏季的 0.14%,毛竹林约为夏季的 13.4%。

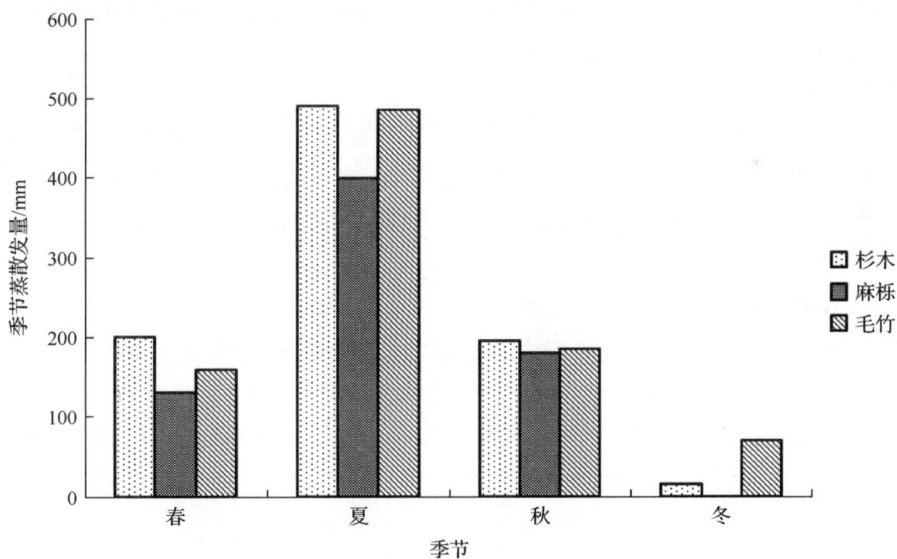

图 4-19　华东长江三角洲地区不同林分蒸散发季节变化

4.4　蒸散发影响因素分析

4.4.1　影响因素

林木蒸腾耗水是重要的生理过程,受林木遗传特性和环境因子的共同影响。林木的遗传因素决定了蒸腾的潜力,其中气孔的调节是主要因素;外部环境因子提供了来自环境的蒸腾拉力,主要影响因子有:太阳辐射、空气温度、空气相对湿度和空气平均饱和差(饱和水汽压亏缺)、土壤含水量、土壤温度、风速等。

1) 气孔和非气孔调节

气孔控制着林木的蒸腾,植物 80%～90% 的水分经过气孔散失,气孔开张关闭和气孔阻力的变化影响着植物的蒸腾作用。气孔运动受到保卫细胞膨压的调节,膨压变化源于总水势和渗透势的影响,两者均与水分出入保卫细胞有关。有关气孔运动的机理,主要有渗透调节理论,包括淀粉与糖转化、保卫细胞中叶绿体参与光合作用和 K^+ 积累。此外,气孔运动还受到环境因子的影响。非气孔调节是指除气孔调节外的林木叶片及其组成的林冠特征对蒸腾的调节,比如在单叶水平上,叶片的形状、大小、着生角度、表面覆盖等形态差异,导致叶片表面的温度和空气饱和差的不同,进而实现对于叶片蒸腾的调控;在单株或林分水平上,林木可通过调整冠层总叶面积大小来控制植物中提的蒸腾耗水量。

2) 太阳辐射

太阳辐射对蒸散发起着重要的作用,是蒸散发的主要能量来源。研究发现,树种液流启动主要受太阳辐射控制,树木不同层次蒸腾速率的变化趋势与各层的入射太阳辐射日变化模式完全一致。太阳辐射对林木蒸腾的作用表现在两方面:第一,能影响气孔的开闭,从而影响植物体内、外气体的交换。但是太阳辐射的影响有极值点,超过这个点时,一些林木蒸腾会下降。第二,影响气温的变化。随着太阳辐射的增加,林木叶片和空气温度增加,加大了外界蒸腾拉力,蒸腾作用随之增大。

3) 空气温度

叶片周围空气温度以及叶片温度与蒸腾密切相关,温度升高时,细胞间隙蒸汽压差的增大多于大气中水汽压的增大,叶内外气压差加大,气孔阻力减小,加速了水汽的扩散。但如果温度过高,强烈蒸腾使叶片水势降低,引起气孔导度减小,气孔阻力升高,蒸腾就会相应减弱。

4) 空气相对湿度

空气相对湿度是反映空气饱和程度的指标,对蒸腾的影响体现在改变叶片和大气之间的水汽压差。空气相对湿度较小时,水汽压差大,叶片蒸腾速率较大;随空气湿度的增加,叶片空气间的水汽压与空气中的水汽压差减小,导致水分子的扩散速率减慢,蒸腾速率逐渐降低。空气相对湿度通常和空气温度、蒸腾速率呈负相关,其日进程与蒸腾速率的日进程相反。

5) 土壤含水量和土壤温度

土壤含水量影响着林木对水分的吸收,在不同的水分含水量条件下,林木蒸腾表现出不同的适应性。当土壤含水量过低时,林木气孔开度减小,气孔阻力大幅增加。另外,土壤水势降低使得根系的吸水速率下降,引起叶片水势的相应降低,蒸腾速率也随之降低。

土壤温度对蒸腾的影响主要是水的黏滞性和根系的生理活动。一般来说,土壤温度降低会降低水分通过土壤和根的透性,增加水的黏滞性,从而间接降低水分通过土壤和根系的运输速度;土壤温度过高会加速根的老化和酶的钝化,使根系吸水率下降。

6）风速

风对蒸腾作用的影响比较复杂，常取决于风速。微风能够减小气孔周围的扩散阻力，使蒸腾加快。但风力过大，会使保卫细胞迅速失水，引起气孔的关闭，使蒸腾减弱。另外，风速还可以通过改变边界层导度来影响植物群落的蒸腾量。

7）环境因子的相互作用

环境因子对林木蒸腾耗水有着各自的作用，同时因子之间的交互作用也影响着林木的蒸腾耗水。目前对环境因子交互作用的研究主要集中在交互作用对蒸腾贡献大小方面，对交互作用机理和规律的研究仍然比较少，有待进一步探究。

4.4.2　环境因子分析

树木蒸腾耗水主要受太阳辐射、大气温度、大气相对湿度、风速及其他多个气象因子的影响，但不同学者对不同地区和不同树种得出的研究结果有一定的差异。为了深入了解不同树种树木蒸散特征和气象，选取了华北土石山区多个连续日的逐小时的树干液流速率和同步测定的环境指标进行相关性分析。研究时段选定在 7 月 1～9 日，连续 9 天，期间有 2 个降雨天气、5 个连续晴天和 1 个阴天。选定的主要气象指标有大气温度（℃）、太阳辐射（W/m²）、相对湿度（%）、风速（m/s）、水汽压亏缺 VDP（kPa）共 5 项，都为林外气象站测定的数据；由林下土中布设的两种传感器测得。

1. 气象因子

1）针叶林

将测得的侧柏和油松的树干液流速率同其对应的气象相关分析，结果见表 4-8。从表中可以看出，针叶树种对环境因子的响应有着一定的差异性。油松的树干液流速率同太阳辐射在 0.01 水平上极显著相关，风速在 0.05 水平上显著相关，与气温、相对湿度、VDP 都无显著相关性；侧柏的树干液流速率只与太阳辐射呈 0.01 水平极显著相关，与相对湿度呈 0.05 水平显著负相关，与其他因子都不显著相关。在这些环境因子中，气温、太阳辐射、VDP 与树干液流速率呈负相关，而相对湿度与树干液流速率呈负相关关系，风速与树干液流速率的相关性不明确。

表 4-8　针叶林树干液流速率与相应气象因子的相关分析

		气温	相对湿度	太阳辐射	风速	VDP
油松	相关系数	0.007	0.073	0.533**	−0.164*	−0.057
	显著性	0.922	0.283	0.000	0.016	0.409
侧柏	相关系数	0.101	−0.174*	0.328**	0.020	0.115
	显著性	0.140	0.010	0.000	0.769	0.093

＊在 0.05 水平（双侧）上显著相关，＊＊在 0.01 水平（双侧）上显著相关；$n=216$

2）阔叶林

将栓皮栎和刺槐的树干液流速率同其对应的气象进行相关分析，结果见表 4-9。从表中可以看出,阔叶树种对气象因子的响应有着一定的差异性。栓皮栎的树干液流速率同所有气象因子都达到了 0.01 水平极著显著相关,相关性最高的是太阳辐射,其次为气温和 VDP;刺槐的树干液流速率除了与风速不相关外,同其他气象因子都达到了 0.01 水平的极显著相关,相关系数最高为太阳辐射。在这些环境因子中,气温、太阳辐射、VDP 与树干液流速率呈正相关,而相对湿度与树干液流速率呈负相关关系,风速与树干液流速率的相关性不明确。

表 4-9 各树种树干液流速率与相应气象因子的相关分析

		气温	相对湿度	太阳辐射	风速	VDP
刺槐	相关系数	0.325**	−0.185**	0.645**	0.015	0.248**
	显著性	0.000	0.007	0.000	0.824	0.000
栓皮栎	相关系数	0.596**	−0.453**	0.849**	0.233**	0.535**
	显著性	0.000	0.000	0.000	0.001	0.000

* 在 0.05 水平(双侧)上显著相关,** 在 0.01 水平(双侧)上显著相关;$n=216$

2. 土壤因子

1) 针叶林

将两种针叶林的树干液流速率同其土壤因子进行 Pearson 相关分析,结果见表 4-10。从表中可以看出,不同树种对土壤因子的响应有着一定的差异性。油松的树干液流速率同土壤温度在 0.01 水平上极显著相关,同土壤水势和土壤含水率在 0.05 水平上显著相关;侧柏的树干液流速率与各土壤因子都不显著相关。在这些环境因子中,土壤含水率和土壤水势与树干液流速率呈正相关,土壤温度与树干液流速率的相关性不明确。

表 4-10 各树种树干液流速率与相应土壤因子的相关分析

		土壤水势	土壤含水率	土壤温度
油松	相关系数	0.135*	0.152*	−0.375**
	显著性	0.048	0.026	0.000
侧柏	相关系数	−0.067	−0.068	0.018
	显著性	0.328	0.319	0.798

* 在 0.05 水平(双侧)上显著相关,** 在 0.01 水平(双侧)上显著相关;$n=216$

2) 阔叶林

将刺槐和栓皮栎的树干液流速率同其土壤因子进行 Pearson 相关分析,结果见表 4-11。从表中可以看出,不同阔叶树种对土壤因子的响应有着一定的差异性。栓皮栎的树干液流速率同土壤因子都达到了 0.01 水平极著显著相关;刺槐的树干液流速率除了同土壤温度达到 0.05 水平显著相关外,同其他因子都达到了 0.01 水平的极显著相关,土壤水势和土壤含水率的相关性也很高;在这些环境因子中,土壤含水率和土壤水势与树干液流速率呈正相关,土壤温度与树干液流速率的相关性不明确。

表 4-11　各树种树干液流速率与相应土壤因子的相关分析

		土壤水势	土壤含水率	土壤温度
刺槐	相关系数	0.557**	0.567**	−0.143*
	显著性	0.000	0.000	0.036
栓皮栎	相关系数	0.481**	0.392**	0.184**
	显著性	0.000	0.000	0.007

* 在 0.05 水平(双侧)上显著相关，** 在 0.01 水平(双侧)上显著相关；$n=216$

3. 环境影响因子模型

利用多元线性回归方法，在连续日对油松、侧柏、栓皮栎、刺槐进行树干液流速率系统观测的基础上，以树干液流速率为因变量，以气象和土壤因子作为自变量进行逐步回归。分别以 5% 和 10% 的可靠性作为因变量的入选和剔除临界值，得到 4 种不同树种的树干液流速率和环境因子的多元线性回归方程，如式(4-9)~式(4-12)的形式。

油松：
$$y = 0.092 + 0.002x_1 + 0.015x_2 - 1.5 \times 10^{-4}x_3 - 0.006x_5 - 1.101x_6 - 0.003x_7$$
$$R^2 = 0.710, n = 216 \tag{4-9}$$

侧柏：
$$y = -0.786 + 0.044x_2 - 1.668x_6 + 0.044x_8, R^2 = 0.374, n = 216 \tag{4-10}$$

刺槐：
$$y = -0.029 + 0.003x_1 + 0.023x_2 - 2.8 \times 10^{-4}x_3 - 0.01x_5 - 0.004x_7 + 0.011x_8$$
$$R^2 = 0.771, n = 216 \tag{4-11}$$

栓皮栎：
$$y = 0.145 + 0.006x_1 + 0.067x_2 - 0.008x_5 - 0.007x_7, R^2 = 0.837, n = 216 \tag{4-12}$$

式中，y 为树干液流速率，cm/min；x_1 为大气温度，℃；x_2 为太阳辐射，kW/m²；x_3 为相对湿度，%；x_4 为风速，m/s；x_5 为水汽压亏缺 VDP，kPa；x_6 为土壤水势，MPa；x_7 为土壤温度，℃；x_8 为土壤体积含水率，%。

以上 4 个方程式的 F 检验都达到了在 0.01 水平上显著，油松、刺槐、栓皮栎的复相关指数 R^2 值都到了 0.7 以上，拟合效果较好。侧柏的复相关指数 R^2 值只有 0.374，相关性不是很强，这可能与侧柏的生理特征、样木的位置或者其他位置因素影响有关。整体来看，对树木蒸腾特征影响最为显著的环境因子是太阳辐射，气温、VDP 和相对湿度这几项气象指标也有较强的影响，土壤指标中土壤温度、土壤含水率与土壤水势也都有着较为重要的相关性，建议今后在研究时选定的影响因素指标应该较为全面地考虑土壤相关因子。研究中还发现，阔叶树种栓皮栎和刺槐的蒸腾特征对环境因子的响应比较针叶树种油松和侧柏更为敏感，与环境因子的相关性更高。

以华东山地丘陵地区丝栗栲树干液流速度(Y)为自变量，以风速(X_1)、风向(X_2)、风向方差(X_3)、10cm 土壤温度(X_4)、20cm 土壤温度(X_5)、40cm 土壤温度(X_6)、100cm 土壤温度(X_7)、10cm 土壤含水量(X_8)、20cm 土壤含水量(X_9)、40cm 土壤含水量(X_{10})、100cm 土壤含水量(X_{11})、10m 空气温度(X_{12})、20m 空气温度(X_{13})、30m 空气温度(X_{14})、10m 空气相对湿度(X_{15})、20m 空气相对湿度(X_{16})、30m 空气相对湿度(X_{17})、10m 饱和水汽压(X_{18})、20m 饱和水汽压(X_{19})、30m 饱和水汽压(X_{20})、太阳辐射强度(X_{21})、10m 光合有效辐射强度(X_{22})、20m 光合有效辐射强度(X_{23})、30m 光合有效辐射强度(X_{24})、10cm 土壤水势(X_{25})、20cm 土壤水势(X_{26})、40cm 土壤水势(X_{27})、100cm 土壤水势(X_{28})28 个环境因子为因变量,进行了回归分析,回归方程呈极显著水平($F=31.1763$,$R^2=0.9503$)。进一步逐步回归分析,剔除不重要的因子后,回归方程为

$$Y = 2.4975X_1 - 5.1316X_4 + 9.9337X_{13} - 7.4839X_{14} - 0.2232X_{16}$$
$$+ 664.5553X_{28} + 94.6977 \tag{4-13}$$

由式(4-13)可以看出,与丝栗栲树干液流速度相关性强的环境因子为风速、10cm 土壤温度、20m 空气温度、30m 空气温度、20m 空气相对湿度和 100cm 土壤水势。其中风速、20m 空气温度、100cm 土壤水势与液流速度呈正相关,10cm 土壤温度、30m 空气温度和 20m 空气相对湿度与液流速度呈负相关。

4.4.3　不同季节影响因素分析

1. 兴安落叶松林

对东北地区 5~9 月兴安落叶松的树干液流与环境因子进行多元线性回归,得出如下模型:

$$Y = 3.843 + 0.086T_{air} - 0.076RH - 0.090V_{Wind} + 0.237T_{soil} + 0.018PAR - 0.075VPD \tag{4-14}$$

式中,Y 为树干液流密度,cm³/(cm²·h);RH 为空气相对湿度,%;T_{air} 为空气温度,℃;T_{soil} 为 20cm 土壤温度,℃;V_{Wind} 为风速,m/s;PAR 为光合有效辐射,μmol/(m²·s);VPD 为水汽压亏缺,kPa。决定系数 R^2 为 0.785,拟合效果较好。进一步相关分析的结果表明,影响兴安落叶松树干液流密度的主要环境因子为光合有效辐射($r=0.827$,$p<0.01$),其次为空气温度($r=0.624$,$p<0.01$)、水汽压亏缺($r=0.637$,$p<0.01$)和空气相对湿度($r=-0.527$,$p<0.01$),最后为风速($r=0.250$,$p<0.01$)和 20cm 土壤温度($r=0.189$,$p<0.01$)。

对 5~9 月液流与环境因子进行逐步回归分析(表 4-12)表明:不同月份,影响液流的主导因子也各不相同,根据各因子出现频率,判断影响较多的因子为空气相对湿度、空气温度、VPD、PAR,又由于 VPD 是根据空气温度与湿度计算所得,因此 VPD 与 PAR 是影响树干液流的主导因子。进入 9 月后,由于落叶的原因,液流急剧降低,所以环境因子对其影响也大幅减弱,导致回归方程 R^2 数值偏低。

表 4-12　在月时间尺度上树干液流密度与影响因子的逐步回归分析结果

时间	进入因子	决定系数 R^2	回归方程
5 月	VPD、RH、T_{soil}、V_{Wind}	0.781	$Y=-0.045+4.465\text{VPD}-0.028\text{RH}+0.196T_{soil}+0.235V_{Wind}$
6 月	RH、PAR	0.759	$Y=13.367-0.136\text{RH}+0.021\text{PAR}$
7 月	T_{air}、PAR	0.719	$Y=-5.642+0.497T_{air}+0.017\text{PAR}$
8 月	RH、PAR、VPD	0.809	$Y=23.621-0.217\text{RH}+0.013\text{PAR}-1.183\text{VPD}$
9 月	PAR、T_{air}、VPD	0.674	$Y=-2.442+0.019\text{PAR}+0.079T_{air}+0.239\text{VPD}$
5~9 月	PAR、T_{air}	0.785	$Y=3.843+0.018\text{PAR}+0.086T_{air}-0.075\text{VPD}-0.076\text{RH}$ $-0.090V_{Wind}+0.237T_{soil}$

注：式中，Y 为树干液流密度，$\text{cm}^3/(\text{cm}^2 \cdot \text{h})$；RH 为空气相对湿度，%；$T_{air}$ 为空气温度，℃；T_{soil} 为 20cm 土壤温度，℃；V_{Wind} 为风速，m/s；PAR 为光合有效辐射，$\mu\text{mol}/(\text{m}^2 \cdot \text{s})$；VPD 为水汽压亏缺，kPa

2. 杉木林

杉木林各季节连日的环境因子与液流速率的相关性，见表 4-13。结果表明，各个季节影响杉木液流速率的主导环境因子不同，春夏秋冬四季和全年的杉木液流速率与林外太阳辐射、林内太阳辐射、空气温度、VPD、风速、土壤温度存在极显著正相关关系，与空气相对湿度、土壤含水率之间存在极显著负相关关系，其中春季与 VPD 的相关性最高，其次是空气相对湿度。夏季与空气相对湿度的相关性最高，其次是 VPD。秋季与 VPD 的相关性最高，其次是空气相对湿度。冬季与林外、林内太阳辐射相关性最高。

表 4-13　日均液流速率与环境因子的 Pearson 相关性

	春季	夏季	秋季	冬季
林外太阳辐射	0.693**	0.594**	0.457**	0.721**
林内太阳辐射	0.708**	0.414**	0.538**	0.721**
空气相对湿度	−0.789**	−0.882**	−0.740**	−0.450**
空气温度	0.687**	0.820**	0.642**	0.626**
VPD	0.884**	0.862**	0.798**	0.510**
风速	0.405**	0.332**	0.510**	0.565**
土壤含水率	−0.182**	−0.042	−0.046	−0.028
土壤温度	0.219**	0.416**	0.008	0.038

* 在 0.05 水平（双侧）上显著相关；　** 在 0.01 水平（双侧）上显著相关

全年数据分析表明，杉木液流速率与 VPD 的相关性最高，而且各季节的液流速率与 VPD 的相关性都非常显著，而且相关系数较大，这说明饱和水汽压差 VPD 对杉木的蒸腾作用影响最大，主要是因为 VPD 直接影响杉木叶片的气孔开闭。

为了进一步说明各环境因子对杉木液流速率的综合影响，以杉木液流速率为因变量（y，单位：kg/h），林外太阳辐射（x_1，单位：W/m^2）、林内太阳辐射（x_2，单位：W/m^2）、空气相对湿度（x_3，单位：%）、空气温度（x_4，单位：℃）、VPD（x_5，单位：KPa）、风速（x_6，单位：m/s）、土壤含水率（x_7，单位：%）、土壤温度（x_8，单位：℃）为自变量，采用逐步剔除法进行

多元回归分析,建立杉木树干液流速率与环境因子的回归方程,不同季节液流速率与环境因子的回归方程分别为

春季：　$y = -1.096 + 0.00133x_2 + 1.082x_3 + 1.259x_5, R^2 = 0.854$　　　(4-15)

夏季：　$y = 4.955 - 8.711x_3 - 2.273x_6 + 0.134x_8, R^2 = 0.812$　　　(4-16)

秋季：　$y = -1.869 - 0.0006x_1 + 2.189x_3 + 2.222x_5, R^2 = 0.673$　　　(4-17)

冬季：　$y = 0.107 + 0.0077x_2 + 0.023x_4, R^2 = 0.575$　　　(4-18)

3. 毛竹林

表 4-14 分析了毛竹瞬时液流速率与各环境因子的 Pearson 相关系数,结果表明:各季节瞬时液流速率与太阳总辐射、VPD、空气相对湿度、风速均有很强的相关性。

表 4-14　连日瞬时液流速率与环境因子的 Pearson 相关系数

环境因子	春季	夏季	秋季	冬季	全年
太阳总辐射	0.704**	0.823**	0.746**	0.383**	0.697**
饱和水汽压差 VPD	0.698**	0.711**	0.725**	0.317**	0.728**
空气温度 T	0.645**	0.746**	0.548**	0.002	0.597**
空气相对湿度 RH	−0.542**	−0.734**	−0.670**	−0.529**	−0.459**
风速	0.384**	0.460**	0.459**	0.349**	0.253**
土壤含水率	−0.065	0.097*	0.064	0.089*	−0.246**
土壤温度	0.074	0.056	0.016	−0.403**	0.405**

* 在 0.05 水平(双侧)上显著相关；** 在 0.01 水平(双侧)上显著相关

春季和秋季的瞬时液流速率与太阳总辐射、VPD、空气温度和风速存在极显著正相关关系,与空气相对湿度存在极显著负相关关系,与土壤含水率和土壤温度的相关性不显著,其中与太阳总辐射的相关性最高。夏季与太阳总辐射、VPD、空气温度、风速存在极显著正相关关系,与土壤含水率存在显著正相关关系,与空气相对湿度存在极显著负相关关系,与土壤温度之间的相关性不显著,其中与太阳辐射的相关性最高。冬季的瞬时液流速率与各环境因子的相关性系数明显略低于其他季节,表现为与太阳总辐射、VPD、风速存在极显著正相关,与土壤含水率存在显著正相关,与空气相对湿度和土壤温度存在显著负相关,与空气温度的相关性不显著,其中与空气相对湿度的相关性最高。

为了进一步说明各环境因子对毛竹液流速率的综合影响,以毛竹瞬时液流速率为因变量(y,单位:kg/h),太阳总辐射(x_1,单位:W/m^2)、空气相对湿度(x_2,单位:%)、空气温度(x_3,单位:℃)、VPD(x_4,单位:kPa)、风速(x_5,单位:m/s)、土壤含水率(x_6,单位:%)、土壤温度(x_7,单位:℃)为自变量,采用逐步剔除法进行多元回归分析,建立毛竹瞬时液流速率与环境因子的回归方程,不同时期液流速率与气象因子的回归方程分别为

春季：$y = -1.342 + 0.00072x_1 + 1.4x_2 + 1.028x_4, R^2 = 0.627$　　　(4-19)

夏季：$y = 32.372 + 0.0017x_1 - 13.009x_2 - 1.829x_4 - 0.786x_7, R^2 = 0.844$

(4-20)

秋季：$y = -1.492 + 0.0013x_1 + 0.538x_4 + 5.832x_6 + 0.037x_7, R^2 = 0.643$

$$(4-21)$$

冬季：$y = 0.12 - 1.745x_2 - 0.748x_4 + 11.062x_6 - 0.05x_7, R^2 = 0.626$

$$(4-22)$$

4.4.4　特殊天气对林木液流速率的影响

为研究特殊天气对林木液流速率的影响,本书以东北地区典型林分兴安落叶松林为研究对象,研究连续几日高温无雨天气对液流速率的影响。在蒸腾能力最强时期中的 7 月末 8 月初选取连续 9 日的液流数据(图 4-20)。第 1 日降雨量为 28.2mm,第 2 日为多云有小阵雨,降雨量为 7.3mm,之后为连续高温无雨的天气。可见雨后的液流先持续升高至 23.62cm³/(cm²・h)水平,随后再平稳下降。高温无雨的几日空气温度均保持在 30℃左右,液流运动规律一致,但是呈现逐步下降趋势。说明连续高温可能会造成水分胁迫,导致液流的下降,日峰值从 21.92cm³/(cm²・h)下降至 15.33cm³/(cm²・h),日通量也从 169.24cm³/(cm²・d)下降至 123.86cm³/(cm²・d),下降幅度较大。这是由于高温环境下蒸腾带走的热量不能及时降低叶片表温,气孔只有被迫关闭才能使液流维持较低水平。

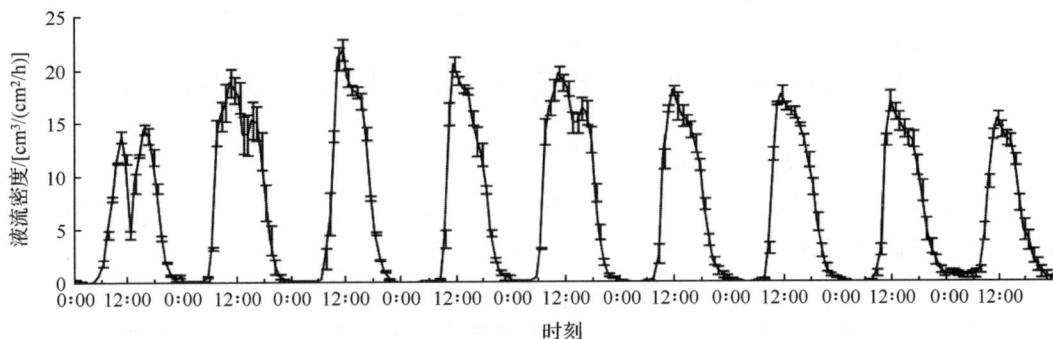

图 4-20　连续几日高温无雨条件下树干液流特征

4.5　生态系统结构与土壤蒸发的耦合分析

为研究森林生态系统结构对林下土壤蒸发的影响,选择华北土石山区 4 个典型优势树种(侧柏、刺槐、油松、栓皮栎)作为研究对象,通过拟合森林郁闭度、叶面积指数、生物量及林外降雨与土壤蒸发之间的关系,建立森林生态系统结构与土壤蒸发之间的耦合关系。

1) 刺槐林分

通过对土壤蒸发量与郁闭度、叶面积指数、生物量及林外降雨之间的二元线性拟合得出：

$$y_5 = 14.818 - 2.598x_1 + 36.298x_2 - 0.002x_3 + 0.035x_4, R^2 = 0.762 \quad (4-23)$$

式中，y_5 为土壤蒸发量，mm；x_1 为叶面积指数，m^2/m^2；x_2 为郁闭度，%；x_3 为生物量，kg/m^2；x_4 为林外降雨量，mm。

从式(4-23)中可以看出，对土壤蒸发与郁闭度叶面积指数、生物量及林外降雨拟合后，它们之间有较好的拟合关系，R^2 能够达到 0.762。同时可以看出，土壤蒸发与叶面积指数呈现负相关的关系，在单侧检验中 sig. ＝0.015；土壤蒸发与郁闭度呈现正相关关系，在单侧检验中 sig. ＝0.00；土壤蒸发与生物量呈现负相关关系，在单侧检验中 sig. ＝0.253；土壤蒸发与林外降雨呈现正相关关系，在单侧检验中 sig. ＝0.00。说明在 4 种自变量中，对土壤蒸发影响大小顺序为林外降雨＝郁闭度＞叶面积指数＞生物量。

2）油松林

通过对土壤蒸发量与郁闭度、叶面积指数、生物量及林外降雨之间的二元线性拟合得出：

$$y_5 = -10.372 - 0.539x_1 - 4.031x_2 + 0.006x_3 - 0.019x_4, R^2 = 0.423 \quad (4\text{-}24)$$

式中，y_5 为土壤蒸发量，mm；x_1 为叶面积指数，m^2/m^2；x_2 为郁闭度，%；x_3 为生物量，kg/m^2；x_4 为林外降雨量，mm。

从式(4-24)中可以看出，对土壤蒸发量与郁闭度叶面积指数、生物量及林外降雨拟合后，它们之间拟合效果不好，R^2 仅为 0.423。土壤蒸发量与叶面积指数、郁闭度、生物量及林外降雨的 sig. 分别为 0.629、0.707、0.014、0.013，说明 4 种自变量对土壤蒸发量的影响不大。

3）侧柏林

通过对土壤蒸发与郁闭度、叶面积指数、生物量及林外降雨之间的二元线性拟合得出：

$$y_5 = 15.537 + 0.890x_1 - 14.190x_2 + 0x_3 - 0.012x_4, R^2 = 0.40 \quad (4\text{-}25)$$

式中，y_5 为土壤蒸发，mm；x_1 为叶面积指数，m^2/m^2；x_2 为郁闭度，%；x_3 为生物量，kg/m^2；x_4 为林外降雨量，mm。

从式(4-25)中可以看出，对土壤蒸发与郁闭度叶面积指数、生物量及林外降雨拟合后，它们之间拟合效果不好，R^2 仅为 0.40。土壤蒸发与叶面积指数、郁闭度、生物量及林外降雨的 sig. 分别为 0.364、0.136、0.486、0.016，说明 4 种自变量对土壤蒸发的影响不大。

4）栓皮栎林

通过对土壤蒸发量与郁闭度、叶面积指数、生物量及林外降雨之间的二元线性拟合得出：

$$y_5 = -1.608 - 2.847x_1 + 22.173x_2 + (6.957\text{E}-5)x_3 - 0.019x_4, R^2 = 0.282$$

$$(4\text{-}26)$$

式中：y_5 为土壤蒸发量，mm；x_1 为叶面积指数，m^2/m^2；x_2 为郁闭度，%；x_3 为生物量，kg/m^2；x_4 为林外降雨量，mm。

从式(4-26)中可以看出，对所有林分的土壤蒸发量与郁闭度叶面积指数、生物量及林外降雨拟合后，三者之间拟合效果不好，R^2 仅为 0.282。土壤蒸发量与叶面积指数、郁闭度、生物量及林外降雨的 sig. 分别为 0.002、0.011、0.864、0.013，说明 4 种自变量对土壤蒸发量的影响不大。

4.6　生态系统结构与林木蒸腾的耦合分析

4.6.1　林分叶面积指数对林木蒸腾的影响

叶面积指数(LAI)是反映植被冠层结构的重要参数,是植物个体或群体第一性生产力评价、水分蒸发、蒸腾模拟的重要指标。以长江三角洲地区典型林分类型杉木林、麻栎林和毛竹林为研究对象,使用冠层分析仪 LAI-2200 于 2012 年 5 月至 2013 年 4 月期间测定三种林分的叶面积指数月变化特征。杉木属于针叶常绿树种,叶面积指数波动较小,从2012 年 5～12 月,杉木的叶面积指数在 2.7～3.0 范围内波动,从 1 月开始明显降低,4 月开始增大,值为 2.2。麻栎属于阔叶落叶树种,3 月末开始展叶,4 月叶面积指数明显升高,5～9 月基本稳定在 3.2～3.5 范围内,10 月中旬开始落叶,叶面积指数明显降低,至 1月和 2 月叶面积指数几乎为 0,3 月末开始叶面积指数稍有增大。毛竹属于常绿树种,全年多数时间叶面积指数都大于杉木林与麻栎林

综合三种林分各月的林木蒸腾量和林分叶面积指数,得到两者的耦合关系各林分液流量与叶面积指数呈现明显的指数关系,指数方程分别为

$$杉木:\qquad y = 1.26\mathrm{e}^{1.256x}, R^2 = 0.390 \qquad\qquad (4\text{-}27)$$

$$麻栎:\qquad y = 1.051\mathrm{e}^{1.176x}, R^2 = 0.950 \qquad\qquad (4\text{-}28)$$

$$毛竹:\qquad y = 3.888\mathrm{e}^{0.8x}, R^2 = 0.809 \qquad\qquad (4\text{-}29)$$

其中,麻栎林液流量与叶面积指数的拟合度最好,其次是毛竹,杉木的拟合度最低,这主要是因为杉木属于常绿树种,叶面积指数变化不大,而液流量又受到各环境因素和生理因素的影响,各月份都明显不同。

以华北土石山区 4 种典型林分为研究对象,利用 2011～2012 年 6～9 月两个生长季所测得的叶面积指数与林分总蒸散发量建立相关关系如图 4-21 所示。研究发现,林分总蒸散发量与林分叶面积指数呈正相关关系,即叶面积指数越大林分总蒸散发量越大。原因可能是随着叶面积指数的增大,处于生长季的植被枝干叶都随之增长,导致植被的蒸腾作用加大。而乔木的蒸腾占总蒸散发量的大部分,虽然枝叶的增长可能会导致林下蒸散发的减弱,但蒸散发的总体趋势还是会不断增大。4 种植被类型都与林分总蒸散发量呈现对数相关。

基于北京山区 2011～2012 年叶面积指数与林地总蒸散量数据,建立了生长季总蒸散量(y)与叶面积指数(x)的回归方程:

$$y_1 = 20.857\ln(x) + 0.9267, R^2 = 0.911 \qquad\qquad (4\text{-}30)$$

$$y_2 = 21.35\ln(x) - 0.7389, R^2 = 0.6714 \qquad\qquad (4\text{-}31)$$

$$y_3 = 3.2828\ln(x) + 9.8677, R^2 = 0.623 \qquad\qquad (4\text{-}32)$$

$$y_4 = 16.94\ln(x) + 4.4708, R^2 = 0.6884 \qquad\qquad (4\text{-}33)$$

式中,y_1 代表侧柏林的生长季内总蒸散量,mm;y_2 代表油松林的生长季内总蒸散量,mm;y_3 代表灌木林的生长季内总蒸散量,mm;y_4 代表松栎混交林的生长季内总蒸散量,

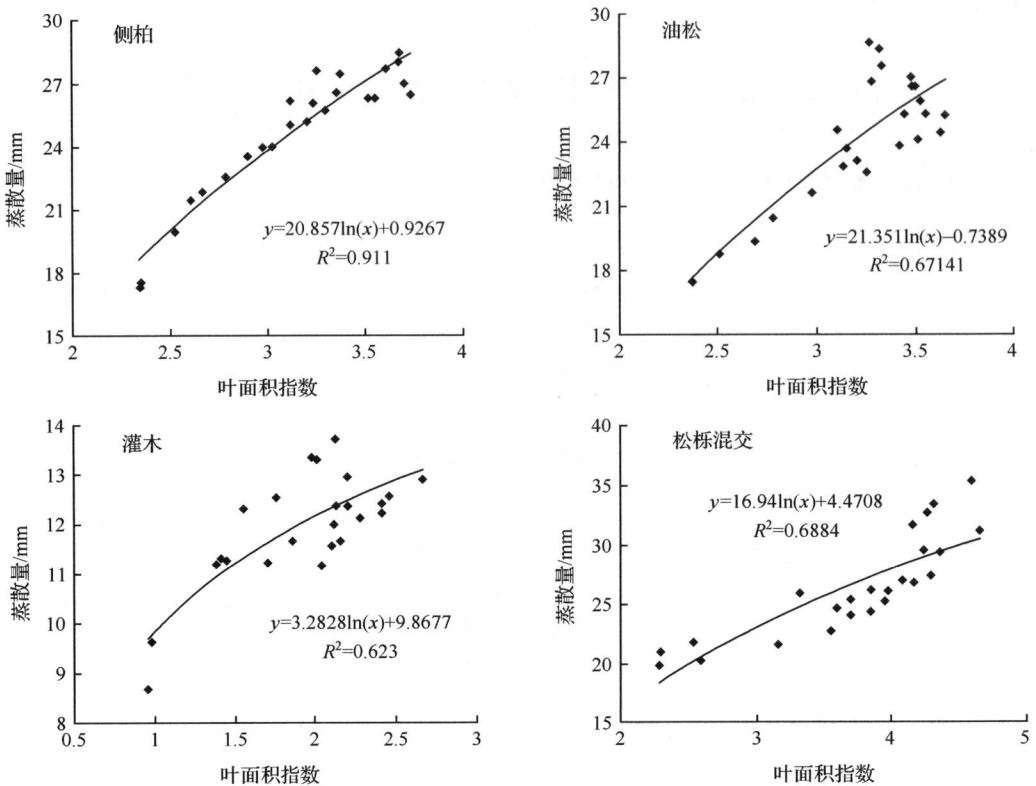

图 4-21　华北土石山区 4 种林分叶面积指数与蒸散量的关系

mm;x 代表叶面积指数,m^2/m^2。经检验,4 个方程 R^2 均大于 0.6,p 均小于 0.05,模型拟合效果较好。

4.6.2　郁闭度与蒸散发的关系

根据叶面积指数与郁闭度的关系,推导出生长季郁闭度的变化,与林分总蒸散发量建立相关关系如图 4-22 所示。研究发现,林分总蒸散发量与郁闭度指数呈正相关关系,即郁闭度越大林分总蒸散发量越大。4 种植被类型都与林分总蒸散发量呈现二次多项式相关。

生长季总蒸散量(y)与郁闭度(x)的回归方程为

$$y_1 = -473.5x^2 + 835.9x - 341.2, R^2 = 0.95 \tag{4-34}$$

$$y_2 = -275.0x^2 + 531.8x - 230.2, R^2 = 0.73 \tag{4-35}$$

$$y_3 = -28.33x^2 + 51.40x - 10.81, R^2 = 0.69 \tag{4-36}$$

$$y_4 = 423.7x^2 - 671.9x + 286.7, R^2 = 0.81 \tag{4-37}$$

式中,y_1 代表侧柏林的生长季内总蒸散量,mm;y_2 代表油松林的生长季内总蒸散量,mm;y_3 代表灌木林的生长季内总蒸散量,mm;y_4 代表松栎混交林的生长季内总蒸散量,mm;x 代表郁闭度,m^2/m^2。经检验,4 个方程 R^2 均大于 0.65,p 均小于 0.05,模型拟合效果较好。

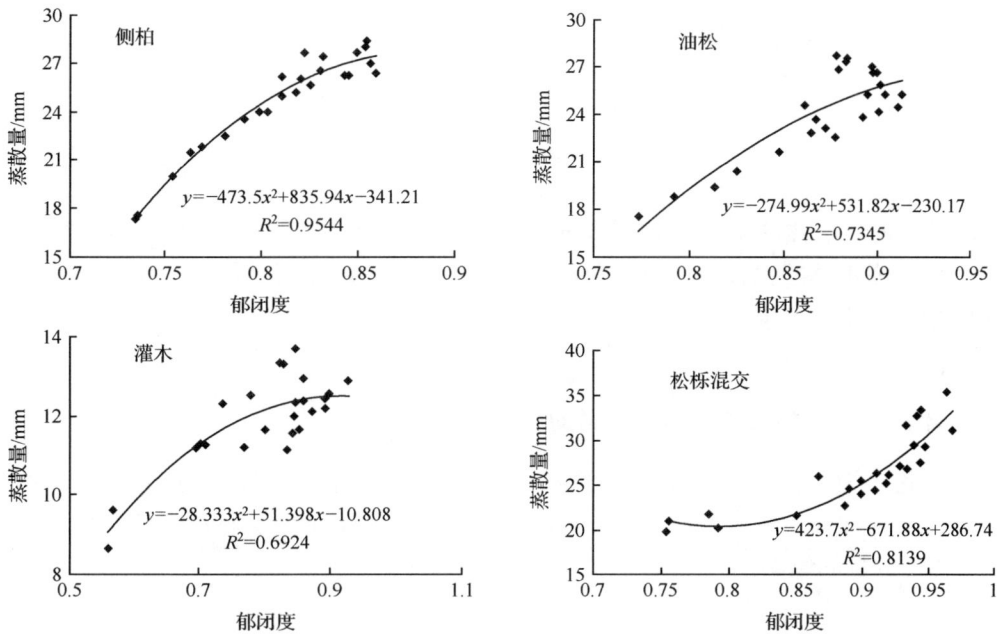

图 4-22　华北土石山区 4 种林分郁闭度与蒸散量的关系

4.6.3　生物量与蒸散发的关系

　　根据叶面积指数与生物量的关系,推导出生长季生物量的变化,与林分总蒸散发量建立相关关系如图 4-23 所示。研究发现,林分总蒸散发量与生物量指数呈正相关关系,即生物量越大林分总蒸散发量越大。4 种植被类型都与林分总蒸散发量呈现幂函数相关。

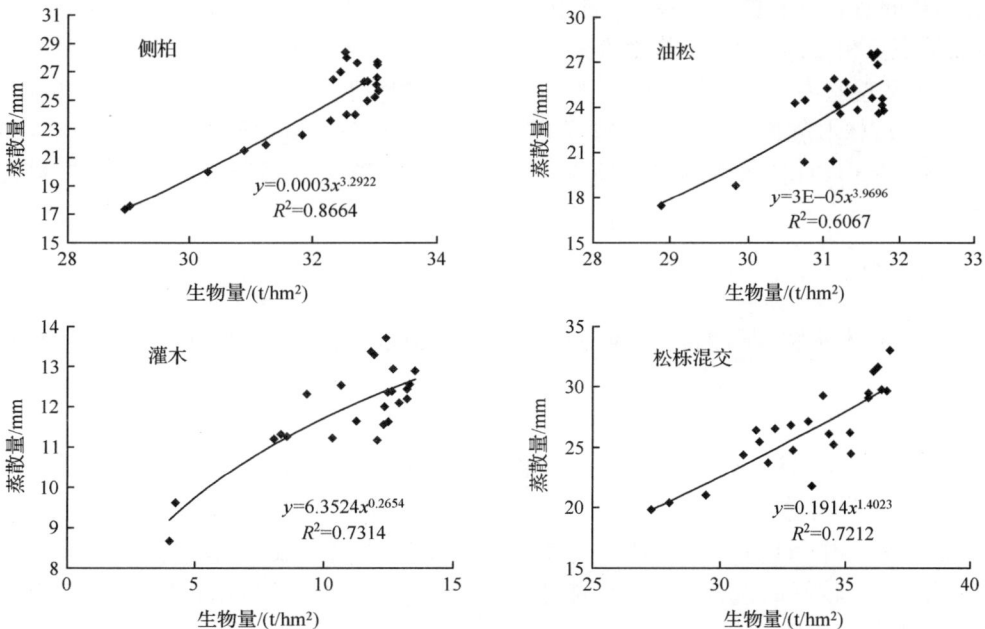

图 4-23　华北土石山区 4 种林分生物量与蒸散量的关系

生长季总蒸散量(y)与生物量(x)的回归方程为：

$$y_1 = -0.0003x^{3.2922}, R^2 = 0.87 \qquad (4\text{-}38)$$

$$y_2 = 3E - 05x^{3.969}, R^2 = 0.61 \qquad (4\text{-}39)$$

$$y_3 = 6.352x^{0.265}, R^2 = 0.73 \qquad (4\text{-}40)$$

$$y_4 = 0.191x^{1.402}, R^2 = 0.72 \qquad (4\text{-}41)$$

式中，y_1 代表侧柏林的生长季内总蒸散量，mm；y_2 代表油松林的生长季内总蒸散量，mm；y_3 代表灌木林的生长季内总蒸散量，mm；y_4 代表松栎混交林的生长季内总蒸散量，mm；x 代表生物量，t/hm^2。经检验，4 个方程 R^2 均大于 0.6，p 均小于 0.05，模型拟合效果较好。

4.6.4 不同林分结构因子与林木蒸腾的综合分析

以华北土石山区 4 种典型林分 2007～2011 年的各月蒸腾数据为基础，运用 SPSS 18.0 分析 4 种林分的结构参数(本节选择叶面积指数、郁闭度、生物量及林外降雨)对水量平衡各个分量的影响。

1. 刺槐林

通过对林木蒸腾量与郁闭度、叶面积指数、生物量及林外降雨之间的二元线性拟合得出：

$$y = 21.395 - 1.169x_1 + 19.897x_2 - 0.003x_3 + 0.056x_4, R^2 = 0.588 \qquad (4\text{-}42)$$

式中，y 为林木蒸腾量，mm；x_1 为叶面积指数，m^2/m^2；x_2 为郁闭度，%；x_3 为生物量，kg/m^2；x_4 为林外降雨量，mm。

从式(4-42)中可以看出，对林木蒸腾与郁闭度叶面积指数、生物量及林外降雨拟合后，它们之间有较好的拟合关系，R^2 能够达到 0.588。同时可以看出，林木蒸腾量与叶面积指数呈现负相关的关系，在单侧检验中 sig. ＝0.484；林木蒸腾量与郁闭度呈现正相关关系，在单侧检验中 sig. ＝0.175；林木蒸腾量与生物量呈现负相关关系，在单侧检验中 sig. ＝0.387；林木蒸腾量与林外降雨呈现正相关关系，在单侧检验中 sig. ＝0.00。说明在 4 种自变量中，对林木蒸腾量影响大小顺序为林外降雨＞郁闭度＞生物量＞叶面积指数。

2. 油松林

通过对林木蒸腾量与郁闭度、叶面积指数、生物量及林外降雨之间的二元线性拟合得出：

$$y = 50.531 - 1.034x_1 + 36.360x_2 - 0.012x_3 + 0.044x_4, R^2 = 0.62 \qquad (4\text{-}43)$$

式中，y 为林木蒸腾量，mm；x_1 为叶面积指数，m^2/m^2；x_2 为郁闭度，%；x_3 为生物量，kg/m^2；x_4 为林外降雨量，mm。

从式(4-43)中可以看出，对林木蒸腾与郁闭度叶面积指数、生物量及林外降雨拟合后，它们之间有较好的拟合关系，R^2 能够达到 0.62。同时可以看出，林木蒸腾量与叶面积指数呈现负相关的关系，在单侧检验中 sig. ＝0.322；林木蒸腾量与郁闭度呈现正相关关系,在单侧检验中 sig. ＝0.001;林木蒸腾量与生物量呈现负相关关系,在单侧检验中 sig. ＝0.00;林木蒸腾量与林外降雨呈现正相关关系,在单侧检验中 sig. ＝0.00。说明在 4 种自变量中,对林木蒸腾量影响大小顺序为林外降雨＝生物量＞郁闭度＞叶面积指数。

3. 侧柏林

通过对林木蒸腾量与郁闭度、叶面积指数、生物量及林外降雨之间的二元线性拟合得出:

$$y = 2.671 - 3.993x_1 + 73.680x_2 - 0.002x_3 + 0.041x_4, R^2 = 0.862 \qquad (4\text{-}44)$$

式中,y 为林木蒸腾量,mm;x_1 为叶面积指数,m²/m²;x_2 为郁闭度,%;x_3 为生物量,kg/m²;x_4 为林外降雨量,mm。

从式(4-44)中可以看出,对林木蒸腾与郁闭度叶面积指数、生物量及林外降雨拟合后,它们之间有较好的拟合关系,R^2 能够达到 0.862。同时可以看出,林木蒸腾量与叶面积指数呈现负相关的关系,在单侧检验中 sig. ＝0.011;林木蒸腾量与郁闭度呈现正相关关系,在单侧检验中 sig. ＝0.00;林木蒸腾量与生物量呈现负相关关系,在单侧检验中 sig. ＝0.005;林木蒸腾量与林外降雨呈现正相关关系,在单侧检验中 sig. ＝0.00。说明在 4 种自变量中,对林木蒸腾量影响大小顺序为林外降雨＝郁闭度＞生物量＞叶面积指数。

4. 栓皮栎林

通过对林木蒸腾量与郁闭度、叶面积指数、生物量及林外降雨之间的二元线性拟合得出:

$$y = 58.929 - 1.709x_1 + 55.905x_2 - 0.003x_3 + 0.042x_4, R^2 = 0.892 \qquad (4\text{-}45)$$

式中,y 为林木蒸腾量,mm;x_1 为叶面积指数,m²/m²;x_2 为郁闭度,%;x_3 为生物量,kg/m²;x_4 为林外降雨量,mm。

从式(4-45)中可以看出,对所有林分的林木蒸腾与郁闭度叶面积指数、生物量及林外降雨拟合后,三者之间有较好的拟合关系,R^2 能够达到 0.892。同时可以看出,林木蒸腾量与叶面积指数呈现负相关的关系,在单侧检验中 sig. ＝0.086;林木蒸腾量与郁闭度呈现正相关关系,在单侧检验中 sig. ＝0.00;林木蒸腾量与生物量呈现负相关关系,在单侧检验中 sig. ＝0.00;林木蒸腾量与林外降雨呈现正相关关系,在单侧检验中 sig. ＝0.00。说明在 4 种自变量中,对林木蒸腾量影响大小顺序为林外降雨＝郁闭度＝生物量＞叶面积指数。

4.7　生态系统结构与林分蒸散发的耦合分析

蒸散是植被及地面整体向大气输送的水汽总通量,包括蒸发和蒸腾两个部分,对于森林生态系统的蒸散来说,具体包含树冠截留蒸发、枯落物层截留蒸发、土壤蒸发和上层乔木与下层灌木的蒸腾。蒸散受到多种环境因子的影响,包括地形因子如海拔、坡度、坡向等,土壤因子如渗透、可利用水分等,大气因子如太阳辐射、温度、湿度、风速、降雨等,植被因子如物种组成、植被结构、叶面积指数、植被之间的竞争等。本书以华北地区 4 种典型林分(油松、侧柏、刺槐、栓皮栎)为研究对象,研究森林生态系统结构与林分蒸散发的耦合关系。

1. 油松林

通过对林地蒸散量与郁闭度、叶面积指数、生物量及林外降雨之间的二元线性拟合得出:

$$y = 40.154 - 1.573x_1 + 32.327x_2 - 0.006x_3 + 0.025x_4, R^2 = 0.685 \quad (4\text{-}46)$$

式中, y 为林地蒸散量,mm; x_1 为叶面积指数,m^2/m^2; x_2 为郁闭度,%; x_3 为生物量,kg/m^2; x_4 为林外降雨量,mm。

从式(4-46)中可以看出,对林地蒸散与郁闭度叶面积指数、生物量及林外降雨拟合后,它们之间有较好的拟合关系,R^2 为 0.685。同时可以看出,林地蒸散与叶面积指数呈现负相关的关系,在单侧检验中 sig. =0.161;林地蒸散与郁闭度呈现正相关关系,在单侧检验中 sig. =0.004;林地蒸散与生物量呈现负相关关系,在单侧检验中 sig. =0.007;林地蒸散与林外降雨呈现正相关关系,在单侧检验中 sig. =0.002。说明在 4 种自变量中,对林地蒸散影响大小顺序为林外降雨>郁闭度>生物量>叶面积指数。

2. 侧柏林

通过对林地蒸散量与郁闭度、叶面积指数、生物量及林外降雨之间的二元线性拟合得出:

$$y = 18.210 - 3.104x_1 + 59.508x_2 - 0.001x_3 + 0.029x_4, R^2 = 0.819 \quad (4\text{-}47)$$

式中, y 为林地蒸散量,mm; x_1 为叶面积指数,m^2/m^2; x_2 为郁闭度,%; x_3 为生物量,kg/m^2; x_4 为林外降雨量,mm。

从式(4-47)中可以看出,对林地蒸散与郁闭度叶面积指数、生物量及林外降雨拟合后,它们之间有较好的拟合关系,R^2 为 0.819。同时可以看出,林地蒸散与叶面积指数呈现负相关的关系,在单侧检验中 sig. =0.032;林地蒸散与郁闭度呈现正相关关系,在单侧检验中 sig. =0.000;林地蒸散与生物量呈现负相关关系,在单侧检验中 sig. =0.010;林地蒸散与林外降雨呈现正相关关系,在单侧检验中 sig. =0.000。说明在 4 种自变量中,对林地蒸散影响大小顺序为林外降雨=郁闭度>生物量>叶面积指数。

3. 刺槐林

通过对林地蒸散量与郁闭度、叶面积指数、生物量及林外降雨之间的二元线性拟合得出:

$$y = 36.210 - 3.768x_1 + 56.219x_2 - 0.005x_3 + 0.092x_4, R^2 = 0.695 \quad (4\text{-}48)$$

式中, y 为林地蒸散量,mm; x_1 为叶面积指数,m^2/m^2; x_2 为郁闭度,%; x_3 为生物量,kg/m^2; x_4 为林外降雨量,mm。

从式(4-48)中可以看出,对林地蒸散与郁闭度叶面积指数、生物量及林外降雨拟合后,它们之间有较好的拟合关系,R^2 为 0.695。同时可以看出,林地蒸散与叶面积指数呈现负相关的关系,在单侧检验中 sig. ＝0.141;林地蒸散与郁闭度呈现正相关关系,在单侧检验中 sig. ＝0.014;林地蒸散与生物量呈现负相关关系,在单侧检验中 sig. ＝0.300;林地蒸散与林外降雨呈现正相关关系,在单侧检验中 sig. ＝0.00。说明在 4 种自变量中,对林地蒸散影响大小顺序为林外降雨＞郁闭度＞叶面积指数＞生物量。

4. 栓皮栎林

通过对林地蒸散量与郁闭度、叶面积指数、生物量及林外降雨之间的二元线性拟合得出:

$$y = 57.333 - 4.556x_1 + 78.070x_2 - 0.003x_3 + 0.023x_4, R^2 = 0.863 \quad (4\text{-}49)$$

式中:y 为林地蒸散量;x_1 为叶面积指数,m^2/m^2;x_2 为郁闭度,％;x_3 为生物量,kg/m^2;x_4 为林外降雨量,mm。

从式(4-49)中可以看出,对所有林分的林地蒸散量与郁闭度叶面积指数、生物量及林外降雨拟合后,三者之间有较好的拟合关系,R^2 能够达到 0.863。同时可以看出,林地蒸散量与叶面积指数呈现负相关的关系,在单侧检验中 sig. ＝0.00;林地蒸散量与郁闭度呈现正相关关系,在单侧检验中 sig. ＝0.00;林地蒸散量与生物量呈现负相关关系,在单侧检验中 sig. ＝0.00;林地蒸散量与林外降雨呈现正相关关系,在单侧检验中 sig. ＝0.007。说明在 4 种自变量中,对林地蒸散量影响大小顺序为叶面积指数＝郁闭度＝生物量＞林外降雨。

4.8　小流域生态系统蒸散发特征

4.8.1　小流域林地蒸散发量的季相变化

1. 森林植被季相变化特征

以华北土石山区两个典型小流域(半城子、红门川)为研究对象,从全年小流域 MODIS 叶面积指数数据平均变化情况看(图 4-24),在冬季,LAI 值保持在 0.4 左右;4 月初(13～14 时段)森林植被开始展叶,LAI 值有较小的波动,达到 0.7～1.2;随后生长加快,叶面积指数随之增大,4 月底到 5 月上旬(15～17 时段)叶面积指数快速上升,由 1.2 快速升到 3 左右;之后,LAI 值稳步增大,7 月中旬(24～26 时段)达到顶峰,LAI 值在 4.5～5.1 之间;8 月初叶面积指数开始直线下降,到 9 月底(33～34 时段)降到 1 左右,后稳步下降,于 10 月底(37～38 时段)又降至 0.4。植物主要生长季 4～10 月份(13～38 时段),半城子流域比红门川流域左移一个时段,差 8 天左右。生长季平均 LAI 分别为 2.72 和 2.56;从13～27 时段(开始到趋于稳定)时间变化曲线看,叶面积指数与生长时间呈现 Logistic 函数关系,且半城子流域和红门川流域具有相似的规律性。

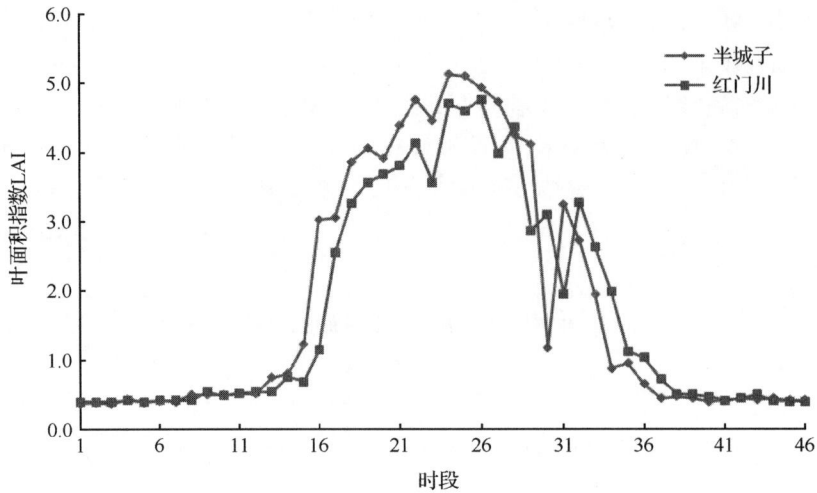

图 4-24　华北土石山区两个典型小流域叶面积指数每 8 天平均值年内变化

2. 基于 P-M 公式的潜在蒸散发量计算

利用密云气象站的日数据,根据彭曼计算了 2009 年每日潜在蒸散量 ET_0,表 4-15 为逐月潜在蒸散发量统计结果,呈单峰对称规律,6 月达到最大值。

表 4-15　华北土石山区潜在(ET_0)　　　　（单位：mm）

月份	1	2	3	4	5	6	7	8	9	10	11	12	全年
ET_0	28.0	32.9	66.4	95.7	133.6	145.0	113.5	100.7	77.2	68.6	30.9	25.8	918.2

3. 基于 SEBAL 模型的林地蒸散发反演

在 ArcGIS 中提取气象站位置的 46 个 LAI 数据,与对应 8 天的蒸散发量平均值进行回归分析（图 4-25）,发现 LAI 与 ET_0 呈现明显的对数关系。进一步说明,在微气象条件

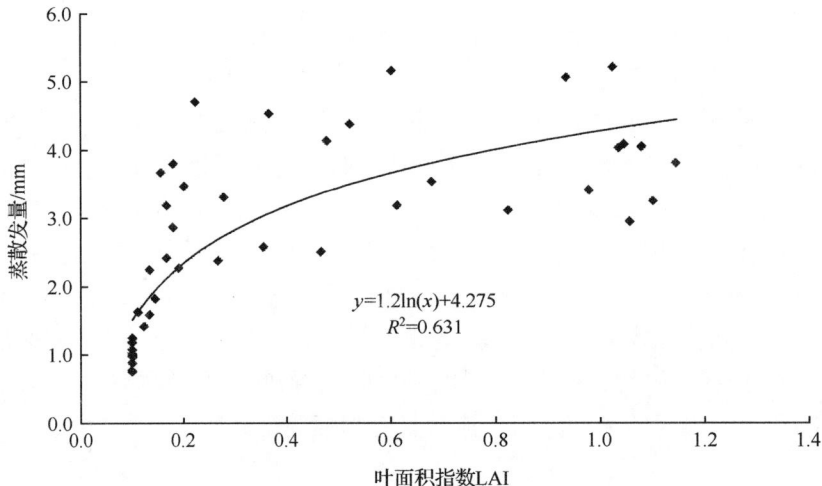

$y=1.2\ln(x)+4.275$
$R^2=0.631$

图 4-25　华北土石山区小流域蒸散发量与叶面积指数的回归模型

相对一致条件下,树木的蒸腾作用主要取决于树木的生物学特性,随着树木冠层结构的变化叶面积蒸腾面积不断增大,耗水量随之增加。根据植被季相变化规律以及 LAI 与 ET_0 的关系,本书详细划分了半城子流域森林植被各个生长期时间段。

根据流域森林植被季相变化规律和划分的生长期时间段(表 4-16),并综合考虑 TM 影像质量,选择了进行遥感反演蒸散发的 4 个典型代表日:3 月 14 日(休眠期)、5 月 1 日(生长初期)、7 月 20 日(旺盛期)和 10 月 24 日(衰退期)。基于 SEBAL 模型,结合气象数据和 DEM 数据,进行蒸散发反演,图 4-26 为反演结果。

表 4-16　植被生长期时间段划分结果

时期	LAI 时段	日期	天数
休眠期	43～46、1～12	12 月 3 日～4 月 6 日	125
生长初期	13～23	4 月 7 日～7 月 3 日	88
旺盛期	24～26	7 月 4 日～27 日	24
衰退期	27～42	7 月 28 日～12 月 2 日	128

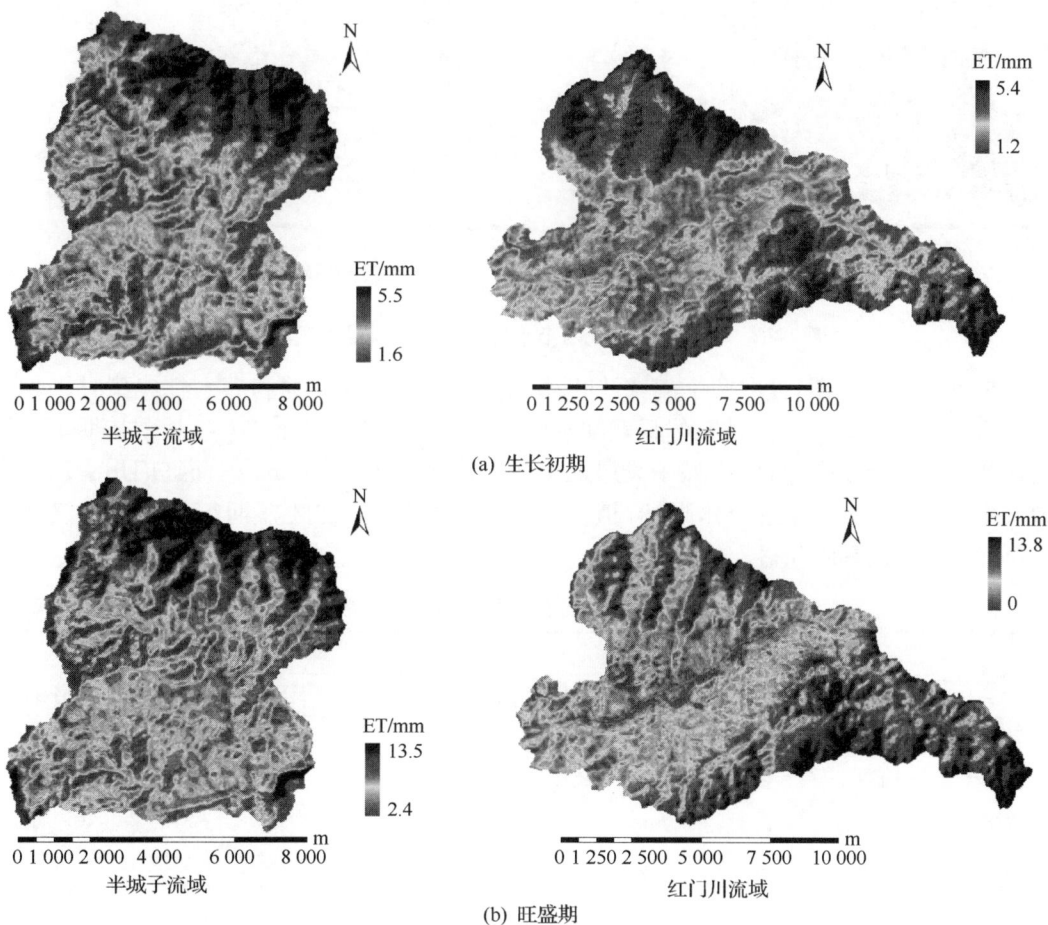

(a) 生长初期

(b) 旺盛期

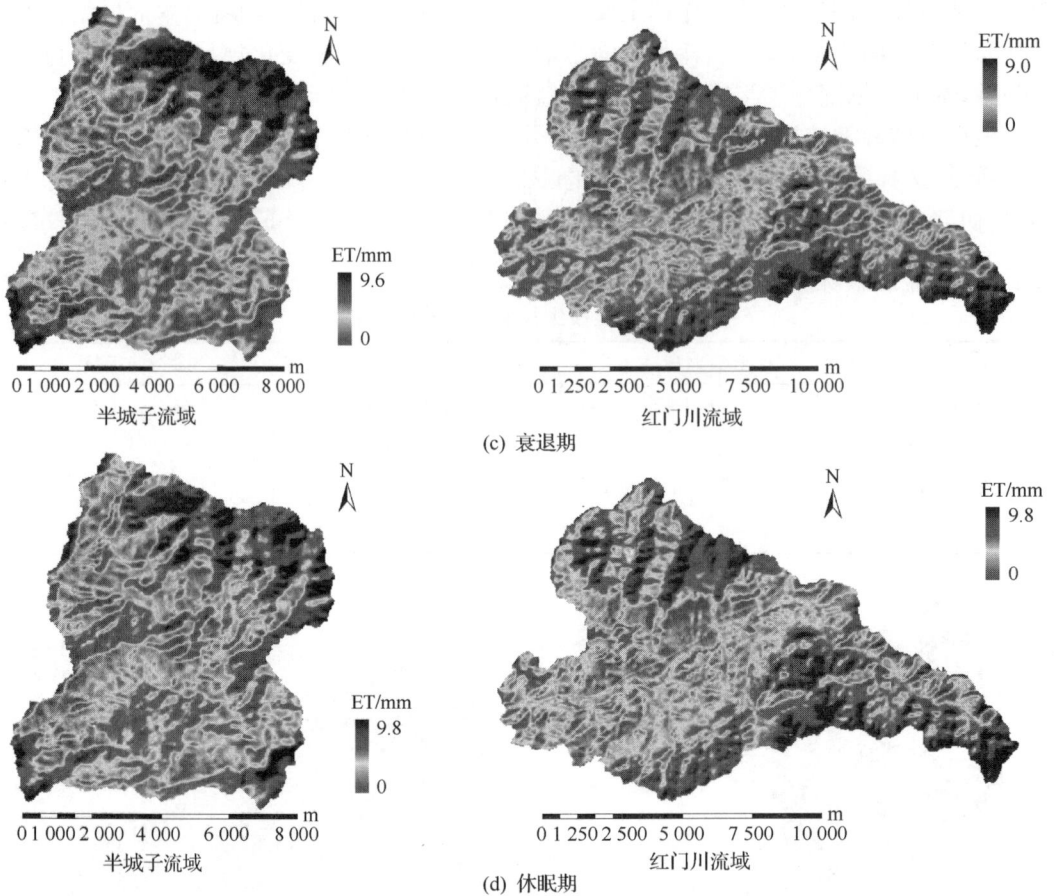

图 4-26　华北土石山区两个小流域典型日蒸散发反演结果

　　根据土地利用图,提取两个流域针叶林、阔叶林、针阔混交林和灌木林典型日平均蒸散发量(表 4-17)。森林植被在休眠期间蒸散量较少,为 1~1.7mm/d;生长季初期蒸散发量在 2.4~3.1mm/d 之间;半城子衰退期蒸散发量在 2.2~2.6mm/d,而红门川衰退期蒸散发量小于 2mm/d,接近于休眠期,植被衰败早于半城子;在旺盛期每日蒸散发量达到 8mm 左右,植被蒸腾旺盛。

表 4-17　半城子、红门川林地典型日蒸散发量　　　　　　　　(单位:mm)

地类	半城子				红门川			
	3 月 14 日	5 月 1 日	7 月 20 日	10 月 24 日	3 月 14 日	5 月 1 日	7 月 20 日	10 月 24 日
针叶林	1.7	2.9	8.2	2.2	1.7	2.7	7.6	1.5
阔叶林	1.5	2.6	8.3	2.2	1.4	2.6	6.3	1.8
混交林	1.7	2.8	8.0	2.3	1.7	2.4	7.5	1.6
灌木林	1.0	3.1	8.4	2.6	1.2	2.8	7.5	1.3
平均值	1.5	2.9	8.2	2.3	1.5	2.6	7.2	1.6

　　比较不同林地类型单日蒸散发量,可发现红门川流域阔叶林蒸散发量较低,其他三种

类型在植被生长期间保持较为接近的水平,针叶林蒸散发量较高,其次为混交林和灌木林。半城子流域差距较小,灌木林在生长季较其他三种类型高 0.1~0.5mm。

比较两个小流域林地蒸散发量平均值,可以看出半城子林地蒸散发量高于红门川流域,在 7 月份差距达到最大,平均高出 1mm。叶面积指数空间分布图显示,在植被生长旺盛期,半城子流域 LAI 在 4~8 之间,红门川流域 LAI 在 2~6 之间,半城子植被覆盖度较高且长势情况较好,植被蒸散发量高。

4.8.2　小流域森林生态系统耗水量估算

1. 典型日耗水量估算

通过 SEBAL 模型反演得到了华北土石山区典型日的潜在蒸散发量,所对应的 P-M 公式 ET_0 分别为 2.15mm、3.10mm、5.79mm、1.75mm,根据公式 $ET_C = K_C \cdot ET_0$ 计算不同植被类型不同时期的作物系数。

每日蒸散发量乘以森林植被面积(表 4-18)得到单日蒸散发总量,再乘以耗水系数得到生态用水量(表 4-19)。半城子、红门川流域单日生态用水量分别为 6.4 万~33.3 万 m³ 和 10.2 万~47.1 万 m³。其中,针叶林耗水量最多,占到总耗水量的 38%~43%,阔叶林和混交林耗水量均在 24% 左右。

表 4-18　华北土石山区两个小流域森林植被面积　　　　　　　(单位：km²)

地类	针叶林	阔叶林	混交林	灌木林	林地面积
半城子	25.3	15.6	15.2	7.4	63.5
红门川	40.4	32.5	17.9	12.0	102.8

表 4-19　半城子、红门川森林植被典型日生态用水总量　　　　(单位：万 m³)

地类	半城子				红门川			
	3 月 14 日	5 月 1 日	7 月 20 日	10 月 24 日	3 月 14 日	5 月 1 日	7 月 20 日	10 月 24 日
针叶林	2.8	4.7	13.3	3.6	4.4	7.0	19.7	3.9
阔叶林	1.5	2.6	8.3	2.2	2.9	5.4	13.1	3.7
混交林	1.7	2.7	7.8	2.2	1.9	2.7	8.6	1.8
灌木林	0.5	1.5	4.0	1.2	0.9	2.2	5.8	1.0
总和	6.4	11.5	33.3	9.2	10.2	17.3	47.1	10.5

2. 全年耗水量估算

将每个生长阶段的作物系数扩展到全年,再利用 P-M 公式计算的参考作物蒸散量乘,得到各森林植被类型每日潜在蒸散发量,再乘以耗水系数,计算得到每日生态用水量(表 4-20)。

半城子、红门川流域每年的生态用水量分别在 600mm 左右和 500mm 左右,总量分别约为 0.39 亿 m³ 和 0.53 亿 m³。半城子流域年生态用水量:灌木林>混交林>针叶林

＞阔叶林,红门川流域年生态用水量:针叶林＞阔叶林＞混交林＞灌木林。

表 4-20　半城子、红门川各生长阶段生态用水量　　　　　　（单位：mm）

地类	半城子					红门川				
	休眠期	生长初期	旺盛期	衰退期	总和	休眠期	生长初期	旺盛期	衰退期	总和
针叶林	86.7	223.0	76.8	233.4	619.8	86.7	207.6	71.2	159.2	524.6
阔叶林	76.5	199.9	77.8	233.4	587.7	71.4	199.9	59.0	191.0	521.3
混交林	86.7	215.3	74.9	244.0	620.9	86.7	184.5	70.2	169.8	511.2
灌木林	51.0	238.3	78.5	275.9	643.7	61.2	215.3	70.2	137.9	484.6

3. 森林生态系统耗水量与降水量之间的关系

图 4-27、图 4-28 表明了 2009 年半城子小流域和红门川小流域降水及生态用水量年

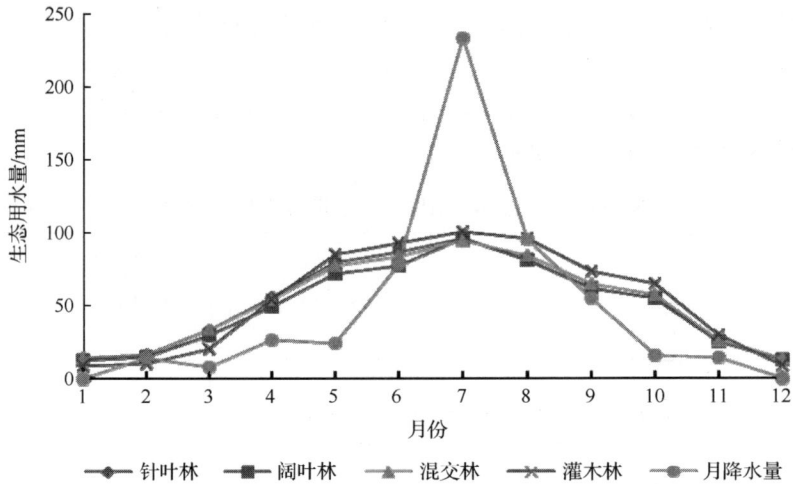

图 4-27　半城子流域降水及生态用水量年内变化规律

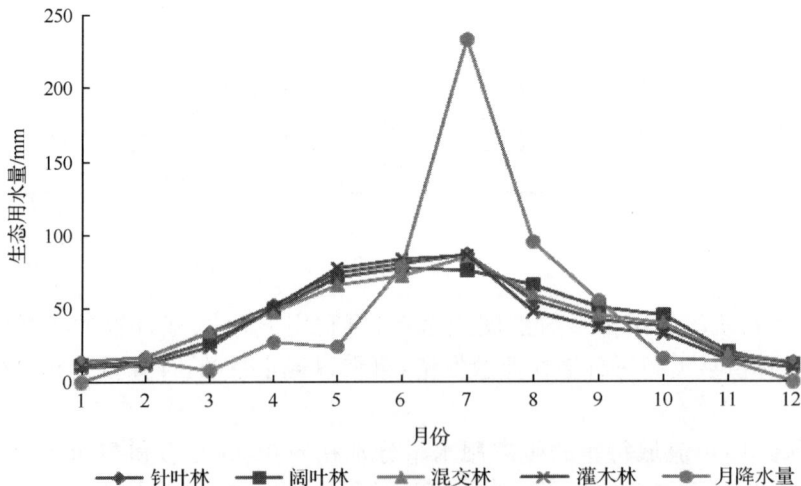

图 4-28　红门川流域降水及生态用水量年内变化规律

内变化规律。从图中可以看出,2009 年降水量为 564.5mm,降水时段集中在 4～9 月,占全年降水量的 90%。对植被生态用水量与降水量进行盈亏分析发现:4～5 月植被进入生长季时和 10 月植被开始枯败时表现为严重缺水;7～8 月降水量骤增,表现为丰水;6 月、9 月、11～12 月和 1～3 月为一般缺水或不缺水。

4.9　森林生态系统耗水规律

4.9.1　不同研究区森林生态系统耗水规律

西北高寒地区青海云杉林整个生长季的蒸散量为 313.6mm,占同期降雨量的 82.7%;林冠截留蒸发量、冠层蒸腾量和林地土壤蒸发量依次为 100.9mm、160.8mm 和 51.9mm,分别占总蒸散发的 32.2%、51.3% 和 16.5%。从时间序列上看,月蒸散量先增大再减小,其中 7 月份的蒸散量为最高(77.5mm),5 月份的蒸散量为最低(47.4mm)。林冠截留蒸发量与降雨量有着密切的关系,降雨量最多的月份(7 月)其截留蒸发量也最高(31.7mm);冠层蒸腾量受大气温度和太阳辐射的综合影响,其值随季节变化先增大后减小(在 8 月达最大值,43.6mm);林地土壤蒸发量和当地的天气状况关系密切,在降雨量较多和气温较低的 9 月其值为最低(6.3mm),而在降雨量最少的 5 月其土壤蒸发量最大,可达 12.8mm。

在西北土石山区半湿润地区香水河小流域的华北落叶松人工林,2009 年生长季的日均总蒸散 2.87mm,其中平均乔木日蒸腾 0.83mm、灌木日蒸腾 0.14mm、冠层日截持 0.70mm、林下日蒸散(包括地表植被的蒸腾和截持、土壤蒸发)1.20mm;在半干旱地区的华山松天然次生林,生长季日均总蒸散 2.35mm,其中林分蒸散 1.05mm(包括冠层截留 0.61mm、乔木蒸腾 0.44mm),灌木蒸腾 0.62mm,林下蒸散 0.68mm,即乔木层蒸腾(占 44.8%)＞林下蒸散(29.1%)＞灌木层蒸腾(26.1%)。综合来看,半湿润地区的林木蒸散贡献要低于半干旱区。

4.9.2　森林植被对生态系统耗水规律的影响机制

在降水少而蒸发潜力大的干旱地区,作为水分限制型生态系统,蒸散往往是水量输出中的最大项目,其中由于森林和灌丛的存在而增大的植被蒸散(包括植被蒸腾和植被截持)又在总蒸散中占有很大比例。从草地恢复为森林和灌丛后,或人工草地后,由于植被叶面积指数或表面积指数增大,同时由于乔木和灌木的根系深度大于草本,可利用更深层的土壤水分,导致植被截持和植被蒸腾大幅增强,虽然土壤(林地)蒸发(散)减小,但总变化仍是蒸散增大,生态耗水升高。

以西北土石山区为例,在六盘山北侧测定的不同植被生长季蒸散与同期降水量的比值进行了蒸散能力的比较,表明:乔木林分(华北落叶松)＞人工草地(苜蓿)＞亚乔木林分(山桃)＞灌木(沙棘)＞自然草地。依据蒸散量和同期降水量的比值大小,考虑林地产水功能的差别,可把自然草地和灌丛划分为水源生产型,把亚乔木林分划分为水源平衡型,把高大乔木林和人工草地(苜蓿)划分为水源消耗型。

从在干旱地区建立节水、稳定、高效、多功能的坡面植被的角度而言,草地和灌丛的蒸散低于乔木林,建立稀树草原或稀树灌丛世的植被可能更利于流域产水和植被稳定。而不同地区随着降雨量等气候条件的差异,其林分耗水量也有较大差异,华北土石山区典型林分的生长季蒸散发总量约420mm左右,而长江三角洲地区则可达900mm,因此,在考虑森林植被对生态系统耗水规律的影响时,还应考虑所在地区的气候条件等背景值。

第5章　森林植被对水资源形成过程的影响

5.1　森林植被对坡面水资源形成过程的影响

5.1.1　坡地径流及其组分特征

1. 坡地径流及其组分分配特征

当大气降水穿过林冠层到达林地表面时,枯枝落叶层迅速吸水,且随着降水的进行其截持水量逐渐增多,而当截持水量达到其最大蓄水容量时,枯枝落叶层就变成了水流通道(赵玉涛等,2002;陈丽华等,2002),多余的水分开始下渗到土壤或形成地表径流。地表径流形成及变化规律与降雨量、降雨强度、降雨历时等降雨特征及前期天气状况,以及地表植物的覆盖情况、苔藓枯落物、土壤含水量等因素有很大关系(王金叶和车克钧,1998)。

壤中流又称表层流(subsurface flow),是包气带土壤中的一种饱和水流,其汇流速度比地面径流低,但比地下径流高。壤中流是流域径流产生的3个组成部分之一(地表径流、壤中流和地下径流),在流域径流产生过程中具有相当重要的作用(李金中等,1999)。特别是在森林流域内,由于表层土壤的透水性较强,降雨能较快地渗入土壤中形成土壤水,并沿坡面向下流动从而形成壤中流(李金中等,1999)。因此,森林流域坡地壤中流不仅可以形成流域径流过程的退水曲线或基流,而且在某些情况下可以形成洪峰,是流域暴雨径流的主要来源(Wilson,1990)。同时,壤中流可以改变流域暴雨-径流过程、延长径流历时、削减洪峰流量、减轻洪涝灾害、增加水资源的有效利用。

1) 坡地总径流特征

以华北土石山区4种典型林分径流小区为研究对象,对该小区坡地径流进行研究。在2011年和2012年两个生长季(6~9月)期间,试验地共降雨41次,其中有9场降雨使坡面产生径流,4种植被类型径流小区产流情况如表5-1和图5-1所示。

从表5-1和图5-1中可以看出,在相同的降雨条件下,5个不同植被类型的径流小区其产流量也有所差异。2011年和2012年两个生长季,在5个径流小区中,灌木径流小区的产流总量最大,为10.48mm;其次为松栎混交径流小区,其产流总量为7.65mm;再次为侧柏径流小区,其产流总量为5.51mm;而油松径流小区产流总量最小,两个油松径流小区的产流总量平均为3.25mm。单场降雨条件下各径流小区产流量也表现出相同的规律,也表现为灌木>松栎混交>侧柏>油松。

植被减少坡面径流主要是通过林冠截留、增加土壤入渗和增加坡面蒸散发而产生作用。乔木林分与灌木林相比,乔木林冠层对降雨的截留量更大,一般可达到降雨量的20%~30%;同时其蒸腾作用要远远大于灌木的蒸腾量,因此其坡面蒸散发量更大;乔木树种的根系可达土壤下50~100cm,而灌木的根系多分布在土壤表层0~20cm,乔木树种

表 5-1　华北土石山区试验径流小区坡面总产流量　　　　　（单位：mm）

日期	降雨量	侧柏	油松	灌木	松栎混交
2011.6.23	46	0.605	0.455	1.255	1.386
2011.7.7	25.8	0.3	0.465	1	1.59
2011.7.13	21.5	0.15	0.075	0.25	0.175
2011.7.15	30.2	0.39	0.165	0.76	0.27
2011.8.14	65.5	1.182	0.871	1.93	1.16
2012.6.21	28.2	1.553	0.655	2.315	1.883
2012.6.26	41.6	0.134	0.0835	0.942	0.223
2012.7.8	61.6	0.346	0.111	0.731	0.288
2012.7.21	146.8	0.852	0.3725	1.295	0.675
总计	467.2	5.512	3.253	10.478	7.65

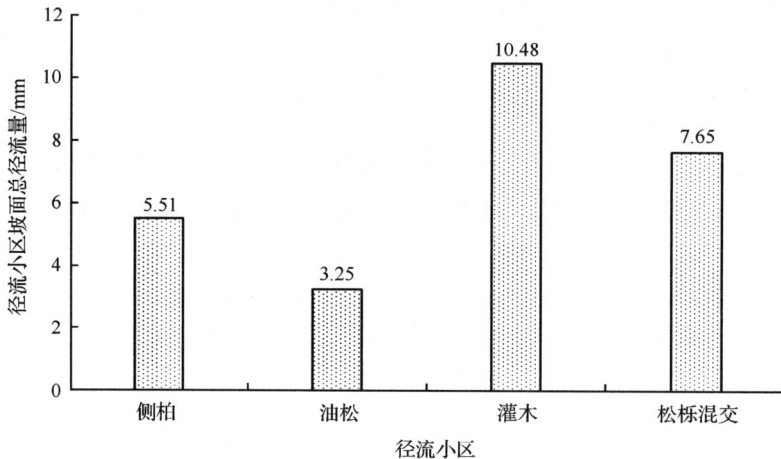

图 5-1　华北土石山区各试验径流小区坡面总产流量

对于增加土壤孔隙度等的土壤改良作用更大，使得乔木林分的坡面土壤入渗量要远大于灌木林分。另外，由于生长季雨水充沛，乔木林下也有相当密集的灌木存在。因此，乔木林分坡面产流量要远远小于灌木坡面。

就不同的乔木林分来说，其不同的林冠结构导致不同的林冠截留量可能是其坡面产流量差异的主要原因。针叶树种由于其密集的针叶，具有更大的林冠截留量，有些甚至林冠截留量可达 30% 以上，因此在本书研究中，松栎混交林分坡面的产流量更大；而同为针叶树种，油松由于叶片呈细长针状，而且多为簇状生长，因此具有更大的林冠截留量；而侧柏叶片较短，而且片状生长，因此林冠截留量相比油松林分更小。因此在该研究区，产流量松栎混交坡面＞侧柏坡面＞油松坡面。

2）坡地不同径流组分特征

A. 华北土石山区坡面径流组分特征

为分析不同植被对坡面地表径流的影响，华北土石山区 9 次产流过程的 5 个径流小区的坡面地表径流量如表 5-2。

表 5-2　华北土石山区试验径流小区坡面地表径流量　　　　（单位：mm）

日期	降雨量	侧柏		油松		灌木		松栎混交	
		地表径流	壤中流	地表径流	壤中流	地表径流	壤中流	地表径流	壤中流
2011.6.23	46	0.52	0.085	0.25	0.205	1.13	0.125	0.04	1.346
2011.7.7	25.8	0.25	0.05	0.1	0.365	0.85	0.15	0.14	1.45
2011.7.13	21.5	0.15	0	0.025	0.05	0.25	0	0.05	0.125
2011.7.15	30.2	0.38	0.01	0.1	0.065	0.75	0.01	0.02	0.25
2011.8.14	65.5	1.14	0.042	0.685	0.186	1.68	0.25	0.21	0.95
2012.6.21	28.2	1.52	0.033	0.5	0.155	2.13	0.185	0.14	1.743
2012.6.26	41.6	0.13	0.004	0.035	0.0485	0.89	0.052	0.01	0.213
2012.7.8	61.6	0.34	0.006	0.06	0.051	0.71	0.021	0.02	0.268
2012.7.21	146.8	0.84	0.012	0.2615	0.111	1.21	0.085	0.069	0.606
总计	467.2	5.27	0.242	2.0165	1.2365	9.6	0.878	0.699	6.951

各径流小区 2011~2012 年坡面地表径流产流情况如图 5-2 所示。

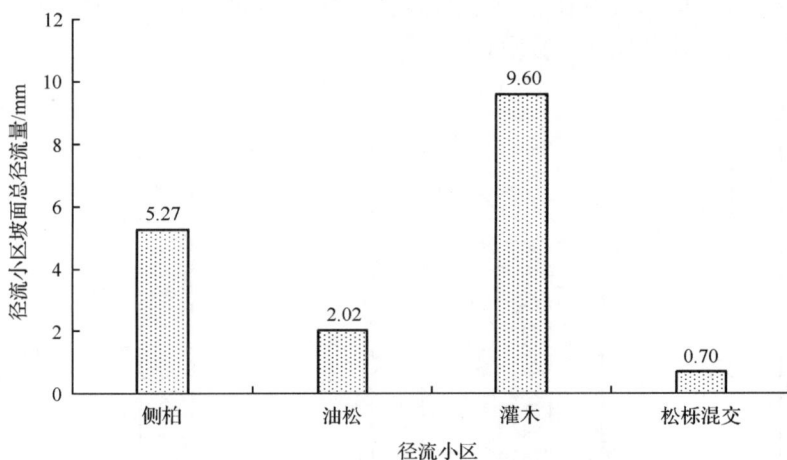

图 5-2　华北土石山区各试验径流小区坡面地表径流量

从表 5-2 和图 5-2 中可以看出,在相同的降雨条件下,5 个不同植被类型的径流小区其地表径流量也有所差异。2011 年和 2012 年两个生长季,在 5 个径流小区中,灌木径流小区的地表径流量最大,为 9.60mm;其次为侧柏径流小区,其产流总量为 5.27mm;再次为油松径流小区,两个油松径流小区平均地表径流量为 2.02mm;而松栎混交径流小区地表径流量最小,为 0.70mm。单场降雨条件下各径流小区产流量也表现出相同的规律,也表现为灌木>侧柏>油松>松栎混交。

各径流小区坡面壤中流产流情况如图 5-3 所示。

从图 5-3 中可以看出,在相同的降雨条件下,5 个不同植被类型的径流小区其壤中流产流量也有所差异。2011 年和 2012 年两个生长季,在 5 个径流小区中,松栎混交径流小

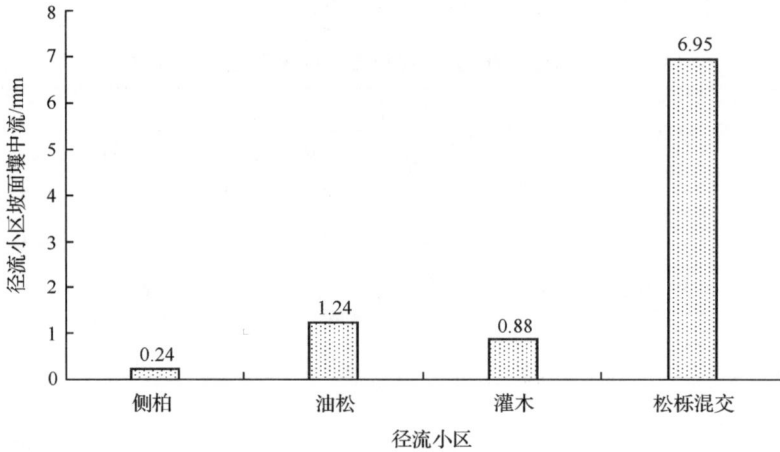

图 5-3　各试验径流小区坡面壤中流量

区的坡面壤中流产流量最大,为 6.95mm;其次为油松径流小区,两个油松坡面径流小区
的平均壤中流产流量为 1.24mm;再次为灌木径流小区,为 0.88mm;侧柏坡面径流小区
的壤中流产流量最小,仅为 0.24mm。

　　为进一步研究不同植被对径流组分的影响,9 次产流过程的 5 个径流小区的地表径
流和壤中流所占百分比如图 5-4 所示。

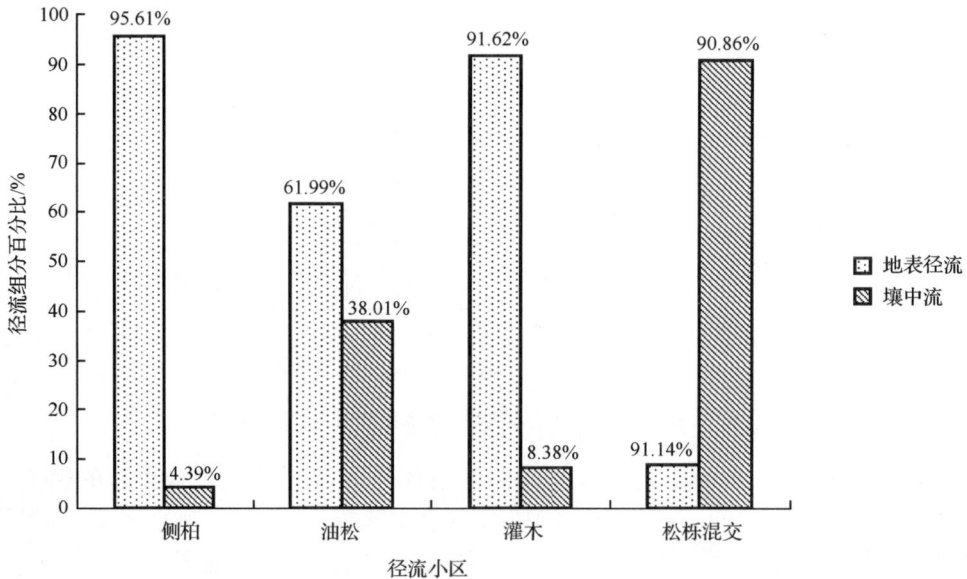

图 5-4　各试验径流小区径流组分百分比

　　从图 5-4 中可以看出,侧柏和灌木径流小区的坡面径流主要形式为地表径流,分别占
总径流的 95.61%和 91.62%;松栎混交径流小区的坡面径流主要形式为壤中流,占总径
流的 90.86%;而油松径流小区的坡面径流各组分所占比例较平均,地表径流和壤中流所
占比例分别为 61.99%和 38.01%。

壤中流是土壤包气带中的一种饱和水流,与土壤结构密切相关。植被类型为针阔混交的松栎混交坡面,其不同树种的枯落物和根系分布相对于单一树种来说,具有更好的土壤改良效果,更有利于坡面土壤入渗,因此,其径流以壤中流为最主要的形式。灌木树种的根系较浅,对土壤孔隙度的影响很有限;侧柏虽为乔木树种,但研究表明,其根系多分布在土壤 40～60cm,另一方面,侧柏林的林下枯落物很少,其对土壤入渗的促进作用有限,因此灌木坡面和侧柏坡面的径流形式主要为地表径流。油松林的枯落物较厚,而且其枯落物为松针,十分蓬松,有利于蓄水,另一方面,其根系分布可达土壤下 60～90cm,因此,其径流形式较丰富,地表径流和壤中流所占比例较为平均。

B. 西北土石山区坡面径流组分特征

根据水量平衡原理,在忽略植物体含水量变化时,可将某一时段内一定土层内的坡地水量平衡方程写为

$$P = I_c + R_s + S_f + E_t + \Delta V + S \tag{5-1}$$

式中,P 为降水量;I_c 为降水截持量;R_s 为地表径流量;S_f 为壤中流量;E_t 为蒸散(不含降水截持);ΔV 为土壤蓄水量变化,正值时表示本层土壤水分增加,负值时表示土壤水分减小;S 为平衡项,表示土层与下层土壤的交换量或土壤水分侧向移动,正值时表示本层土壤水发生深层渗漏或通过侧向流动从土层输出,负值时表示得到上层土壤水分的垂直补充或上方土壤水分的侧向补充。

首先,利用 5 个固定样地的径流数据分析坡面地表径流和壤中流的大小及组成特征。从 2006 年 6～10 月和 2007 年 6～9 月的地表径流深(表 5-3)可看出,5 个固定样地的地

表 5-3　叠叠沟小流域 5 个固定样地的地表径流量(2006 年 6～10 月和 2007 年 6～9 月)

测定日期	时段降雨量/mm	地表径流深/mm				
		阳坡草地	陡坡华北落叶松人工林	缓坡华北落叶松人工林	半阳坡沙棘天然灌丛	半阳坡草地
2006-06-03	24.1	0.31	0.47	0.49	0.75	0.12
2006-06-28	45	0.62	0.10	0.59	0.07	0.57
2006-07-11	18.6	0.24	0.03	0.12	0.04	0.08
2006-07-29	45.9	0.75	0.81	0.85	0.39	0.26
2006-08-13	21.6	0.00	0.11	0.13	0.08	0.07
2006-08-15	60.2	0.12	0.50	0.30	0.09	0.04
2006-08-22	39.4	0.05	0.07	0.11	0.08	0.00
2006-09-06	72.1	0.18	0.51	0.09	0.06
2006-09-16	13.3	0.00	0.00	0.04	0.02	0.00
2006-10-07	34.1	0.00	0.00	0.03	0.04	0.00
累计	374.3	2.09	2.28	3.18	1.56	1.20
2007-06-22	72.4	0.00	0.00	0.00	0.00	0.00
2007-07-20	46.6	0.24	1.02	0.31	0.39	0.24
2007-09-18	168.1	0.53	1.69	0.47	0.57	0.27
累计	287.1	0.77	2.71	0.79	0.96	0.51

表径流深均占不到降水量的 0.9%，基本都在 0.5%左右；另据郭明春（2005）在相同 5 个样地 2004 年 6～10 月的地表径流量测定，即使在日降水量达 100mm 以上的暴雨情况下，地表径流也很小。因此在分析样地水分平衡时可将地表径流忽略。表 5-4 显示出 2006 年 6～10 月和 2007 年 6～9 月 5 个固定样地的壤中流深（50cm 深处），也均不到降水量的 0.5%，所以在分析样地水分平衡时也可将其忽略。因此，式（5-1）可简化为

$$P = I_c + E_t + \Delta V + S \tag{5-2}$$

式中，P 为降水量；I_c 为降水截持量；E_t 为蒸散（不包括降水截持；包括截持则表示为 ET）；ΔV 为土壤蓄水量的变化；S 为平衡项（包括，地表径流 R_s 和壤中流 S_f），看来主要是由深层渗漏所组成。下面将主要利用式（5-2）分析六盘山森林植被的坡面产流影响，即仅分析森林植被对坡面产流量的影响，但不再分析对地表径流和壤中流数量的影响。

表 5-4　叠叠沟 5 个固定样地的壤中流量（2006 年 6～10 月和 2007 年 6～9 月）

测定日期	时段降雨量/mm	壤中流/mm				
		阳坡草地	陡坡华北落叶松人工林	缓坡华北落叶松人工林	半阳坡沙棘天然灌丛	半阳坡草地
2006-06-03	24.1	0.10	0.12	0.31	1.26	0.12
2006-06-28	45	0.09	0.31	0.02	0.07	0.09
2006-07-11	18.6	0.06	0.01	0.00	0.00	0.05
2006-07-29	45.9	0.16	0.20	0.00	0.08	0.11
2006-08-13	21.6	0.05	0.06	0.03	0.04	0.04
2006-08-15	60.2	0.00	0.05	0.01	0.00	0.11
2006-08-22	39.4	0.00	0.04	0.00	0.05	0.11
2006-09-6	72.1	0.02	0.04	0.02	0.01	0.20
2006-09-16	13.3	0.00	0.00	0.00	0.00	0.00
2006-10-07	34.1	0.00	0.08	0.00	0.04	0.12
累计	374.3	0.47	0.91	0.39	1.56	0.95
2007-06-22	72.4	0.00	0.00	0.00	0.00	0.00
2007-07-20	46.6	0.20	0.08	0.06	0.16	0.04
2007-09-18	168.1	0.31	0.20	0.16	0.59	1.30
累计	287.1	0.51	0.27	0.22	0.75	1.33

在六盘山叠叠沟，固定样地的地表径流和壤中流非常小，一方面和六盘山土壤中石砾含量高有关，另一方面也说明只要具有了良好的植被覆盖（不分乔、灌、草），就能显著地削减地表径流和浅层壤中流，但增加深层入渗及其形成的基流。

另外，对各样地地表径流、壤中流数量与时段降水量进行了相关分析，发现二者均与时段降水量呈一定正相关关系。地表径流的相关系数分别为阳坡草地的 0.3036、陡坡华北落叶松人工林的 0.7269、缓坡华北落叶松人工林的 0.2823、半阳坡沙棘天然灌丛的 0.3286 和半阳坡草地的 0.2594；壤中流相关系数分别为阳坡草地的 0.6231、陡坡华北落叶松人工林的 0.3131、缓坡华北落叶松人工林的 0.2040、半阳坡沙棘天然灌丛的 0.1805

和半阳坡草地的 0.8957。这种地表径流和壤中流与降水量的低相关性和无规律性，从另一侧面说明了森林植被的产流调节作用。

2. 坡地径流及其组分时间变化特征

1）径流季节分配特征

选取西南长江三峡库区缙云山典型林分（针阔混交林、常绿阔叶林、楠竹林和灌木林），通过设置径流小区进行地表流、壤中流定量观测。与降雨量相似，地表径流量和壤中流量也有明显的干、湿季之分（图 5-5、图 5-6）。研究期内径流湿季表现为 4～9 月，与年平均降雨量分布相同。4 种林地的湿季径流量均远高于其干季径流量，湿季地表径流量占

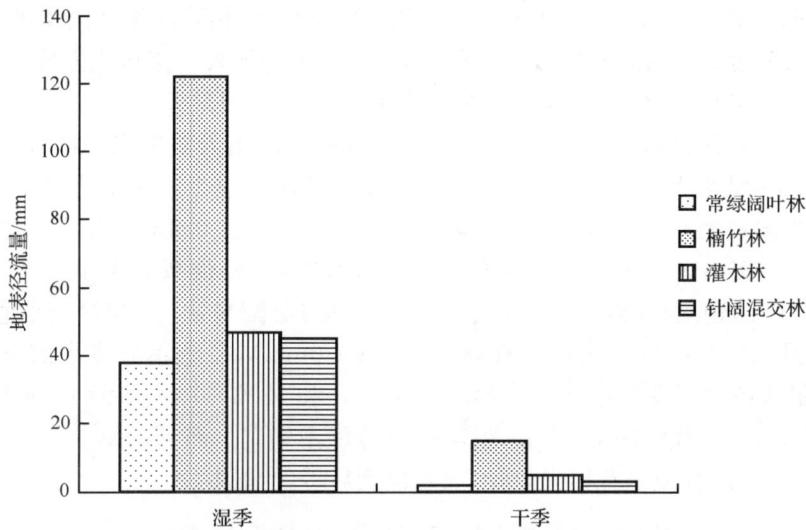

图 5-5　西南长江三峡库区典型林分地表径流量特征

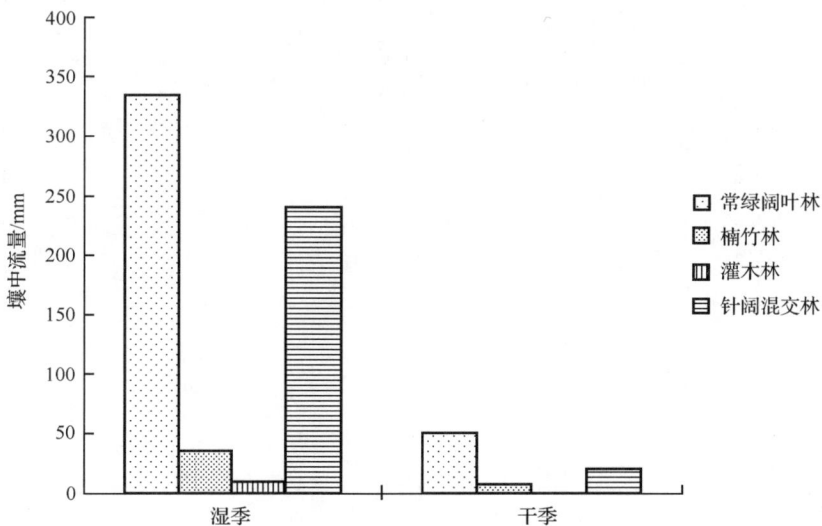

图 5-6　西南长江三峡库区典型林分壤中流量特征

全年总地表径流量的百分比为：常绿阔叶林（92.6%）、针阔混交林（92%）、灌木林（91%）、楠竹林（89.9%）；湿季壤中流量占全年总壤中流量的百分比为：常绿阔叶林（86.4%）、针阔混交林（92.0%）、灌木林（98.4%）、楠竹林（77%）。可见，4 种林地的全年径流量主要产生在湿季（4～9 月）。

2）径流月变化特征

对西南长江三峡库区缙云山典型林分各月径流量求平均值，得到 4 种林地的地表径流量和壤中流量月均值变化过程，由此可知，径流量峰值均出现在 6 月。月均径流量年总值表现为：地表径流量依次为楠竹林（137.0mm）＞灌木林（51.4mm）＞针阔混交林（48.8mm）＞常绿阔叶林（36.6mm）；壤中流量依次为常绿阔叶林（335.0mm）＞针阔混交林（250.5mm）＞楠竹林（46.1mm）＞灌木林（15.2mm）。在相同的年降雨条件下，常绿阔叶林能够最大限度地拦蓄降水形成地表径流，并将有限的地表径流转化为壤中流，减弱地表径流的作用。可见，常绿阔叶林理水能力最优，楠竹林相对最差。

采用闭合集水区技术，对华东山地丘陵地区江西大岗山天然常绿阔叶林产流状况进行观测（表 5-5），结果表明，大岗山地区常绿阔叶林林地上很少产生地表径流，即使在降雨量与降雨强度较大的 4～6 月，测定的最大月径流量也只有 0.4mm，年平均地表径流总量为 1～2mm。集水区平均年径流输出总量为 854.3mm，径流系数为 48.2%，其中地下径流为 853.1mm，地表径流仅为 1.2mm。从径流的月分配来看，径流量最小值出现在雨季前期的 1 月（16.4mm），最大值出现在 6 月（169.0mm），径流系数最小值出现在 2 月（17.4%），最大值出现在 7 月、8 月（分别为 72.1% 和 72.2%）。雨季（4～9 月）降水量大，径流相应多，占总径流的 79.2%，说明季节分配不均匀。而且雨季前（1～3 月）与雨季后（10～12 月）的径流量有很大差异，前者仅为后者的 58.9%。

表 5-5　常绿阔叶林小流域坡面径流季节分配特征

月份	降雨量/mm	坡面径流/mm	河川径流/mm	坡面径流系数/%	河川径流系数/%
1	85.4	0.0	16.4	0.0	19.2
2	116.0	0.0	20.2	0.0	17.4
3	122.7	0.0	31.4	0.0	25.6
4	233.7	0.4	95.3	0.2	40.8
5	190.2	0.3	86.1	0.2	45.3
6	353.2	0.3	168.7	0.1	47.8
7	169.9	0.1	122.5	0.1	72.1
8	148.8	0.1	107.5	0.1	72.2
9	136.0	0.0	90.6	0.0	66.6
10	90.5	0.0	55.3	0.0	61.1
11	45.7	0.0	20.1	0.0	44.0
12	80.6	0.0	39.0	0.0	48.4
合计	1772.7	1.2	853.1	0.1	48.1

5.1.2　坡面产流分析

1.　产流条件分析

降水是径流产流的最主要来源,尤其是对于季节性降水明显的北京山区,其生长季6～9 月份降雨占全年降雨的 80％以上。研究区 2011～2012 年 6～9 月的两个生长季期间共降水 60 次,而只产流 9 次。在所有的降雨场次上看,大部分(47 次)降雨的降雨量均小于 20mm,而产流的 9 次降雨其雨量均大于 20mm,因此降雨量对坡面的产流有直接的影响作用,降雨量达到一定的阈值才会产生径流过程。

坡面产流形式主要分为蓄满产流和超渗产流两种,由此可知,降雨对坡面产流的影响中,除了降雨量的影响外,降雨强度也是一个不容忽视的问题。就 2011 年 7 月 15 日与2012 年 6 月 24 日的降雨过程对比,两场降雨的降雨量分别为 30.20mm 与 24.20mm,降雨量相差不大,但后一场降雨产生了坡面径流,而前一场降雨则没有径流产生,这主要是由于两场降雨的雨强不同,前者的降雨雨强为 3.86mm/min,而后者仅为 0.95mm/min。

除降雨因素以外,许多研究均指出,前期土壤含水量也是影响坡面产流的一个非常重要的因素,尤其是对研究区生长季期间,降雨频繁,蒸散发强烈。前期降水量越大,土壤越容易达到饱和,也就越容易产生地表径流。2012 年 9 月 1 日的降雨,降雨量达到97.60mm,降雨强度也较高,为 3.72mm/min,降雨量跟雨强均较大,但并未产生径流。这主要是由于前期土壤含水量十分低,从 8 月 13～31 日的 19 天的时间内没有任何降雨,而8 月份气温高、辐射强,林地蒸散发强烈,土壤含水量十分低,因此,尽管这场降雨雨量和雨强均较大,依然没有产生径流。

2.　不同层次土壤壤中流量分析

不同林分由于其根系、枯落物等的影响,其林下土壤的理化性质也有一定的差异,导致不同林分的林下土壤壤中流量也有所不同,华北土石山区 4 种不同林分的壤中流随不同土壤层次(0～20cm、20～40cm、40～60cm)的分布如表 5-6 所示。

表 5-6　华北土石山区不同林分不同土壤层次壤中流分布

林分	壤中流总量/mm	0～20cm		20～40cm		40～60cm	
		量/mm	比例/%	量/mm	比例/%	量/mm	比例/%
侧柏	0.24	0.13	54	0.10	41	0.01	5
油松	1.24	0.31	25	0.45	36	0.48	39
灌木	0.88	0.73	83	0.15	17	0.00	0
松栎混交	6.94	1.11	16	2.15	31	3.68	53

从表 5-6 中可以看出,4 种林分的壤中流随土壤层次的不同,其分布也有较大差异。侧柏林分壤中流多分布于 0～20cm 和 20～40cm,两层的壤中流量占壤中流总量的 95％;油松林各层分布较为平均,均在 30％左右;灌木林分的壤中流多发生在表层 0～20cm,占壤中流总量的 83％;松栎混交林的壤中流多发生在深层,20～40cm 和 40～60cm 两层的

壤中流量占壤中流总量的 84％。

不同林分壤中流在不同土壤层次分布的不同,主要是由于其林下土壤的理化性质不同造成的。侧柏林分枯落物含量较少,其对土壤的影响主要是根系的作用,由于侧柏林根系分布较浅,主要分布在 0～40cm 的土层,因此这两个层次的壤中流占主要部分。油松林枯落物含量较大,但其枯落物主要是硬革质的松针,难以分解,因此其对土壤的改良作用也主要依靠根系的改良,油松林的根系分布较深,在 0～90cm 均有分布,因此其壤中流的分布也较为均匀;灌木林根系分布很浅,多分布在 0～20cm 的表层土壤,加上其枯落物的改良,因此表层土壤理化性质要远远优于其他土壤层次;松栎混交林枯落物含量高,根系分布较深,因此其林下土壤理化性质最好,土壤涵蓄水的能力较强,加上土壤水的入渗和垂直运动,因此该林分深层土壤的壤中流含量最大。

除土壤理化性质外,与地表径流相似,降雨量对壤中流量也有很重要的影响。2011～2012 年的两个生长季内的 9 次壤中流产流过程也多发生在降雨量大于 20mm 的次降雨,而低雨量的降雨,降水多被林地土壤所涵蓄,并不能产生壤中流。

雨强对壤中流的影响与对地表径流的影响有所差异,降雨强度越大,越不利于雨水的入渗,而多以超渗产流的形式形成地表径流。而雨强越小,越有利于雨水向土壤的入渗,而随着土壤入渗量的增大,土壤慢慢达到饱和,形成壤中流。

前期土壤含水量不仅对地表径流有影响,同样对壤中流的影响也不容忽视。前期土壤含水量越小,大量降雨在入渗土壤层后多以土壤水的形式被含蓄在土壤中,土壤不容易达到饱和,无法产生壤中流。而前期土壤含水量越大,土壤剩余的入渗容量越小,林下土壤也越容易达到饱和,随着降雨的进行,入渗的土壤水分无法再以土壤水的形式储存在土壤层中而形成壤中流。

5.1.3　暴雨径流特征

在西南长江三峡库区,试验结果表明,4 种不同林地类型在单场降雨量小于 10mm 的情况下,均不易产生地表或壤中流。产流量对暴雨响应较为明显,因此场降雨径流特征采用暴雨分析。研究区域的降雨主要为历时小于 1440min 的全过程降雨和特定时段降雨,所以暴雨划分标准采用范兴科等(2003)的暴雨判别指标计算公式:

$$K = P^2/t \tag{5-3}$$

式中,P 为降雨量;t 为降雨量对应的降雨历时。

1. 暴雨地表径流特征

根据式(5-3)对场降雨进行划分,$K \geqslant 2$ 的场降雨划为暴雨,选取其中 25 场典型暴雨条件下的地表径流和壤中流进行分析,取其平均值。其中降雨平均历时 14.53h,可见研究区场暴雨多为长历时降雨。相对降雨历时,灌木林径流历时延长 55.8min,楠竹林延长 174.6min,常绿阔叶林延长 188.4min,针阔混交林延长 201.6min。初损历时为常绿阔叶林(88.6min)＞针阔混交林(66min)＞楠竹林(60.4min)＞灌木林(60.5min)。可见,常绿阔叶林和针阔混交林有较好的缓洪作用,楠竹林和灌木林相对较差。

在场降雨相同的条件下,常绿阔叶林径流深为 3.4mm,楠竹林径流深为 17.1mm,针阔混交林和灌木林的地表径流深分别为 7.0mm 和 8.2mm,地表径流系数的大小为常绿阔叶林(0.06)＜针阔混交林(0.13)＜灌木林(0.15)＜楠竹林(0.31)。可见,常绿阔叶林具有良好的截持雨水,拦截地表径流的作用,理水能力最强;针阔混交林和灌木林的理水能力相对差些,但均优于楠竹林。

2. 暴雨壤中流特征

壤中流较地表径流对降雨有更为明显的滞后效应。常绿阔叶林壤中流的初损历时最短,为 113.3min;针阔混交林的初损历时次之,为 124.3min;楠竹林和灌木林的初损历时都较长,分别为 230.7min、372.2min(表 5-7)。这表明常绿阔叶林和针阔混交林可以相对较快将地表径流转化为壤中流,减少地表径流量,削弱地表径流累积造成的洪峰效应。

表 5-7　西南长江三峡库区典型林分 25 场暴雨径流特征值

林地类型	降雨			地表径流				壤中流			
	降雨量/mm	降雨历时/h	K	径流深/mm	径流系数	初损历时/min	径流历时/h	径流深/mm	径流系数	初损历时/min	径流历时/h
针阔混交林	54.9	14.53	3.46	7	0.13	66	17.89	24.6	0.45	124.3	67.59
常绿阔叶林	54.9	14.53	3.46	3.4	0.06	88.6	17.67	30.9	0.56	113.3	72.31
楠竹林	54.9	14.53	3.46	17.1	0.31	60.4	17.44	3.5	0.06	230.7	23.45
灌木林	54.9	14.53	3.46	8.2	0.15	60.5	15.46	1.4	0.03	372.2	19.77

由表 5-7 可知,壤中流历时均较长,相对降雨历时,针阔混交林壤中流历时延长 53.06h,常绿阔叶林延长 57.78h,楠竹林延长 8.92h,灌木林延长 5.24h。壤中流历时延长,可以有效减缓坡面径流与壤中流汇流时间,减弱沟道洪水汇集作用。针阔混交林和常绿阔叶林壤中流历时延长明显,可见其有较好的调洪作用。

壤中流深大小依次为:常绿阔叶林(30.9mm)＞针阔混交林(24.6mm)＞楠竹林(3.5mm)＞灌木林(1.4mm)。常绿阔叶林地的壤中流系数为 0.56,针阔混交林地的壤中流系数为 0.45,而楠竹林地和灌木林地的壤中流系数很小,仅为 0.06 和 0.03。这表明常绿阔叶林与针阔混交林都能将降雨有效拦截转化为壤中流,有较好的理水功能,而楠竹林和灌木林相对较弱。

5.1.4　坡地径流及其组分形成过程

径流是由降落到流域地面上的降水从地面和地下汇流到河网,并沿河槽下泄的水流,它是陆地上重要的水文现象,也是水文循环和水量平衡的基本要素。在地面径流中还包括固体径流。

所谓的径流过程是指从降水到"V"形出口断面流量的整个物理过程,径流过程是一个错综复杂的过程。对降雨而言,在形成径流以前,首先是植物对雨水的拦截过程、低洼地带的填洼过程、水分下渗储存过程及蒸发过程,这些都是降雨形成径流过程中的损失量,不参与径流量的组成,当然,直接降落到河水面上的少量雨水形成少量的径流。当降雨强度大于下渗能力时,不能下渗的那一部分雨水堆积地表,在重力作用下沿流域坡面流动,形成地表径流,称为超渗坡面流。当土层有分层结构且下层土壤的下渗能力明显小于上层土壤时,下渗水流在土层间的界面附近产生饱和带。饱和带逐渐增厚并达到地表,土层中已无空隙,降雨在地表直接形成径流,称为饱和坡面流。超渗坡面流和饱和坡面流形成后,迅速流入大小河沟,称为坡面汇流。从界面产流理论来看,在大气和土壤包气带界面之间水力传导度的差异是超渗地表径流形成的必要条件;包气带在垂直方向上水力传导度的差异为侧向壤中流提供了条件(余新晓等,2004)。在持续的降雨条件下,坡地除了产生地表径流外,在土壤水力传导度随深度出现不连续的地方将出现亚表层流。

由此可知,地表径流、壤中流和地下径流的水量,是降雨量中产生的径流部分。从产流形式看,流域产流可分为蓄满产流和超渗产流两大类型。蓄满产流是指在土壤包气带未达到蓄水容量以前不产流,而达到蓄水容量后降雨则全部产生径流,其中稳定下渗部分为地下径流,超渗部分为地面径流。蓄满产流多发生在雨量充沛、地下水位较高、包气带较薄土壤下渗强度大的湿润地区。超渗产流是指降雨强度小于下渗强度时不产流,而当降雨强度超过下渗强度时就产生径流。超渗产流多发生在雨量偏少、地下水位较低、土壤包气带较厚、下渗能力较小的干旱地区。蓄满产流和超渗产流的区别在于:蓄满产流取决于降雨量的大小,与雨强无关;超渗产流则取决于雨强,与降雨量大小关系不大。

1. 降雨和产流特征

1) 降雨特征

2012 年 7 月 21 日,北京遭遇特大暴雨,为 1954 年有记录以来的最大降雨量。本次暴雨除延庆以外,北京 90% 以上的行政区域降雨量都在 100mm 以上,城区平均降雨量约 215mm,有记录的最大降雨量出现在房山区,为 460mm,达到了特大暴雨量级。强降雨历时之长历史罕见,强降雨一直持续近 16h。

试验地本次降雨过程从 2012 年 7 月 21 日 11 点 43 分开始,持续至 7 月 22 日约 2 点 43 分结束,降雨过程持续 15 小时,总降雨量 146.8mm,最大雨强可达 1.73mm/min,降雨过程见图 5-7。

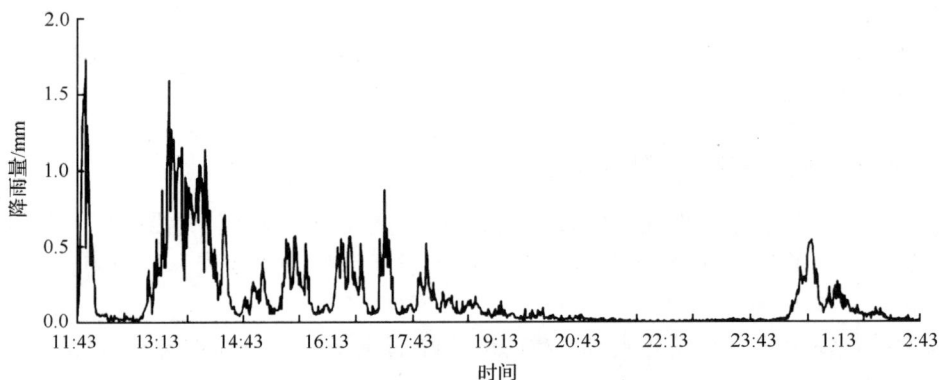

图 5-7　2012 年 7 月 21 日北京特大暴雨试验地降雨过程

2) 产流特征

本次暴雨过程中 4 种植被类型径流小区坡面径流各组分产流量如图 5-8 所示。

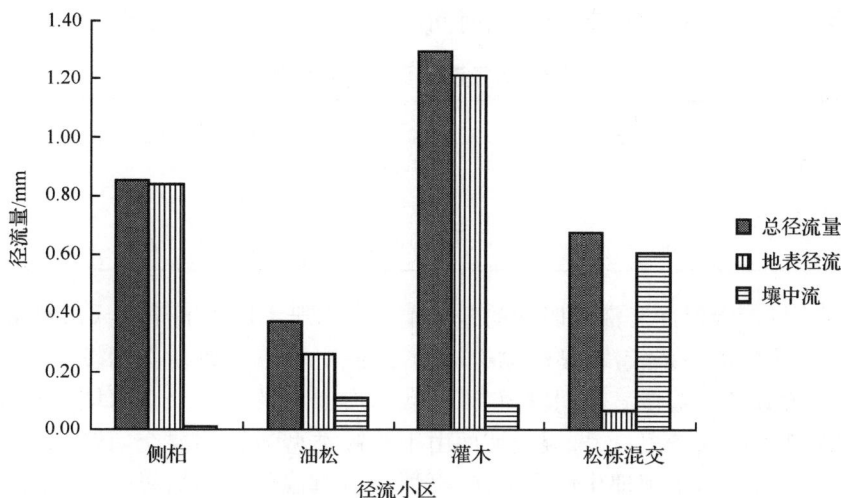

图 5-8 2012 年 7 月 21 日暴雨条件下各径流小区产流情况

在 4 种植被类型的坡面径流小区中,就总产流量来说,灌木径流小区总产流量最大,为 1.30mm;其次为侧柏和松栎混交径流小区,总产流量分别为 0.85mm 和 0.68mm;油松径流小区总产流量最小,为 0.37mm。就地表径流来说,灌木径流小区地表径流量最大,为 1.21mm;其次为侧柏和油松径流小区,地表径流量分别为 0.84mm 和 0.26mm;松栎混交林地表径流量最小,仅为 0.07mm。就壤中流来说,松栎混交径流小区壤中流产流量最大,为 0.61mm;其次为油松和灌木径流小区,分别为 0.11mm 和 0.09mm;侧柏径流小区的壤中流产流量最小,仅为 0.01mm。

2. 坡面产流滞后

坡面产流方式一般有超渗产流和蓄满产流两种方式。超渗产流是指由于短时间内的高强度降雨,降雨量超过土壤的入渗量而产生的地表径流。而蓄满产流是指由于降雨量大但历时相对较长,土壤在高降水量条件下达到饱和,而随着降雨的延续逐渐产生的地表径流,此时壤中流以及其他浅层地下水流也开始产生。

本次降雨降雨量大,降雨强度较强,因此坡面产流为超渗产流,但由于降雨持续时间长,再加上坡面森林植被条件好,植被密集,坡面土壤的蓄水作用在坡面产流过程中也起到了不容忽视的作用。由于坡面土壤入渗和植被林冠截留等水文作用的影响,坡面径流发生时间一般要滞后于降雨发生时间,滞后时间的长短与坡面土壤理化性质和植被状况有关。本次降雨 4 种不同植被类型的径流小区产流滞后情况如表 5-8 所示。

从表中可以看出,本次暴雨条件下,各径流小区产流明显滞后于降雨过程。各径流小区产流时间和滞后时间也有明显差异。其中,灌木径流小区于 16:52 开始产生径流,产流滞后降雨 5 小时 09 分钟,其产流时间要明显早于其他三个乔木径流小区,其滞后时间也要明显少于其他三个乔木径流小区。三个乔木径流小区产流时间和滞后时间也有一定差异,其中,侧柏径流小区产流较早,于 17:02 开始产流,滞后时间也短一些,为 5 小时 19 分钟;油松径流小区于 17:06 分开始产流,滞后时间为 5 小时 23 分钟;松栎混交径流小区产流时间最晚,于 17:12 开始产流,其滞后时间也最长,为 5 小时 29 分钟。

表 5-8　各径流小区产流滞后情况

	侧柏	油松	灌木	松栎混交
降雨开始时刻	11:43	11:43	11:43	11:43
径流发生时刻	17:02	17:06	16:52	17:12
径流滞后时间	5 小时 19 分钟	5 小时 23 分钟	5 小时 09 分钟	5 小时 29 分钟

各径流小区产流时间和滞后时间的差异主要是由于不同坡面土壤入渗和植被截留不同导致的。灌木林的根系较浅,枯落物也较少,因此对土壤的改良作用较小,再加上其林冠截留量小,导致其土壤蓄满时间较短,因此灌木坡面与其他三个乔木坡面相比,其产流时间也较早,滞后时间较短;松栎混交坡面由于植被类型为针阔混交,其根系和枯落物对土壤的改良作用最大,土壤理化性质良好,再加上林冠截留作用的影响,因此其土壤蓄满时间最长,坡面产流时间也最晚,滞后时间最长;侧柏由于枯落物较少,其根系分布也较浅,对土壤的改良作用有限,其林冠截留量也较小,因此在三种乔木坡面中,其产流时间最早,滞后时间也最短;油松林冠截留量较大,但其枯落物松针角质层含量大,较难分解,对土壤的改良作用也有限,因此其产流时间和滞后时间介于侧柏坡面和松栎混交坡面之间。

3. 暴雨条件下坡面地表径流产流过程

同一降雨条件下不同植被类型的坡面,其地表径流产流过程也有所差异。本次暴雨条件下,各径流小区坡面地表径流产流过程如图 5-9 所示。

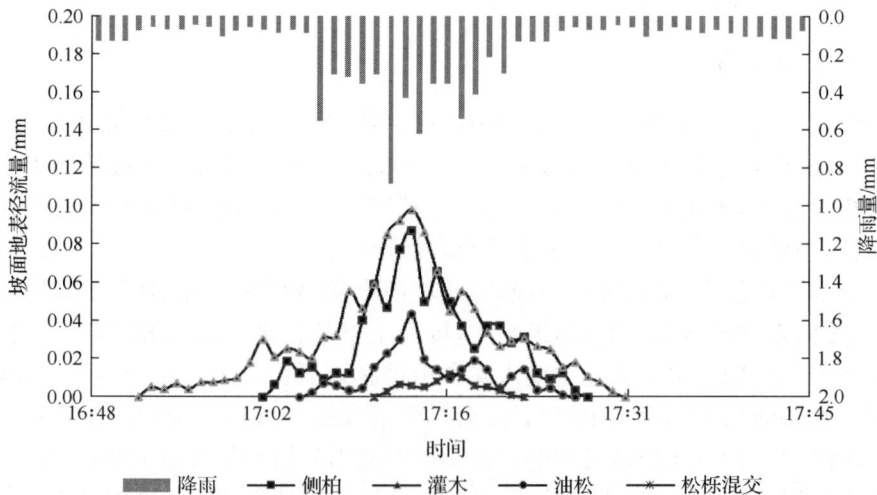

图 5-9　各径流小区坡面地表径流产流过程

从图 5-9 中可以看出,4 种植被类型的地表径流产流过程线的性状大体上表现一致,呈现出了一定的层次感,这说明不同的植被类型对地表径流的产流过程有了一定的影响,但似乎只是对地表径流发生、结束时间和量有明显影响,而对整个地表径流过程曲线并没有太大的影响,植被类型之间的差异只是对这个过程改变的大小而已。通过观察地表径流曲线与降雨过程曲线可以看出,地表径流的产流过程与降雨过程有明显的相似性,地表径流的峰值与降雨量的峰值出现的时刻十分相近,这说明地表径流的产流过程主要受降雨这个起源动力的影响,而不同的植被类型则主要影响其发生、结束时间和产流量,而对整个产流过程曲线的影响不大。

4. 暴雨条件下坡面壤中流产流过程

同一降雨条件下,对于不同植被条件的坡面,其壤中流产流过程也不相同。本次暴雨条件下,各径流小区坡面壤中流产流过程如图 5-10 所示。

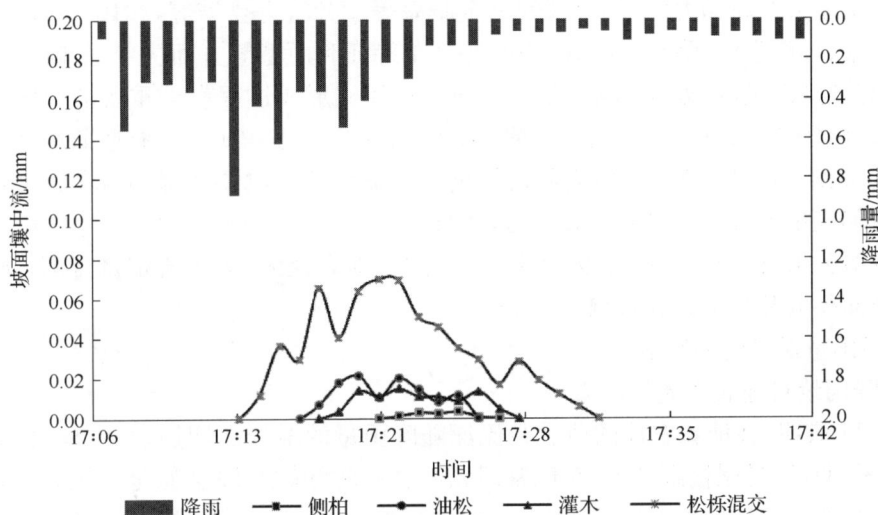

图 5-10　各径流小区坡面壤中流产流过程

从图 5-10 中可以看出,各径流小区的壤中流产流过程曲线相对于降雨和地表径流,均表现得相对平缓,而且产流开始的时间和过程曲线要明显滞后于降雨和地表径流的过程曲线,这主要是由于土壤的缓冲作用。

对壤中流的过程分析离不开对土壤结构的相关功能分析。就 4 种不同植被类型的坡面来说,松栎混交坡面的壤中流流量要远大于其他三种坡面,侧柏坡面的壤中流流量则最低。由于混交林的根系分泌物和枯落物十分丰富,其林下土壤有较大的有机质含量和团聚体含量,土壤孔隙度也相对较高,具有较好的理化性质,土壤的保水性能较好,因此松栎混交林坡面的壤中流流量最大。而侧柏林的根系分布较浅,其枯落物十分稀少,且较难分解,因此对土壤的改良作用较差,其土壤理化性质也较差,土壤入渗作用较小,因而壤中流含量很小。

5.1.5　坡地径流及其组分影响因素分析

影响坡面产流的主要因素有降雨和下垫面状况(土壤、地形、植被、土地利用方式等)

（唐克丽等，2004）。不同的降雨条件、地形和地表特征，其径流产生机制和响应不同。影响坡面径流的因子很多，并且相互关系很复杂（肖登攀等，2010），而且不同的自然地理区域坡面产流规律也各不相同。因此影响坡面径流形成的因素是多种多样的。从地形因素来看，一个流域可以概化为由 3 种基本地形单元组成即凸型、凹型和均匀坡面组成的系统，每一种坡面对超渗地表径流、饱和地表径流、亚表层径流的影响不同。同样由于坡型影响到坡面风化物质的厚度、饱和亚表层径流、非降雨期土壤水分空间分布、森林植被的生长和水文单元的蒸发散等，从而影响径流形成机制（张志强等，2001）。

1. 降雨因子对坡地径流的影响

坡面径流的形成是降雨与下垫面因素相互作用的结果，降雨是产生径流的先决条件和引起水土流失的原动力（卫伟等，2006；金雁海等，2006；肖登攀等，2010）。降雨因子主要从降雨量、降雨强度、降雨历时、降雨时空分布特征和雨型等方面决定径流的产生及大小，其中有效降雨量（产流降雨量）和降雨强度对径流形成过程有着重要的影响（金雁海等，2006；肖登攀等，2010；张会茹和郑粉莉，2011；耿晓东等，2009）。有些研究认为，地表径流量与降雨量的相关性较好，而降雨强度对径流量的影响要比降雨量小得多（肖登攀等，2010；郭庆荣等，2001；张晶晶和王力，2011）。

选取缙云山典型林分，通过设置径流小区进行地表径流、壤中流定量观测，研究降雨因子对坡面径流及其组分的影响。

1) 降雨量对径流的影响

A. 降雨量对地表径流量的影响

图 5-11 表明：林地和农地的地表径流深随降雨量的增加而增加，其中楠竹林和农地的变化十分明显，马尾松阔叶混交林、常绿阔叶林和常绿阔叶灌丛变化较缓和，这说明林地森林植被在一定范围内对地表径流深有削减作用。图 5-11 同时体现前期降雨对坡面径流量的影响，前 3 天降雨量为零时，坡面径流深急剧下降。

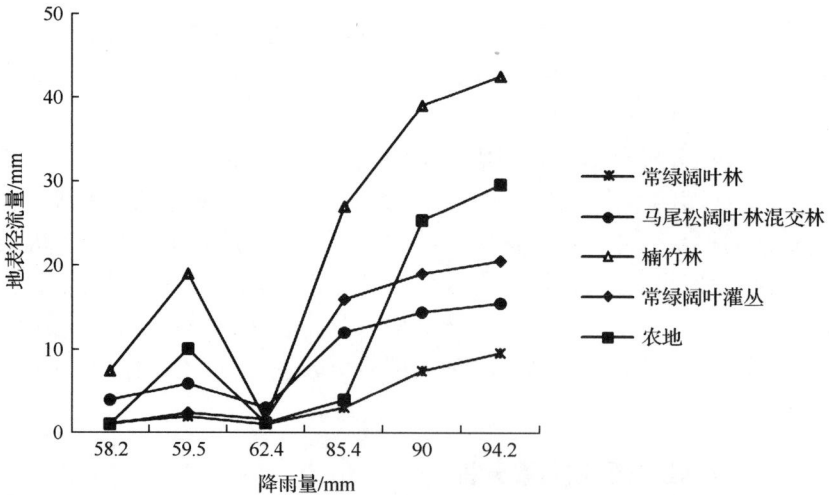

图 5-11　坡面径流深与降雨量深关系

相同暴雨条件下,常绿阔叶林坡面径流深最小,楠竹林坡面径流深最大。降雨量为58.2mm 和 94.2mm 的两场暴雨,常绿阔叶林和楠竹林坡面径流深分别为 1.228mm、9.514mm 和 7.434mm、42.639mm,农地坡面径流分别为 1.433mm、29.677mm。相同条件(前期降雨)下,随着降雨量增加,农地对径流的削减能力明显低于林地。径流曲线的总体趋势是坡面径流随降雨量的增加而增加,林地和农地对径流量的削减力下降。

受前期降雨影响,对于降雨量为 62.4mm 的那场降雨,林地和农地对应的坡面径流深较小,坡面径流深关系为:常绿阔叶林(0.994mm)＜农地(1.194mm)＜楠竹林(1.577mm)＜常绿阔叶灌丛(1.622mm)＜马尾松阔叶林混交林(3.007mm)。其原因主要是降雨之前很久没有降雨,林地降雨被枯枝落叶层拦蓄以及转化成为的土壤水增加,使得坡面径流深急剧下降;降雨补充农地土壤水分造成地表径流下降。随降雨量增加,林地和农地的地表径流深也逐步增加,其中,农地的径流深增加迅速,径流深仅次于楠竹林。

B. 降雨量对壤中流的影响

图 5-12 表明:林地和农地壤中流量随降雨量的增加而增加,4 种森林植被壤中流深与降雨量呈一一对应的关系,其中,马尾松和常绿阔叶林的变化幅度较大,楠竹林和常绿阔叶灌丛变化较缓和。

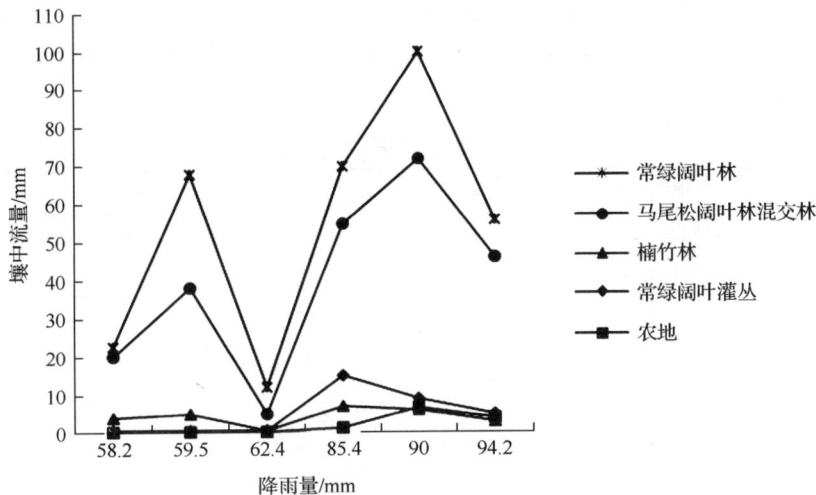

图 5-12 壤中流深与降雨量关系

同一场降雨常绿阔叶林坡面壤中流深最大,农地最小。58.2mm 和 94.2mm 两场降雨中,常绿阔叶林和农地壤中流深分别为 22.844mm、55.691mm 和 0.258mm、4.084mm。农田壤中流深较 4 种森林植被小,主要有 2 方面原因:①土壤渗透性能的好坏直接关系到地表产生径流量的大小和将地表径流转化为壤中流、壤中流的能力,农地土壤稳渗率为 0.253mm/min,小于 4 种森林植被的稳渗率。图 5-12 中农田的地表径流深随降雨量的增加而急剧增加。②农地饱和持水量和土壤蓄水量分别为 552.7mm 和151.3mm,小于 4 种森林植被,但是农地土层的平均厚度为 130cm,大于马尾松阔叶混交林和常绿阔叶林(120cm、90cm),壤中流和壤中流转化为土壤蓄水量较 4 种森林植被增加。马尾松阔叶混交林和常绿阔叶林的壤中流深比地表径流深大,楠竹林、常绿阔叶灌丛和农地的壤中流深比地表径流小。

受前期降雨的影响,62.4mm 和 94.2mm 两场降雨对应的壤中流深分别为小于59.5mm 和 90mm 两场降雨对应的壤中流深。这表明:前期降雨可以增加土壤含水量,减少土壤对渗透水的吸持量,增加壤中流量。楠竹林、常绿阔叶灌丛和农地的壤中流深比地表径流小的趋势随着降雨量的增加呈现出增加的趋势,58.2mm 和 94.2mm 两场降雨,楠竹林、常绿阔叶灌丛和农地的地表径流与壤中流差分别是:-3.456mm、-0.74mm、-1.175mm 和-36.98mm、-14.164mm、-25.593mm,马尾松阔叶混交林和常绿阔叶林壤中流始终比地表径流大。这也说明:马尾松阔叶混交林和常绿阔叶林理水调洪能力较楠竹林、常绿阔叶灌丛和农地强。

C. 降雨量与径流量的拟合关系

以西南长江三峡库区 4 种典型林分(针阔混交林、常绿阔叶林、毛竹林和灌木林)为研究对象,4 种林地的产流方式均为蓄满产流,地表径流量和壤中流量主要与降雨量有关。以月降雨量对当月径流量进行回归,结果表明,月降雨量与地表径流量、壤中流量均表现出相同的一元二次方程关系,相关系数都大于 0.9(表 5-9)。回归模型为

$$W = aP^2 + bP + c \tag{5-4}$$

式中,W 为月地表径流量(或月壤中流量);P 为月降雨量;a、b、c 为系数。这表明 4 种林地中,当月降雨量达到一定值时,如果继续增大,地表径流量和壤中流量均呈现出大幅度增加。

表 5-9 月降雨量与月径流量的关系

径流类型	林地类型	a	b	c	相关系数
地表径流	针阔混交林	0.000 20	0.020 9	-0.975 7	0.924
	常绿阔叶林	0.000 05	0.029 1	-1.128 8	0.952
	毛竹林	0.000 50	-0.049 7	1.563 2	0.931
	灌木林	0.000 50	-0.060 8	1.783 7	0.931
壤中流	针阔混交林	0.001 00	0.049 4	-1.895 6	0.950
	常绿阔叶林	0.002 70	-0.220 7	12.500 0	0.913
	毛竹林	0.000 10	0.015 1	0.295 7	0.900
	灌木林	0.000 40	-0.060 9	1.990 7	0.937

2)降雨强度对坡地径流的影响

A. 降雨强度对地表径流的影响

图 5-13 表明:林地和农地地表径流峰值随降雨峰值的增加而增加,其中,楠竹林和农地变化幅度较大,马尾松阔叶林、常绿阔叶林和常绿阔叶灌丛变化较缓和。图 5-13 也体现出前期降雨对坡面径流峰值的影响。

同一场降雨常绿阔叶林坡面径流峰值最低,楠竹林最高。强度为 0.34mm/min 和0.83mm/min 的两场降雨下,常绿阔叶林和楠竹林坡面径流峰值分别为 0.097mm/min、1.29mm/min 和 0.629mm/min、3.456mm/min。强度 0.7mm/min 那场降雨强度较大,但坡面径流峰值都较前一次降雨低,主要是受到前期降雨的影响,这与图 5-13 相对应。

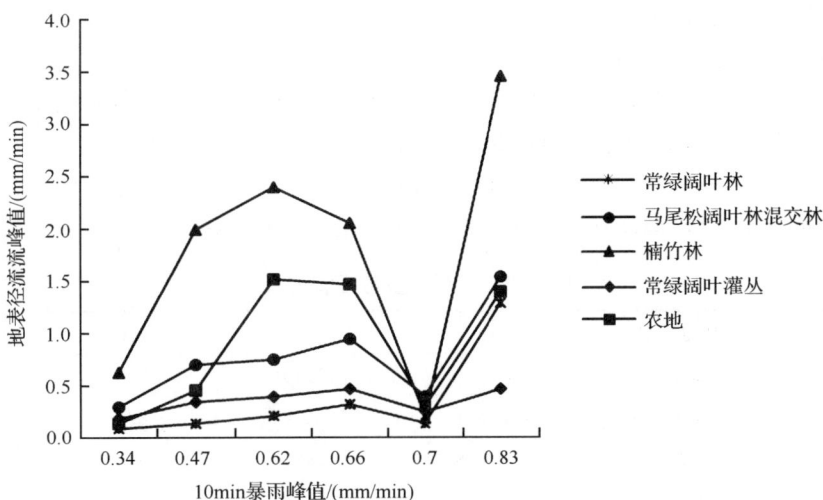

图 5-13　坡面径流峰值与降雨强度关系

坡面径流峰值与降雨峰值对应,常绿阔叶林和马尾松阔叶混交林的径流峰值一般会滞后 0～20min 以上,楠竹林最大径流峰值滞后时间比马尾松阔叶混交林和常绿阔叶林晚 0～20min;常绿阔叶灌丛和农地坡面径流峰值出现时刻基本一致,比马尾松阔叶混交林和常绿阔叶林会滞后 0～30min。坡度是地形因素中的重要因子,坡度增加,径流速度加大,径流在坡面滞留时间相应有减少趋势,入渗时间减少。楠竹林、常绿阔叶灌丛和农田地表径流峰值比常绿阔叶林和马尾松阔叶混交林滞后的主要原因在于楠竹林、常绿阔叶灌丛和农田径流观测小区的坡度为 10°～11°,比常绿阔叶林和马尾松阔叶混交林 16°～26°要小。

B. 降雨强度对壤中流的影响

马尾松阔叶混交林、常绿阔叶林和常绿阔叶灌丛壤中流峰值的总体趋势是随降雨强度的增加而增加的;楠竹林和农地随降雨强度的增加而呈下降趋势。同一场降雨条件下楠竹林的壤中流峰值较小,常绿阔叶林的壤中流峰值最大。

马尾松阔叶混交林和常绿阔叶林的壤中流峰值比地表径流峰值要大,楠竹林和农地的壤中流峰值比地表径流峰值小。壤中流峰值也受到前期降雨量的影响。当降雨峰值达到一定程度时,马尾松阔叶混交林和常绿阔叶林壤中流和地表径流的差值呈减小趋势,但是差值始终为正;农地和楠竹林的差值始终为负,这说明:马尾松阔叶混交林和常绿阔叶林理水调洪能力较楠竹林、常绿阔叶灌丛和农地强。同时,壤中流深随降雨量增加而增加的趋势,也反映出前期降雨对径流的影响关系。壤中流历时的滞后效应对于推迟洪峰到来时间和降低洪峰流量有积极的作用,是森林发挥涵养水源作用的重要机理所在。常绿阔叶林壤中流产流历时可延长 37.71h,其次为马尾松阔叶混交林的 37.55h,楠竹林的 8.55h,而常绿阔叶灌丛和农地的壤中流在暴雨结束前就已经结束。林地壤中流汇流时间大于农地,说明林地减缓沟道洪水作用好于农地,其中,马尾松阔叶混交林和常绿阔叶林对壤中流历时延长作用最明显。受林冠层、林下枯枝落叶层对降雨的拦蓄以及土壤层蓄水的影响,壤中流历时虽然随降雨历时有增加的趋势,但相关系数不高($r < 0152$)。

3) 暴雨对坡地径流的影响

A. 暴雨量对坡地径流的影响

以单场暴雨量为自变量,对地表径流量与壤中流量进行回归分析,单场暴雨量与地表径流量、壤中流量均表现出较好的线性关系(表5-10)。回归模型为

$$Q = mp - n \tag{5-5}$$

式中,Q 为地表径流量(或壤中流量);p 为场暴雨量;m、n 为系数。

表5-10　场暴雨量与径流关系

径流类型	林地类型	m	n	相关系数	样本数
地表径流	针阔混交林	0.1878	3.7743	0.905	25
	常绿阔叶林	0.1591	5.3262	0.801	25
	毛竹林	0.5465	14.435	0.888	25
	灌木林	0.2515	6.5321	0.885	25
壤中流	针阔混交林	0.7821	14.134	0.832	25
	常绿阔叶林	0.8553	11.401	0.869	25
	毛竹林	0.0736	0.0995	0.760	25
	灌木林	0.0519	1.1819	0.730	25

在单场暴雨条件下,地表径流量和壤中流量随着雨量增加均呈增加趋势。场暴雨量与壤中流量相关性相对差些,这主要与降雨强度有关。楠竹林和灌木林的林下枯落物层较薄,而且土壤入渗能力较弱,遭遇短历时强降雨时,降雨大部分来不及转化为壤中流,因此主要表现为地表径流。可见,楠竹林和灌木林的壤中流量主要受降雨量影响,同时与降雨强度也有重要的关系。

B. 暴雨历时对坡地径流的影响

径流历时(T_r)基本上均大于暴雨历时(t),对不同林地坡面径流历时与暴雨历时进行拟合,其相互关系经回归分析见表5-11。

表5-11　不同林地坡面径流峰值与径流系数关系

林分类型	关系方程	R^2	样本数
针阔混交林	$T_r = 1.091t + 1.963$	0.895	10
常绿阔叶林	$T_r = 1.184t - 1.801$	0.775	11
毛竹林	$T_r = 0.8691t + 3.983$	0.693	9
楠竹林	$T_r = 0.889t + 3.040$	0.763	9

壤中流历时基本呈现随暴雨历时而增加的趋势,但相关系数不高,对暴雨历时响应不明显,这正是由于土壤层巨大的蓄水容量,有效地减缓了径流流速,延长了径流历时。混交林和阔叶林的地下径流历时远大于其他林地和农地,相对于暴雨历时,地下径流历时要延长到以上,这样对缓洪和补充地下水和河川基流的作用非常大,理水功能强,调洪作用明显。在相同暴雨条件下,楠竹林地表产流量最大,减缓洪水能力最差,常绿阔叶林具有

明显的拦蓄降雨减少径流的作用。因此,针阔混交林和常绿阔叶林调蓄洪水能力最强,能有效地将地表水转为地下水,补给地下水和河川基流,理水性能最强。结合森林植被垂直结构和水平结构的观测,揭示森林植被对水资源形成过程影响机制,定量评价森林植被影响径流量及其组分的形成过程的影响。坡面径流产流初损历时相差不大,常绿阔叶林最长,为 87.27min,其次为针阔混交林 75min,常绿阔叶林和针阔混交林在降雨前期对降雨的拦蓄作用非常明显;而壤中流初损历时要远大于坡面径流初损历时,常绿阔叶林初损历时最短为 93.33min,其次为针阔混交林(100min),常绿阔叶林和针阔混交林土壤层有效地调蓄径流,能较快地将坡面径流转化为壤中流。在相同暴雨条件下,毛竹林坡面径流峰值约为针阔针阔混交林 2 倍,为常绿阔叶林的 3 倍;因此,毛竹林削减洪峰作用最差,而常绿阔叶林对洪峰削减作用最强。常绿阔叶林和混交林壤中流峰值比楠竹林大 2 个数量级,比灌木林和农地大 1 个数量级;因此,常绿阔叶林和针阔混交林能有效地将坡面径流转化为壤中流,理水性能强,而楠竹林理水性能最差。

C. 暴雨峰值对坡地径流的影响

坡面径流峰值(I_R)和坡面径流系数(R_c)相关性显著(表 5-12),径流峰值随径流系数的增加呈上升趋势。这从一定程度上说明,经过林冠和枯落物层后,不仅洪水总量得以减少,而且复杂雨型变得简单化,即暴雨雨型得到了淡化,这对于缓洪起到很重要的作用。

表 5-12　不同林地坡面径流峰值与径流系数关系

林分类型	关系方程	R^2	样本数
针阔混交林	$I_R=10.291R_c-0.353$	0.814	10
常绿阔叶林	$I_R=16.189RR_c-0.181$	0.953	11
毛竹林	$I_R=6.357R_c-0.173$	0.837	9
楠竹林	$I_R=0.103R_c-0.012$	0.939	9

经相关分析,壤中流峰值(I_{RS})随壤中流系数(R_{cs})增加而增加,混交林和阔叶林呈幂函数增长规律,这对于削减洪峰仍起到积极作用。其回归分析见表 5-13。

表 5-13　不同林地壤中流峰值与径流系数关系

林分类型	关系方程	R^2	样本数
针阔混交林	$I_{RS}=1.956R_{cs}^{0.7315}$	0.712	10
常绿阔叶林	$I_{RS}=2.131R_{cs}^{0.59075}$	0.872	11
毛竹林	$I_{RS}=1.161R_{cs}+0.0197$	0.815	9
楠竹林	$I_{RS}=5.5766R_{cs}+0.064$	0.750	9

4) 径流量与降雨因子的关系

通过回归分析发现降雨量、降雨历时、最大雨强、前期降雨量与径流量关系密切。降雨量(p)、降雨历时(t)、最大雨强(m)、前期降雨量(p')与地表径流量(Q_1)和壤中流(Q_2)的回归方程见表 5-14 和表 5-15。

表 5-14　不同林地地表径流与降雨因子关系

林分类型	关系方程	R^2	样本数
针阔混交林	$Q_1=0.925p-1.236t-25.530m+0.136p'$	0.870	20
常绿阔叶林	$Q_1=0.345p-0.259t-4.749m-0.051p'$	0.819	20
毛竹林	$Q_1=0.272p-0.183t-4.846m+0.047p'$	0.873	20
灌木林	$Q_1=0.402p-0.252t-0.923m-0.088p'$	0.613	20

表 5-15　不同林地壤中流与降雨因子关系

林分类型	关系方程	R^2	样本数
针阔混交林	$Q_2=0.893p-0.438t-14.275m+0.582p'$	0.783	20
常绿阔叶林	$Q_2=1.288p-3.399t-70.270m+0.976p'$	0.756	20
毛竹林	$Q_2=0.092p-0.007t-6.490m+0.001p'$	0.756	20
灌木林	$Q_2=0.359p-0.020t-6.327m+0.011p'$	0.694	19

2. 植被因子对坡地径流的影响

1) 植被对径流产流机制的影响

从经典的霍顿产流机制不能解释森林环境下径流的形成机制,相反,大量的研究成果表明,森林环境下径流形成包括超渗地表径流、饱和地表径流、亚表层径流和壤中流。变动源区产流机制一般是指多种径流成分和径流机制并存,其空间分布则随时间而发生变化,在坡面尺度和流域尺度上都可以观测到这一现象(Troendle et al.,1985;Pearce,1990)。

霍顿地表径流一般发生在植被稀少、土壤发育不良、土壤入渗能力低的条件下,在湿润地区的森林环境,由于土壤发育,地表径流以饱和地表径流的形式产生。径流形成主要受饱和地表径流、亚表层径流和壤中流的控制(Wilson,1990;Tanaka et al.,1988)。

研究森林植被对流域径流形成机制的影响,必须将地质、地形、地貌因素的影响排除。正是由于森林枯枝落叶分解、植物根系、动物活动频繁导致较大空隙的优先流运动使森林流域径流形成可以主要受地下水径流或亚表层径流的控制(Swanson,1998;Jones,1979)。

从界面产流理论来看,在其他水文条件相同的情形下,由于森林植被的存在改变了水文系统的水力传导特征,产流源区发生变化势必导致各种径流形成机制的相互作用和相互转化(Mc Donnell et al.,1991;Pearce et al.,1985)。

2) 植被对坡地径流流态的影响

森林生态系统具有较强的调节转换径流的功能,尤其是森林生态系统能将大量的地表快速径流转化为慢速流,从而减少径流动能。吴长文、王礼先对林地坡面水流流态的进行了分析,对经典的雷诺数流态区分理论提出了质疑,阐明坡面流是介于层流和紊流之间的一种特殊水流运动,实际的坡面既不可能保持纯粹的层流,亦不可能达到以雷诺数准则判别的紊流流态。

3）森林植被对坡地径流量和径流过程的影响

森林改善了地表界面的入渗性能,地表径流大部分经表层转化成壤中流,快速径流减小,慢速径流增多,并可将部分壤中流转化为壤下径流。在降水和太阳辐射变化不大时,森林具有较高的蒸发散和较强的对土壤疏干能力,因而减少径流量,而且还通过对土壤通透性的改善,使较多的降水转为壤中流和地下水(张友静和方有清,1996)。

A. 森林覆盖度对产流的影响

覆盖度不同的土地利用方式导致其在拦截雨水和入渗等方面存在有很大差异,这种差异必然引起产流方面的差异,主要体现在起始产流降雨和产流随降雨变化的差异上,张兴昌等(2000)在纸坊沟流域进行坡面产流的研究表明,在人工控制条件下,当植被覆盖度从 0 到 60%,径流量减少 18.9%,而降雨结束后,产流滞后时间从 1.5min 增加到 10.2min,增加了 5.8 倍。杨学震(1996)对坡面径流小区的研究表明,经偏相关系数 t 检验,认为植被覆盖度对径流量的影响极为显著($t=4.767$),特别是覆盖度从 30% 增至 80% 时,径流量减少尤为明显,当覆盖度超过 80% 后,径流量就基本趋于稳定。顾新庆和于增彦(1994)在河北省赤城县的研究表明,坡面造林郁闭后,与荒坡相比,减少径流 51.9%。坡面整地造林后,有一定程度的减少径流效果,与荒坡相比,减少径流 47.1%。石生新和蒋定生(1994)在黄土高原的研究表明,人工建造植被具有良好的减流作用,营林应提高质量,使植被覆盖度超过 60%。

B. 不同植被类型对产流的影响

林地拦蓄坡面地表径流的能力与林分状况有关,林分状况好的林地对径流的拦蓄能力更高。周国逸等(2000)对广东省鹤山市马占相思人工林和果园林地径流场的研究表明,林地开始出现产流的时间晚于果园地,结束时间早于果园地,地表径流产流总量约为果田地的 1/2,两种下垫面上的径流过程相似,但人工林的峰值变化较小,地表径流的变化更加复杂,对于连续的阵水来说,产流过程非但没有延时,而且较降雨过程缩短。安塞县纸坊沟不同土地利用的总径流深农地比草地大近 30 倍,草地比林地大 1 倍多,随降雨侵蚀力的增大,农地产流增长速度最快,其次是草地,林地增长最慢,其减流强度为林地>草地>农地(彭文英和张科利,2001)。余新晓和于志明(2001)对北京密云水库上游植被状况不同的 3 个油松径流小区进行观测表明,其各场降雨的产流量是不同的。油松人工径流小区的产流量是刺槐小区的 87%,是油松小区 2 的 66%,是松小区 3 的 67%,荒坡径流小区比油松小区的平均产流量大 2.95 倍。吴钦孝等(1998)通过对宜川县铁龙湾林场的松峪沟径流小区的研究表明,在天然降水条件下,由于降水过程不匀和地面多种因子的作用,产流过程线多为双峰或多峰曲线,其起始时间和持续时间随下垫面性质不同而不同,产流时间较农地滞后,持续时间较农地长;油松林地、林地去枯枝落叶层和采伐林地上层林木 3 种处理较农地产流滞后和持续延长的时间分别为 l5min 和 60min、0min 和 10min、10min 和 40min,林地延缓径流的作用显著。于志明和王礼先(1999)对密云水库上游的 2 个刺槐、1 个荒坡人工径流小区观测的 11 场降雨及坡面人工径流小区的产流数据表明,刺槐林与荒坡相比具有明显的拦蓄降雨减少径流的作用,荒坡的产流量是刺槐林地的 l45.0%~833.2%,随着雨量级的增加,对照荒地与林地的径流量比值呈递增趋势。闫俊华等(2000)运用灰色关联法对南亚热带鹤山丘陵试验站 4 种森林生态系统植被状况影响地表径流系数进行了定量分析,结果表明,植被状况参数对地表径流系数影响的大小顺序是:枯落叶层厚度＞草本层盖度＞灌木层盖度＞乔木层盖度＞林分高度,在 4 种森林生态系统的植被状况对地表径流系数的影响中,马占相思林最大,林果苗系统最小,显示出马占相思林生态水文功能的主要地位。

C. 森林对产流临界值的影响

发生产流的降雨量临界值是一个非常复杂的命题。准确找出发生产流的降雨量临界值并不是件容易的事,因为是否发生产流除受降雨量的影响外,还受降雨强度的影响,还有一个很大的制约因子是系统中已有的水分储存量(主要是土壤水分储存量)。周国逸等(2000)对广东省鹤山市马占相思人工林和果园地径流场的研究表明,当降雨强度由 0～2mm 增大到 22mm 时,人工林的产流雨量临界值由 7.9mm 减小到 0.7mm,但果园仅由 2.9mm 减小到 2.3mm。如果将 5 年来降水强度在雨量为 3～5.5mm 和 1.5～4mm 下的频率分布作为权重进行加权平均,则得到马占相思人工林和果园"最大可能"的地表径流产流的雨量临界值分别为 5.1mm 和 2.8mm。方向京等(2001)在滇中高原山地华山松林地从 3 年的观测数据和地表径流的回归模型分析,认为林地"最大可能"的地表径流产流的降雨临界值应为 22.3mm。于志明和王礼先(1999)在密云水库上游天然坡面径流小区尺度上对有林地和无林地的产流进行研究,确定天然径流场的起流降雨临界值为 15mm,尽管有林地和无林地起流降雨有所差异,但实测差异并不大。吴钦孝等(1998)通过对宜川县铁龙湾林场的松峪沟径流小区的研究表明,在天然降水条件下,油松林地的起流降雨量通常在 10mm 以上。

D. 枯落物对坡面产流的影响

林地枯枝落叶层是林地森林生态的子系统,它能调节地表径流、改良土壤结构、增加入渗。不同林分的枯落物,林下地衣或苔藓的分布情况等都不同程度地影响着地表径流在林地坡面的流量、流速、流态等。

吴钦孝等(1998)通过对宜川县铁龙湾林场的径流小区的多年观测和人工模拟降雨试验,研究了油松林地不同处理的产流及其动态过程,结果表明,林地枯枝落叶层具有良好的水源涵养功能,除去枯落物层使径流量增加 5.1 倍,为农地径流量的 73.0%。林地条件下,尤其是林下保存有完好的枯落物时"糙率系数"值明显比其他用地地表的"糙率系数"值要高,研究表明,此时林地的水分渗透能力和地表径流流速较小,保存有较多林下枯落物的森林能够较好地发挥其涵养水源、改善森林水文过程等作用(张洪江,1995)。陈奇伯和张洪江对湖北省宜昌县大面积马尾松林枯落物阻延径流的研究表明,随枯落物的增加,径流速度有所减小,但效果不甚明显;在苔藓和枯落物混合层中,径流速度最小(李香云和王玉杰,2003)。

E. 森林对地表产流和地下产流的影响

方向京等(2001)在滇中高原山地华山松人工群落径流场的研究表明,地表径流受降水量和植被因素的影响极大,地表径流与一次性降雨量之间存在着较为明显的线性关系,壤中流占径流总数的 99.48%,从壤中流年变化看出,它对降雨量有滞后效应。而地表径流很小,只有 8.03mm,其径流系数仅为 0.008。李香云和王玉杰(2003)以重庆市缙云山的两种不同植被类型常绿阔叶林和楠竹林小区为研究对象,对小区中典型降雨后的地表径流、壤中流的实测资料进行对比分析发现,在相同降雨条件下,楠竹林的地表径流量和壤中流量明显要比常绿阔叶林的大,楠竹林地表径流和壤中流出现的时间也比常绿阔叶林早;两种植被的地表径流与壤中流过程具有一定的相似性,壤中流量都比地表径流量大。刘玉洪等(2002)对西双版纳人工群落林地径流量的研究表明,利用总径流量与降水量资料,综合考虑分离出壤中流量与地表径流量:在干季期间(11~4 月)地表径流为零或地表径流小于壤中流,只有在雨季盛期的 6~8 月才有地表径流大于壤中流,地表径流与降水强度的相关性较降水量要好,壤中流的年变化相对较稳定,但它同样依赖于降水量的多少,特别是那些连续不断绵绵细雨的补给,其对保持一定的壤中流是功不可没的。

F. 森林对壤中流的影响

森林植被对壤中流的形成有直接的影响:植物根系的吸水作用影响壤中流的形成。由于植物根系分布引起土体内水分消耗的非均一性,远离植物根际区的土壤水分,在根系密集区土壤水势梯度的作用下,向根际区汇集,从而对壤中流的形成产生影响。植物死亡根系对管流的形成是一种直接贡献。管流作为优先流中的一种主要的大孔隙流(秦耀东等,2000),对土壤水分的入渗及壤中流的形成具有重要的作用。由植物死亡根系形成的生物性土管,由于其内壁的粗糙程度较地质性土管(由土壤裂隙形成的土管)大,因此对水分的传输更为迅速。

3. 地形因子对坡地径流的影响

1) 坡度对坡面产流的影响

坡度是产生坡面径流的必要条件。在不同坡度条件下,产流过程及其强度会有很大的差异(徐海燕等,2008;张会茹和郑粉莉,2011)。对于坡度来说,坡度增加通常会使产流增加的可能性更大(徐海燕等,2008;肖登攀等,2010;黄俊等,2010;钟壬琳和张平仓,2011)。也有研究发现径流随坡度的增加而减小(Fox et al.,1997),或者与坡度的关系不明显(Mah et al.,1992)。还有研究表明存在临界坡度,即在小于某个坡度范围内,产流随坡度的增加而增加,而大于某个坡度后,产流随坡度的增加而减小(金雁海等,2006;方海燕等,2009;张会茹和郑粉莉,2011)。在祁连山青海云杉林区,由于特殊的地理位置和独特的气候条件,坡度对坡面径流的影响主要体现在不同坡度对水平平衡的影响上。

A. 不同坡度的水分平衡

将同一海拔同一坡向的单元划分为不同的坡度等级,划分方法为 10°~90°之间每 5°为一个等级,然后分析每个坡度等级的水分平衡分量(董晓红,2007)。在同一海拔的同一坡向,随坡度的增加,截留量和土壤蒸发量没有明显的变化;而随坡度的不断增加,蒸腾量逐渐减小,因为坡度较缓的地方土壤储水相对较多,可供植被蒸腾的水分也较多;随坡度的增加,潜在产流量增加,因为坡度越陡,越不利于土壤储水,易产流。如在海拔 2800m 的西南坡,蒸腾量随坡度的增加而减小,蒸腾量在坡度 10°~15°之间为 345.1mm,比 45°~50°之间的蒸腾高 97.5mm;潜在产流量随坡度的增加而增加,在坡度 10°~15°之间,潜在产流量为 -115.5mm,比坡度 45°~50°之间的潜在产流量低 102.2mm(董晓红,2007),如图 5-14 所示。

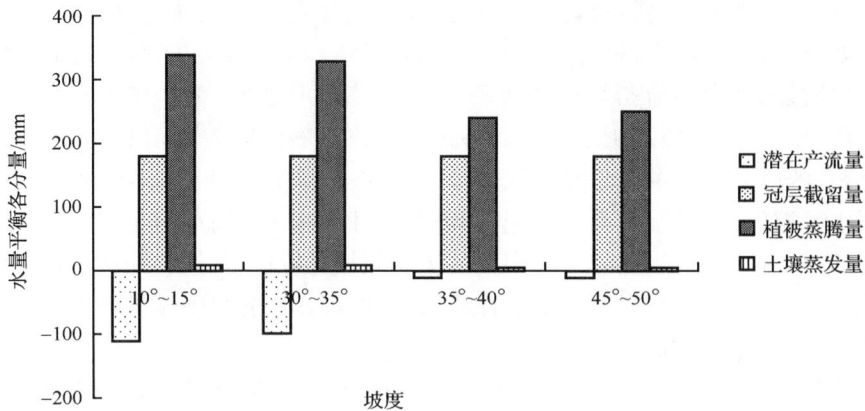

图 5-14　海拔 2800m 处西南坡青海云杉不同坡度水分平衡各分量

B. 不同坡度的水分平衡分量与降雨的比率

将祁连山排露沟流域各个坡度的青海云杉林各分量与降雨的比率统计分析,得到水分平衡的各分量与降雨的拟合关系:

$$林冠截留:y = -0.0001x + 0.3943, R^2 = 0.0056 \tag{5-6}$$

$$林木蒸腾:y = -0.0005x + 0.655, R^2 = 0.0042 \tag{5-7}$$

$$土壤蒸发:y = -6E - 05x + 0.0133, R^2 = 0.2407 \tag{5-8}$$

$$潜在产流:y = 0.0007x - 0.0626, R^2 = 0.0071 \tag{5-9}$$

冠层截留系数在 0.4 左右,植物蒸腾系数在 0.6 左右,土壤蒸发系数在 0.01 左右,产流系数在 -0.1 左右,说明从全流域来说,青海云杉林是不产流的,蒸散消耗的水分多于同期降水,即青海云杉林下各分量与降雨的比率随坡度变化没有明显的变化(董晓红,2007)。

2) 坡长对坡面产流的影响

坡长是影响坡面径流的又一重要因子(王秀颖等,2010)。有研究发现,随着坡长的增加,产流减小,认为坡面越长,径流入渗的可能性就越大(王秀颖等,2010;Aaron and Naama,2004)。也有研究认为,坡长愈长,径流速度就愈大,汇集的径流也愈大,径流量随坡长的增加而增大(方海燕等,2009)。有些研究者还发现,随坡长的增加径流没有明显变化(肖登攀等,2010)。然而,也有研究表明,随着坡面长度的增加,径流量也有呈现先增加后减小的趋势,即存在着临界坡长。

3) 坡向对径流的影响

降水是发源于祁连山水源涵养林区各河流主要的水分输入项,降水在区域内的时空分布对各径流的季节动态和组成结构具有重要影响,特别是对于冰雪融水补充较少的河流,降水分配决定了河流水文年动态。坡向对径流的影响是通过降水坡向规律来体现(王金叶等,2006a)。

降水坡向变化规律:在同一气候条件下,降水的地域分布差异主要受小地形(坡向、海拔)的影响。祁连山林区同一流域内同一海拔高度处不同坡向的降水量有一定差异,阴坡降水量明显高于阳坡,而且这个差别随海拔升高而有变化。祁连山西水试验区排露沟流域阳坡降水量与阴坡降水量的比值在海拔 2900m 处为 0.946,在海拔 3000m 处为 0.880,在 3200m 处为 0.963(王金叶,2006a);差别大小的顺序表现为海拔 3200m＞2900m＞3000m。阴坡比阳坡降水量平均多 7% 左右;祁连山寺大隆试验区天涝池河流域相同海拔(3400m)阴坡年均降水比阳坡高 5.2%(王金叶,2006a)。

坡向引起降水差异的原因:祁连山水源涵养林区阴坡比阳坡降水多的主要原因有两个方面的作用,一方面是风向的作用,西北风是当地的主风向,占全年的 30%～65%,阳坡为背风面,阴坡为主迎风面,降水水汽在阴坡抬升的过程中形成降水的机会多于阳坡,导致阴坡比阳坡降水平均多 7% 左右(王金叶等,2006b)。另一方面是森林植被的作用,阴坡生长的森林(以乔木林为主)进一步增加了地面粗糙度,具有较强拦截云中的水滴从而增加水平降水的作用,加上较强的蒸腾作用使林地上空的空气湿度大于阳坡草地,创造了适宜降水形成的小气候环境,在一定程度上起到了增加降水的作用,进一步加强了阴阳坡的降水差距。

4. 雨前土壤含水量与壤中流的关系

利用华北土石山区典型林分 2011～2012 年 6～9 月两个生长季所测得的叶面积指数与各径流场壤中流径流数据建立相关关系,如图 5-15 所示,为了消除降雨这一对径流量影响最大的因子,故本节采用壤中流径流系数数据。研究发现,径流系数与林分叶面积指数无明显相关关系,原因是影响壤中流的主要因子是土壤,与叶面积指数并没有太大关系。

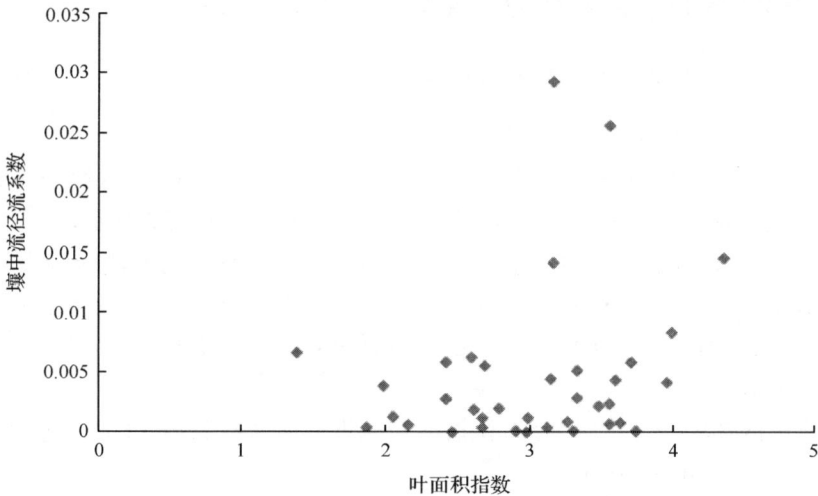

图 5-15　叶面积指数与壤中流径流系数的关系

考虑到土壤直接影响壤中流的产生,故采用产流前一天的各径流场土壤含水率与壤中流径流系数数据建立相关关系,如图 5-16 所示。研究发现,径流系数与雨前土壤含水率呈正相关关系,即雨前土壤含水率越大则壤中流径流系数越大。原因可能是雨前土壤含水率越大,则会在降雨产流过程中更快地使土壤水分饱和,最先达到产生壤中流的条件,而如果雨前土壤含水率低,则土壤在降雨产流过程中需要先储存一部分降雨入渗的水,导致壤中流径流系数较小。

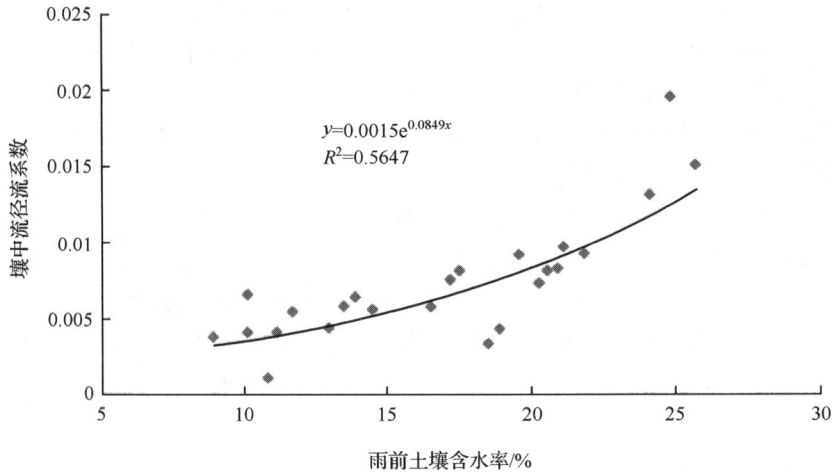

图 5-16　雨前土壤含水率与壤中流径流系数的关系

壤中流径流系数与雨前土壤含水率的回归方程为:

$$y_2 = 0.0015e^{0.0849x}, R^2 = 0.5647, n = 24, p < 0.05 \tag{5-10}$$

式中, y_2 代表坡面壤中流径流系数, x 代表雨前土壤含水率(%)。经检验, R^2 大于 0.55, p 小于 0.05,模型拟合效果较好。

5.1.6　坡地森林生态系统结构与坡地径流及其组分的耦合关系

1. 森林植被结构因子与地表径流的耦合关系

1) 叶面积指数与地表径流的关系

以华北土石山区典型林分为研究对象,利用 2011~2012 年 6~9 月两个生长季所测得的叶面积指数与各径流场地表径流数据建立相关关系,如图 5-17 所示,为了消除降雨这一对径流量影响最大的因子,故本节采用径流系数数据。研究发现,径流系数与林分叶面积指数呈负相关关系,即叶面积指数越大地表径流系数越小。原因可能是随着叶面积指数的增大,极大地削弱了落在林地地表的雨量强度,同时林冠所截留的降雨量也越大,导致地表径流系数减少。

基于北京山区 2011~2012 年叶面积指数与地表径流系数数据,建立了地表径流系数与叶面积指数(LAI)的回归方程:

$$R_1 = -0.05\ln(\text{LAI}) + 0.072, R^2 = 0.74, n = 36, p < 0.05 \tag{5-11}$$

式中, R_1 代表坡面地表径流系数,LAI 代表叶面积指数(m^2/m^2)。经检验,方程 R^2 大于 0.7, p 小于 0.05,模型拟合效果较好。

2) 郁闭度与地表径流的关系

根据叶面积指数与郁闭度的关系,推导出生长季郁闭度的变化,与地表径流系数建立相关关系,如图 5-18 所示。研究发现,地表径流系数与郁闭度指数呈负相关关系,即郁闭度越大地表径流系数越小。

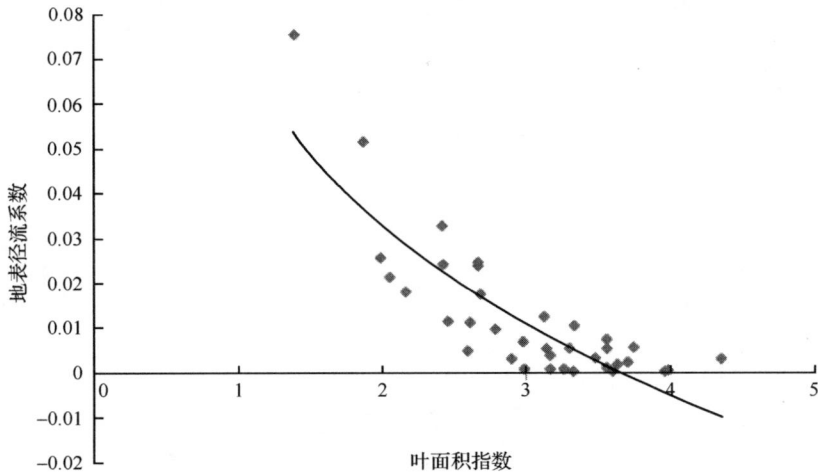

图 5-17　叶面积指数与地表径流系数的关系

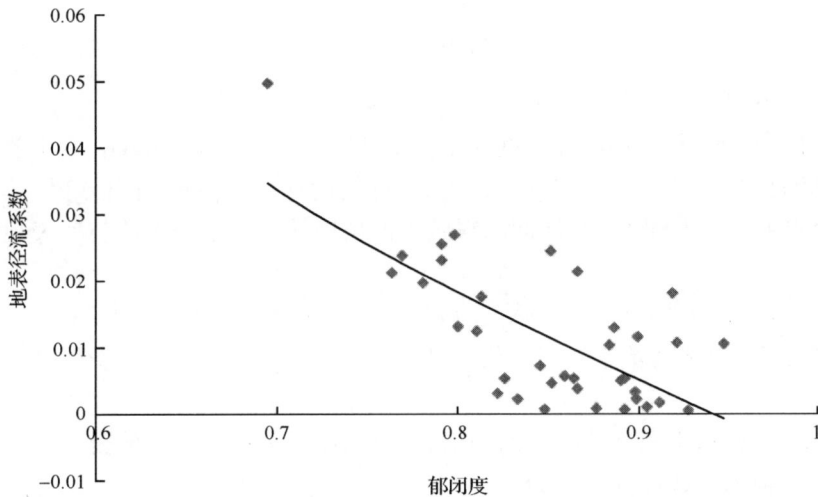

图 5-18　郁闭度与地表径流系数的关系

地表径流系数与郁闭度的回归方程为

$$R_1 = -0.11\ln(x) - 0.006, R^2 = 0.61, n = 36, p < 0.05 \quad (5\text{-}12)$$

式中，R_1 代表坡面地表径流系数，x 代表郁闭度。经检验，方程 R^2 大于 0.6，p 小于 0.05，模型拟合效果较好。

3）生物量与地表径流的关系

根据叶面积指数与生物量的关系，推导出生长季生物量的变化，与地表径流系数建立相关关系，如图 5-19 所示。研究发现，地表径流系数与生物量呈负相关关系，即生物量越大地表径流系数越小。

地表径流系数与生物量的回归方程为

$$R_1 = -0.03\ln(x) + 0.1087, R^2 = 0.72, n = 36, p < 0.05 \quad (5\text{-}13)$$

式中，R_1 代表坡面地表径流系数，x 代表生物量（t/hm²）。经检验，方程 R^2 大于 0.6，p 小于 0.05，模型拟合效果较好。

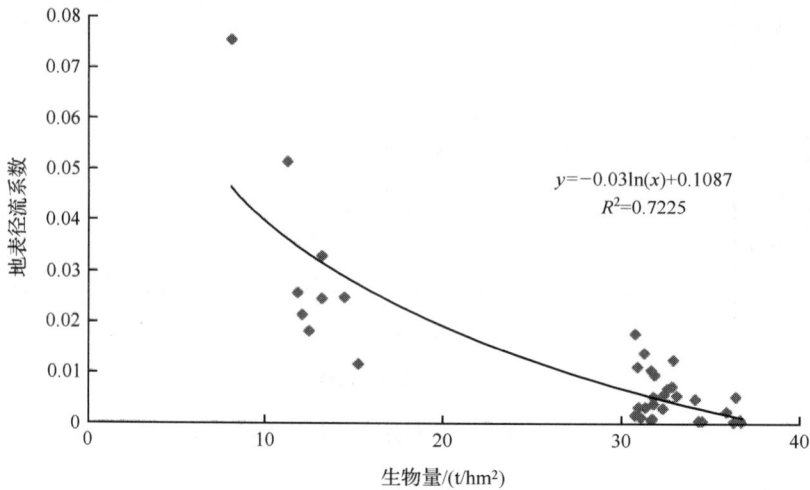

$$y=-0.03\ln(x)+0.1087$$
$$R^2=0.7225$$

图 5-19　生物量与地表径流系数的关系

4）不同植被因子与地表径流的关系

为研究不同的叶面积指数、郁闭度和生物量共同对地表径流的影响，本小节采用多元线性回归的方法，建立地表径流与叶面积指数、郁闭度和生物量的回归方程。运用 SPSS 软件，先将各指标进行标准化，线性回归得到不同植被的不同结构指数与地表径流系数的关系为

$$R_1 = 0.109 - 0.006X_1 - 0.056X_2 - 0.001X_3，R^2 = 0.73 \tag{5-14}$$

式中，R_1 代表坡面地表径流系数，X_1 代表叶面积指数（m²/m²），X_2 代表郁闭度，X_3 代表生物量（t/hm²）。

从上面的模型看，不同林分的叶面积指数、郁闭度和生物量都与地表径流系数呈负相关关系，将上述模型系数标准化后为

$$R_1 = 0.109 - 0.248X_1 - 0.197X_2 - 0.558X_3 \tag{5-15}$$

模型中字母代表意义同上，模型中各指标的系数就是该指标的贡献率，可以看出生物量的贡献率为 55.8%，对地表径流系数影响最大，这是因为生物量增大主要是枝叶的增多，枝叶多了必然导致林冠截留增大从而减少到地表的降雨量，同时生物量的增大能促进根系改良土壤空隙，增加土壤入渗量，从而导致减小地表径流系数。

为检验模型的合理性，对上述模型进行 t 检验、F 检验和残差的正态性检验，如表 5-16 和图 5-20、图 5-21 所示。其中，F 检验表征模型中各自变量结合起来与因变量之间回归关系的显著性，从表 5-16 中可看出，自变量与因变量的线性关系显著性值小于 0.001，达到了极显著性水平，这说明得出的线性回归模型是可靠的，为了进一步验证这一点，又进行了模型残差（图 5-20）和累积概率（图 5-21）分析，残差直方图表明模型学生化残差基本成标准正态分布，而观测变量累积概率也接近标准正态分布，从而进一步表明了模型的可靠性。此外，为了更具体了解模型中每个自变量对因变量的影响是否显著进行

了 t 检验(表 5-16),整体来看,各指标的显著性值都小于 0.05,说明各自变量与因变量之间确实存在线性关系。进一步比较发现,模型中表现出生物量对地表径流系数的影响要大于叶面积指数和郁闭度,表明生物量对地表径流系数的主导作用。

表 5-16　拟合模型显著性检验

检验	F 检验	常数 t 检验	叶面积指数 t 检验	郁闭度 t 检验	生物量 t 检验
显著性值	0.000	0.000	0.043	0.032	0.002

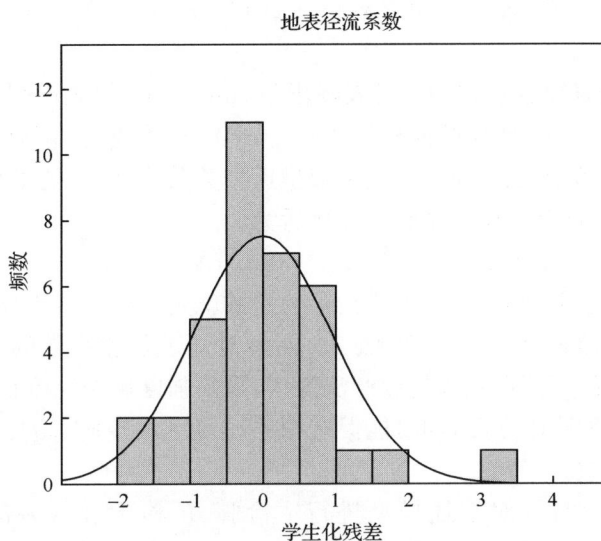

图 5-20　残差直方图

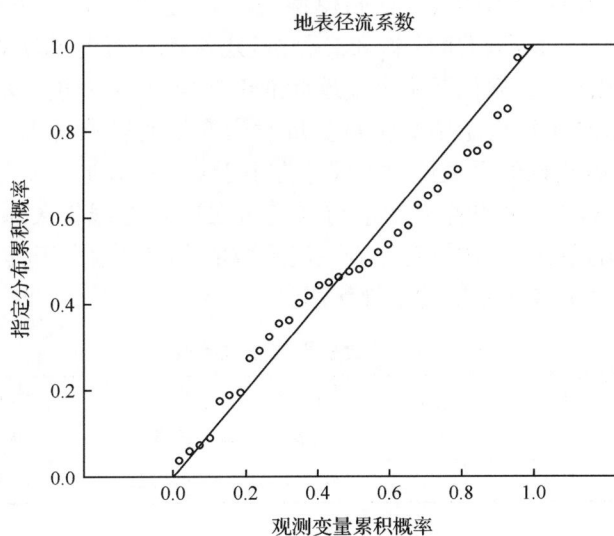

图 5-21　累积概率图

2. 不同影响因子与地表径流的耦合关系关系

为研究不同的降雨量、雨强、雨前土壤含水率、叶面积指数、郁闭度和生物量共同对地表径流系数的影响,本节以华北土石山区典型林分为研究对象,采用多元线性回归的方法,建立地表径流与各影响因子的回归方程。运用 SPSS 软件,先将各指标进行标准化,线性回归得到不同影响因子与地表径流系数的关系,在逐步回归中郁闭度被剔除,最终回归方程为

$$R_1 = 2.068 - 8.327 \times 10^{-5} X_1 + 0.002X_2 - 0.001X_3 - 0.004X_4 - 0.001X_5, R^2 = 0.79 \tag{5-16}$$

式中,R_1 代表坡面地表径流系数,X_1 代表降雨量(mm),X_2 代表雨强(mm/min),X_3 代表雨前土壤含水率(%),X_4 代表叶面积指数(m^2/m^2),X_5 代表生物量(t/hm^2)。

从上面的模型看,除雨强对地表径流系数呈正相关关系外,其他影响因子都与地表径流系数呈负相关关系,将上述模型系数标准化后为

$$R_1 = 2.068 - 0.197X_1 + 0.275X_2 - 0.107X_3 - 0.176X_4 - 0.324X_5 \tag{5-17}$$

模型中字母代表意义同上,模型中各指标的系数就是该指标的贡献率,可以看出雨强和生物量的贡献率对地表径流系数影响最大,两者对地表径流系数的影响占到了 60%,这是因为华北土石山区产流形式以超渗产流为主,降雨强度影响径流较大,生物量增大能减少到地表的降雨量和降雨强度,同时能促进根系改良土壤空隙,增加土壤入渗量,从而导致减小地表径流系数。

为检验模型的合理性,对上述模型进行 t 检验、F 检验和残差的正态性检验,如表 5-17 和图 5-22、图 5-23 所示。F 检验表征模型中各自变量结合起来与因变量之间回归关系的显著性,从表 5-17 中可看出,自变量与因变量的线性关系显著性值小于 0.001,达到了极显著性水平,这说明得出的线性回归模型是可靠的,为了进一步验证这一点,又进行了模型残差(图 5-22)和累积概率(图 5-23)分析,残差直方图表明模型学生化残差基本成标准正态分布,而观测变量累积概率也接近标准正态分布,从而进一步表明了模型的可靠性。此外,为了更具体了解模型中每个自变量对因变量的影响是否显著进行了 t 检验(表 5-17),整体来看,各指标的显著性值大部分都小于 0.05,雨前土壤含水率和叶面积指数的显著性值略大于 0.05,说明各自变量与因变量之间存在线性关系。进一步比较发现,模型中表现出降雨强度和生物量对地表径流系数的影响要远大于其他影响因子,表明降雨强度和生物量对地表径流系数的主导作用。

表 5-17　拟合模型显著性检验

检验	F 检验	常数 t 检验	降雨量 t 检验	雨强 t 检验	雨前含水率 t 检验	叶面积指数 t 检验	生物量 t 检验
显著性值	0.000	0.048	0.047	0.024	0.055	0.061	0.004

3. 不同影响因子与壤中流的关系

为研究不同的降雨量、雨强、雨前土壤含水率、叶面积指数、郁闭度和生物量共同对壤

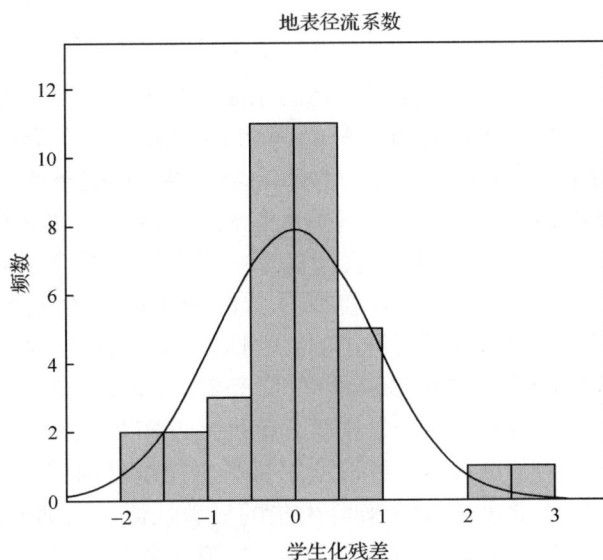

图 5-22　残差直方图

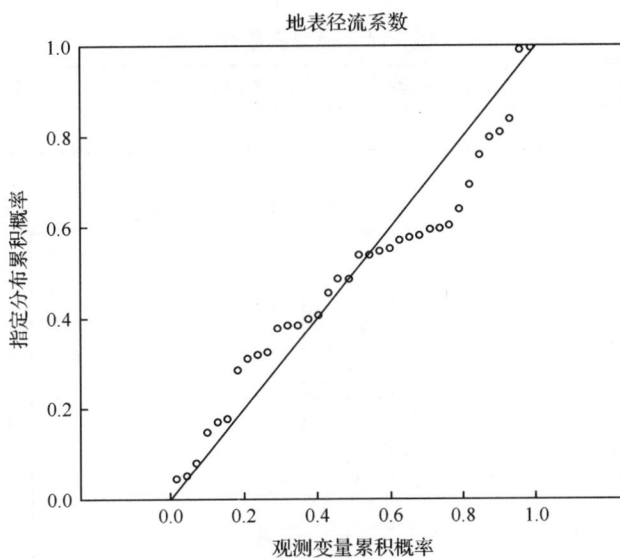

图 5-23　累积概率图

中流的影响,本小节以华北土石山区典型林分为研究对象,采用多元线性回归的方法,建立壤中流系数与各影响因子的回归方程。运用 SPSS 软件,先将各指标进行标准化,线性回归得到不同影响因子与地表径流系数的关系,在逐步回归中降雨强度、叶面积指数、生物量和郁闭度均被剔除,最终回归方程为

$$R_2 = 0.009 + 7.373 \times 10^{-6} X_1 + 0.001 X_2, R^2 = 0.66 \qquad (5\text{-}18)$$

式中,R_2 代表壤中流系数,X_1 代表降雨量(mm),X_2 代表雨前土壤含水率(%)。

从上面的模型看,降雨量和雨前土壤含水率对壤中流系数呈正相关关系,将上述模型

系数标准化后为

$$R_2 = 0.009 + 0.168X_1 + 0.751X_2 \tag{5-19}$$

　　模型中字母代表意义同上,模型中各指标的系数就是该指标的贡献率,可以看出雨前土壤含水率的贡献率对壤中流系数影响最大,达到了75.1%,而降雨量的贡献率只有16.8%,这是因为雨前土壤含水率的高低直接影响壤中流的产流条件。

　　为检验模型的合理性,对上述模型进行 t 检验、F 检验和残差的正态性检验,如表5-18和图5-24、图5-25。其中,F 检验表征模型中各自变量结合起来与因变量之间回归关系的显著性,从表5-18中可看出,自变量与因变量的线性关系显著性值略大于0.001,基本达到极显著性水平,这说明得出的线性回归模型是可靠的,为了进一步验证这一点,又进行了模型残差(图5-24)和累积概率(图5-25)分析,残差直方图表明模型学生化残差基本成标准正态分布,而观测变量累积概率也接近标准正态分布,从而进一步表明了模型的可靠性。此外,为了更具体了解模型中每个自变量对因变量的影响是否显著进行了 t 检验(表5-18),整体来看,常数项和降雨量的显著性值虽然都大于0.05,但是相差并不多,而雨前土壤含水率的显著性值远小于0.01,说明各自变量与因变量之间存在线性关系。进一步比较发现,模型中表现出雨前土壤含水率对壤中流系数的影响要远大于降雨量,表明雨前土壤含水率对壤中流系数的主导作用。

表5-18　拟合模型显著性检验

检验	F 检验	常数 t 检验	降雨量 t 检验	雨前土壤含水率 t 检验
显著性值	0.003	0.067	0.072	0.001

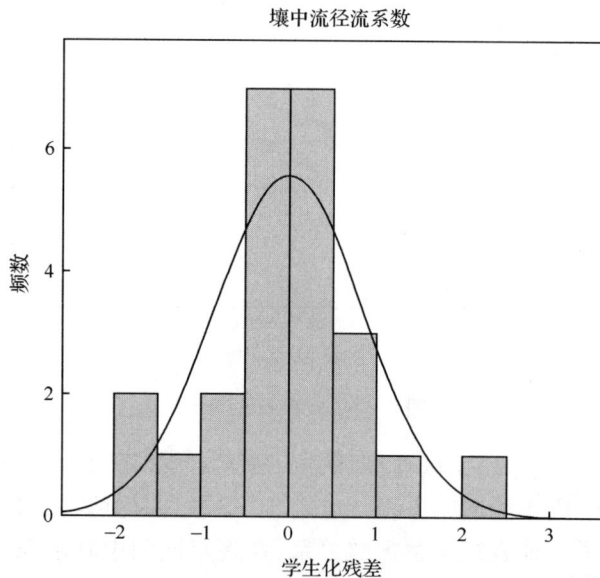

图5-24　残差直方图

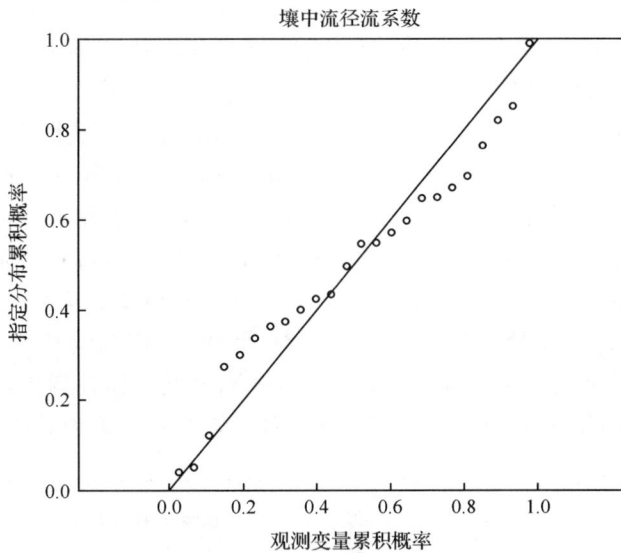

图 5-25　累积概率图

5.2　森林植被对小流域水资源形成过程的影响

5.2.1　小流域径流及其组分特征

1. 小流域径流年内分配特征

以东北地区典型小流域育林沟和新林沟流域为研究对象,两个小流域的 1973～2006 年间年径流深年内变化呈现典型单峰曲线分布(图 5-26)。其中,育林沟和新林沟流月均径流深都在 2 月份处于最低值,分别为 0mm、0.0474mm;3～7 月份开始稳定上升,至 8

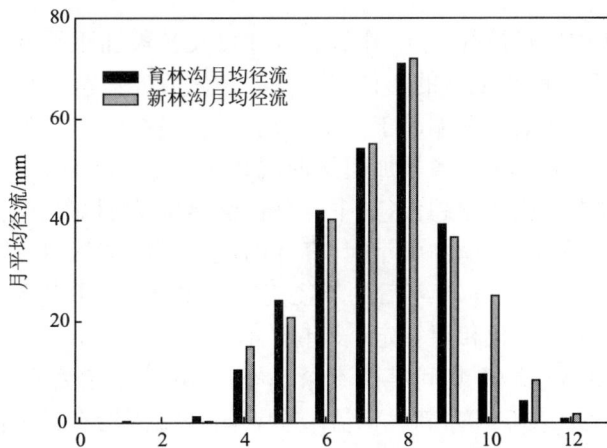

图 5-26　育林沟与新林沟 1973～2006 年各月平均径流深分布图

月份达到最大值,分别为 70.99mm、72.01mm;9 月份急剧减少,至次年的 2 月份再次出现极小值。其中,从 10 月份到次年的 2 月份,育林沟流域比新林沟流域各月平均径流相对较小;而 3、5、6、9 月份相对高于新林沟流域各月平均径流深。

随着年内各月径流深的不均匀性分布,育林沟和新林沟流域径流深也表现为较大的季节差异(图 5-27)。其中育林沟流域春季为 35.75mm,占年径流深的 13.93%,新林沟流域为 36.08mm,占年径流深 13.09%;夏季为 166.98mm,占年径流深的 65.10%,新林沟流域为 167.25mm,占年径流深 60.69%;秋季为 52.97mm,占年径流深的 20.65%,新林沟流域为 70.17mm,占年径流深 25.46%;冬季为 0.81mm,占全年径流深的 0.32%,新林沟流域为 2.09mm,占年径流深 0.76%。在春、夏两季,育林沟和新林沟流域的季节径流深相似,但在秋、冬两季,育林沟流域季节径流深明显低于新林沟流域,这可能跟流域面积密切相关。流域面积越小,径流深相对越小,对气候的变化更为敏感。

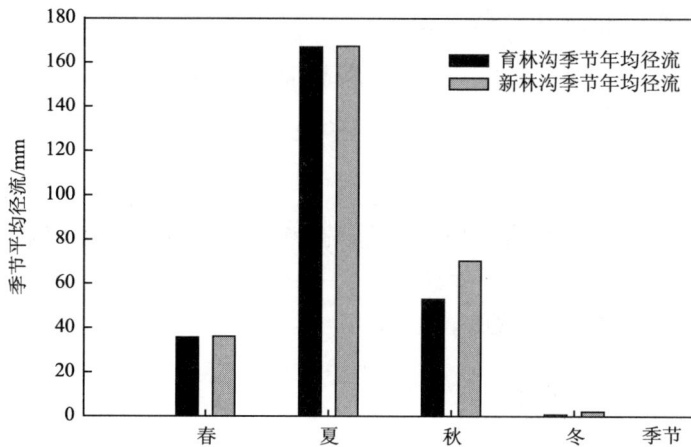

图 5-27　准配对小流域育林沟与新林沟 1973～2006 年季节径流深分布图

2. 小流域径流年际变化特征

由对比两小流域的年径流深、3 年滑动平均过程及其累加距平变化趋势图(图 5-28)可以看出,育林沟和新林沟小流域的年径流深波动变化情势基本一致。在 1982～1992 年间,年径流深变幅稳定,向前后两端趋于上下波动变化。在 20 世纪 80 年代初期以前,两流域的年径流深波动相对较小。各累加距平曲线显示,从 1998 年以后,各流域径流深距年均径流深整体上呈现急剧递减趋势,其中育林沟流域尤为明显。但两流域的年径流深年际变化却有所差异,在 1973～2006 年间,育林沟流域年径流深呈逐年相对明显减少的趋势,但不显著($p=0.0557$),1998 年后的年径流深整体上小于其他年份的径流深。而新林沟流域年径流深整体上变化相对稳定,没有显著的变化趋势($p=0.9391$)。

准配对小流域 1973～2006 年间年径流深 Spearman 秩次相关法和 Mann-Kendall 非参数检验结果分析表明(表 5-19),新林沟流域多年间径流深没有显著的变化趋势。但在育林沟流域中,通过 Spearman 秩次相关检验年径流的变化趋势是显著或不显著的,但通过 Mann-Kendall 非参数检验年径流深的变化趋势却是不显著的,Mann-Kendall 非参数

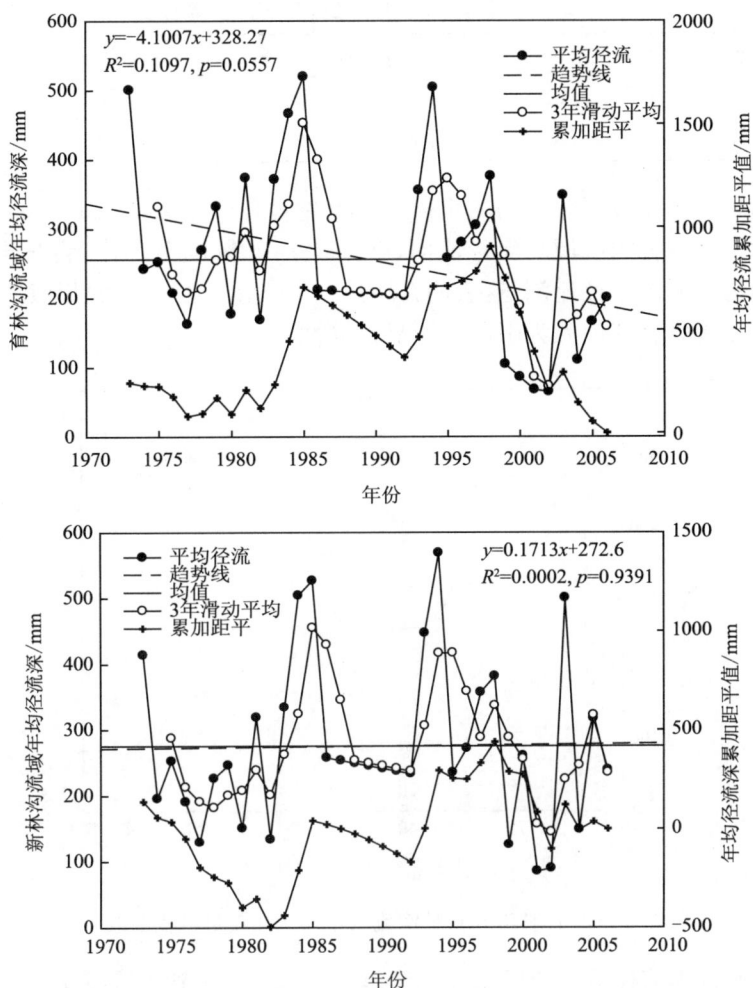

图 5-28 育林沟和新林沟流域年径流深和径流累加距平变化曲线

检验的结果跟线性拟合结果一致，说明育林沟流域相对于新林沟流域，在一定程度上受外界干扰很大。

表 5-19 准配对小流域逐年径流深变化趋势检验结果

	Spearman 统计量|T|	临界值	趋势性	Mann-Kendall 统计量|U|	临界值	趋势性
育林沟	2.01	2.01	显著	1.94	1.96	不显著
新林沟	0.10	2.01	不显著	0.04	1.96	不显著

这种现象也可能是随机误差引起的，但为进一步探讨其变化的差异性，我们对育林沟和新林沟流域年径流深进行统计参数分析（表 5-20）。可以看出，育林沟流域年径流深变异系数相对较大，说明育林沟流域径流相对于外界的干扰比较敏感，年际间变化差异较大。

表 5-20　准配对小流域年径流深统计参数特征

	最大值/mm	最小值/mm	平均值/mm	标准差(SD)	变异系数(C_v/%)	偏度	峰度
育林沟	519.49	64.51	256.51	123.28	48.06	0.60	−0.22
新林沟	568.89	85.14	275.60	125.39	45.50	0.75	0.02

　　育林沟和新林沟流域多年序列的年径流深流量过程曲线表明(图 5-29),整体上育林沟的年径流深小于新林沟流域的年径流深,在 25%～40% 的范围内,育林沟流域的年径流深大于新林沟流域的年径流深,这表明在所选择的气候、地形、土壤相似的对比流域内,处理流域的年径流具有其他人为引起的明显差异性。

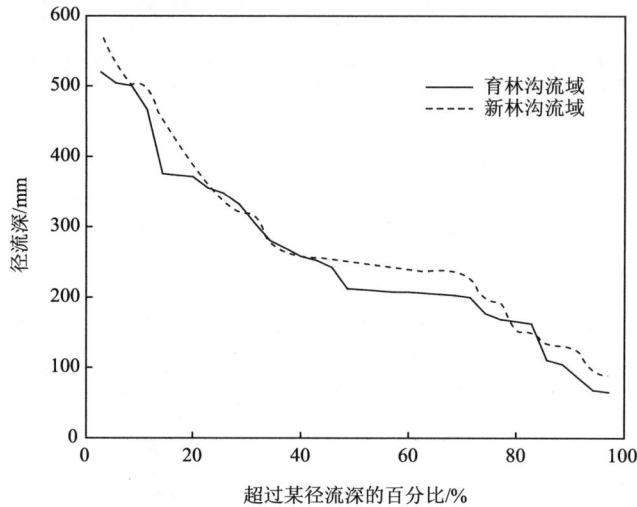

图 5-29　育林沟和新林沟流域年径流深流量过程曲线

　　育林沟流域各季节径流深年际变化趋势基本一致,各季节径流深呈不同程度的负趋势(图 5-30)。说明各季节径流深存在不同程度减少,其中,春、冬两季径流深减少趋势最

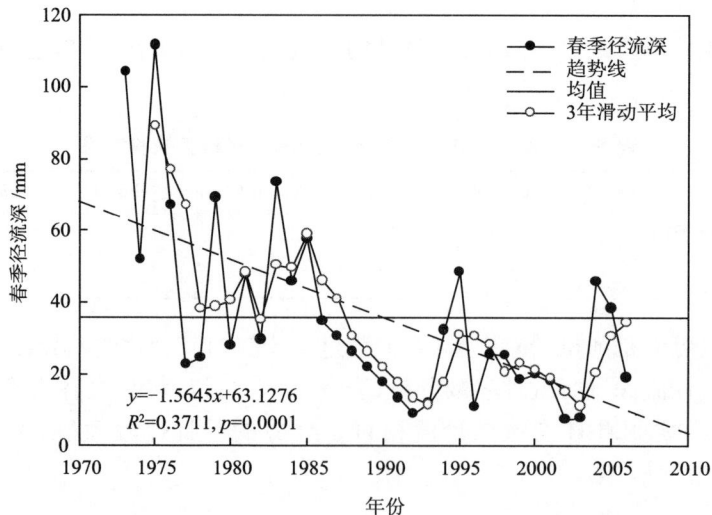

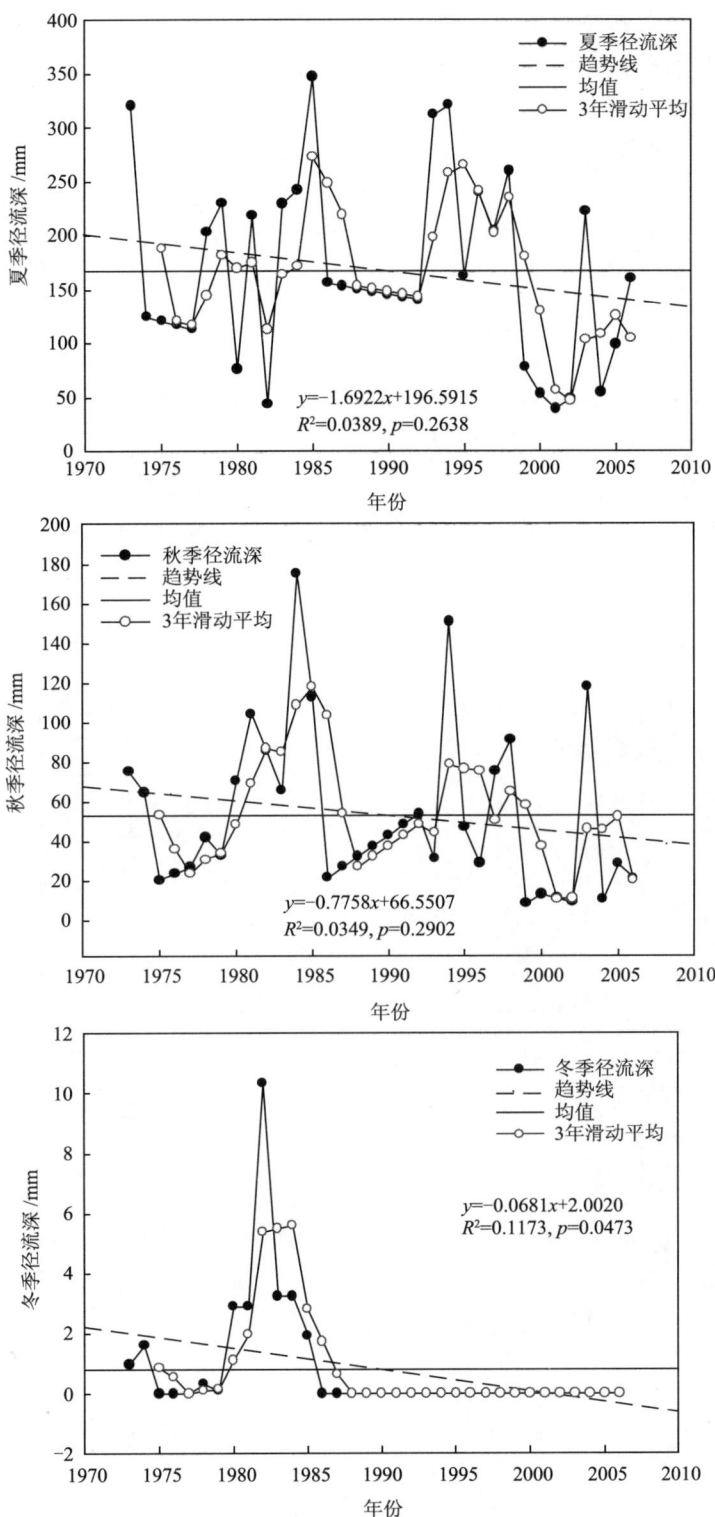

$y=-1.6922x+196.5915$
$R^2=0.0389, p=0.2638$

$y=-0.7758x+66.5507$
$R^2=0.0349, p=0.2902$

$y=-0.0681x+2.0020$
$R^2=0.1173, p=0.0473$

图 5-30　育林沟流域季节径流深变化趋势

为明显,其减少趋势存在统计学意义的显著性,而夏、秋两季径流深年际减少变化不显著 (表5-21)。春、夏、秋、冬各季节径流深变化率分别为-15.65mm/10a、-16.92mm/10a、 -7.76mm/10a和0.68mm/10a。

表5-21　育林沟流域季节径流深变化趋势检验结果

	Spearman统计量$|T|$	临界值	Mann-Kendall统计量$|U|$	临界值	趋势性
春	4.09	2.01	3.63	1.96	显著
夏	0.87	2.01	0.96	1.96	不显著
秋	1.70	2.01	1.35	1.96	不显著
冬	12.19	2.01	6.69	1.96	显著

新林沟流域各季节径流深变化趋势不一致,除了夏季径流深为负趋势外,其他季节的 径流深呈不同程度的正增加趋势(图5-31)。说明夏季径流深在减少,而其他季节径流深 存在不同程度增加,其中,秋季最为明显,冬季最小。但非参数检验结果表明,各季节径流

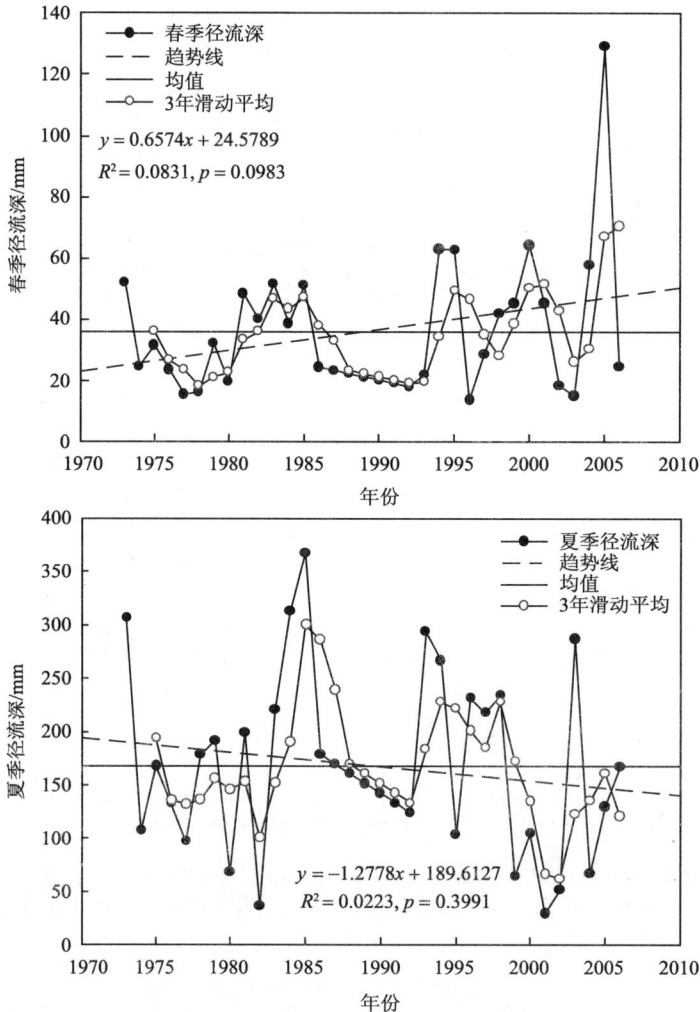

春季径流深图：图例包含"春季径流深"、"趋势线"、"均值"、"3年滑动平均";趋势线方程 $y = 0.6574x + 24.5789$，$R^2 = 0.0831$，$p = 0.0983$；纵轴为春季径流深/mm，横轴为年份。

夏季径流深图：图例包含"夏季径流深"、"趋势线"、"均值"、"3年滑动平均";趋势线方程 $y = -1.2778x + 189.6127$，$R^2 = 0.0223$，$p = 0.3991$；纵轴为夏季径流深/mm，横轴为年份。

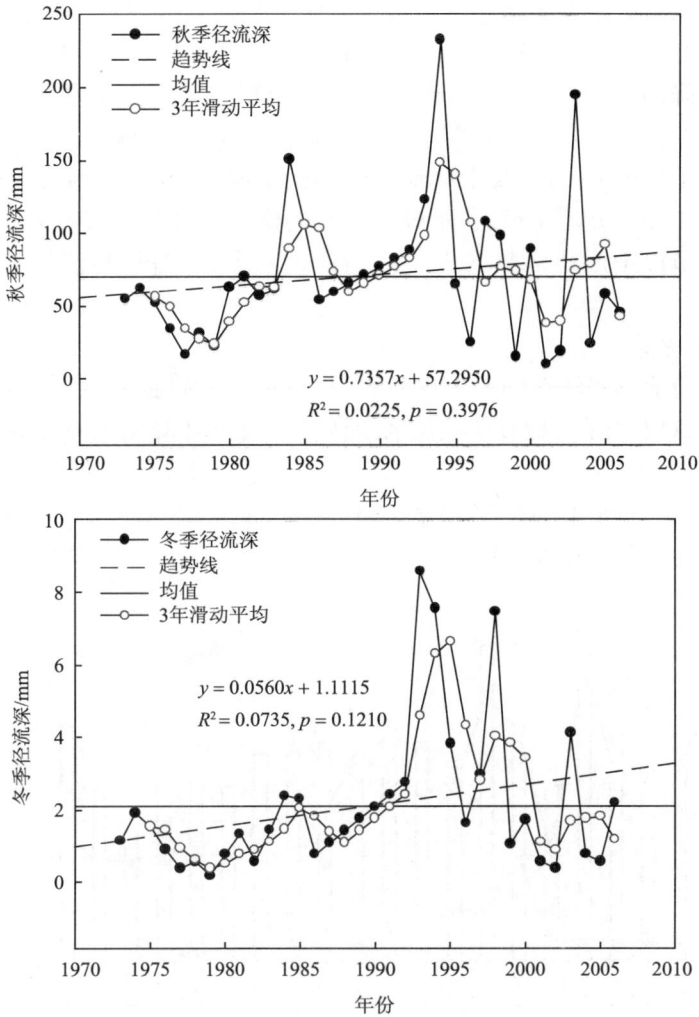

$$y = 0.7357x + 57.2950$$
$$R^2 = 0.0225, p = 0.3976$$

$$y = 0.0560x + 1.1115$$
$$R^2 = 0.0735, p = 0.1210$$

图 5-31　新林沟流域季节径流深变化趋势

深变化趋势不显著（表 5-22），春、夏、秋、冬各季节径流深变化率分别为 6.57mm/10a、−12.78mm/10a、7.36mm/10a 和 0.56mm/10a。

表 5-22　新林沟流域季节径流深变化趋势检验结果

	Spearman 统计量 $|T|$	临界值	Mann-Kendall 统计量 $|U|$	临界值	趋势性
春	0.73	2.01	0.55	1.96	不显著
夏	0.99	2.01	1.05	1.96	不显著
秋	0.55	2.01	1.02	1.96	不显著
冬	1.37	2.01	1.59	1.96	不显著

3. 小流域径流组分特征

大气降水特征影响林地产流状况，其中降雨强度和降雨间隔期对径流形成速度有着较大的影响。根据对中南地区集水区降水特征的分析与研究发现,研究区内以小强度降水为主,降水量<0.5mm/d 和 0.5～5.0mm/d 的降水次数分别占总次数的 13.7％和 45.3％。其次是降雨强度为 10～25mm/d 的中雨和 25～50mm/d 的大雨,降雨次数分别只占总次数的 167％和 7.7％;降雨量分别占总降水量的 30.0％和 28.9％。这种降水特征有利于水分在土壤中的下渗,加上林地凋落物的阻截,不易形成地表径流。因此,研究区以地下径流为主要水分输出形式,水分在林地的这种再分配方式有利于杉木人工林的生长发育。本小节以中南地区杉木人工林为研究对象,对流域径流的各组分特征进行研究。

1) 地表径流特征

地表径流是造成洪水泛滥的一个重要原因,历来为人们所关注。地表径流量的大小受森林植被类型、林分年龄、覆盖率、地形、地质、土壤以及降水特征的影响(李文华等,2001)。

图 5-32 和表 5-23 列出了第Ⅲ集水区,第 2 代杉木人工林在 4 个不同龄级和第 1 代杉木人工林在第Ⅴ龄级时的径流规律。

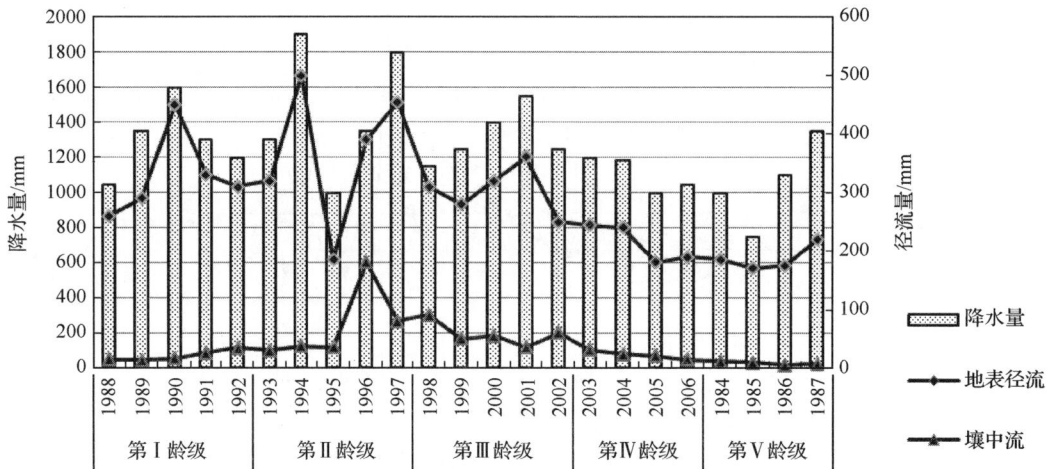

图 5-32　第Ⅲ集水区降雨量和径流量的年变化趋势

表 5-23　不同龄级杉木人工林的径流量和径流系数(1985～2006)

龄级	年降水量/mm	年地表径流量/mm	地表径流系数/％	年壤中流量/mm	壤中流系数/％	总径流系数/％	最大年径流深/mm	最小年径流深/mm	变幅
Ⅰ	1302.9	9.2	0.71	392.44	30.12	30.83	373.3	224	149.2
Ⅱ	1447.4	28.64	1.98	383.9	26.52	28.5	547.7	325.3	222.4
Ⅲ	1359.6	30.21	2.22	317.8	23.37	25.6	484.8	249.2	235.5
Ⅳ	1204.9	11.18	0.93	192.78	16	16.93	437.4	228	209.5
Ⅴ	1106.1	3.42	0.31	170.99	15.46	15.77	197.6	133.8	63.8

从图 5-32 和表 5-23 可知:地表径流与降雨量基本上呈正相关,即地表径流量随降雨

量的增加而增加,降水量大的年份,地表径流量也大。第Ⅰ龄级地表径流量较小,随着林分年龄的增加,地表径流量增大,到第Ⅴ龄级时,地表径流量又开始下降。在不同年龄阶段其地表径流量和林分的状况是密切相关的。第Ⅲ集水区杉木人工林在幼林阶段的1988~1990 年,地表径流量几乎为 0,即在第Ⅰ龄级时的地表径流量最小,前 5 年的平均地表径流系数只有 0.71%,但这并不能说明采伐森林能降低径流量。造成这一现象的主要原因是造林整地及该阶段的幼林抚育改变了林地土壤的入渗性能。因为土壤的入渗性能影响一定降水条件下进入土体的水量,从而影响地表径流的产生(雷廷武等,2005)。受人工抚育措施的影响,0~20cm 表层土的初渗速率为 13.9mm/d,稳渗速率为 0.1mm/d,渗透系数为 3.97;20~40cm 土层的初渗速率为 10.0mm/d,稳渗速率为 43mm/d,渗透系数为 1.69;表土层的平均初渗速率、稳渗速率和渗透系数分别为 1987 年砍伐前的第 1 代杉木林的 2.9 倍、3.1 倍和 3.2 倍。

因此,从理论上分析,第Ⅰ龄级时应该不会产生径流,前 3 年连续定位观测的结果也是如此。通过实地观测,即使雨强很大,连续时间较长,在幼林抚育期间仅出现少量的坡面慢流,且大都在到达测流堰之前就已消失。因此,幼林抚育期间几乎没有发生地表径流,但这并不能说采伐森林或幼林具有很强的调控能力,而是人为干扰增大了土壤的渗透性能,使那些本来可以形成地表径流的水量渗入到土壤中。1990 年停止了抚育,林分尚未郁闭,地被物和枯枝落叶较少,失去枯枝落叶层保护的大部分裸露的地表,在雨滴不断地冲击下趋于板结,渗透能力逐渐减少,由此,地表径流开始产生,且头几年总体趋势呈逐年增大。到第Ⅱ龄级地表径流量由第Ⅰ龄级的 9.20mm 增加到 28.64mm。到第Ⅴ龄级时,林分已基本郁闭(郁闭度为 0.9),加上林地枯枝落叶的积累和地被物的覆盖,降水的截留能力和地表径流形成的阻碍力增强,土壤结构得到改善,渗透力增强,地表径流减少,地表径流系数为第Ⅲ龄级的 50%左右。因此,1991 年以后,随着人为干扰的减少,林地表层土的渗透系数逐步减小,地表径流也将随之增加,到第Ⅲ、Ⅳ龄级时,地表径流系数达到最大,每年的年平均地表径流系数都不足 4%;以后又由于林地生物量的增加,尤其是地表的枯落物和灌木草本数量的增加,使得地表径流量又趋于减小,到第Ⅴ龄级时,年平均地表径流系数下降到 0.31%。

由于人为炼山和垦抚的干扰,对因砍伐造成的地表径流失控,我们无法讨论第 2 代杉木人工幼林的调节恢复作用,但是从中得到了这一点启示,即在植被恢复期(或幼林期)人为采取适当的管理措施,也可以减少因砍伐给系统带来的不利影响,如前两年,幼林抚育增大透水性能,极大地减少了地表径流的形成,增加了系统的稳定性,这样有助于提高幼林对系统调节能力的恢复。从图 5-32 中还可以看出,1984~1987 年第Ⅲ集水区处于第Ⅴ龄级,此期间的枯落物的数量多,贮水能力强,地表径流量少。这几年的平均地表径流系数只有 0.3%,年地表径流量均不足 10mm。当然,2003~2006 年的第 2 代杉木人工林生态系统也已进入第Ⅳ龄级,但其地被物的数量,尤其是枯落物的数量远远小于 1983~1987 年枯落物的生物量,因此此时的地表径流量还是较大,但总的趋势已开始下降。

2) 壤中流特征

从表 5-23 和图 5-32 中看出,杉木人工林生态系统的地下径流量,随降雨量的增减而随之增减,壤中流的变化趋势和降雨量的变化趋势是完全相同的。第Ⅰ、Ⅱ龄级的 10 年当中,杉木人工林生态系统对地下径流的调节作用未能充分地发挥出来,1988～1997年随着杉木幼林的生长,年地下径流量呈上升的趋势,第Ⅰ龄级杉木人工林的年均壤中流流量392.44m³/s,径流系数0.3012,是采伐前第1代杉木成熟林(1985～1987)地下径流系数0.1546(康文星等,1992)的2倍(表5-23)。造成这种现象的原因有:①降水量的影响,第Ⅰ龄级时,年均降水量(1302.9mm)比1984～1987年的年均降水量(1106.lmm)增加23%;②造林整地和抚育等经营措施增强了土壤的渗透性;③第Ⅰ龄级杉木林的蒸腾耗水量较少。由于降水量的增加,第Ⅱ龄级杉木人工林的年均地下径流383.90mm,但径流系数F降到0.2652。在第Ⅲ、Ⅳ、Ⅴ龄级的几年当中,杉木人工林生态系统对地下径流的调节作用增强,年地下径流呈下降的趋势。从1995～2006年,年地下径流量为逐渐下降,到2005年和2006年地下径流量分别下降到161.7mm和168.7mm,年径流系数为下降到15.0%和15.5%;到了第Ⅴ龄级及以后的地下径流量下降更快,第Ⅲ集水区的地下径流系数最小的只有14.3%,平均地下径流系数只有15.46%,这就说明了杉木人工林生态系对地下径流的调配能力增强。因为随着林分年龄的增长,枯枝落叶的生物量增多,对水分的拦蓄能力增强。同时,蒸腾作用已表现出来,成熟林分的蒸腾作用将消耗大量的水分,它驱动着土壤水流动,提吸了土壤中大量水分,已强烈地体现了其对径流量的调节作用。而在第Ⅰ龄级时,蒸腾作用弱,消耗的水分较少,因此,对于幼林阶段的生态系统来说,一部分水分却只能以液态的形式从地下径流输出。

　　另外,枯枝落叶增多,其枯枝落叶的分解,增大了土壤有机质的含量,改善了土壤的理化和水分入渗性能,增大了土壤的贮水能力,使森林生态系统对地下径流量的调节增大。

　　3)总径流特征

　　第2代杉木人工林集水区各龄级的年平均径流量为203.96～412.54mm,19年来的年均径流量为341.5mm,其中地表径流量9.20～30.21mm,地下径流量392.44～192.78mm,而第2代杉木林生态系统在第Ⅴ龄级时的总径流输出只有174.40mm,其中地表径流只有3.42mm,占1.96%。由此可见,集水区径流输出的水量以地下径流为主,地表径流所占比例较小,第Ⅰ、Ⅱ、Ⅲ、Ⅳ、Ⅴ龄级的地表径流分别占总径流输出的2.3%、6.9%、8.7%、5.5%和1.96%,这种径流输出特点是由降水特征、集水区土壤特征和林分作用共同决定的。由于地下径流占总径流输出的90%以上,年径流系数的变化规律和地下径流系数的变化规律完全一致。径流系数随林分年龄增大而减小的变化趋势表明:杉木人工林在成熟以前,其涵养水源,减缓洪峰的功能是随着年龄增大而加强的。从表5-23中还可以看出,径流量的年变化幅度少于降水量的年变化幅度,趋势相对平稳,体现了森林生态系统对径流的调节作用。但是,在某些情况下大气降水对径流输出格局的影响,并不是林木的调节作用所能控制的。杉木人工林生态系统内部的水量都来自大气降水的输入,大气降水的输入不可避免地影响系统径流输出的全部过程。随着降水输入的增加,系统的径流输出也随之增减。但是不同年龄阶段,集水区地下径流的变化速率是不相同的。表5-23中数据表明,年龄越大的林分,地下径流量随降雨量变化的幅度越小,这表明成熟的林分对降水输入的变化在输出的反应上比幼林迟缓。虽然在某些情况下,林木不可能控制或改变降水输入给系统带来的径流输出格局,但仍能或多或少地抑制外界环境给系统带来的干扰,缓和系统内不平衡的波动。这种作用是通过林木的生物调节来实现的,成林在输入发生变化时输出反应迟缓,这表明成林具有自行反馈的调控能力。相比之下,杉木幼林阶段还不具有这种能力。

第Ⅲ集水区径流的年变化规律同样说明了人为干扰也是影响径流形成的一个重要的方面,人为干扰通过改变土壤的孔隙度的大小,而影响林地的贮水能力,进而影响到径流量的大小。1991 年,何丙飞对第Ⅱ集水区中央一条 250m 的小路进行了径流量的形成分析,结果表明:人为活动频繁的这条小路上,渗透系数近似于零,降落在它上面的雨水几乎都以地表径流的形式输出到系统以外,这必然导致地表径流偏大。因此在径流的研究中,都应该考虑是否有人为干扰的因素。第Ⅲ集水区的山麓设置有气象因子观测铁塔,每天都有观测者上山,也几乎形成了一条小路,它必将影响以后地表径流的观测结果,因此将来的定位观测研究中,有必要将小路带来的影响去除。

4) 径流各组分分配特征

以华北土石山区两个典型小流域(半城子流域和红门川流域)为研究对象,分析小流域径流各组分的分配特征。

半城子流域:通过分析图 5-33 可知,半城子流域多年平均地表径流深、壤中径流深和地下径流深呈减少趋势;其中 1994 年的径流深值最大,地表径流为 226.62mm,壤中径流深和地下径流深分别为 77.87mm 和 132.73mm;而 2002 年的径流深最小,总值仅为 1.69mm,与 1994 年差异十分显著。从图中还可以看出壤中流和地下径流所占的比例呈增加趋势。

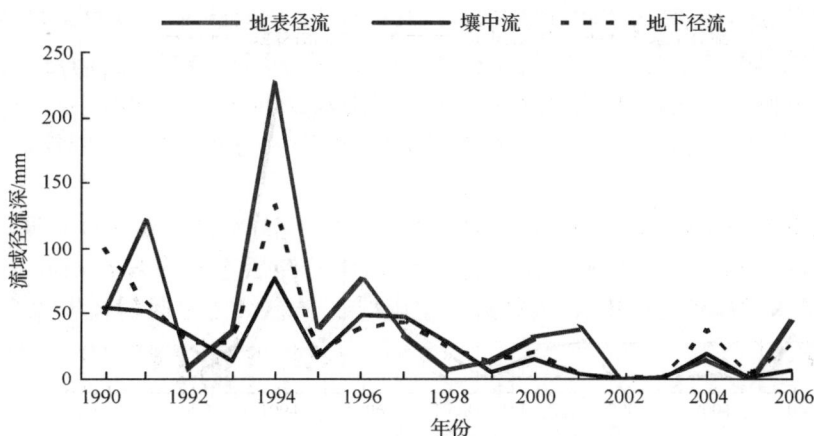

图 5-33　半城子流域 1990～2006 年间不同径流组分的变化

红门川流域:通过分析图 5-34 可知,红门川流域多年平均地表径流深、壤中径流深和地下径流深也呈减少趋势;其中 1994 年的径流深值最大,地表径流为 212.13mm,壤中径流深和地下径流深分别为 73.91mm 和 78.84mm;而 2002 年和 2003 年的径流深都较小,总值分别为 7.88mm 和 6.28mm,与 1994 年差异十分显著。从图中也可以看出红门川流域壤中流和地下径流所占的比例也呈增加趋势。

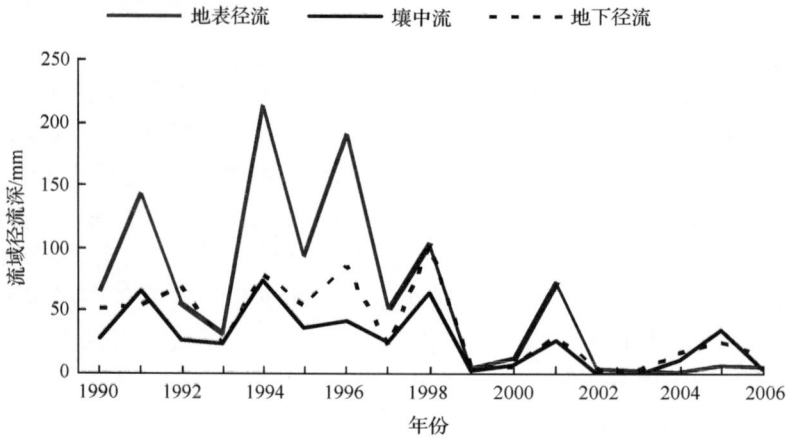

图 5-34　红门川流域 1990～2006 年不同径流组分的变化

5.2.2　小流域径流及其组分影响因素分析

1. 降雨因子

1) 降雨强度

一个流域的径流过程是雨量、雨强、雨型、下垫面等综合影响的产物。在同一个流域内下垫面条件是一致的,为了研究降雨强度对径流过程的影响,必须选择雨量、雨型相同,而强度不同的降雨进行对比分析,但在自然条件下,几乎不可能观测到雨量、雨型相同而雨强不同的降雨。为此,选择了西北黄土区不同流域 2004 年 7 月 29 日和 8 月 3 日两场降雨量相近、雨强不同的降雨进行对比,在这两场降雨中,分析不同土地利用方式的流域径流过程。

小尺度的农地流域(0.71km²)在不同雨强条件下,洪水过程线完全不同(图 5-35)。大雨强降雨的(7 月 29 日)洪水过程线呈窄瘦型,洪峰滞后主雨峰 20min;小雨强降雨(8 月 3 日)的洪水过程线呈矮胖型,洪峰滞后主雨峰 1.5h。大雨强时的径流深为小雨强降

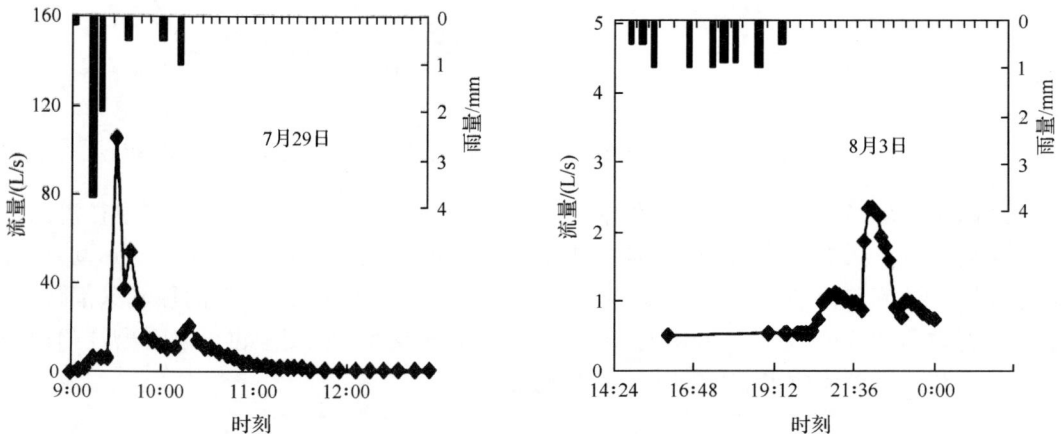

图 5-35　不同雨强条件下农地流域降雨径流过程

雨的 15.8 倍,径流系数是小雨强降雨的 13.9 倍,洪峰流量为小雨强降雨的 45.5 倍。

　　小尺度的封禁流域(1.93km²)在不同雨强时,洪水过程线的形状差异显著(图 5-36)。大雨强降雨形成的洪峰滞后主雨峰 1h,小雨强降雨形成的洪峰滞后主雨峰 2h。大雨强的径流深为小雨强降雨的 7.2 倍,径流系数为 7.5 倍,洪峰流量为 9.6 倍。

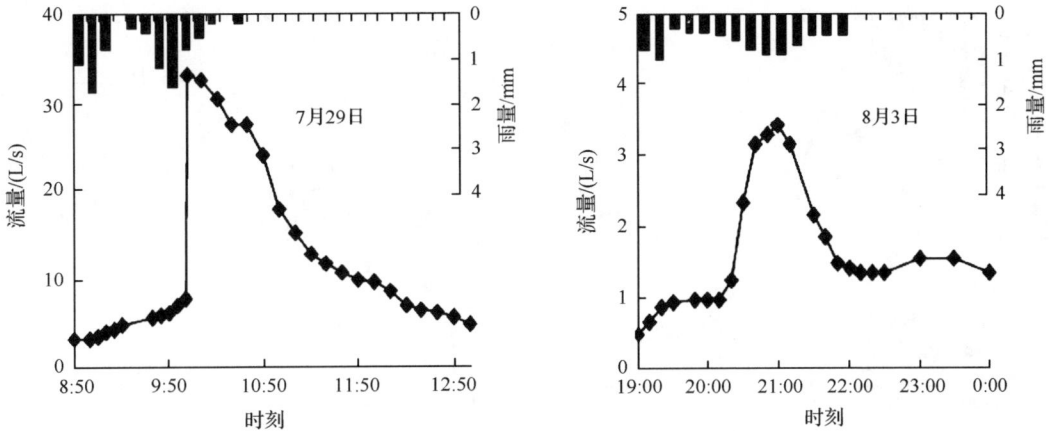

图 5-36　不同雨强条件下封禁流域降雨径流过程

　　从图 5-35、图 5-36 可以看出,在封禁流域上,大雨强降雨与小雨强降雨形成的洪峰流量之比、径流系数之比均明显小于农地流域。这说明封禁后流域的径流过程线明显平坦化,即使在较大的雨强条件下,形成的洪峰流量、径流系数均明显低于农地流域。

　　在小尺度的半农半牧流域(3.62km²),7 月 29 日和 8 月 3 日两次降雨形成的径流过程线均为多峰格局(图 5-37)。大雨强降雨形成的两次洪峰出现时间分别滞后两次主雨峰 20min 和 25min;小雨强降雨形成的洪峰滞后主雨峰 1h。大雨强降雨形成的径流深、径流系数、洪峰流量分别为小雨强降雨的 13.5 倍、12.8 倍和 17.2 倍。

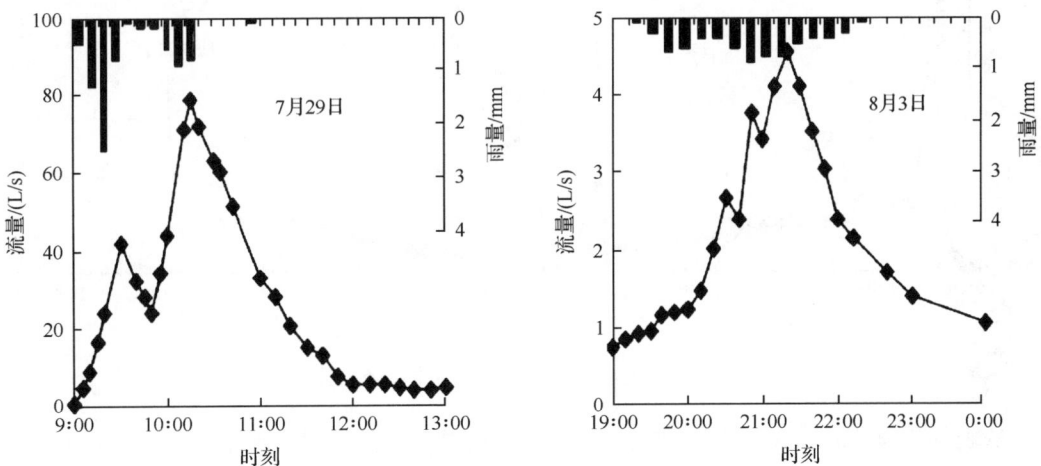

图 5-37　不同雨强条件下半农半牧流域降雨径流过程

　　从图 5-38 可以看出,7 月 29 日和 8 月 3 日两次降雨在较大尺度的次生林流域

(18km²)上,形成的径流过程线完全不同,7 月 29 日的径流过程呈单峰,而 8 月 3 日的径流过程线呈多峰格局。大雨强降雨形成的洪峰滞后主雨峰 55min,而小雨强降雨形成的洪峰滞后主雨峰 70min。大雨强降雨形成的径流深和径流系数为小雨强降雨的 1.03 倍,洪峰流量是小雨强降雨的 1.6 倍。

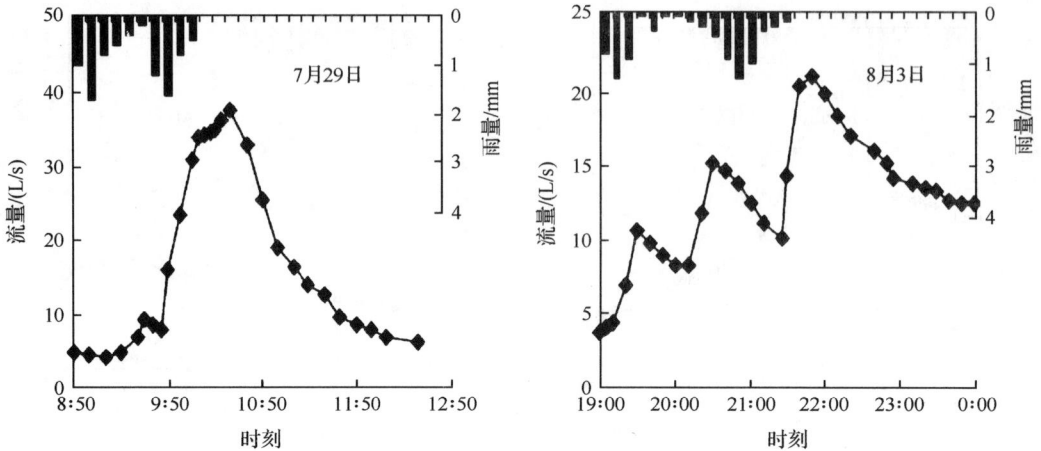

图 5-38　不同雨强条件下次生林流域降雨径流过程

从图 5-39 可以看出,7 月 29 日和 8 月 3 日两次降雨在更大的流域尺度上(34km²)形成的径流过程线完全不同。大雨强降雨的径流过程线呈窄瘦型,洪峰滞后主雨峰 15min,洪峰对雨峰响应非常灵敏;小雨强降雨形成的径流过程线的洪峰滞后主雨峰 1.3h,洪峰对主雨峰响应不灵敏。大雨强降雨形成的径流深、径流系数、洪峰流量分别为小雨强降雨的 4.6 倍、4.0 倍和 6.3 倍。

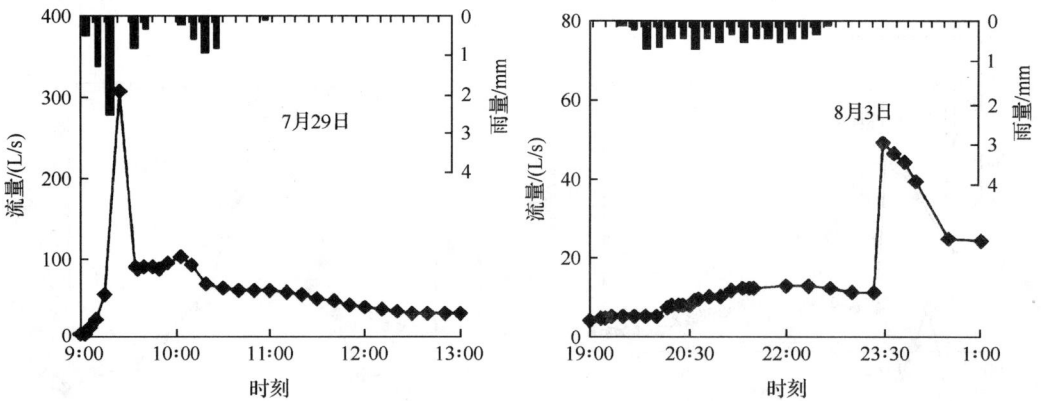

图 5-39　不同雨强条件下蔡家川主沟流域降雨径流过程

从表 5-24 和图 5-35～图 5-39 可见,在各种尺度的小流域上,雨量相近、雨强不同的降雨形成的洪水过程线差异相当显著。随着流域面积的增大,即随着下垫面尺度的增大,雨强对径流深、径流系数、洪峰流量的影响逐渐弱化。这与 Dunne 等(1991)的研究一致,即 1 个径流过程的峰型对降雨过程的响应随流域面积的增大而减弱。实际上,随着流域尺度(面积)的增加,降雨量、降雨强度、降雨历时、雨型等参数都会发生很大的变化。因此,在构建小流域水文模型以及在尺度转换过程中,如何定量描述降雨参数、尤其是雨强的空间分布及雨型的变化,是另一个必须重视的问题。只有这样,才能给水文模型及尺度转换模型提供 1 个精确的输入项,进而才有可能模拟出 1 个正确的结果。

表 5-24　2004 年 7 月 29 日和 8 月 3 日各流域径流特征值汇总

流域名称	降雨量/mm		10min 雨强 /(mm/min)		径流深/mm		径流系数/%		洪水历时/h		洪峰流量 /(L/s)	
	07-29	08-03	07-29	08-03	07-29	08-03	07-29	08-03	07-29	08-03	07-29	08-03
农地	8	7.3	3.8	1	0.19	0.012	2.37	0.17	1.75	1.1	105.98	2.33
人工林	10	9	4.5	1.3	0.072	0	0.72	0	2.3	0	39.46	0
封禁	8.8	9	2.8	1	0.072	0.01	0.82	0.11	2.8	1	33.06	3.46
半农半牧	8	7.3	3.8	1	0.122	0.009	1.53	0.12	3	3	78.79	4.57
次生林	8.8	9	2.8	1.3	0.006	0.006	0.072	0.07	3	2.7	37.68	21.16
蔡家川主沟	8	7.3	3.8	1	0.023	0.005	0.28	0.07	1.2	1.2	308.13	49.06

2) 降雨量

为了研究降雨量对径流过程的影响,选择了西北黄土区 2004 年 7 月 15 日和 8 月 10 日两场雨强相近、雨量不同的降雨(表 5-25)进行对比。两场降雨中各流域径流过程分析如下。

表 5-25　2004 年 7 月 15 日和 8 月 10 日各流域径流特征值汇总

流域名称	降雨量/mm		10min 雨强 /(mm/min)		径流深/mm		径流系数/%		洪水历时/h		洪峰流量 /(L/s)	
	07-15	08-01	07-15	08-01	07-15	08-01	07-15	08-01	07-15	08-01	07-15	08-01
农地	23.8	13	6	5.8	—	0.367	—	2.82	—	1	—	389.5
人工林	30	15	6.8	5.9	0.406	0.341	1.35	2.28	1.3	1.5	1213.8	217.4
封禁	29.2	15.9	6.8	5.9	0.495	0.45	1.46	2.83	1.5	1.5	410.4	308.1
半农半牧	28.5	12	6	5	1.369	0.206	4.8	1.71	2	1.3	1478.7	249.2
次生林	29.2	14.6	6.8	5.9	0.631	0.607	2.16	4.16	1	1.2	7537.3	5601.7
蔡家川主沟	23.8	12	5.8	5.4	1.144	0.741	4.81	6.56	2.5	2	11345.9	9792.5

从图 5-40 可见,小尺度的人工林小流域(1.5km²)在雨型相似、雨量不同时,洪水过程线有一定的相似性。大雨量(7 月 15 日)时洪峰滞后主雨峰 10min,小雨量(8 月 10 日)时洪峰滞后主雨峰 15min,大雨量时的径流深为小雨量降雨的 1.19 倍,洪峰流量为 5.6 倍。

从图 5-41 可以看出,小尺度的封禁流域(1.93km²)在雨强相近、雨量不同的情况下,大雨量降雨和小雨量降雨的洪水过程线也有一定的相似性。大雨量时洪峰滞后主雨峰 10min,小雨量时洪峰滞后主雨峰 25min;大雨量时的径流深为小雨量降雨的 1.1 倍,洪峰流量为 1.3 倍。

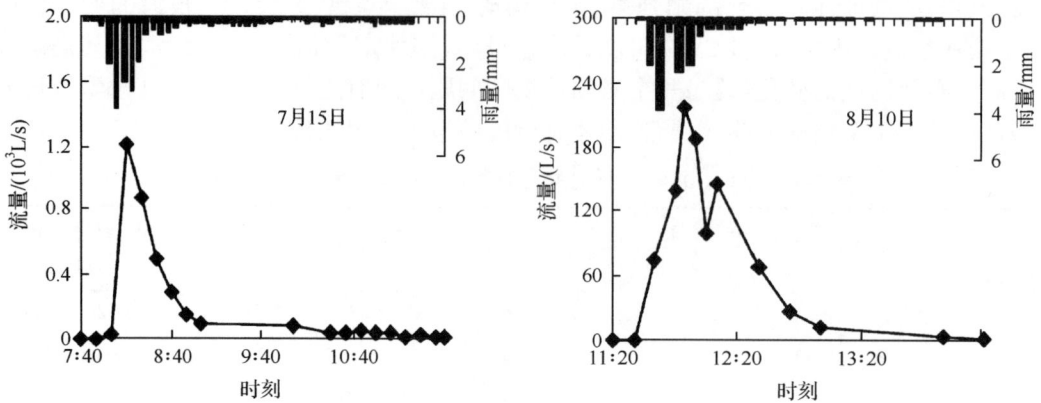

图 5-40　不同雨量条件下人工林流域降雨径流过程

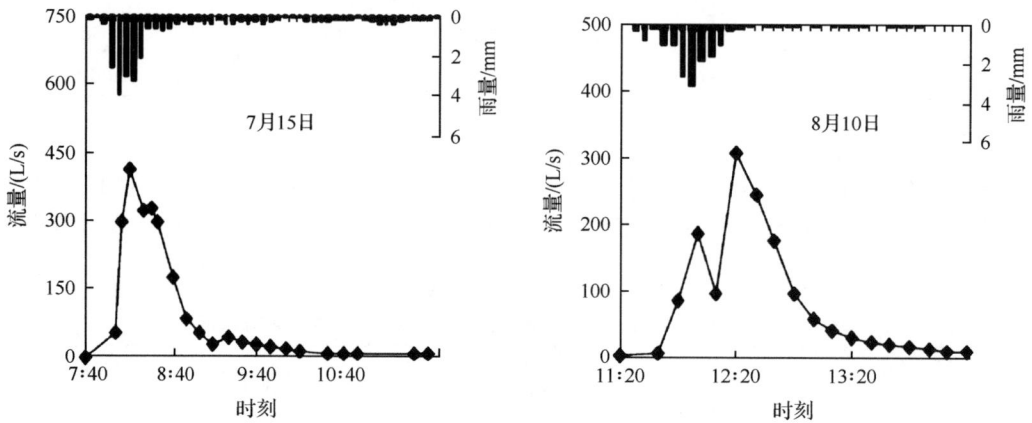

图 5-41　不同雨量条件下封禁流域降雨径流过程

从图 5-42 可见，小尺度的半农半牧流域（3.62km²）在雨强相似、雨量不同时，洪水过程线较为相似。大雨量时洪峰滞后主雨峰 15min，小雨量时洪峰滞后主雨峰 55min。大雨量时的径流深为小雨量降雨的 6.6 倍，洪峰流量为 6 倍。

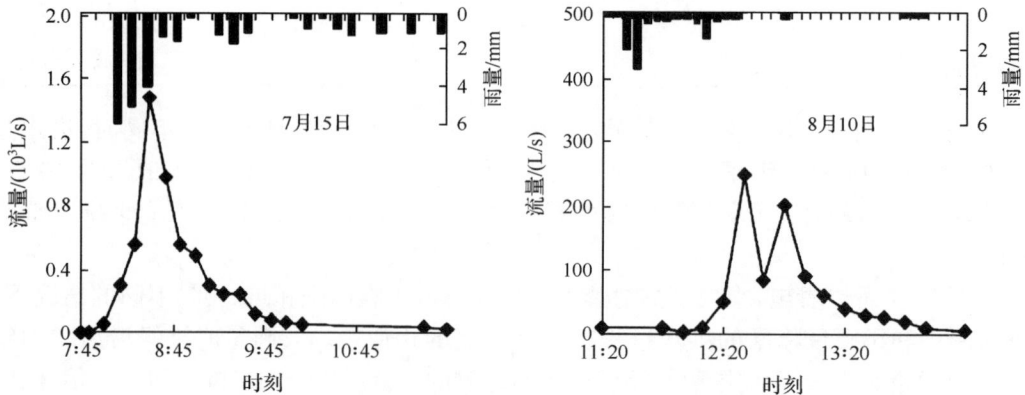

图 5-42　不同雨量条件下半农半牧流域降雨径流过程

从图 5-43 可以看出,在尺度为 18km² 的次生林小流域中,雨型相似、雨量不同的情况下,形成的洪水过程线极为相似,降雨开始 20min 后均开始形成洪水,洪峰滞后主雨峰25min。大雨量时的径流深为小雨量的 1.04 倍,洪峰流量为 1.34 倍。

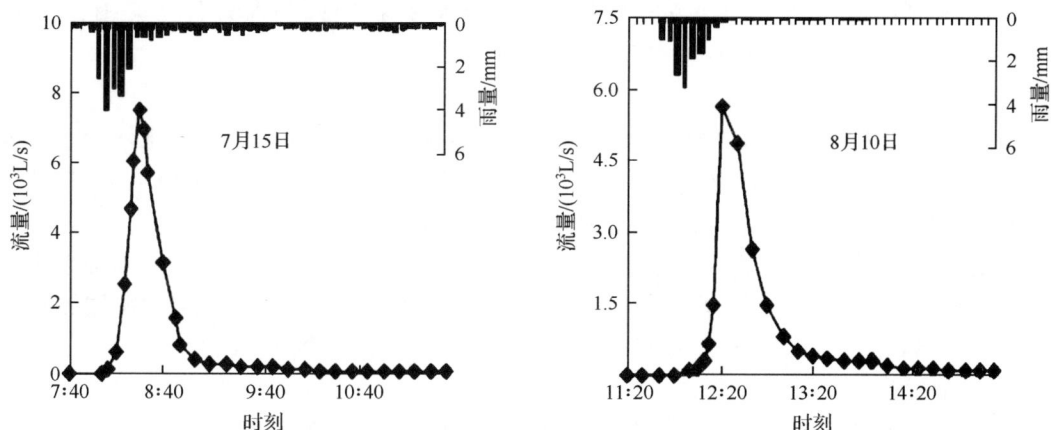

图 5-43　不同雨量条件下次生林流域降雨径流过程

从图 5-44 可以看出,在较大尺度的蔡家川主沟流域(34 km²)中,雨强相似、雨量不同的降雨形成的洪水过程存在较大差异。大雨量时洪峰滞后主雨峰 40min,小雨量时滞后1.5h。大雨量时的径流深为小雨量时的 1.5 倍,洪峰流量为 1.2 倍。

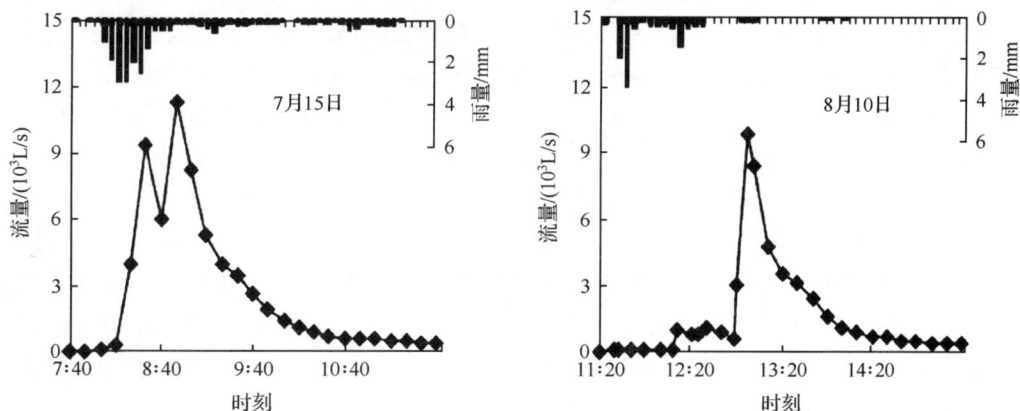

图 5-44　不同雨量条件下蔡家川主沟流域降雨径流过程

可见,在不同尺度的小流域上,降雨强度相近而雨量不同的降雨,形成的径流过程线存在一定程度的相似性,即雨量的多少只影响洪峰的高低,对洪水过程线的形状影响不大。在小尺度的小流域上,相同雨强、不同雨量的降雨形成的洪水过程线相似,而随着尺度的增加,相同雨强、不同雨量的降雨形成的洪峰过程线差异逐渐显著。因此尺度转换中,在相同雨强条件下,当流域尺度达到多大时,雨量对洪水过程线的影响将会发生变化,即在多大尺度范围内,小流域的流量过程线具有相似性是必须解决的另一重要问题。在水文观测时,必须选择 1 个合适的尺度,也即寻找 1 种阈值尺度,在该尺度内保持线性关系,可以使用连续假定,而不必考虑地貌、土壤或降雨的实际空间变化形式,跨越阈值产生非线性变化。

　　3) 雨型

　　参考相关研究成果,将西北黄土区的降雨划分为 3 种类型,分别为 A 型降雨、B 型降雨和 C 型降雨。各种类型的降雨特征见表 5-26。

　　A. 人工林与天然林

　　在 A 型降雨条件下,人工林流域的径流量、径流系数、单位面积洪峰流量均大于封禁流域,分别是封禁流域的 6.77~7 倍、3.01~8.03 倍、0.67~8.81 倍。可以认为,自然恢复的植被对短历时高雨强的降雨的拦蓄作用远大于人工植被。

　　B 型降雨的平均降雨量、平均降雨历时比 A 型雨大,比 C 型雨小,平均降雨强度也介于 A 型雨和 C 型雨之间。从表 5-20 可以看出,在 B 型降雨条件下,人工林流域的径流量、径流系数、单位面积洪峰流量均大于封禁流域,分别是封禁流域的 1.63~5.83 倍、1.88~2.18 倍、2.29~4.91 倍。

　　与 A 型、B 型雨相比,C 型雨的降雨量最大,降雨历时最长,平均雨强最小。在 C 型降雨条件下,平均径流量、径流系数、单位面积洪峰流量的大小顺序均为:人工林流域>封禁流域。人工林流域的径流量、径流系数、单位面积洪峰流量分别是封禁流域的 5.32~13.01 倍、3.68~6.36 倍、1.45~15.22 倍。

　　B. 多林流域与少林流域

　　对 A 型降雨条件下多林流域和少林流域的次降雨径流进行统计分析得到表 5-27。

　　从表 5-27 可以看出,在 A 型降雨条件下,半农半牧流域的平均次降雨径流量、径流系数、单位面积洪峰流量最大,分别是半人工林半次生林流域的 1.88 倍、1.63 倍、1.69 倍,次生林流域的 3.89 倍、3.04 倍、2.96 倍。可以认为,在短历时高雨强的 A 型降雨条件下,次生林植被的截雨减流效果最好,而半农半牧流域(少林流域)在这种雨型下拦截径流的效果显著不如半人工林半次生林流域和次生林流域(多林流域)。

　　对 B 型降雨条件下多林流域和少林流域的次降雨径流进行统计分析得到表 5-28。可以看出,在 B 型降雨条件下,半农半牧流域的平均次降雨径流量、径流系数、单位面积洪峰流量仍最大,分别是半人工林半次生林流域的 1.30 倍、1.39 倍、1.29 倍,次生林流域的 4.46 倍、4.58 倍、7.22 倍。可以看出,次生林流域削减洪峰、减少地表径流效果明显好于其他流域,尤其是削减洪峰效果最显著。

　　对 C 型降雨条件下多林流域和少林流域的次降雨径流进行统计分析得到表 5-29。可以看出,在 C 型降雨条件下,半农半牧流域的平均次降雨径流量、径流系数、单位面积洪峰流量仍最大,分别是半人工林半次生林流域的 2.75 倍、2.47 倍、3.19 倍,次生林流域的 4.21 倍、4.02 倍、8.04 倍。可以看到,次生林流域削洪效果非常显著,比半人工林半次生林流域、半农半牧流域分别减少了 60.31%、87.56%。可以认为,次生林流域在这种长历时雨强小的降雨形式下,能更好地发挥截持雨水和拦蓄地表径流的作用。

表 5-26　不同降雨类型下各试验流域次降雨径流统计

雨型	雨型特征	流域名称	指标	极小值	极大值	均值	标准差
A	降雨量 4～39.5mm，雨量均值为 12.8mm；平均降雨历时为 176min，平均降雨强度为 6.42mm/h；10min，30min，60min 最大雨强的均值分别为 21.5mm/h，14.4mm/h，9.6mm/h	人工林流域	径流量/mm	0.0028	4.1098	0.5185	0.8922
			单位面积洪峰流量/[m³/(s·km²)]	0.0002	2.6711	0.2580	0.6294
			径流系数/%	0.0522	17.2682	3.3722	4.0310
		封禁流域	径流量/mm	0.0004	0.6073	0.1237	0.1729
			单位面积洪峰流量/[m³/(s·km²)]	0.0003	0.3033	0.0428	0.0783
			径流系数/%	0.0065	5.7290	0.8368	1.1673
B	降雨量 8～38.3mm，雨量均值为 22.21mm；平均降雨历时为 710.72min；平均降雨强度均值为 2.22mm/h；10min，30min，60min 最大雨强的均值分别为 14.6mm/h，9.9mm/h，6.7mm/h	人工林流域	径流量/mm	0.0769	1.6145	0.4438	0.4709
			单位面积洪峰流量/[m³/(s·km²)]	0.0016	0.0958	0.0256	0.0296
			径流系数/%	0.2062	5.9891	1.9364	2.0487
		封禁流域	径流量/mm	0.0132	0.9906	0.1784	0.2461
			单位面积洪峰流量/[m³/(s·km²)]	0.0007	0.0195	0.0063	0.0056
			径流系数/%	0.1096	2.7518	0.6510	0.6920
C	降雨量 21.6～76mm，雨量均值为 46.82mm；雨历时为 1884.17min；降雨强度均值为 1.5mm/h；10min，30min，60min 最大雨强的均值分别为 13.3mm/h，9.4mm/h，6.9mm/h	人工林流域	径流量/mm	0.8638	2.5240	1.5226	0.6821
			单位面积洪峰流量/[m³/(s·km²)]	0.0411	0.1592	0.0770	0.0500
			径流系数/%	1.9552	4.088	2.9474	0.8019
		封禁流域	径流量/mm	0.0664	0.4745	0.3266	0.1525
			单位面积洪峰流量/[m³/(s·km²)]	0.0027	0.1099	0.0261	0.0415
			径流系数/[(m³/(s·km²)]	0.3073	1.1110	0.7197	0.3347

表 5-27　A 型降雨条件下多林流域和少林流域次降雨径流统计

流域名称	统计指标	极小值	极大值	均值	标准差
半人工林半次生林流域	径流量/mm	0.0011	1.1769	0.1409	0.2670
	单位面积洪峰流量/[m³/(s·km²)]	0.0001	0.8651	0.0538	0.1651
	径流系数/%	0.0167	11.1032	0.8381	2.0646
次生林流域	径流量/mm	0.0004	0.6378	0.0682	0.1619
	单位面积洪峰流量/[m³/(s·km²)]	0.0001	0.4060	0.0306	0.0923
	径流系数/%	0.0055	6.0174	0.4512	1.1513
半农半牧流域	径流量/mm	0.0019	1.7656	0.2650	0.4763
	单位面积洪峰流量/[m³/(s·km²)]	0.0004	0.8194	0.0907	0.2178
	径流系数/%	0.0365	7.4187	1.3697	1.9244

表 5-28　B 型降雨条件下多林流域和少林流域次降雨径流统计

流域名称	统计指标	极小值	极大值	均值	标准差
半人工林半次生林流域	径流量/mm	0.0008	0.5828	0.1541	0.1927
	单位面积洪峰流量/[m³/(s·km²)]	0.0001	0.0567	0.0101	0.0157
	径流系数/%	0.0056	2.0540	0.5599	0.6171
次生林流域	径流量/mm	0.0038	0.2045	0.0449	0.0519
	单位面积洪峰流量/[m³/(s·km²)]	0.0002	0.0072	0.0018	0.0022
	径流系数/%	0.0285	0.5340	0.1700	0.1331
半农半牧流域	径流量/mm	0.0123	0.8687	0.2001	0.2290
	单位面积洪峰流量/[m³/(s·km²)]	0.0011	0.0357	0.0130	0.0130
	径流系数/%	0.0734	3.1915	0.7792	0.8184

表 5-29　C 型降雨条件下多林流域和少林流域次降雨径流统计

流域名称	统计指标	极小值	极大值	均值	标准差
半人工林半次生林流域	径流量/mm	0.0174	0.4310	0.1859	0.1439
	单位面积洪峰流量/[m³/(s·km²)]	0.0012	0.0971	0.0194	0.0381
	径流系数/%	0.0807	0.9290	0.4123	0.3364
次生林流域	径流量/mm	0.0114	0.2005	0.1213	0.0698
	单位面积洪峰流量/[m³/(s·km²)]	0.0006	0.0235	0.0077	0.0092
	径流系数/%	0.0530	0.4321	0.2531	0.1347
半农半牧流域	径流量/mm	0.0213	1.0166	0.5109	0.3756
	单位面积洪峰流量/[m³/(s·km²)]	0.0016	0.2798	0.0619	0.1076
	径流系数/%	0.0987	2.1910	1.0180	0.7011

　　通过对不同雨型下多林流域和少林流域的降雨-径流分析可以看出,在不同雨型下多林流域和少林流域的水文响应表现不一。对于半农半牧流域,A 型雨下的平均洪峰流量

是 B、C 型雨的 6.98 倍、1.47 倍,平均径流系数是 B、C 型雨的 1.76 倍、1.35 倍;对于半人工林半次生林流域,A 型雨下的平均洪峰流量是 B、C 型雨的 5.33 倍、2.77 倍,平均径流系数是 B、C 型雨的 1.50 倍、2.03 倍;对于次生林流域,A 型雨下的平均洪峰流量是 B、C 型雨的 17 倍、3.97 倍,平均径流系数是 B、C 型雨的 2.65 倍、1.78 倍。可以看到,半农半牧流域在 3 种降雨类型下径流量、洪峰流量的差异不如其他流域的明显。而半人工林半次生林流域和次生林流域由于植被覆盖度高,显著减少径流、削减洪峰流量,因而在雨强较小、雨量较小的 B 型雨下径流量、洪峰流量明显小于雨强大的 A 型雨和雨量大的 C 型雨。由此可以看出,雨强大和雨量大都会使径流量增大,但在雨强大的情况下,植被对拦截径流的作用比在雨量大的情况下更加有限。这是因为,当雨强较大时,植被林冠和枯落物层不能较好地发挥拦截雨水和减缓雨滴到达地面的速度的作用,到达地面的净雨强度仍然较大,高速下冲的雨滴对土壤产生冲蚀、溅蚀,导致土壤结构受破坏,土壤孔隙被堵塞,影响了雨水的入渗,缩短了开始产流的时间,大部分雨水无法被有效拦蓄而转化为地表径流,因而在这种短历时高雨强的降雨形式下,森林植被对径流的拦截作用十分有限。因此,防治水土流失主要应针对此类雨的降雨特征进行。

4) 暴雨对径流的影响

以西南长江三峡库区典型小流域响水溪小流域为研究对象,研究暴雨条件对径流的影响。

A. 暴雨量

响水溪森林小流域 2003~2005 年 12 场暴雨的降雨量平均值为 74.69mm,其相应的平均径流量为 167 386.99m³,平均径流深达 20.85mm,平均径流系数为 0.26。现以实测的 12 场暴雨条件下的径流深(D)、径流系数(R)分别和降雨量(P)进行回归分析,得回归方程如下:

$$D = 0.443P - 12.788, r^2 = 0.873, n = 11 \tag{5-20}$$
$$R = 0.006P^{0.877}, r^2 = 0.607, n = 11 \tag{5-21}$$

其中剔除了 2005 年 5 月 5 日这场暴雨,此场暴雨为短历时,不符合该地区暴雨的总体特征。从图 5-45、图 5-46 可以获知,径流深与降雨量为线性相关,径流系数与降雨量呈幂函数相关关系,前者相关系数较高为 0.873,后者仅为 0.607,说明在暴雨条件下,降雨量对产流量影响显著。且从图中趋势线可看出,随着降雨量的增加,径流量和径流系数也相应增加,因此可通过式(5-20)计算获取该地区暴雨条件下的径流资料。

B. 暴雨历时

2003~2005 年 12 场暴雨降雨历时在 5.25~46.5h 之间,平均降雨历时为 19.98h,该地区的降雨多为大于 12h 的长历时降雨;相应的洪水历时为 8.25~50.5h,平均洪水历时24.60h,且每场暴雨的洪水历时均较降雨历时有所延长,延长时间各不相同,说明森林植被对缓解洪水的作用较为明显,同时需要指出的是降雨历时越长,缓解洪水的效果越好。洪水(T_R)与暴雨历时(t)间的相互关系,经回归分析得

$$T_R = 1.016t + 3.438, r^2 = 0.949, n = 12 \tag{5-22}$$

从图 5-47 趋势线可看出,随着降雨历时的增加,洪水历时也相应增加,两者线性相关显著。森林植被能起到显著缓解洪水的作用。

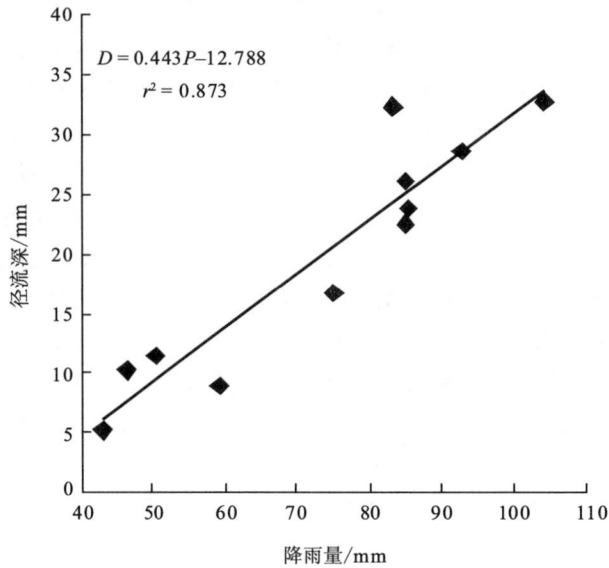

图 5-45　径流深对降雨量的响应过程

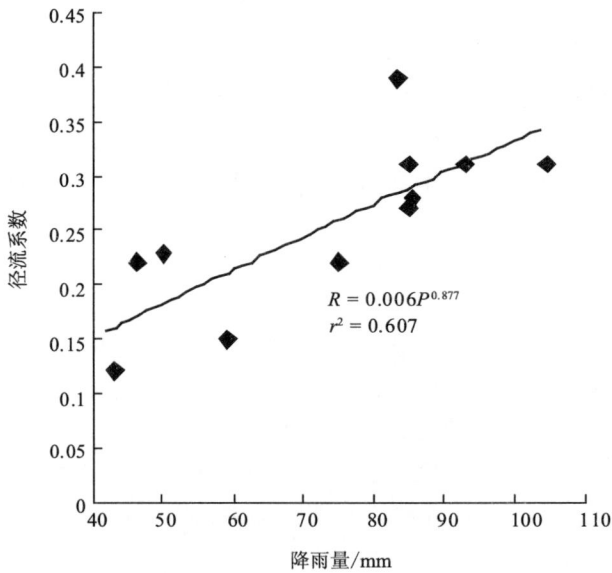

图 5-46　径流系数对降雨量的响应过程

C. 暴雨雨强

响水溪森林小流域 2003～2005 年 12 场暴雨的 15min 最大雨强均值为 1.53mm/min，平均雨强均值达 0.091mm/min，洪峰流量均值 0.062mm/min，且每场暴雨的径流峰值比最大雨强的出现时间均有滞后现象，最短滞后 30min，最长可达 4.25h。以 12 场雨的洪峰流量(I_R)分别与最大雨强(I_P)进行相关分析，得回归方程如下：

$$I_R = 0.05I_P^{0.583}, r^2 = 0.605, n = 12 \tag{5-23}$$

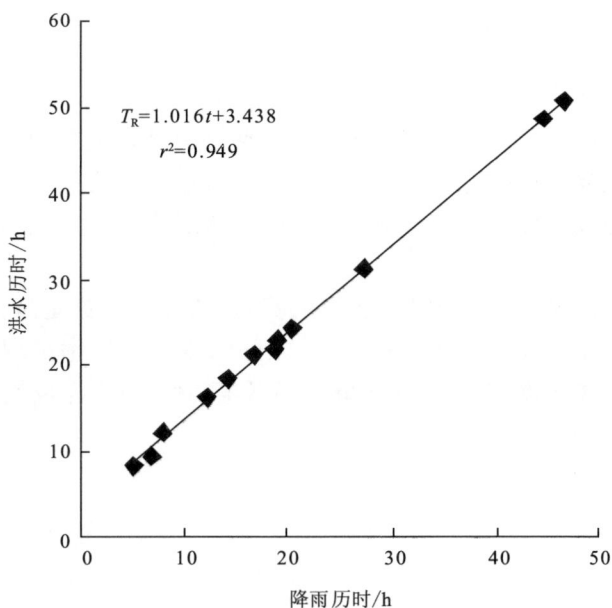

$T_R = 1.016t + 3.438$

$r^2 = 0.949$

图 5-47　洪水历时对降雨历时的响应过程

图 5-48 显示了径流峰值与最大雨强（即雨峰）幂函数相关关系，但相关系数相对较低，仅为 0.605，这说明降雨到产生径流的过程影响因素较多，暴雨条件下，随着雨峰的增大，洪峰也相应地增强。

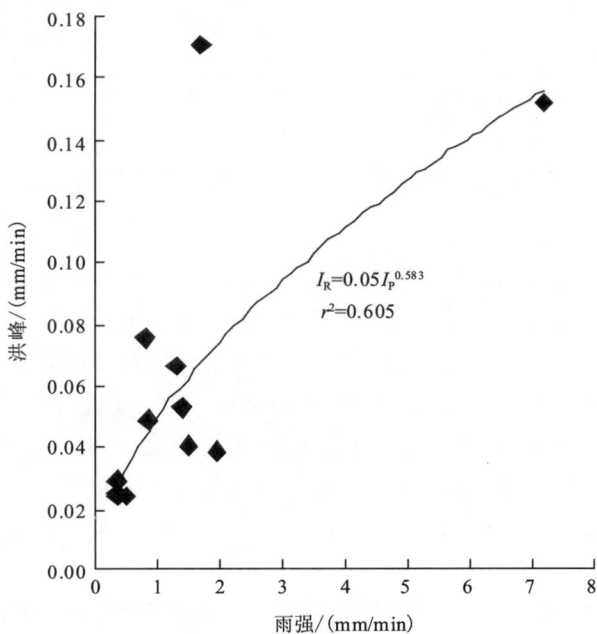

$I_R = 0.05 I_P^{0.583}$

$r^2 = 0.605$

图 5-48　最大雨强对洪峰流量的响应过程

2. 下垫面因子

1）地形地貌

大、中型山脉及高原对水汽运动有抬升作用，使迎风坡形成多雨区和暴雨中心，从而产生降雨及径流量差异。在高海拔山地，一般来说，降雨量随海拔增加而增加，也使得径流量比低海拔的平原或丘陵要大。另外，地势越陡，切割越深，地面汇流的时间也越短，径流损失也越小。

试验区内降水量随海拔梯度升高呈上升趋势，总的变化特征是海拔每升高 100m，年降水量平均递增 4.55%。海拔 2600～3800m 之间降水量递增率出现两个高峰；3000～3400m 之间降水量递增缓慢；3400～3600m 递增又呈高峰型；当海拔超过 3650m 时，降水量出现下降趋势（图 5-49）。

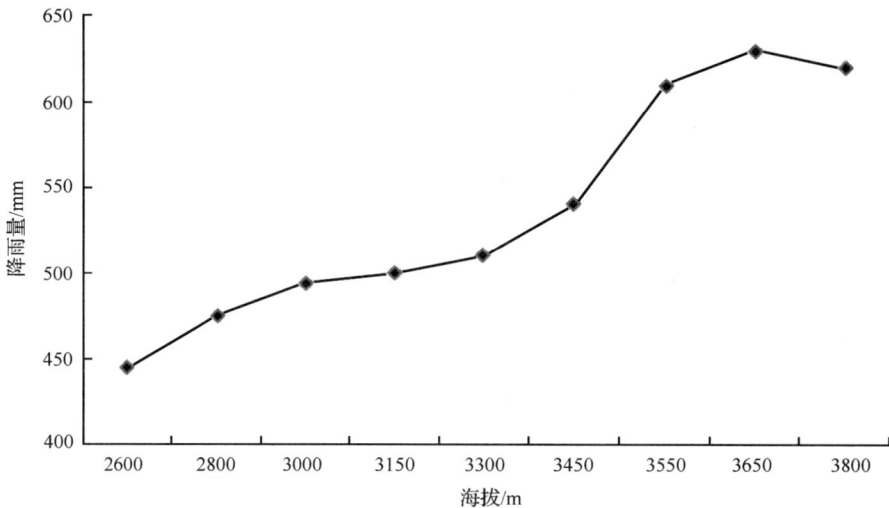

图 5-49　祁连山林区降水量随海拔梯度的变化图

2）土壤、地质

流域山地坡面上，地形部位与土地利用方式是决定土壤物理性质变化的重要因素，沿坡面不同的土壤成土过程导致了其特征的不同。由于不同地区在气候、母岩、地形、植被和动物等方面的不同，形成了各种土壤类型，导致土壤性质存在明显的差异。即使土壤类型相同，但在不同时间和不同空间上土壤的某些性质仍然不同。这表明土壤具有时间上和空间上变化的特点。土壤空间差异是土壤重要的性质之一，在不同的尺度上研究土壤的空间差异，不但对了解土壤的形成过程、结构和功能具有重要的理论意义，而且对了解植物与土壤的关系，如更新过程、养分和水分对根系的影响以及植物的空间格局等也具有重要的参考价值，

土壤和植被也呈现明显的垂直分异，土壤类型从低海拔到高海拔依次为砂夹石、山地栗钙土、山地森林灰褐土、灌丛草甸土、裸岩，其中，砂夹石主要分布在流域出口处，平均土层厚度 15cm；山地栗钙土主要分布在海拔 2720～3000m 的阳坡，平均土层厚度 40cm；山地森林灰褐土主要分布在海拔 2600～3300m 的阴坡，平均土层厚度 67cm；灌丛草甸土分

布在海拔 3300~3770m 的亚高山地带,平均土层厚度 44cm;裸岩零星分布于海拔 3090~
3770m 的亚高山地带。其中,灌丛草甸土土壤水文特性最好,持水能力较强;灌丛草甸土
典型样地的土壤特征:所有样地 0~40cm 土壤的总孔隙度均在 60% 以上。对于表层土壤
(0~10cm)的总孔隙度,最高达 81.4%,土壤表层的总孔隙度、毛管孔隙度较大,且随着深
度增加而逐渐减小。土壤容重随着土层深度增加而逐渐增大,亚高山灌丛典型研究样地
0~40cm 加权平均容重为 0.5g/cm³。山地森林灰褐土疏松、透气,持水能力次之;所有样
地 0~60cm 土壤的总孔隙度均在 50% 以上。对于表层土壤(0~10cm)的总孔隙度,最高
达 79.1%,非毛管孔隙度高达 36.6%,原因是青海云杉林样地的土壤机械组成较粗,导致
较大的非毛管孔隙度,土壤容重随着土层深度增加而逐渐增大,亚高山灌丛典型研究样地
0~40cm 加权平均容重为 0.8g/cm³。山地栗钙土紧实、透气不良、持水能力较差,所有样
地 0~60cm 土壤的总孔隙度均在 50% 以上。对于表层土壤(0~10cm)的总孔隙度,最高
达 62.3%,非毛管孔隙度较小,原因是土壤质地较黏,石砾含量较小,土壤的非毛管孔隙
含量较小。土壤容重随着土层深度增加而逐渐增大,草地的土壤容重最大,为
1.03g/cm³。

　　流域中的土壤、地质状况主要是通过下渗、土壤蓄水及地下水储存来影响径流,质地
较粗的沙土、沙壤土保水能力较差,排水性好;质地黏重的黏土、黏壤土透水性差,土层薄
的一些山地土壤蓄水量小,而土层深厚的土壤深层蓄水量大;结构好的土壤(如团粒结
构),既能保土又能排水,而无结构的土(特别是黏性土、细粉土),排水能力很差。岩石埋
藏深度、分布及倾斜状况明显影响储存、地下水分流动;岩层破碎的山体,在暴雨中易坍滑
形成泥石流;岩溶地貌地区能将大量的降雨和地面径流转入地下,形成地下径流。

　　土壤是重要的水文作用层,它支配降水如何被分配为径流和下渗。径流区土壤水分
的季节变化直接影响径流形成,祁连山排露沟流域 3 类土壤水分特性有较大差距(表 5-
30),其中,亚高山灌丛草甸土最好,其次为山地森林灰褐土,山地栗钙土最差。土壤水分
特性与土壤的空间分布和垂直变化有关,土壤最大持水量、最小持水量、毛管持水量均随
土壤深度增加而减小,但下降幅度因土壤类型而有差异,表层土壤具有较好的水文效应。

表 5-30　祁连山排露沟流域土壤水分特性

土壤类型	土层深度 /cm	土壤容重 /(g/cm³)	最大持水量 /%	最小持水量 /%	毛管持水量 /%	总孔隙度 /%
亚高山灌丛草甸土	0~40	0.5309	81.24	63.13	69.65	76.71
山地森林灰褐土	0~60	0.4977	78.22	53.82	59.78	77.46
山地栗钙土	0~60	1.0379	59.09	50.01	53.86	59.86

　　3) 河道水系等流域特征

　　流域特征包括流域面积、流域水系形状、流域长度和宽度、流域形状系数、流域不对称
系数、流域平均高度、河道比降等。流域面积直接影响流域水量及径流的形成过程,一般
来说,大流域由于河道切割的含水层层次增多,截获的地下水径流量也多,而且,大流域径
流变化比小流域相对稳定;流域的长短和宽窄、流域河道的比降影响了径流的汇流时间;
流域及水系的形状不仅影响流出径流的多少,而且影响径流过程线的变化,狭长形的流域

汇流时间较长,径流过程线较平缓,扇形排列的河系,各支流的径流基本上同时汇集至干流,径流量过程线比较陡峻。如海河各大支流(北运河、永定河、大清河、子牙河和南运河等)的大小相差不多,辐集天津汇流入海河,每当流域发生暴雨时,由于快速集流,易形成很高的洪峰流量,因此,在海河未根治前,常导致海河平原的洪水灾害;而在珠江三角洲上珠江下游系网状水道,泄水量大,洪涝灾害相对减轻。

3. 植被因子

1) 森林植被覆盖率对径流的影响
A. 对径流量的影响

以响水溪小流域为模拟地区,利用分布式暴雨水文模型 PRMS-Storm 模型模拟不同森林覆盖率对洪水过程的影响。同时考虑在同一覆盖率的条件下,森林植被在小流域内不同的分布位置进一步量化对比(不同分布位置分析是指在流域内低海拔、高海拔、随机分布的森林面积占流域总面积的不同比例时,模拟此种覆盖率下的径流过程),以期揭示森林覆盖率变化对洪水影响的变化规律。

分别在响水溪流域实测的 12 场降雨以及特大暴雨情景下,分析覆盖率 0、20%、40%、60% 不同阶段下对径流的影响。如表 5-31 所示,在无植被的情况下,洪峰流量呈明显增加趋势,由于森林植被层层截流拦蓄的作用,会较好地起到削减洪峰的作用。对于响水溪小流域实测的 12 场降雨,现状洪峰流量的均值为 0.062mm/min,无植被多场降雨的平均峰值为 0.294mm/min。现状比无植被情景下,削减洪峰峰值在 54%~90%,平均达79%;特大暴雨情景下,现状比无植被情况下削减洪峰峰值达 76%

表 5-31　森林覆盖率对洪峰流量的模拟结果 I

森林覆盖率	降雨序号	洪峰流量/(mm/min)	森林覆盖率	降雨序号	洪峰流量/(mm/min)
	1#	0.060		1#	0.020
	2#	0.057		2#	0.026
	3#	0.220		3#	0.052
	4#	0.319		4#	0.058
	5#	0.844		5#	0.168
	6#	0.239		6#	0.054
	7#	0.049		7#	0.026
无植被	8#	0.629	现状(>60%)	8#	0.151
	9#	0.053		9#	0.020
	10#	0.297		10#	0.072
	11#	0.307		11#	0.047
	12#	0.451		12#	0.047
	平均	0.294		平均	0.062
	特大暴雨(P=1%)	1.160		特大暴雨	0.283

　　表 5-31、表 5-32 中实测的 12 场径流的模拟峰值表明,森林覆盖率在零至现状之间变化时,洪峰均值是逐渐减小的,即现状(0.062mm/min)<60%(0.167mm/min)<40%(0.214mm/min)<20%(0.248mm/min)<0%(0.294mm/min)。一个流域内森林植被的不同分布位置削减峰值的作用也是不同的,当覆盖率为 20% 时,20% Ⅲ(随机分布)、20% Ⅰ(低海拔集中分布)两者比 20% Ⅱ(高海拔集中分布)削减洪峰效果更明显,而当覆盖率达到 40% 以后,缓解洪峰流量的效果为 Ⅰ>Ⅲ>Ⅱ,这说明小流域内利用森林植被来达到削减洪峰时,在流域出口附近造林(即低海拔处造林)较其他地方造林效果更明显。其中 60% Ⅱ(0.213mm/min)>40% Ⅰ(0.181mm/min),验证了森林覆盖率高,但植被分布位置不佳,也不能发挥最佳的调洪作用。

表 5-32　森林覆盖率对洪峰流量的模拟结果 Ⅱ

森林覆盖率%	降雨序号	森林植被不同分布位置洪峰流量/(mm/min)			森林覆盖率%	降雨序号	森林植被不同分布位置洪峰流量/(mm/min)		
		低海拔集中分布 Ⅰ	高海拔集中分布 Ⅱ	随机分布 Ⅲ			低海拔集中分布 Ⅰ	高海拔集中分布 Ⅱ	随机分布 Ⅲ
20	1#	0.052	0.060	0.048	40	1#	0.046	0.059	0.045
	2#	0.050	0.051	0.049		2#	0.043	0.044	0.042
	3#	0.203	0.197	0.191		3#	0.174	0.163	0.157
	4#	0.225	0.283	0.251		4#	0.167	0.263	0.236
	5#	0.666	0.795	0.678		5#	0.444	0.724	0.592
	6#	0.179	0.214	0.192		6#	0.136	0.192	0.162
	7#	0.044	0.044	0.044		7#	0.040	0.039	0.040
	8#	0.515	0.617	0.487		8#	0.397	0.596	0.445
	9#	0.043	0.050	0.043		9#	0.037	0.047	0.039
	10#	0.252	0.254	0.249		10#	0.204	0.218	0.207
	11#	0.256	0.299	0.231		11#	0.208	0.284	0.205
	12#	0.342	0.435	0.327		12#	0.275	0.428	0.311
	平均	0.236	0.275	0.233		平均	0.181	0.255	0.207
	特大暴雨	0.994	1.054	0.959		特大暴雨	0.809	0.948	0.791
60	1#	0.039	0.051	0.035	60	7#	0.035	0.034	0.035
	2#	0.037	0.037	0.035		8#	0.308	0.508	0.319
	3#	0.140	0.121	0.126		9#	0.032	0.040	0.032
	4#	0.129	0.234	0.186		10#	0.159	0.170	0.159
	5#	0.311	0.580	0.394		11#	0.157	0.245	0.142
	6#	0.104	0.158	0.124		12#	0.213	0.374	0.224
	平均	0.139	0.213	0.151		特大暴雨	0.635	0.748	0.593

B. 对径流组分的影响

将响水溪小流域 12 场降雨下不同覆盖率、不同分布位置的平均径流成分值等数据列于表 5-33。

表 5-33 森林覆盖率变化对径流组成的模拟结果

森林覆盖率	径流量/mm				径流成分比例			径流系数
	地表径流	壤中流	基流	总径流	地表径流	壤中流	基流	
无植被	42.56	8.13	1.17	51.85	0.82	0.16	0.02	0.67
20%Ⅰ	37.28	7.73	1.16	46.18	0.80	0.17	0.03	0.59
20%Ⅱ	36.25	8.01	1.17	45.42	0.80	0.17	0.03	0.58
20%Ⅲ	37.25	8.09	1.17	46.51	0.80	0.17	0.03	0.60
40%Ⅰ	32.28	6.89	1.16	40.33	0.80	0.17	0.03	0.52
40%Ⅱ	32.03	8.02	1.17	41.22	0.78	0.19	0.03	0.53
40%Ⅲ	33.13	7.80	1.17	42.09	0.78	0.19	0.03	0.54
60%Ⅰ	27.04	6.59	1.16	34.79	0.78	0.19	0.03	0.45
60%Ⅱ	26.79	7.72	1.17	35.68	0.75	0.22	0.03	0.46
60%Ⅲ	27.79	7.60	1.16	36.55	0.76	0.21	0.03	0.47
现状	14.19	5.73	1.09	21.01	0.68	0.27	0.05	0.27

表 5-33 显示了随森林覆盖率的增加,响水溪小流域径流总量、径流系数是逐渐减少的,由无植被到现状阶段,基流基本不变,地表径流占总径流从 82%减少到 68%,而壤中流占总径流的比例则相应增大,由 16%增加至 27%,证明了随着森林覆盖率的增加,森林层层拦蓄及截留效果更佳,有效地将地表径流转化为壤中流。无植被条件下的径流总量分别为 20%、40%、60%以及现状情况下的 1.13 倍、1.26 倍、1.45 倍和 2.47 倍。

当覆盖率在 20%时,总径流量为 20%Ⅲ>20%Ⅰ>20%Ⅱ,而当覆盖达到 40%以上时,径流总量表现为Ⅲ>Ⅱ>Ⅰ,但同一森林覆盖率下,森林的三种不同分布位置产流量变化不大。

2) 森林植被类型对径流的影响

A. 人工林与天然林径流特征

为了更好地研究人工林和天然林流域的不同径流特征,在蔡家川流域内选择以 15 年生人工刺槐林、油松林、侧柏林等水土保持林为主的人工林流域和采取封山育林恢复植被 26 年的封禁流域作为对比研究流域,采用 2004~2009 年连续 6 年的降雨径流资料,对人工林流域和封禁流域的年、雨季、枯季的径流特征值进行比较,定量分析不同雨型下人工林流域和封禁流域的径流特征。

年径流量:2004~2009 年人工林流域和封禁流域年径流量统计表见表 5-34。

表 5-34 2004~2009 年各试验流域年径流量

流域名称	降雨量 /mm	径流量 /mm	径流系数 /%	地表径流量 /mm	地表径流系数 /%	基流量 /mm	基流系数 /%
人工林流域	386.6	10.79	2.92	10.79	2.92	0	0
封禁流域	364.4	6.32	1.71	1.84	0.49	4.48	1.22

从表 5-34 可见,封禁流域的年径流量和年径流系数均小于人工林流域。封禁流域的平均年径流量、径流系数分别是人工林流域的 58.57%、58.56%,封禁流域的平均年地表径流量比人工林流域少了 82.95%。虽然封禁流域的年径流量、年径流系数、地表径流量和地表径流系数均小于人工林流域,但其基流量远大于人工林流域。人工林流域只有在降雨时才有径流,无降雨时均处于干涸状态,而封禁流域则常年有基流存在。可见,人工植被和自然恢复的植被相比,在涵养水源方面的功能并不完全相同,自然恢复的植被在有效减少地表径流的同时,能将雨水转化为基流,使年径流过程趋于平稳化,而人工植被却将拦蓄的雨水均转化为蒸发散消耗掉了,使得能渗入地下转为基流的雨水少之又少,流域出口基流量为零。

雨季和枯水季径流特征:研究区 6~9 月,是降雨最为集中的时期,该期间的累积降雨量占全年流域总降雨量的 70% 左右。除 6~9 月外,其他月份的降水较少,为枯季时期。表 5-35 是 2004~2009 年的人工林流域和封禁流域 6~9 月径流及其组分统计情况。

表 5-35　2004~2009 年各试验流域雨季径流量

流域名称	降雨量 /mm	径流量 /mm	径流系数 /%	地表径流量 /mm	地表径流系数 /%	基流量 /mm	基流系数 /%
人工林流域	331.6	8.95	2.72	8.95	2.72	0	0
封禁流域	312.3	4.30	1.34	1.69	0.52	2.62	0.82

从表 5-35 可以看出,封禁流域的雨季径流量、径流系数仍然小于人工林流域。封禁流域雨季的平均径流量、径流系数分别是人工林流域的 48.04%、49.26%;封禁流域雨季的地表径流量也远小于人工林流域,其平均地表径流量比人工林流域少了 81.12%。即使在雨季人工林流域也没有基流量。表 5-36 是 2004~2009 年封禁流域和人工林流域枯季径流占年径流的比例。

表 5-36　2004~2009 年各试验流域枯季总径流量占年总径流量的比例(单位:%)

流域名称	2004 年	2005 年	2006 年	2007 年	2008 年	2009 年	平均值
人工林流域	9.38	15.55	1.57	32.03	25.84	30.67	19.17
封禁流域	35.77	33.66	21.11	40.51	32.66	34.40	33.02

从表 5-36 可见,封禁流域枯水季节径流量的比例大于人工林流域。封禁流域枯水季节径流量的比例为 21.11%~40.51%,而人工林流域的比例为 1.57%~32.03%,封禁流域枯水季节径流所占比例是人工林流域的 1.72 倍。可以认为自然恢复的植被在维持枯水季节河川径流量方面的作用显著高于人工植被。这可能是因为,封禁流域为封山育林形成的全林流域,以天然次生乔木林、灌木林为主,该流域的植被条件好,林下草本植被茂盛,地表枯枝层厚,地表糙率大,土壤渗透能力强,雨季时期拦截雨水多,并将大部分雨水转为地下水,在枯季时期以基流形式流出,导致该流域枯季径流占年径流的比例大。

B. 多林流域和少林流域径流特征

在蔡家川流域内选择半人工林半次生林流域、次生林流域和以水平梯田、荒草地为主的半农半牧流域作为对比研究流域,从而进行多林流域和少林流域降雨径流比较分析。

其中,半农半牧流域的森林覆盖率为15.2%,可看作少林流域,半人工林半次生林流域(森林覆盖率为81.7%)和次生林流域(森林覆盖率为82%)森林覆盖率高,可看作多林流域。

年径流量:表5-37是多林流域和少林流域2004～2009年的年径流量平均值统计情况。

表5-37　2004～2009年多林流域和少林流域年径流量

流域名称	年降雨量/mm	年总径流量/mm	年总径流系数/%	年地表径流量/mm	年地表径流系数/%
半人工林半次生林流域	368.42	5.11	1.32	1.71	0.44
次生林流域	373.52	4.71	1.24	0.81	0.22
半农半牧流域	387.93	12.58	3.13	3.12	0.74

从表5-37可以看出,年总径流量、径流系数最大的是半农半牧流域,最小的是次生林流域。半农半牧流域的平均年径流量、径流系数分别是半人工林半次生林流域的2.46倍、2.37倍,次生林流域的2.67倍、2.52倍。年地表径流量、径流系数最大的仍然是半农半牧流域,最小的仍是次生林流域。半农半牧流域的平均年地表径流量、径流系数分别是半人工林半次生林流域的1.82倍、1.68倍,次生林流域的3.85倍、3.36倍。可见,半农半牧流域(少林流域)在拦截径流方面所起的作用明显不如半人工林半次生林流域和次生林流域(多林流域)。其原因是:半农半牧流域内植被稀少,植被覆盖率仅为15.2%,降水时较少森林植被和枯枝落叶拦蓄雨水,土壤抗冲性和土壤入渗能力差,从而导致对雨水的截持和对径流的拦蓄作用不如半人工林半次生林流域和次生林流域。此外,半农半牧流域受人类活动影响较大,农耕地的垦种和牲畜的频繁啃噬、踩踏地表植被,导致天然草地严重退化,土壤板结,大片地表裸露,尤其是山羊、牛等牲畜经常踩踏形成的小路更易成为地表径流形成的主要场所,因而导致半农半牧流域径流量显著高于半人工林半次生林流域和次生林流域。

雨季和枯水季径流:表5-38是多林流域和少林流域的2004～2009年6～9月径流量平均值统计情况。

表5-38　2004～2009年多林流域和少林流域雨季径流量

流域名称	雨季降雨量/mm	雨季总径流量/mm	雨季总径流系数/%	雨季地表径流量/mm	雨季地表径流系数/%
半人工林半次生林流域	322.27	3.18	0.99	1.65	0.51
次生林流域	319.77	2.62	0.82	0.77	0.24
半农半牧流域	332.35	8.23	2.48	3.76	1.13

从表5-38可以看出,半农半牧流域的雨季径流量、径流系数是最大的,分别是半人工林半次生林流域的2.59倍、2.51倍,次生林流域的3.14倍、3.02倍。雨季地表径流量、径流系数最大的是半农半牧流域,最小的是次生林流域。次生林流域的平均雨季地表径流量、径流系数分别是半人工林半次生林流域的46.7%、47.1%,半农半牧流域的

20.5%、21.2%。可见,次生林流域拦截径流的效果比半人工林半次生林流域更显著。其原因是:次生林流域的林分类型与半人工林半次生林流域有所不同,次生林流域是以山杨、丁香、辽东栎、白桦等组成的天然次生林为主。半人工林半次生林流域是以次生林和人工林为主,其中天然次生乔木林以山杨、白桦为主,天然次生灌木林以虎榛子、沙棘、丁香等为主,人工林以油松、刺槐及刺槐与侧柏、油松形成的混交林为主。自然恢复的次生林在暴雨下的减流减沙效果比其他林分好。在降雨事件发生时,次生林流域的林下丰厚枯枝落叶层可以吸收雨水,并进一步减缓雨滴到达土壤的速度从而增加雨水下渗土壤的可能性,有效减少了地表径流量。土壤的最大渗透能力是地表径流产生的重要内在因素,而自然更新、林分结构复杂的次生林大大改良了土壤性质,提高了土壤的入渗能力,从而对滞留雨水和延缓地表径流的产生有显著效果。因此全部以自然恢复的次生林为主的次生林流域要比半人工林半次生林流域更能体现出减少径流的效果。

　　表 5-39 是 2004～2009 年的多林流域和少林流域枯季径流占年径流的比例。可见,半农半牧流域枯季径流占年径流的比例最小且年际波动较大,比例范围为 9.25%～44.4%,其比例平均值是半人工林半次生林流域的 60.21%、次生林流域的 55.44%。半人工林半次生林流域的枯季径流占年径流的比例(30.12%～51.39%)与次生林流域(28.01%～64.36%)相近。

表 5-39　2004～2009 年多林流域和少林流域枯季总径流量占年总径流量的比例(单位：%)

流域名称	2004 年	2005 年	2006 年	2007 年	2008 年	2009 年	平均值
半人工林半次生林流域	30.12	46.05	31.48	45.14	51.39	37.25	40.24
次生林流域	28.01	61.22	36.73	64.36	36.11	35.77	43.70
半农半牧流域	16.66	13.51	9.25	44.40	26.34	35.21	24.23

　　森林植被能将雨季拦截的雨水转化为土壤水或地下水的形式进行储存,并在旱季时期以地下水流出的形式补偿枯季径流量的不足,从而保持河流量的稳定。从分析结果来看,半农半牧流域由于植被覆盖度低,在雨季时期拦蓄雨水能力低于半人工林半次生林流域和次生林流域,因而在枯水时期由地下水转化为枯季流量以维持河流稳定的效果显然不如半人工林半次生林流域和次生林流域。可以认为,多林流域在维持枯水季节河川径流量方面的作用好于无林流域或少林流域。

　　4. 径流主导影响因子分析

　　为了进一步研究小流域尺度下各影响因子对径流影响的重要性,本书的研究根据西北黄土区 2004～2005 年的 20 场降雨径流数据来分析流域尺度径流的主要影响因子。影响小流域径流的各因子灰度关联度值及其对径流影响的权重值见表 5-40。

表 5-40　影响小流域径流各因子的灰度关联度值

	形状系数	沟道比降	森林覆被率	降雨量	降雨强度
灰度关联度值	0.66	0.52	0.53	0.67	0.65
权重/%	21.78	17.16	17.49	22.11	21.45

由表 5-40 可以看出,在小流域尺度,对径流影响最大的是降雨量,其次为形状系数、降雨强度,森林覆被率和沟道比降对径流的影响最小。在降雨对径流的影响中,降雨量对径流的影响大于降雨强度,其权重分别为 22.11% 和 21.45%。径流的形成是先由坡面产流,经过坡面和河网汇流后,最后到达流域出水口。在坡面尺度,由于汇流时间太短,所以,径流量主要由引起产流变化的因子来决定。在流域尺度,产生地表径流后要经过较长时间的汇流才能达到流域总出水口,因此,流域径流量主要由引起汇流变化的因子来决定。在汇流过程中,随着汇流面积的增大,汇流时间延长,增加了土壤入渗时间,导致土壤入渗量增大;并且随着汇流时间的延长,汇聚的径流量增加,导致水流能量增加,水流能量增加到一定强度后,与降雨强度相比,降雨量对径流的影响增强。形状系数是流域分水线的实际长度与流域同面积圆的周长之比,流域的形状系数越大,流域形状越狭长,汇流时间越长,土壤入渗量越大,到达流域总出水口的径流量越小。

本节中分析了森林对产流过程的影响,森林对汇流过程的影响主要表现在两个方面:一是林冠截留减小了林内降雨量;二是森林植被对地表的覆盖,增加了地表粗糙度,延长了汇流时间,增加了入渗量。汇流主要由下垫面因子所决定,植被因子引起的下垫面变化对径流的影响随着观测尺度的增大被弱化,下垫面变化主要由地形因子所决定。从而在汇流过程中,地形因子对径流的影响大于植被因子。

5.2.3　小流域森林生态系统特征与径流及其组分的耦合关系

1. 对比流域森林植被对小流域径流的影响

对比流域方法是研究森林覆被变化对径流影响最佳方法,其在一定程度上消除了气候变化对流域径流的影响。从育林沟和新林沟流域的多年年降雨量双累积曲线(图 5-50)可以看出,两流域间的降雨比例近似 1∶1 的关系(拟合方程系数为 0.9992,$p <$ 0.0001),可认为两个相邻且地形、土壤类似的流域为准配对流域,排除气候对两流域径流

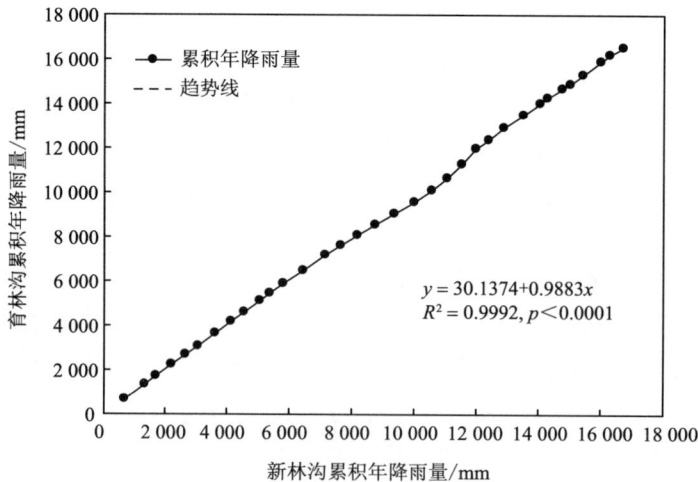

图 5-50　育林沟和新林沟流域累积年降雨量变化及最佳拟合回归曲线

影响所造成的差异,即可假定育林沟流域相对新林沟流域径流的变化是由于森林覆被变化引起的。因此,选择育林沟和新林沟流域作为准配对流域排除气候变化的因素来探讨育林沟流域相对于新林沟流域植被变化对径流的影响是可行的。

根据育林沟和新林沟流域有林地面积变化特征,我们把 1973～2006 年划分为1973～1983 年、1984～1994 年和 1995～2006 年 3 个不同时期分析育林沟流域有林地面积变化过程中相对于新林沟流域径流的响应。

在1973～1983 年间,育林沟流域的年径流深 FDC 曲线相对高于对照流域,而在1984～1994 年以及 1995～2006 年的 FDC 曲线明显下移并低于对照流域(图 5-51)。这表明,在 1973～1983 年间,当育林沟流域有林地面积小于或等于对照流域时,流域径流是高于对照流域的;随着有林地面积的增加并超过对照流域,育林沟流域相对于新林沟流域的径流是在减少的。但在 1973～1994 年间,育林沟流域有林地面积一直处于稳定增加阶

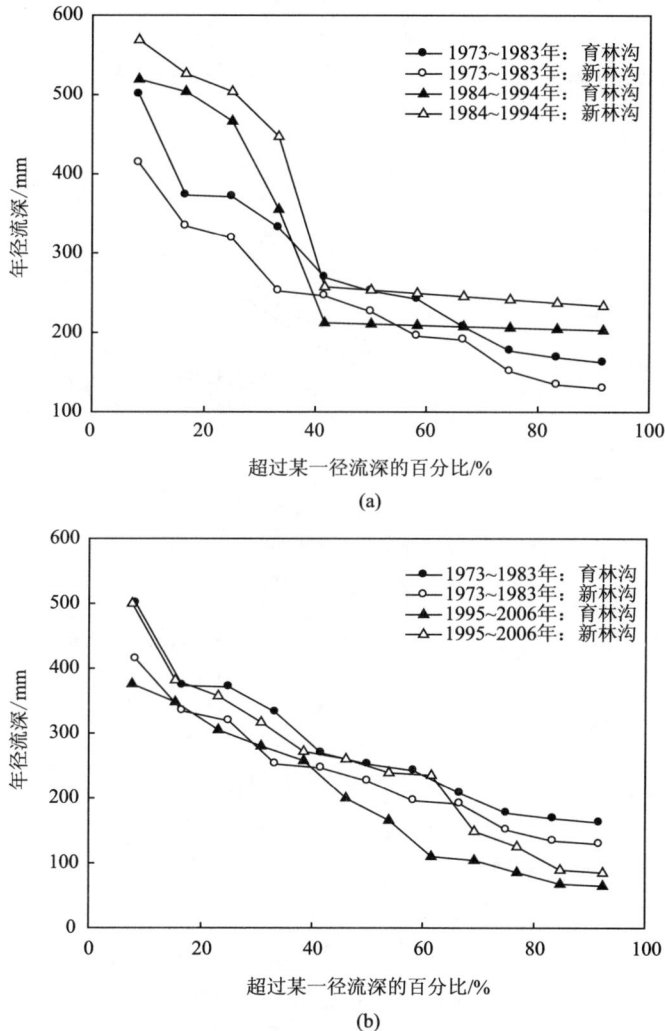

图 5-51　对比流域不同时期年径流深及径流流量过程曲线:育林沟对新林沟流域

段,没有一个稳定变化的时期与对照流域相比,这样过早下结论对于研究覆被变化对流域径流的影响有所欠缺。同时作为准配对的两个流域,由于前期缺乏监控,给流域径流对植被变化响应分析结果带来了许多不确定性。因此,我国需要在标准配对流域方法研究上加强和实施。

　　为了进一步了解育林沟流域自身覆被变化对流域径流的影响,我们对育林沟流域累积年径流深和累积年降雨量进行了分析(图 5-52)。可以看出,育林沟流域森林有林地面积变化是在增加累积年径流深。1973~1980 年,流域累积年径流深与降雨量为线性关系,我们以此段时间为参照即假设在此时间段内,流域年累积径流深没有受到流域覆被变化的显著影响。从 1980 年以后,流域累积年径流深偏离参照线,流域覆被变化在影响着流域累积年径流深,增加了累积年径流深。由于 1980 年突变点之前年份少于 10 年,因此,我们采用非参数秩检验的方法检验 1980 年前后覆被的变化是否对累积年径流深产生显著的影响。非参数秩检验表明,1980 年突变点形成的前后两个时间序列秩检验统计量 $|U|$ 为 4.22,大于 $U_{0.05/2}=1.96$,因此,假定 1973~1980 年的累积年径流深和年累计降雨量关系为未受到流域森林覆被变化产生显著干扰的自然响应序列成立。

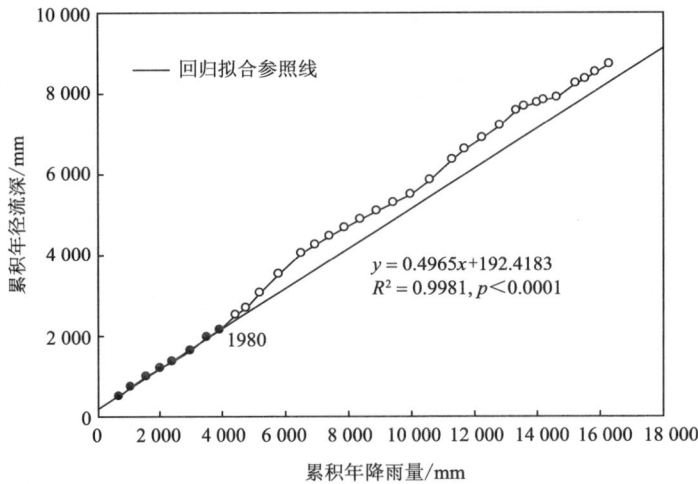

图 5-52　育林沟流域年径流深与降雨量的双累积曲线及回归拟合参照线

2. 植被变化对小流域径流的影响

　　SWIM 模型是基于 SWAT 和 MATSALU 发展起来的分布式流域水文模型。它基于流域地形、土地利用状况和土壤特征,把流域先划分为亚流域,再进一步划分为一系列的水文单元。水文单元是 SWIM 的基本计算单元,模型假设其内部的土地利用和土壤特性等相同。SWIM 模型首先计算每个水文单元内的林冠截留、入渗、植物蒸腾、土壤蒸发、土壤水分运动和产流等水文过程,再计算地表径流等向河道的汇集过程。其中,土壤蒸发量和植物蒸腾量用 Ritchie 方法计算,即蒸散量是叶面积指数、潜在蒸散量和土壤含水量的函数,而潜在蒸散用 Priestley-Taylor 方程计算,径流用 SCS 模型计算。有关 SWIM 模型的详细介绍请参见 Krysanova 等的文章(Krysanova et al., 1998,2005)。

SWIM 模型在欧洲已被广泛用于评估气候变化和土地利用变化等的水文影响(Schulze, 2000；Hattermann et al.，2008；Wattenbach et al.，2007)，在我国，于澎涛等(Yu et al.，2009)应用 SWIM 模拟和分析了造林对六盘山小流域产流的影响。

自 2000 年以来，黄土高原大规模实施了退耕还林还草工程，须评价其对水文影响。因此制定了 5 个植被情景，表现了高覆盖度草地、低覆盖度草地和针叶林、阔叶林互换的情况(表 5-41)，以预测不同退耕还林还草措施的流域产水功能影响。其中情景 1 和情景 2 分别将目前流域内的所有高覆盖度草地(占流域面积 40.6%)变为针叶林和阔叶林，其他土地利用类型不变；情景 3 和情景 4 则把目前流域内的所有低覆盖度草地(占流域总面积 21.3%)分别变为针叶林和阔叶林，其他土地利用类型不变；情景 5 则把目前流域内的所有低覆盖度草地变为高覆盖度的草地，以评估草地生长状况(覆盖度)的流域产流影响。

表 5-41　东川流域土地利用情景特征

情景	情景形成	各土地利用类型占流域面积百分比/%			
		低覆盖度草地	高覆盖度草地	针叶林	阔叶林
现状	保持土地利用现状不变	21.3	40.6	1.2	1.4
情景 1	全部高覆盖度草地变针叶林	21.3	0	41.8	1.4
情景 2	全部高覆盖度草地变阔叶林	21.3	0	1.2	42.0
情景 3	全部低覆盖度草地变针叶林	0	40.6	22.5	1.4
情景 4	全部低覆盖度草地变阔叶林	0	40.6	1.2	22.7
情景 5	全部低覆盖度草地变高覆盖草地	0	61.9	1.2	1.4

1) 草地转化为森林的流域径流影响

将高覆盖度草地变为森林(阔叶林、针叶林)后，对流域产水量影响很小，如将占流域总面积 40.6% 的高覆盖度草地变为阔叶林，流域年径流量较现状减少仅 0.4mm，减少率仅 1.2%；转变为针叶林，流域年径流深减少仅 0.1mm，减少率仅 0.2%(表 5-42)，这说明高覆盖度草地的产水能力和森林相近，换句话说高覆盖度草地的消耗水分和森林相近，因此退耕为森林和退耕为高覆盖度草地对流域径流的减少作用几乎是相同的。

表 5-42　应用 SWIM 模型模拟的不同退耕还林情景下的年径流特征

项目	土地利用特征(占流域面积百分比/%)				年径流 /mm	与现状相比年径流深变化	
	低覆盖度草地	高覆盖度草地	针叶林	阔叶林		变化量/mm	变化率/%
现状	21.3	40.6	1.2	1.4	26.9		
情景 1	21.3	0	41.8	1.4	26.8	−0.1	−0.2
情景 2	21.3	0	1.2	42.0	26.5	−0.4	−1.2
情景 3	0	40.6	22.5	1.4	9.5	−17.4	−64.8
情景 4	0	40.6	1.2	22.7	12.6	−14.3	−53.2
情景 5	0	61.9	1.2	1.4	9.7	−17.2	−63.9

然而，低覆盖度草地与森林的产水功能差异明显，如将占流域总面积 21.3% 的低覆盖度草地变为阔叶林，流域年径流减少量为 14.3mm，减少率高达 53.2%；变为针叶林后，

流域年径流量减少量为17.2mm,减少率高达63.9%。这说明,低覆盖度草地的产水能力明显大于森林,因此退耕为低覆盖度草地较退耕还林更利于维持流域的产水功能。

2) 低覆盖草地转化为高覆盖草地的流域径流影响

如将叶面积指数为0.3的低覆盖度草地变为叶面积指数为0.8高覆盖度草地,流域年径流量大幅减少,若将流域面积10%的低覆盖度草地变为高覆盖度草地,流域年径流减少了8.0mm,相当于流域目前多年平均径流深的29.9%。说明植被的产水功能与其生长状况密切相关,因此在评价和预测退耕还林(草)的水文影响时,不仅要关注植被类型变化,更要关注植被的质量,如密度、叶面积指数等。

3) 植被转化对不同季节流域径流的影响

当从低覆盖度草地变为阔叶林、针叶林和高覆盖度草地时,每变化流域面积10%后,夏季径流量分别减少4.9mm、5.9mm和5.8mm,相当于流域年径流减少量的73.5%、72.5%和72.0%(表5-43);秋季径流分别减少1.2mm、1.5mm和1.5mm,占年径流减少量的17.7%、18.0%和18.4%;而春季径流减少量仅0.6~0.8mm,相当于年径流减少量的9%;冬季径流几乎没有变化。这说明植被变化主要影响洪水期径流,而对枯水季径流影响较小。这说明,退耕还林还草对流域径流水资源的影响主要发生在夏、秋季节,对冬春影响较小。

表 5-43　植被变化引起的东川流域年径流变化的季节分配

将流域面积10%的低覆盖度草地转为的植被类型	与流域现状相比的年径流变化		径流减少的季节分配 *			
	减少量/mm	减少率/%	春季径流(3~5月)	夏季径流(6~8月)	秋季径流(9~11月)	冬季径流(12~次年2月)
针叶林	8.2	30.4	0.8(9.4)	5.9(72.5)	1.5(18.0)	0.0(0.1)
阔叶林	6.7	25.0	0.6(8.7)	4.9(73.5)	1.2(17.7)	0.0(0.1)
高覆盖度草地	8.0	29.9	0.8(9.4)	5.8(72.0)	1.5(18.4)	0.0(0.1)

＊括号外数值为季节径流减少量(mm);括号内数值为季节径流量减少量占年径流减少量的比率(%)

这还表明,在研究流域,高覆盖度草地与森林的产流能力相当,当把高覆盖度草地变为森林时,流域径流变化很小,可忽略不计;而低覆盖度草地的产流能力明显大于森林的产流能力,当把占流域面积21.3%的低覆盖度草地变为森林后,流域年径流量下降53.3%(阔叶林)和64.8%(针叶林)。因此,评价退耕还林还草的水文影响不能停留在植被类型层面,更应关注林、草植被的质量。

4) 植被转化影响流域径流的认识

根据研究结果推算,若100%造林,高覆盖度草地变为森林后年产流量下降0.15~0.75mm,这远远小于Sun等(2006)计算的50mm左右的年径流减少量;而低覆盖度草地变为森林,年产流量下降67.1~81.7mm,又大于Sun等(2006)的年径流减少量,证明在黄土高原这样的半湿润、半干旱地区,造林依然会减少径流,这与在湿润地区得到的结果是一致的(Faley et al.,2005)。但是,造林后的径流减少量与造林前的草地质量和生长状况密切相关,不能简单地说草地就比森林少耗水、多产流,生长茂密的草地消耗的生态用水可与森林相当,如在该研究中的高覆盖度草地。因此,今后只有建立植被结构与产水功能的定量关系,如物种组成、覆盖度、叶面积指数等与产水量的定量关系,才能更好地服务于林业生态环境建设。

通常认为"森林消洪补枯",即随森林植被覆盖率增加,流域的洪峰流量减少,枯水径流量增加,但研究发现森林增加后的四季径流均有不同程度的减少,没出现枯水径流增加的现象,这提醒我们须对森林的"消洪补枯"作用加以修正,或区分出不同气候区和植被情况分别予以评价。

3. 与地表径流的耦合关系

以华北土石山区两个典型小流域(半城子流域、红门川流域)为研究对象,研究小流域森林生态系统特征与地表径流的耦合关系。

1) 有降水影响

A. 半城子流域

$$y = 0.171x_1 - 183.557x_2 - 0.312x_3 + 101.575, R^2 = 0.438 \quad (5\text{-}24)$$

式中,y 为地表径流深,mm;x_1 为降雨量,mm;x_2 为森林覆被率,%;x_3 为生物量,10^4t。

从方程(5-24)和表 5-44 可见,地表径流径流深与降雨、森林覆被率、生物量之间有存在一定的相关性,R^2 值为 0.438。SPSS 分析结果显示,流域地表径流深与降水量之间呈正相关关系,在单侧检验中 sig. =0.101;而地表径流深与森林覆被率之间呈负相关关系,单侧检验中 sig. =0.738;地表径流深与生物量呈现负相关关系,在单侧检验中 sig. =0.938。说明 3 种自变量中,对地表径流深影响大小顺序为降雨量＞森林覆被率＞生物量。

表 5-44　半城子流域地表径流深与降水、覆被率、生物量之间的相关统计分析

模型	非标准化系数 B	非标准化系数 标准差	标准化系数 Beta	t	sig.
常数	101.575	408.114		0.249	0.807
P	0.171	0.097	0.543	1.763	0.101
F	−183.557	537.954	−0.13	−0.341	0.738
B	−0.312	3.961	−0.025	−0.079	0.938

B. 红门川流域

$$y = 0.298x_1 - 773.555x_2 - 2.591x_3 + 682.540, R^2 = 0.710 \quad (5\text{-}25)$$

式中,y 为地表径流深,mm;x_1 为降雨量,mm;x_2 为森林覆被率,%;x_3 为生物量,10^4t。

从方程(5-25)和表 5-45 可见,红门川流域地表径流径流深与降水、森林覆被率、生物量之间有较好的相关性,R^2 值为 0.710。SPSS 分析结果显示,流域地表径流深与降水量之间呈正相关关系,在单侧检验中 sig. =0.002;而地表径流深与森林覆被率之间呈负相关关系,单侧检验中 sig. =0.588;地表径流深与生物量呈现负相关关系,在单侧检验中 sig. =0.258。说明 3 种自变量中,对地表径流深影响大小顺序为降雨量＞生物量＞森林覆被率。

表 5-45　红门川流域地表径流深与降水、覆被率、生物量之间的相关统计分析

模型	非标准化系数		标准化系数	t	sig.
	B	标准差	Beta		
常数	682.54	871.506		0.783	0.448
P	0.298	0.075	0.605	3.992	0.002
F	−773.555	1391.772	−0.165	−0.556	0.588
B	−2.591	2.19	−0.354	−1.184	0.258

2）无降水影响

A. 半城子流域

$$y = -0.651x_1 - 0.002x_2 + 0.671, R^2 = 0.284 \qquad (5\text{-}26)$$

式中，y 为地表径流系数，mm；x_1 为森林覆被率，%；x_2 为生物量，10^4 t。

从方程（5-26）和表 5-46 可见，流域地表径流系数与森林覆被率、生物量之间相关性较差，R^2 值为 0.284。SPSS 分析结果显示，流域地表径流系数与森林覆被率之间呈负相关，单侧检验中 sig.＝0.236；地表径流系数与生物量呈现负相关，在单侧检验中 sig.＝0.726。两种变量对地表径流系数的影响大小顺序为森林覆被率＞生物量。

表 5-46　半城子流域地表径流系数与覆被率、生物量之间的相关统计分析

模型	非标准化系数		标准化系数	t	sig.
	B	标准差	Beta		
常数	0.671	0.303		2.218	0.044
F	−0.651	0.526	−0.432	−1.237	0.236
B	−0.002	0.005	−0.125	−0.357	0.726

B. 红门川流域

$$y = -1.966x_1 - 0.005x_2 + 1.932, R^2 = 0.473 \qquad (5\text{-}27)$$

式中，y 为地表径流系数，mm；x_1 为森林覆被率，%；x_2 为生物量，10^4 t。

从方程（5-27）和表 5-47 可见，流域地表径流系数与森林覆被率、生物量之间有一定的相关性，R^2 值为 0.473。SPSS 分析结果显示，流域地表径流系数与森林覆被率之间呈负相关，单侧检验中 sig.＝0.496；地表径流系数与生物量呈现负相关，在单侧检验中 sig.＝0.272。两种变量对地表径流系数的影响大小顺序为生物量＞森林覆被率。

表 5-47　红门川流域地表径流系数与覆被率、生物量之间的相关统计分析

模型	非标准化系数		标准化系数	t	sig.
	B	标准差	Beta		
常数	1.932	1.763		1.096	0.292
F	−1.966	2.811	−0.27	−0.699	0.496
B	−0.005	0.004	−0.441	−1.144	0.272

4. 与壤中流的耦合关系

以华北土石山区两个典型小流域(半城子流域、红门川流域)为研究对象,研究小流域森林生态系统特征与壤中流的耦合关系。

1) 有降水影响

A. 半城子流域

$$y = 0.072x_1 - 112.468x_2 - 0.909x_3 + 114.793, R^2 = 0.691 \qquad (5\text{-}28)$$

式中,y 为壤中径流深,mm;x_1 为降雨量,mm;x_2 为森林覆被率,%;x_3 为生物量,10^4t。

从方程(5-28)和表 5-48 可见,壤中流径流深与降雨、森林覆被率、生物量之间有存在较好的相关性,R^2 值为 0.691。SPSS 分析结果显示,流域地表径流深与降水量之间呈正相关关系,在单侧检验中 sig.=0.032;而壤中径流深与森林覆被率之间呈负相关关系,单侧检验中 sig.=0.509;壤中径流深与生物量呈现负相关关系,在单侧检验中 sig.=0.470。说明 3 种自变量中,对壤中径流深影响大小顺序为降雨量＞生物量＞森林覆被率。

表 5-48　半城子流域壤中径流深与降水、覆被率、生物量之间的相关统计分析

模型	非标准化系数		标准化系数	t	sig.
	B	标准差	Beta		
常数	114.793	125.699		0.913	0.378
P	0.072	0.03	0.547	2.395	0.032
F	-112.468	165.69	-0.192	-0.679	0.509
B	-0.909	1.22	-0.178	-0.745	0.47

B. 红门川流域

$$y = 0.091x_1 - 16.673x_2 - 1.220x_3 + 90.456, R^2 = 0.598 \qquad (5\text{-}29)$$

式中,y 为壤中径流深,mm;x_1 为降雨量,mm;x_2 为森林覆被率,%;x_3 为生物量,10^4t。

从方程(5-29)和表 5-49 可见,红门川流域壤中流径流深与降水、森林覆被率、生物量之间有存在一定的相关性,R^2 值为 0.598。SPSS 分析结果显示,流域壤中径流深与降水量之间呈正相关关系,在单侧检验中 sig.=0.011;而壤中径流深与森林覆被率之间呈负相关关系,单侧检验中 sig.=0.977;壤中径流深与生物量呈现负相关关系,在单侧检验中 sig.=0.199。说明 3 种自变量中,对壤中径流深影响大小顺序为降雨量＞生物量＞森林覆被率。

表 5-49　红门川流域壤中径流深与降水、覆被率、生物量之间的相关统计分析

模型	非标准化系数		标准化系数	t	sig.
	B	标准差	Beta		
常数	90.456	358.656		0.252	0.805
P	0.091	0.031	0.528	2.959	0.011
F	-16.673	572.764	-0.01	-0.029	0.977
B	-1.22	0.901	-0.477	-1.354	0.199

2）无降水影响

A. 半城子流域

$$y = -0.234x_1 - 0.002x_2 + 0.336, R^2 = 0.447 \tag{5-30}$$

式中，y 为壤中径流系数，mm；x_1 为森林覆被率，%；x_2 为生物量，10^4t。

从方程(5-30)和表 5-50 可见，流域壤中径流系数与森林覆被率、生物量之间相关性较差，R^2 值为 0.447。SPSS 分析结果显示，流域壤中径流系数与森林覆被率之间呈负相关关系，单侧检验中 sig.＝0.298；壤中径流系数与生物量呈现负相关，在单侧检验中sig.＝0.235。发现两种变量对壤中径流系数的影响大小差别不大。

表 5-50　半城子流域壤中径流系数与覆被率、生物量之间的相关统计分析

模型	非标准化系数		标准化系数	t	sig.
	B	标准差	Beta		
常数	0.336	0.124		2.702	0.017
F	−0.234	0.216	−0.332	−1.081	0.298
B	−0.002	0.002	−0.38	−1.24	0.235

B. 红门川流域

$$y = -0.329x_1 - 0.002x_2 + 0.468, R^2 = 0.339 \tag{5-31}$$

式中，y 为壤中径流系数，mm；x_1 为森林覆被率，%；x_2 为生物量，10^4t。

从方程(5-31)和表 5-51 可见，流域壤中径流系数与森林覆被率、生物量之间相关性较差，R^2 值为 0.339。SPSS 分析结果显示，流域壤中径流系数与森林覆被率之间呈负相关关系，单侧检验中 sig.＝0.802；壤中径流系数与生物量呈现负相关，在单侧检验中sig.＝0.281。两种变量对壤中径流系数的影响大小是生物量大于森林覆被率。

表 5-51　红门川流域壤中径流系数与覆被率、生物量之间的相关统计分析

模型	非标准化系数		标准化系数	t	sig.
	B	标准差	Beta		
常数	0.468	0.807		0.58	0.571
F	−0.329	1.286	−0.111	−0.256	0.802
B	−0.002	0.002	−0.484	−1.122	0.281

5. 与地下径流的耦合关系

以华北土石山区两个典型小流域(半城子流域、红门川流域)为研究对象，研究小流域森林生态系统特征与地下径流的耦合关系。

1）有降水影响

A. 半城子流域

$$y = 0.125x_1 - 186.078x_2 - 0.463x_3 + 129.798, R^2 = 0.711 \tag{5-32}$$

式中，y 为地下径流深，mm；x_1 为降雨量，mm；x_2 为森林覆被率，%；x_3 为生物量，10^4t。

从方程(5-32)和表 5-52 可见，地下径流深与降雨、森林覆被率、生物量之间有相关性

较好,R^2 值为 0.711。SPSS 分析结果显示,流域地表径流深与降水量之间呈正相关关系,在单侧检验中 sig. $=0.013$;而地下径流深与森林覆被率之间呈负相关关系,单侧检验中 sig. $=0.455$;径流深与生物量呈现负相关关系,在单侧检验中 sig. $=0.799$。说明 3 种自变量中,对地下径流深影响大小顺序为降雨量＞森林覆被率＞生物量。

表 5-52　半城子流域地下径流深与降水、覆被率、生物量之间的相关统计分析

模型	非标准化系数		标准化系数	t	sig.
	B	标准差	Beta		
常数	129.798	183.363		0.708	0.492
P	0.125	0.044	0.634	2.869	0.013
F	−186.078	241.699	−0.211	−0.77	0.455
B	−0.463	1.779	−0.06	−0.26	0.799

B. 红门川流域

$$y = 0.105x_1 - 39.521x_2 - 1.612x_3 + 140.876, R^2 = 0.500 \qquad (5\text{-}33)$$

式中,y 为地下径流深,mm;x_1 为降雨量,mm;x_2 为森林覆被率,%;x_3 为生物量,10^4t。

从方程(5-33)和表 5-53 可见,地下径流深与降雨、森林覆被率、生物量之间有存在一定的相关性,R^2 值为 0.500。SPSS 分析结果显示,流域地下径流深与降水量之间呈正相关关系,在单侧检验中 sig. $=0.043$;而地下径流深与森林覆被率之间呈负相关关系,单侧检验中 sig. $=0.964$;地下径流深与生物量呈现负相关关系,在单侧检验中 sig. $=0.258$。说明 3 种自变量中,对地下径流深影响大小顺序为降雨量＞生物量＞森林覆被率。

表 5-53　红门川流域地下径流深与降水、覆被率、生物量之间的相关统计分析

模型	非标准化系数		标准化系数	t	sig.
	B	标准差	Beta		
常数	140.876	542.668		0.26	0.799
P	0.105	0.047	0.448	2.249	0.043
F	−39.521	866.626	−0.018	−0.046	0.964
B	−1.612	1.363	−0.465	−1.182	0.258

2) 无降水影响

A. 半城子流域

$$y = -0.505x_1 - 0.001x_2 + 0.529, R^2 = 0.512 \qquad (5\text{-}34)$$

式中,y 为地下径流系数,mm;x_1 为森林覆被率,%;x_2 为生物量,10^4t。

从方程(5-34)和表 5-54 可见,流域地下径流系数与森林覆被率、生物量之间相关性较差,R^2 值为 0.512。SPSS 分析结果显示,流域地下径流系数与森林覆被率之间呈负相关关系,单侧检验中 sig. $=0.071$;地下径流系数与生物量呈现负相关,在单侧检验中 sig. $=0.530$。两种变量对地下径流系数的影响大小为森林覆被率＞生物量。

表 5-54　半城子流域地下径流系数与覆被率、生物量之间的相关统计分析

模型	非标准化系数		标准化系数	t	sig.
	B	标准差	Beta		
常数	0.529	0.149		3.561	0.003
F	−0.505	0.258	−0.564	−1.955	0.071
B	−0.001	0.002	−0.186	−0.644	0.53

B. 红门川流域

$$y = -0.110x_1 - 0.003x_2 + 0.424, R^2 = 0.277 \qquad (5-35)$$

式中，y 为地下径流系数，mm；x_1 为森林覆被率，%；x_2 为生物量，10^4t。

从方程(5-35)和表 5-55 可见，流域地下径流系数与森林覆被率、生物量之间相关性较差，R^2 值为 0.277。SPSS 分析结果显示，流域地下径流系数与森林覆被率之间呈负相关关系，单侧检验中 sig. ＝0.957；地下径流系数与生物量呈现负相关，在单侧检验中 sig. ＝0.282。生物量对地下径流系数的影响大于森林覆被率的影响。

表 5-55　红门川流域地下径流系数与覆被率、生物量之间的相关统计分析

模型	非标准化系数		标准化系数	t	sig.
	B	标准差	Beta		
常数	0.424	1.25		0.339	0.74
F	−0.11	1.992	−0.025	−0.055	0.957
B	−0.003	0.003	−0.505	−1.119	0.282

5.3　森林植被对水资源形成过程的影响

5.3.1　森林植被对坡面水资源形成过程的影响

不同地区坡面径流研究表明，不同地区坡面径流组分存在一定的差异，北方地区坡面径流以地表径流为主，地表径流约占总径流量的 90% 左右；而南方地区则以壤中流为主，壤中流量远大于地表径流量，如西南长江三峡库区，其壤中流量可达总径流量的 2/3 左右。各地区径流均存在季节分配特征，湿季径流量可达全年径流量的 80%～90%。

对西北高寒地区祁连山青海云杉林的研究表明，森林通过树冠层、枯枝落叶层对降雨的截留及土壤层大量蓄水，藓类云杉林有丰富的非毛管孔隙而且可以保持畅通，虽终受到下层母质等弱透水层下渗率的制约，在充分供水时间较长时，仍能形成蓄满径流且蓄满径流出现的层位主要发生在土层上部，但在干旱、半干旱区天然降雨情况下，降雨强度远远不会超过其表层的下渗速度因而无地表径流发生。而在裸地，降雨落到地面之后迅速集中成山洪或泥石流汇入河流，林地范围则是滞后延续不断的清流。

对华南东江流域 3 种典型林分的径流观测结果表明，针阔混交林地平均地表径流量为 2.74mm，阔叶林地平均地表径流量 1.50mm，对照退化马尾松林地平均地表径流量为 3.72mm，对照退化马尾松林地平均地表径流量高于针阔混交林地和阔叶林地平均地表

径流量。同时可以看出,在暴雨条件下,马尾松地表径流量最大,减缓洪水能力最差;常绿阔叶林地表径流量最小,具有明显拦蓄降水减少径流的作用;在削减洪峰功能方面,阔叶林>针阔混交林>马尾松林;阔叶林、针阔混交林和马尾松林地表径流系数分别为6.77%、3.82%和9.18%。

坡面径流的形成是降雨与下垫面因素相互作用的结果,降雨因子对坡面径流有较大的影响。通过回归分析发现降雨量(p)、降雨历时(t)、最大雨强(m)、前期降雨量(p')与径流量关系密切,其拟合关系可表达为:$Q = ap + bt + cm + dp'$。

以叶面积指数、郁闭度、生物量作为植被结构因子,分析华北土石山区半湿润地区森林植被结构对坡面径流的影响,结果表明,三种因子与地表径流量均表现出对数函数关系:$Y = a\ln(x) + b$,三者与地表径流量为负相关关系,叶面积指数越大、郁闭度越大、生物量越高,坡面地表径流量越小。

华北土石山区半湿润地区不同影响因子与径流的综合分析结果表明,各影响因子与地表径流的拟合关系为 $y = ax_1 + bx_2 + cx_3 + dx_4 + ex_5 + f$,其中 x_1 为降雨量(mm),x_2 为雨强,x_3 为雨前土壤含水率(%),x_4 为叶面积指数($\mathrm{m^2/m^2}$),x_5 为生物量($\mathrm{t/hm^2}$);与壤中流的拟合关系为 $y = ax_1 + bx_2 + c$,x_1 为降雨量(mm),x_2 为雨前土壤含水率(%)。

以西北黄土地区油松林为研究对象,基于多年实测数据对林冠截留率与林分密度和林分郁闭度得到的林冠截留拟合方程,并综合水量平衡方程及土壤入渗量方程,耦合得到黄土高原半湿润地区的坡面径流模型:

$$R = P - P(0.94X_1 + 0.418X_2) - \int_0^t (0.608t^{-1/2} + 0.134)\mathrm{d}t \tag{5-36}$$

式中,R 为坡地径流量,mm;P 为大气降雨量,mm;X_1 为林分密度,株$/\mathrm{hm^2}$;X_2 为林分郁闭度,%;t 为降雨历时,min

5.3.2　森林植被对小流域水资源形成过程的影响

典型小流域径流年内分配特征表明,夏季流域径流量要明显高于春秋两季,冬季小流域径流量最小;小流域径流年际分配特征表明,其存在一定的逐年减少的趋势;小流域径流组分中地表径流占主要成分。

应用 WetSpa Extension 模型模拟华北土石山区半湿润地区不同植被类型对小流域径流的影响,结果表明,不同林分类型的产流量大小为灌木林>混交林>针叶林>阔叶林,不同森林植被类型调节径流作用主要表现在雨季。

为研究植被变化对小流域径流的影响,应用 SWIM 模型,设置不同的模拟情景,模拟西北土石山区六盘山流域内植被变化所引起的流域径流量的变化,结果表明,高覆盖草地变为森林对流域径流量的影响很小,而低覆被草地变为森林后,流域径流则有明显地减少趋势,减少量可达 50%～60%。不同季节植被变化对径流的影响中,植被变化对洪水期径流的影响明显大于对枯水期径流的影响,对夏、秋季径流的影响明显大于春、冬季。

以华北土石山区半湿润地区两个典型小流域为对象,以降水量、森林覆盖率、生物量为影响因子,拟合其与流域径流各组分之间的关系,结果表明,流域地表径流、壤中流、地下径流与三个影响因子均表现出 $y = ax_1 + bx_2 + cx_3 + d$。

第6章 森林植被的水资源影响评价和区域特征分析

6.1 大流域/区域森林植被对径流的影响

6.1.1 大流域/区域径流特征

1. 流域特征

1）潮白河流域

潮白河流域位于华北平原北部，东经 115°25′～117°45′，北纬 39°10′～41°40′。潮白河是海河流域北系四大河流之一，发源于燕山北部山区，流经河北、北京、天津三个省市，在天津的北塘与永定新河汇流注入渤海。全部流域面积 1.9 万多平方千米，其中山区面积 16 810km²，平原 2544km²，山区面积占全流域 87%。潮白河上游分潮河、白河两大支流，潮河发源于河北省丰宁满族自治县，在密云县古北口镇入北京境内；白河发源于河北省沽源县，在延庆县白河堡入北京境内；潮、白两河在密云水库汇合之后，形成下游的潮白河。

该流域主要为暖温带，春季多风少雨，夏季炎热多雨，冬季寒冷干燥。年降水量一般为 400～700mm，70%左右集中在 7～9 月。一般年平均气温 4～140℃，无霜期 100～200d。地带性土壤为褐土，并有棕壤、山地草甸土及浅色草甸土等分布，由花岗岩、石灰岩、片麻岩、砂页岩等基岩及黄土母质发育而成。山地褐土常与棕壤呈复区分布，山地褐土多干旱贫瘠，尤其是阳坡和山前地带的粗骨性褐土，造林难度很大。在黄土母质上发育的褐土，土质疏松，植被稀少，侵蚀严重，立地条件很差。植被主要为暖温带落叶阔叶林，树种类型丰富，如麻栎（*Quercus acutissima*）、栓皮栎（*Quercus riabilis*）、槲栎（*Quercus entata*）、辽东栎（*Quercus liaotungensis*）、蒙古栎（*Quercus mongolica*）、白桦（*Betula platyphylla*）、山杨（*Populus pekingensis*）等。此外为针叶纯林和针阔混交林，针叶树有油松（*Pinus tabulaeformis*）、华山松（*Pinua armadnii*）、白皮松（*Pinu bungeana*）和侧柏（*Platycladus orientalis*）等。一般广大地山丘陵为灌草丛类型，主要植物有荆条（*Vitex negundo* var. *heterophylla*）、酸枣（*Zizyphus jujuba*）、黄背草（*Themeda japonica*）、白头翁（*Pulsatilla chinensis*）、小红菊（*Dendranthema chanetii*）等。山间盆地及沟谷地带分布有人工栽培的杨（*Populus pekingensis*）、榆（*Ulmus japonica*）、槐（*Robinia pseudoacacia*）、核桃（*Juglans regia*）、花椒（*Zanthoxylum bungeanum*）、板栗（*Castanea mollissima*）及其他果树。该流域石多土少，由于土层薄、裸岩多、坡度陡、沟底比降大，遇暴雨经常形成突发性山洪，冲毁村庄、埋压农田、淤塞河道，危害十分严重。此外，该流域生态环境脆弱，森林资源少且分布不均、质量不高，防护效能低，涵养水源能力差，水土流失严重，自然灾害频繁；泥沙堵塞河道、淤积水库问题突出；河谷地带土地沙化、退化加剧。

2) 汤旺河流域

汤旺河流域位于黑龙江省小兴安岭地区的东南部,地处松花江下游,由北向南贯穿小兴安岭腹地,全长 509km,流域面积 20 838km²,为典型山溪性森林流域。该区域处于新华夏系第二隆起带与第二沉降带一级构造,地形起伏较大,海拔在 78～1151m,河流切割较强烈,地形较破碎,多为轻度寒冻剥蚀和流水侵蚀的低山丘陵,地形较为复杂,水系呈树枝状,河谷上游山势缓和,河谷宽广,多山间盆地,沿河沼泽发育,地貌类型为低山、丘陵、谷地,且以低山为主。流域主要岩层为花岗岩和花岗闪长岩,其次有片麻岩和片岩。土壤以棕色针叶林土和暗棕壤为主,主要植被是以阔叶洪松林为主的温带针阔混交林及阔叶混交林,是我国的主要林区之一。

汤旺河流域位于北温带大陆性季风气候区,春秋两季时间短促,冷暖多变,夏季湿热多雨,冬季严寒而漫长,年平均气温 -1℃,年降雨量 672.9mm。河流补给以融雪径流、降雨补给为主,全年径流量的 70% 出现在 6～9 月,洪峰径流年际变化较大,历史上洪峰径流最大可达 2590m³/s(1972 年),最小仅为 366m³/s(1999 年)。

汤旺河流域水系较为发育,支流众多,共有大小支流、沟溪 611 条。汤旺河属山溪性河流,年内径流量分配与降水量的大小相适应。水资源的时空分布不均匀,年际间存在着丰枯交替变化的特点。地表水和浅层水最大和最小径流相差悬殊。年内仅 70% 的地表径流集中在 6～9 月,50% 的地表径流集中在 7～8 月。

流域下垫面以森林分布为主,流域内植被良好,森林覆盖面积约占 70%。近 60 年来,流域内森林结构发生了显著的变化。阔叶洪松林是汤旺河流域地带性植被,由于不合理的开发和利用,原始阔叶红松林在流域范围内已经很少。流域植被变化主要体现在森林的过分砍伐,成熟林和过熟林面积比重较小,以天然次生林和人工林面积所占比例一直在增加。森林结构的变化已经对流域水文过程产生了较为明显的影响。

3) 西南岔河流域

西南岔河流域发源于黑龙江省伊春市带岭区锅盔山、积雨山、太平岭等山东麓的 1149m 高地。流经带岭、南岔两个县级行政区,于南岔区东部汇入汤旺河。流域南与巴兰河接壤,西与呼兰河上游流域毗连,北与伊春河流域搭界。流域面积 2735km²,属典型山溪性河流。西南岔河河长 121km,总落差 410m。流域呈西南东北走向,地势西高东低,地貌属小兴安岭山地,多丘陵和高山。西南岔河流域共有带岭、南岔 2 个基本水文站,资料系列都在 40 年以上。带岭站为西南岔河上游左岸一级支流永翠河出口控制站,属国家二类精度站,集水面积 677km²,断面以上河长 61km,至河口的距离为 5.7km。南岔站位于黑龙江省伊春市南岔区,是西南岔河出口控制站,属国家二类精度站,集水面积为 2582km²,断面以上河长 106km,至河口距离为 15km。

西南岔河流域为多雨地区,降雨量属全省高值区,多年平均年降水量为 614.6mm,年内降水主要集中在 6～9 月,占全年降水量 74.6%。降水是流域径流的主要补给来源,径流来水量随雨量的变化而变化,流量过程与雨量过程基本相应,主要集中在 6～9 月,流域其余时间径流主要由地下水和春季融冰、融雪径流补给。西南岔河由源头至河口属于山溪性径流区,上游山区为径流形成区,这里地势较高、降水较多、气温低、蒸发弱、积雪期较长,有利于枯水季径流形成,流域径流模数较高。流域内植被分布和降水条件差别较小,所以全流域上下游产流量在空间的分布比较均匀,上游段带岭站多年平均径流模数为$8.12×10^{-3}$ m³/(s·km²),下游南岔站为$8.54×10^{-3}$ m³/(s·km²)。

2. 径流年内变化

1) 潮白河流域径流年内变化

下会和张家坟作为潮河和白河的水文控制站,所控制流域近40年径流年内分布如图6-1所示,从图中可以看出,潮白河流域径流年内分布不均匀,呈典型"双峰"分布,其中7~9月月径流深最大,分别占全年的63%和58%,比同期降水量占全年的比例小,这主要是因为该区通过水库坝系建设,有效地调节了降水的年内分布状况,3月份出现另外一个峰值,这和积雪融化补充地表径流关系较为密切。另外,两地均表现出4月、5月的径流量最小,这一方面是由于这个时段正处在春旱时节,降雨量小,植物开始生长,消耗很多地表地下水分;另一方面,该时段正值春耕时期,通过沟渠等引水灌溉工程把水库及河道的水资源用于农田,从而减少了径流。比较两站可知,张家坟控制流域除8月和9月比下会站径流深略小外,其他月份均大于下会站,这和下会站农地比例较高、农田水利工程所占比重较大有关。

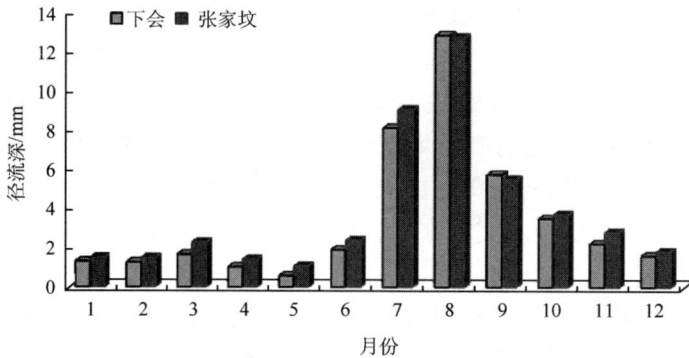

图6-1　潮河(下会站)和白河(张家坟站)流域年内径流深分布

2) 汤旺河流域径流年内变化

汤旺河流域径流深在各月的分配很不均匀,为典型的单峰形曲线(图6-2)。明显表现为从8月向前、后两端减少的特征。各月平均径流深从大到小依次为8月(61.45mm)、7月、6月、9月、5月、10月、4月、11月、12月、1月、3月、2月(0.37mm)。径流主要集中在5~10月,这6个月的径流深总和为218.27mm,占全年径流深的89.67%。8月份径流深最大,占全年径流深的25.24%;2月份径流深最小,仅占全年径流深的0.15%。

同时,随着各月径流径流深的明显差异,汤旺河流域径流深也表现出较大的季节差异(图6-3)。其中春季(3~5月)为40.19mm,占年径流深的16.51%;夏季(6~8月)为137.84mm,占年径流深的56.62%;秋季(9~11月)为61.56mm,占年径流深的25.29%;冬季(12~次年2月)为3.83mm,占全年径流深的1.58%。可见,夏季与其他季节的径流深差异很大。径流主要集中在夏秋两季,占全年的81.91%,而冬季径流深最

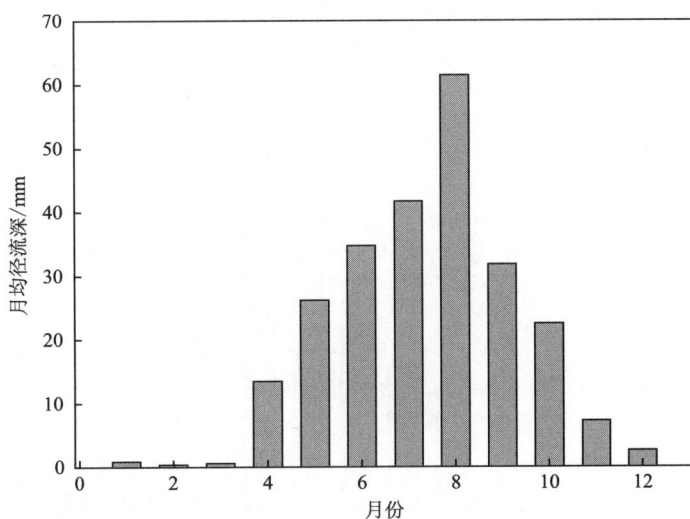

图 6-2　汤旺河流域 1964～2006 年各月平均径流深分布图

小。这主要是东北地区冬季气温骤降,河流发生冰冻而导致径流比其他季节低的原因所在。

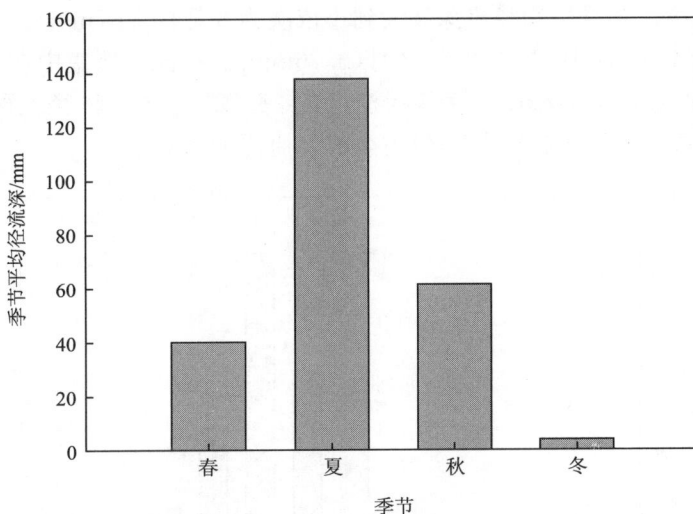

图 6-3　汤旺河流域 1964～2006 年各季节平均径流深分布图

3)西南岔河流域径流年内变化

西南岔河作为汤旺河下游左岸的较大支流,其径流的变化趋势也表现了一部分汤旺河流域的径流变化。图 6-4 反映了其 1964～2006 年逐年径流深的年内变化特征。同样,其径流深在各月的分配很不均匀,为典型的单峰形曲线。明显表现为从 8 月向前、后两端减少的特征。各月平均径流深从大到小依次为 8 月(73.09mm)、7 月、6 月、9 月、5 月、10月、4 月、11 月、12 月、1 月、3 月、2 月(0.29mm)。径流主要集中在 5～10 月,这 6 个月的径流深总和为 250.95mm,占全年径流深的 88.13%。8 月份径流深最大,占全年径流深的 25.67％;2 月份径流深最小,仅占全年径流深的 0.10％。

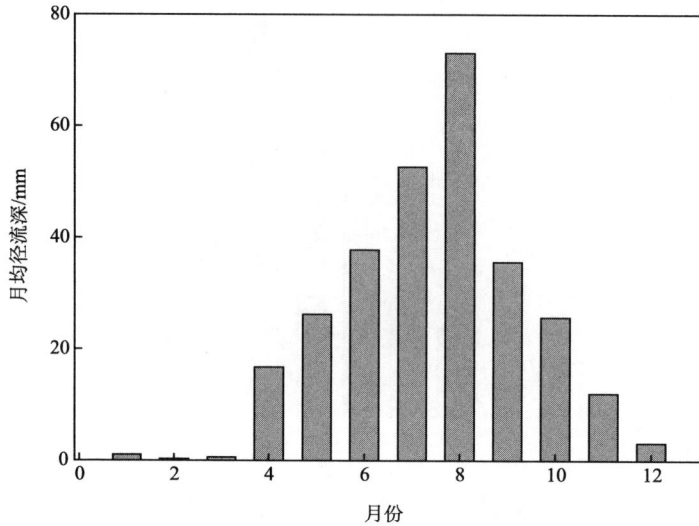

图 6-4　西南岔河流域 1964～2006 年各月平均径流深变化图

　　图 6-5 表示西南岔河流域最大支流永翠河径流深各月年内变化单峰趋势图,从 8 月份向前、后两端减少。各月平均径流深从大到小依次为 8 月(87.07mm)、7 月、6 月、9 月、5 月、10 月、4 月、11 月、12 月、1 月、3 月、2 月(0.26mm)。径流主要集中在 5～10 月,这 6 个月的径流深总和为 293.98mm,占全年径流深的 88.72％。8 月份径流深最大,占全年径流深的 26.28％;2 月份径流深最小,仅占全年径流深的 0.08％。

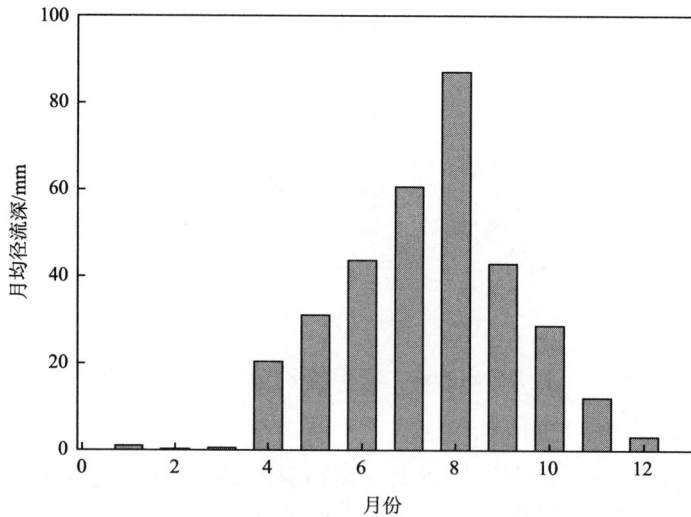

图 6-5　西南岔河流域最大支流永翠河流域 1964～2006 年各月平均径流深分布图

　　西南岔河流域 1964～2006 年季节流径变化存在着明显的差异(图 6-6)。其中春季(3～5 月)为 43.58mm,占年径流深的 15.31％;夏季为 163.48mm,占年径流深的

57.41%；秋季为 73.24mm，占年径流深的 25.72%；冬季为 4.46mm，占全年径流深的 1.56%。可见，夏季与其他季节的径流深差异很大。径流主要集中在夏秋两季，占全年的 83.13%，而冬季径流深最小。

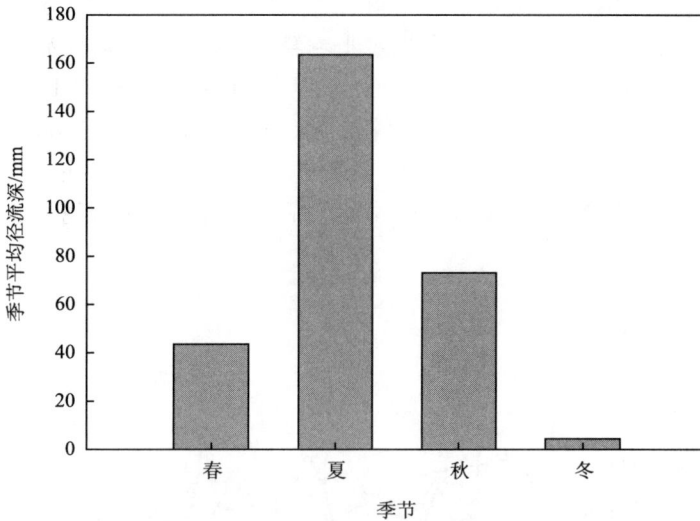

图 6-6　西南岔河流域 1964～2006 年各季节平均径流深变化图

图 6-7 表示永翠河季节流径年内变化差异图，其中夏季径流与其他季径流差异较大。其变化大小依次为夏季(191.33mm，占年径流深 57.75%)＞秋季(83.61mm，占年径流深 25.23%)＞春季(52.00mm，占年径流深 15.69%)＞冬季(4.40mm，占年径流深 1.33%)。径流主要集中在夏秋两季，占全年的 82.98%，而冬季径流深最小。

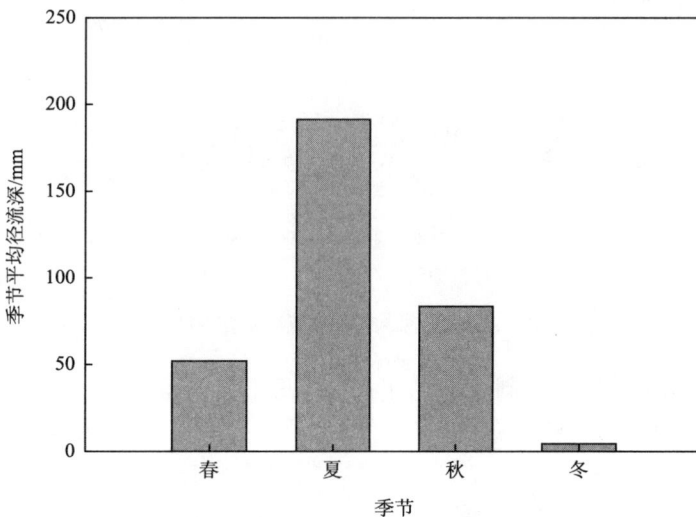

图 6-7　西南岔河流域最大支流永翠河流域 1964～2006 年各季节平均径流深分布图

3. 径流年际变化

1) 潮白河流域径流年际变化

通过分析图 6-8 和图 6-9 可知,下会站和张家坟站控制流域均呈显著下降趋势,下降斜率分别为 −1.6659 和 −1.3249,显著性水平均较高,说明下会站径流下降幅度较大,这主要是由于潮河流域农田工程建设较多,近 40 年来,下会站共减少 128mm,张家坟站共减少 50mm。其中下会站 1973 年年径流深最大,为 144mm,2002 年最小,为 8mm;张家坟 1974 年年径流深最大,为 145mm,2002 年最小,为 7mm。另外,在 20 世纪 90 年代,两地年径流深均有增加的趋势,这和相应时段内年降水量增加关系较密切。

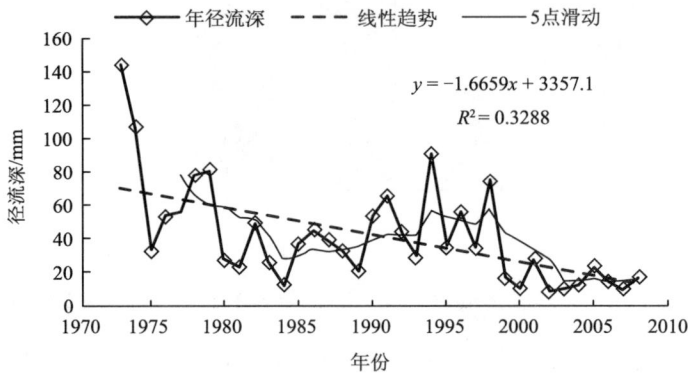

图 6-8　潮河(下会站)流域径流深年际变化

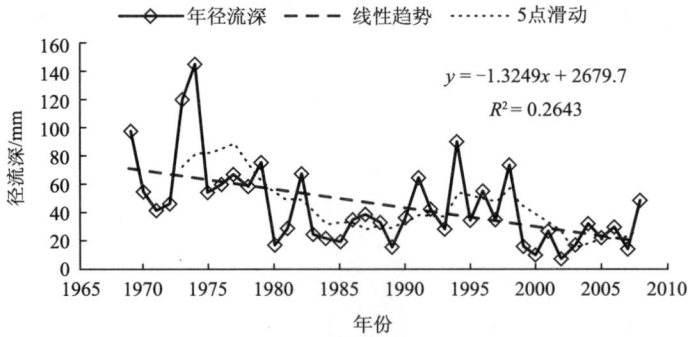

图 6-9　白河(张家坟站)流域径流深年际变化

通过下会站和张家坟站控制流域的年径流深累计距平随时间分布图 6-10 和图 6-11可以看到,两地均呈现“M”状分布,可以大体分为 4 个阶段,即 1978 年之前、1979～1988年、1989～1997 年、1998～2008 年,变化趋势分别为上升、下降、上升、下降;且表现在 1978 年之前和 1998～2008 年变化幅度较大。

图 6-12 和图 6-13 根据径流深距平百分率划分出丰水期、偏丰、平水期、偏枯和枯水期 5 个等级(表 6-1),下会站在 1973～2008 年期间,共 11 个丰水年、18 个枯水年、1 个偏丰年、3 个偏枯年和 3 个平水年;张家坟站在 1969～2008 年期间,共 14 个丰水年、20 个枯

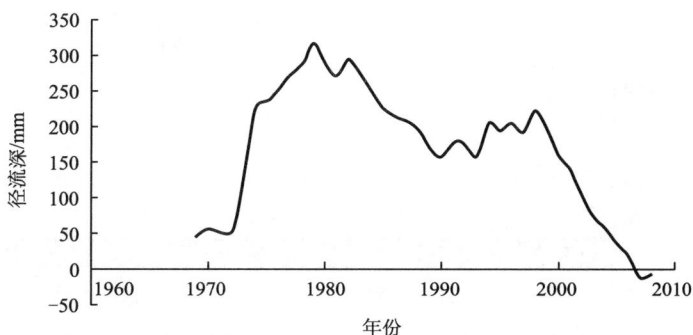

图 6-10　白河(张家坟站)流域近 40 年年径流深累计距平

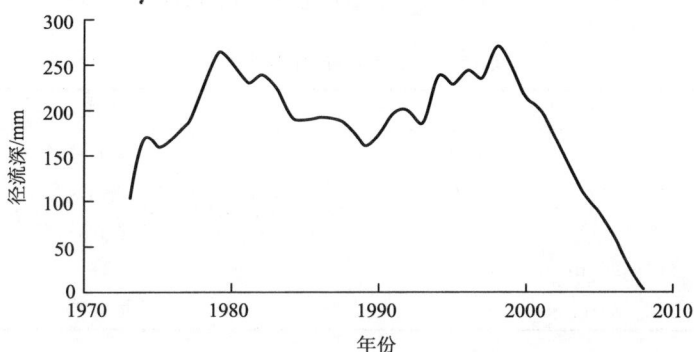

图 6-11　潮河(下会站)流域近 40 年年径流深累计距平

水年、2 个偏枯年和 4 个平水年。从以上丰枯年分布来看,偏丰、偏枯和平水年所占比例较小,三者仅占总年份的 17% 左右,枯水年所占比例最大,下会站和张家坟站均占 50%,丰水年随时间逐渐减少,而枯水年随时间逐步增多,说明该流域径流两极分化严重,枯水年份越来越为频繁,水资源较为匮乏。

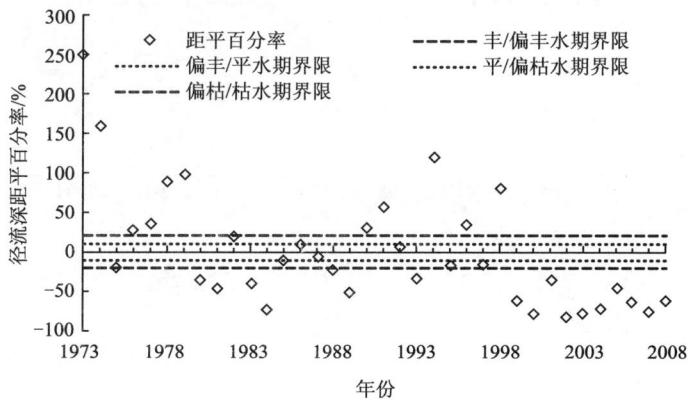

图 6-12　潮河(下会站)流域近 40 年丰枯年份分布图

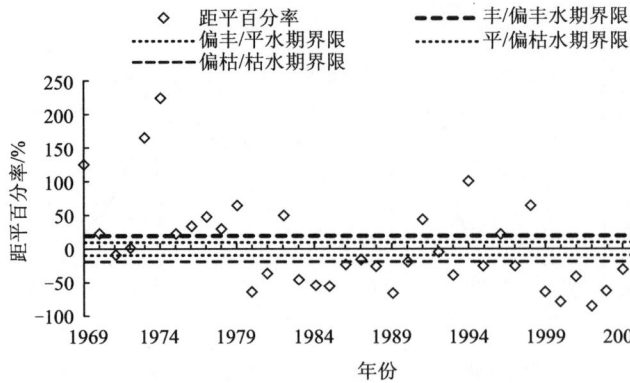

图 6-13　白河(张家坟站)流域近 40 年丰枯年份分布图

表 6-1　径流丰枯期划分等级

径流深距平百分率 $p/\%$	等级
$p>20$	丰水期
$10<p\leqslant20$	偏丰
$-10\leqslant p\leqslant10$	平水期
$-20\leqslant p<-10$	偏枯
$p<-20$	枯水期

结合图 6-14 和图 6-15,下会站和张家坟年径流深的曼-肯德尔(Mann-Kendall,M-K)检验,两地曲线 UF 的值均小于 0,说明序列均呈下降趋势,张家坟站 1984 年后和下会站 2000 年后 UF 的值均超过 $\alpha=0.05$ 显著性水平临界值,表明下降趋势十分显著。根据 UF 和 UB 曲线交点的位置,确定潮白河流域年径流深在 1979 年发生突变。这说明从 20 世纪 80 年代后,年径流深发生突变并呈显著下降趋势。

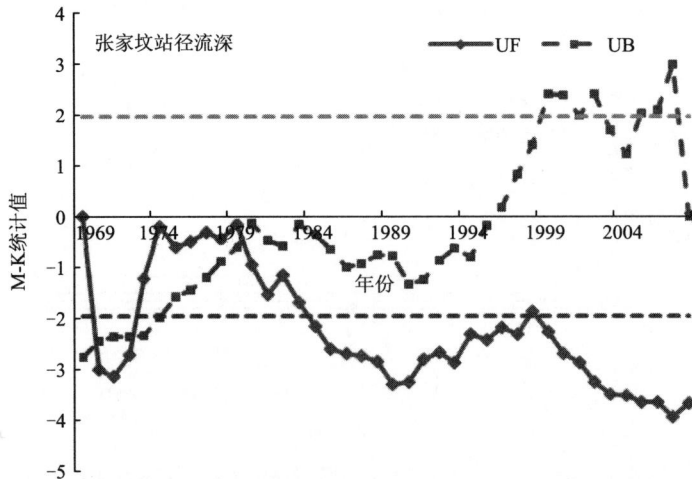

图 6-14　白河流域(张家坟控制区)年径流深曼-肯德尔统计量曲线
水平虚线为 $\alpha=0.05$ 显著性水平临界值

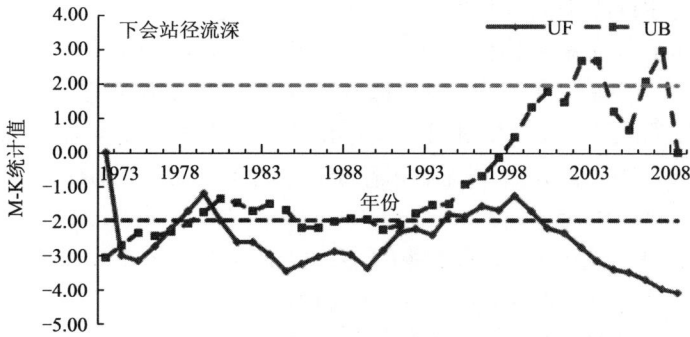

图 6-15　潮河流域(下会站控制区)年径流深曼-肯德尔统计量曲线

水平虚线为 $\alpha = 0.05$ 显著性水平临界值

造成径流减少的原因是多方面的,清华大学社会学系李强教授对流域进行了调查,指出密云水库来水减少主要因为水资源使用越来越向上游转移,正像 20 世纪 90 年代以前天津还可用到潮白新河的水,但现在水全部被北京截用,潮白新河成了干河,而后张家口市工农业发展大量用水,于是北京来水量越来越少,接着张家口上游的赤城县拦河修库,兴修农田水利以发展经济,张家口的用水受到威胁,密云水库来水量就更少了。

2) 汤旺河流域径流年际变化

图 6-16 给出了 1964~2006 年汤旺河流域年径流深和径流累计距平的年际变化曲线。1964~2006 年间汤旺河流域出口断面的年均径流深表现出微弱的下降趋势,但下降趋势不显著($p = 0.9111$),年均径流深为 243.42mm。3 年滑动平均过程线显示,20 世纪70 年代中期之前汤旺河流域年径流深呈现相对稳定的波动状态,在此之后至 80 年代中期,表现出急剧减少、急剧增加的现象。在 20 世纪 80 中期至 90 年代末,年径流深变化相对平稳,但整体上是在均值上浮动。自 1998 年后,年径流深基本上再次呈现急剧递减趋

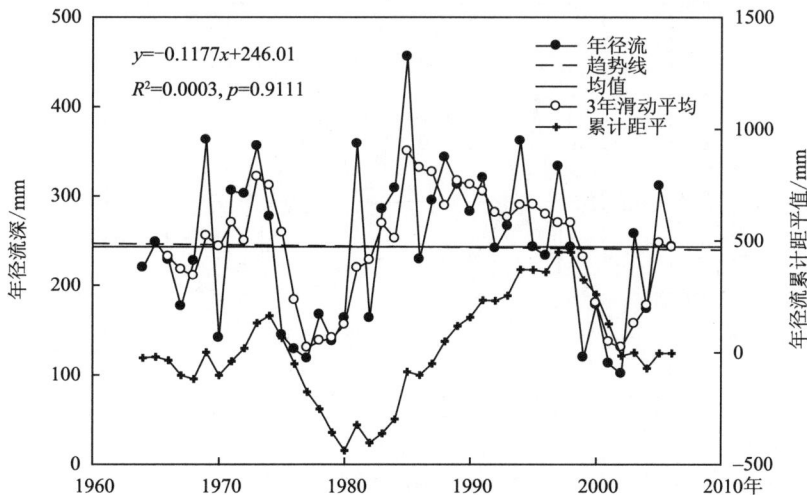

图 6-16　汤旺河流域年径流深和径流累计距平变化曲线

势。逐年径流深的累计距平曲线说明了 20 世纪 80 年代前后和 90 年代末期至 21 世纪初期流域径流深总体上呈现减少趋势,1980～1998 年间呈现持续上升趋势。汤旺河流域年均径流变化较大,43 年间出现了丰、枯水循环。枯水年主要出现在 1975～1980 年以及 1999～2002 年,出现时间比较集中和连续,枯水年的连续出现会对流域水资源产生较大的影响。20 世纪 80 中期至 90 年代末,径流的长时间高值对于洪涝灾害的发生是一种潜在的危险(如 1998 年的洪涝灾害)。

同时也分别采用了 Spearman 秩次相关法和 Mann-Kendall 非参数检验分析汤旺河流域的年径流深变化趋势(表 6-2)。利用这两种方法分析的结果与线性拟合的结果一致,汤旺河流域年径流深的两个统计量都没有达到显著的统计检验水平,说明汤旺河流域的年径流深在 1964～2006 年间没有显著的变化趋势。

表 6-2 汤旺河流域年径流深变化趋势检验结果

站点	Spearman 统计量 $|T|$	临界值	Mann-Kendall 统计量 $|U|$	临界值	趋势性
晨明	0.10	2.01	0.07	1.96	不显著

同时,我们比较了流域上(五营站,为上游控制口)、中(伊新站)、下游(晨明站,为下游出水控制口)年径流的变化(图 6-17)。流域上游年径流表现出下降的趋势,但变化趋势不明显($p=0.4152$)。流域中游(伊新站)也呈现微弱的下降趋势($p=0.7693$),这也是跟整个流域年径流也即(晨明站)的变化趋势分析是一样的(图 6-18)。各站的滑动平均过程线表示,20 世纪 90 年代之前各站径流呈现丰、枯波动变化,在此之后至 21 世纪初期,基本上呈现比较稳定的递减趋势。流域上、中、下游多年平均实测径流量分别为 10.32 亿 m³、24.77 亿 m³、47.25 亿 m³。其中流域上游对于整个流域产水量贡献率为 21.84%,中上游贡献率为 52.42%。这与各站所控制的流域面积相匹配(五营站控制面积占整个流域面积为 21.68%,伊新站控制面积为 53.54%),表明年径流在流域内分布相对均匀。

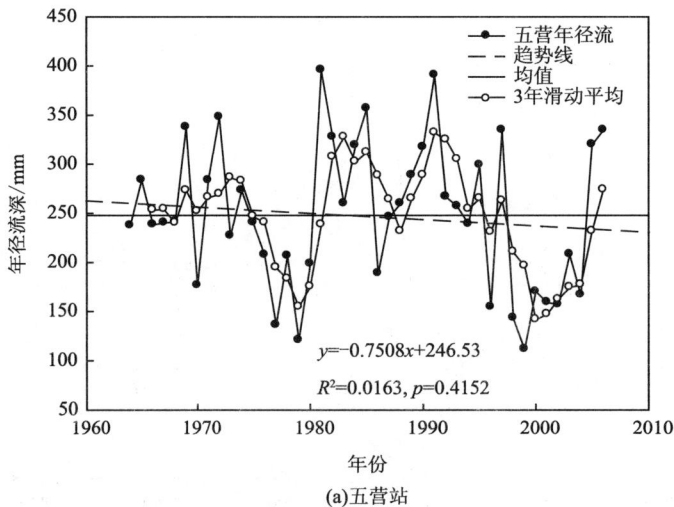

(a)五营站

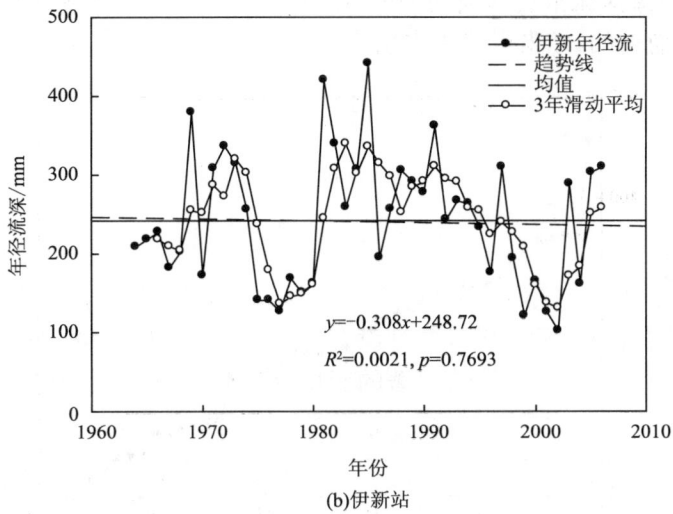

(b)伊新站

图 6-17　汤旺河流域五营站、伊新站年径流深变化趋势图

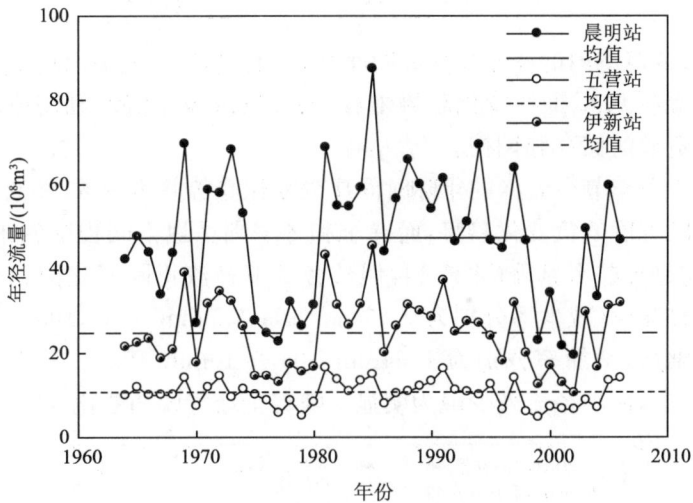

图 6-18　汤旺河流域各站年径流量变化趋势图

　　汤旺河流域内各水文站径流深的 Spearman 秩次相关法和 Mann-Kendall 非参数检验结果表明（表 6-3），流域内各水文站控制流域不管是上游还是中游的年径流深，43 年来也没有显著的变化趋势。

表 6-3　汤旺河流域各站年径流深变化趋势检验结果

站点	Spearman 统计量 $|T|$	临界值	Mann-Kendall 统计量 $|U|$	临界值	趋势性
五营	0.73	2.01	0.70	1.96	不显著
伊新	0.31	2.01	0.47	1.96	不显著
晨明	0.10	2.01	0.07	1.96	不显著

汤旺河的年径流深流量过程曲线表明(图 6-19),在 0～5％的范围内(代表高流量即汛期流量)变化是急剧的,即来得快去得也快。

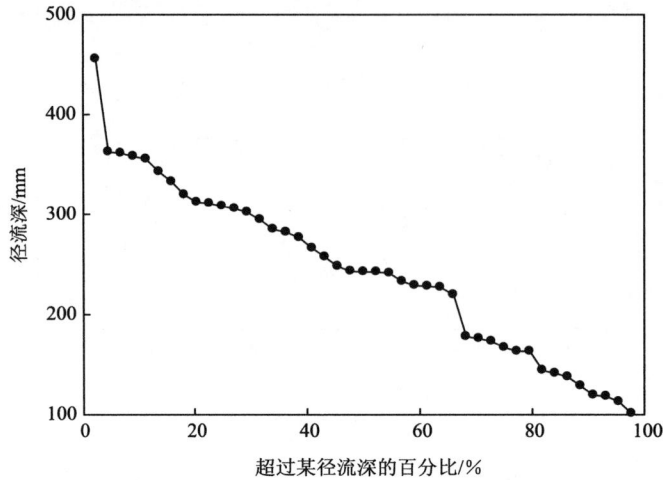

图 6-19　汤旺河流域年径流深流量过程曲线

同时,虽然其他范围内的径流变化相对平缓,尤其是 70％范围以后的年径流深,但从各百分比的年径流深 FDC 曲线变化趋势来看,汤旺河流域水资源利用或流失很快,影响到整个流域的水资源的储存和调控。

汤旺河流域 4 个季节径流深的年际时间序列变化趋势并不一致(图 6-20)。夏季和秋季的径流深呈不同程度的负变化趋势,而春季和冬季则呈现不同程度的正变化趋势。虽然其增加、减少的趋势并不显著(表 6-4),但从各季节径流年际变化回归分析说明,夏季和秋季的径流深在减少(减少率分别为 0.07mm/10a,2.9mm/10a),而春季和冬季的径流深在不同程度的增加(增加率分别为 1.64mm/10a,0.16mm/10a)。其中,春季径流增加趋势最为明显,相反,秋季径流减少最为明显。随着全球气候的变化,暖冬、暖春的频繁出

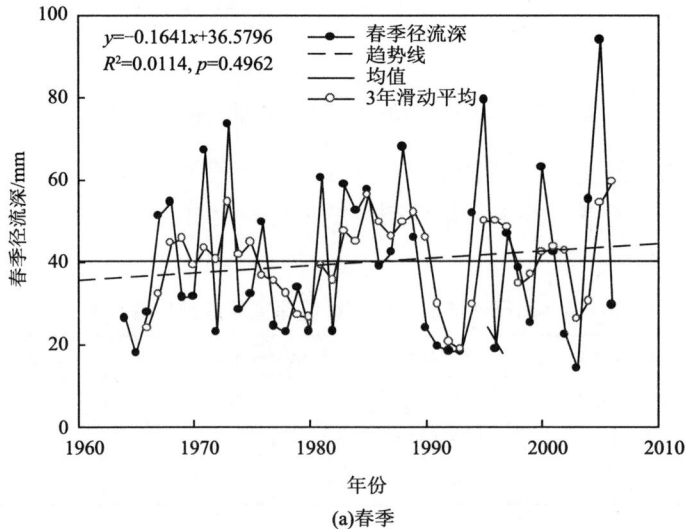

$y=-0.1641x+36.5796$
$R^2=0.0114, p=0.4962$

(a)春季

(b)夏季

(c)秋季

(d)冬季

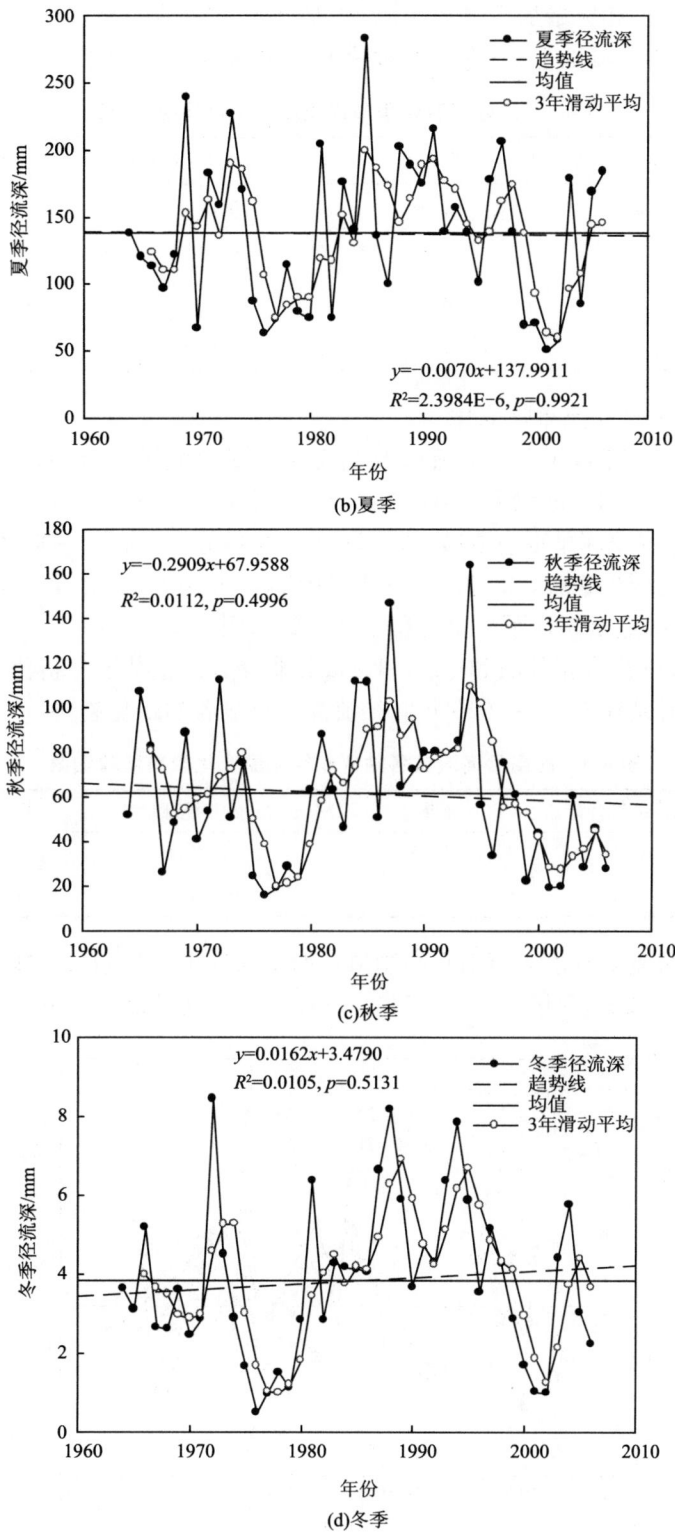

图 6-20　汤旺河流域季节径流深变化曲线

现,加快积雪的融化,相应增加了融雪径流,从而增加了冬、春季节径流。而在雨水相对集中的夏秋两季,随着气温的上升,降雨相对减少,从而减少河川径流。

表 6-4　汤旺河流域季节径流深变化趋势检验结果

	Spearman 统计量|T|	临界值	Mann-Kendall 统计量|U|	临界值	趋势性
春	0.22	2.01	0.22	1.96	不显著
夏	0.12	2.01	0.03	1.96	不显著
秋	1.00	2.01	0.99	1.96	不显著
冬	0.86	2.01	0.66	1.96	不显著

3) 西南岔河流域径流年际变化

自 1964～2006 年间,西南岔河流域及其支流永翠河流域的年径流深变化情况相似(图 6-12、图 6-13)。在 20 世纪 70 年代之前,各年径流深变化相对平稳,从 70 年代中期到 80 时代中期,各站径流深呈现急剧减少、急剧增加的趋势,90 年代中期之后至 21 世纪初年径流深呈稳定的减少趋势。20 世纪 80 年代中期至 90 年代末期,其年径流深整体上大于多年年均径流深,这是累计距平呈现稳定增加的原因。

通过 Spearman 秩次相关法和 Mann-Kendall 非参数检验结果分析比也表明(表 6-5),西南岔河流域内各站在 1964～2006 年间径流深没有显著的变化趋势。

表 6-5　西南岔河流域各站逐年径流深变化趋势检验结果

站点	Spearman 统计量|T|	临界值	Mann-Kendall 统计量|U|	临界值	趋势性
带岭	0.04	2.01	0.05	1.96	不显著
南岔	0.39	2.01	0.41	1.96	不显著

西南岔河流域流支流永翠河出水控制口及西南岔河出水控制口多年平均实测径流量分别为 2.24 亿 m³ 和 7.35 亿 m³(图 6-21)。其中带岭站所控制的永翠河流域面积对整个

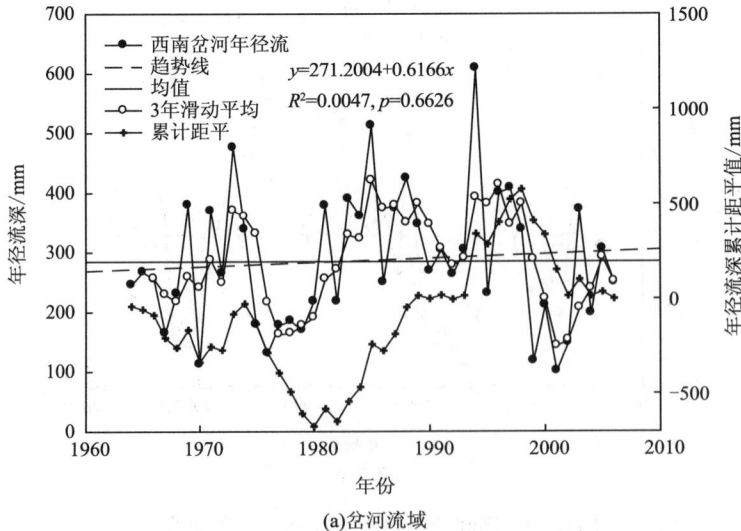

(a)岔河流域

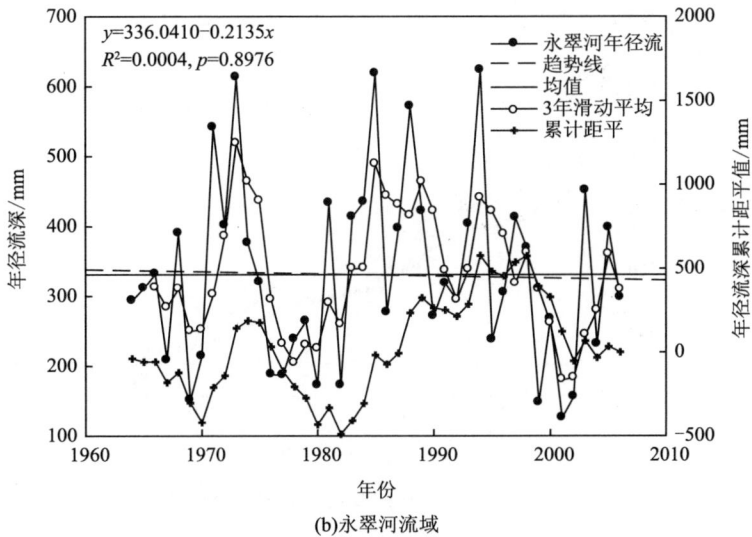

(b)永翠河流域

图 6-21 西南岔河、永翠河流域年径流深变化曲线

流域产水量贡献率为 30.48%,而带岭所控制的流域面积占南岔站所控制的西南岔河流域总面积为 26.22%(图 6-22)。因此,永翠河流域对西南岔河流域的水资源起到相对重要的贡献作用。

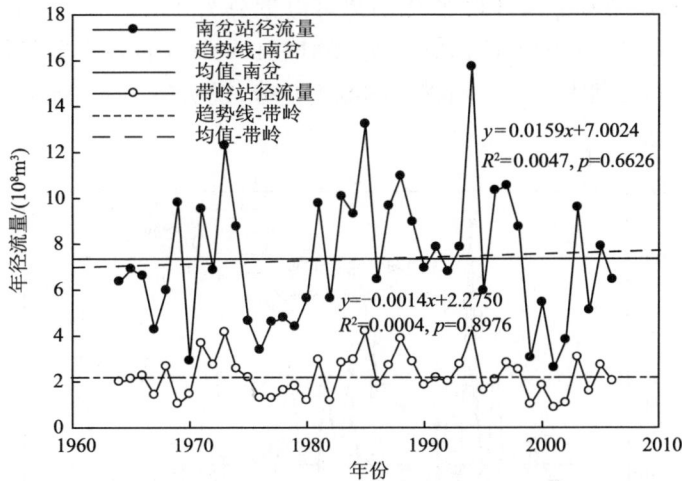

图 6-22 西南岔河流域各站年径流量变化趋势图

西南岔河流域各站的年径流深流量过程曲线变化趋势基本一致(图 6-23)。但在 0～5%的范围内(代表汛期流量),带岭站变化相对稳定,延长了汛期径流的过程,对于洪水期的调控起着重要的作用。同样,从各百分比的年径流深 FDC 曲线变化趋势来看,各站所控制的流域水资源利用或流失很快,对于枯水期的水资源的储存和调控作用相对较弱。

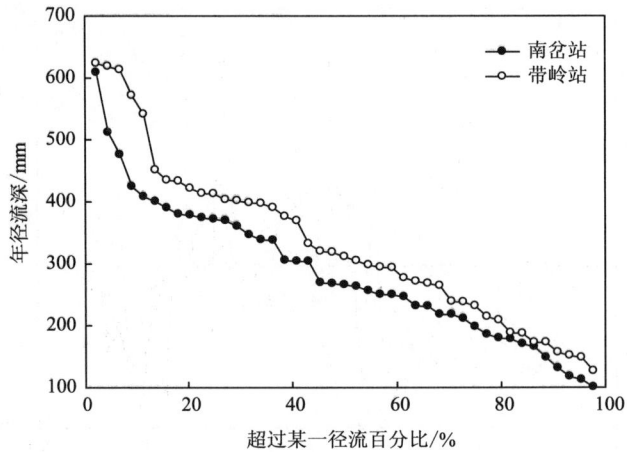

图 6-23　西南岔河流域各站所控制流域年径流深流量过程曲线

　　西南岔河流域各季节径流深变化趋势都呈现出不显著的增加(图 6-24,表 6-6)。不同季节径流深的年际变化大小不同,春、夏、秋、冬各季节增加变化率分别为 2.44mm/10a、1.36mm/10a、2.00mm/10a 和 0.37mm/10a。其中,春冬两季年际变化相对明显;夏季年际变化最小,1976 年冬季径流深最小为 0.344mm;1994 年冬季径流深最大为 9.90mm,它们的距平值分别为−4.12mm 和 5.44mm,相差 9.56mm。从各季节累计距平曲线可以看出,除春季外,各季节径流深年际变化趋势可以划分为 1964~1980 年、1981~1998 年以及 1999~2006 年 3 个不同时段;其中,在 1981~1998 年间,各季节径流呈现不断增加的趋势,而其他时间段则表现为不同程度的减少趋势,说明各季节径流深变化趋势存在着升、降周期更替变化。

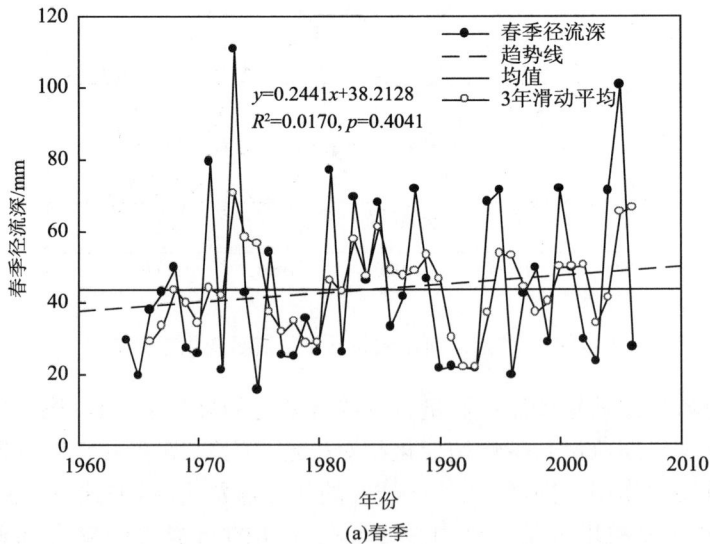

(a)春季

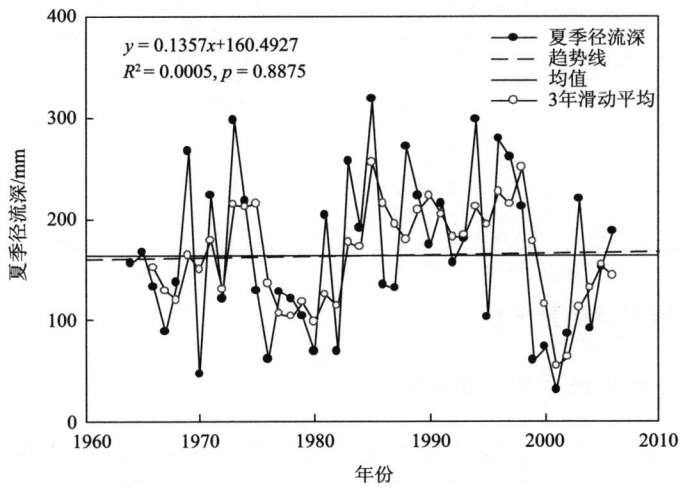

(b)夏季

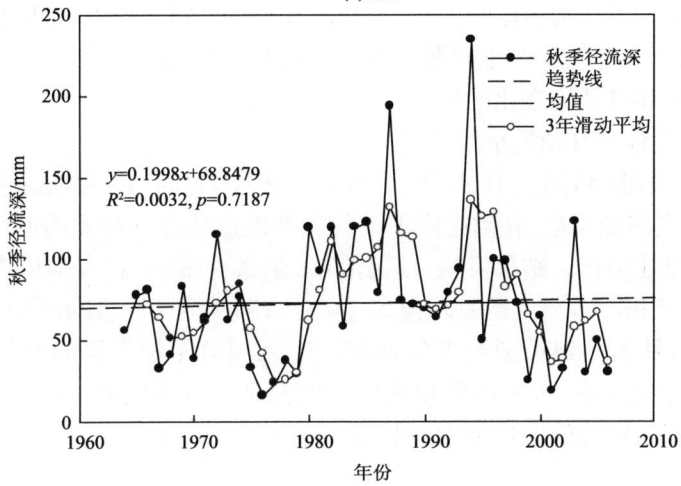

(c)秋季

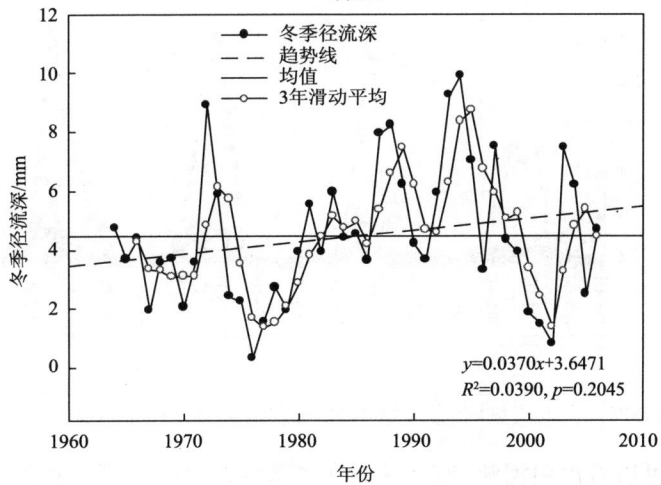

(d)冬季

图 6-24　西南岔河流域季节径流深变化曲线

表 6-6 西南岔河流域季节径流深变化趋势检验结果

	Spearman 统计量$|T|$	临界值	Mann-Kendall 统计量$|U|$	临界值	趋势性
春	0.78	2.01	0.81	1.96	不显著
夏	0.13	2.01	0.05	1.96	不显著
秋	0.05	2.01	0.01	1.96	不显著
冬	1.25	2.01	1.27	1.96	不显著

6.1.2 大流域径流影响因素分析

1. 流域沟道库坝工程对径流过程的影响

沟道库坝工程指人类为了利用水资源和减少水土流失在流域上、中、下游修建的水库、淤地坝、谷坊、沟渠、梯田等截水拦沙工程。由于中国北方降雨量少，流域上游区域为了发展经济修建了一系列沟道库坝工程，对径流和泥沙进行了有效拦截，但同时也造成中下游来水减少、水资源短缺等严重问题。本节应用 SWAT 模型定量分析沟道库坝工程对潮白河流域月径流和日径流变化的影响。

1) 沟道库坝工程对月径流量的影响

应用 SWAT 模型，利用云州水库、下堡、三道营、大阁、戴营作为控制站，分别对 1984～1987 年月实测径流量、有沟道库坝工程的月模拟径流量和无沟道库坝工程的月模拟径流量进行了对比分析。结果发现，白河流域（张家坟站控制）有沟道库坝工程的月均模拟径流量为 13.73m³/s，比实测月均值大 64.8%；和实测径流量间的相关系数为 0.85，纳什系数为 0.26，基本达到模型要求的标准。而无沟道库坝工程的月均模拟径流量为 54.09m³/s，远大于实测值，相关系数和纳什系数分别为 0.53 和 -83，达不到模型要求，说明沟道库坝工程对径流的影响极大（图 6-25）。

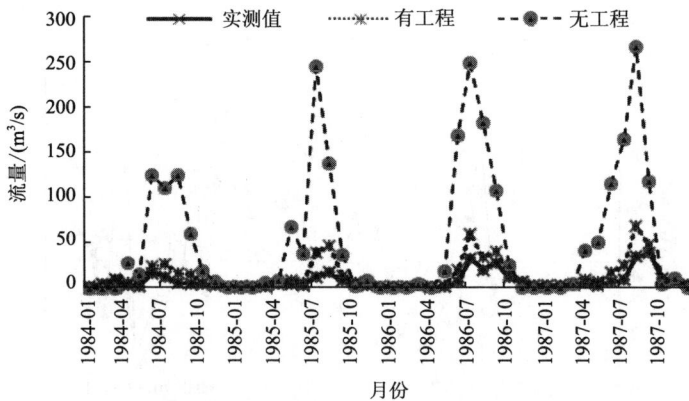

图 6-25 白河流域（张家坟站控制）工程措施对月径流的影响评价

通过图 6-25 可以看出白河流域（张家坟站控制）无沟道库坝工程的月模拟径流量在汛期（6～9 月）明显高于实测值，而在非汛期却略低于实测值，有沟道库坝工程的月模拟径流量和实测值间的规律相似。具体来看,有工程措施的径流模拟值在 1～3 月份均低于实测值,平均约低 20%;其他月份则高于实测值,其中 7 月、8 月和 9 月的模拟值比实测值大 1 倍以上。无工程措施的径流模拟值在 1 月、2 月、3 月和 12 月均低于实测值,平均约低 1 倍;其他月份则高于实测值,其中 5 月、7 月、8 月和 9 月的模拟值比实测值大 10 倍以上(表 6-7)。

表 6-7　潮白河流域各月份有无工程措施的径流模拟值和实测值间的对比变化

| 月份 | 白河流域(张家坟站控制) | | | | 潮河流域(下会站控制) | | | |
	有工程径流增加量/mm	增加百分比/%	无工程径流增加量/mm	增加百分比/%	有工程径流增加量/mm	增加百分比/%	无工程径流增加量/mm	增加百分比/%
1 月	−0.55	−23.67	−2.26	−96.47	−1.49	−61.81	−2.34	−96.49
2 月	−1.02	−25.09	−2.93	−71.80	−2.11	−62.61	−3.07	−95.83
3 月	−1.27	−13.21	−1.15	−11.96	−3.19	−52.38	−3.13	−41.80
4 月	1.74	54.69	16.19	507.45	−1.00	−29.72	6.23	138.15
5 月	2.72	102.27	35.20	1323.21	−0.13	−5.91	16.11	501.72
6 月	8.55	50.56	103.75	613.92	−0.04	8.21	47.57	636.45
7 月	20.93	163.54	176.30	1377.32	1.98	21.38	79.66	563.82
8 月	22.29	398.04	159.58	2849.55	1.32	15.91	69.96	487.84
9 月	9.23	177.79	60.83	1172.06	−5.57	−9.93	20.24	185.56
10 月	1.14	27.11	4.84	114.95	−3.53	−41.69	−1.68	−5.68
11 月	1.04	30.72	1.65	48.76	−2.13	−38.05	−1.82	−23.30
12 月	0.05	2.12	−2.88	−122.47	−1.67	−49.46	−3.13	−93.41

潮河流域(下会站控制)有沟道库坝工程的月均模拟径流量为 6.44m³/s,比实测月均值小 3.74%;与实测径流量间相对误差、相关系数和纳什系数分别为 −0.04、0.86 和 0.93,完全达到模型要求的标准。而无沟道库坝工程的月均模拟径流量为 20.94m³/s,比实测值大 3.13 倍,相对误差、相关系数和纳什系数分别为 2.13、0.49 和 −8.33,达不到模型要求,同样说明沟道库坝工程对径流的影响极大(图 6-26,表 6-8)。通过图 6-27 同样可知潮河流域(下会站控制)有沟道库坝工程和无沟道库坝工程的月模拟径流量在汛期(6～9 月)明显高于实测值,而在非汛期则低于实测值。具体来看,有工程措施的径流模拟值在 1～6 月和 9～12 月均低于实测值,平均约低 40%;7 月和 8 月的模拟值比实际值则分别大约 21.38 倍和 15.91 倍。无工程措施的径流模拟值在 1～3 月和 10～12 月均低于实测值,平均约低 60%;4～9 月则高于实测值,平均比实际值高 4 倍以上(表 6-7)。

2) 沟道库坝工程对日径流量的影响

参照上小节的模拟过程,再进行日径流量的模拟,模拟结果见图 6-28～图 6-29。

实测日径流量、有沟道库坝工程的日模拟径流量和无沟道库坝工程的日模拟径流量之间总体变化趋势相同,但相关系数小均较小,除张家坟有沟道库坝工程的日模拟径流量和实测日径流量间 R^2 达到 0.241 外,其他 R^2 均低于 0.1,达不到模拟要求。潮白河流域平均实测日径流量和平均模拟日径流量和月径流平均值相差甚微,但纳什系数却均为负

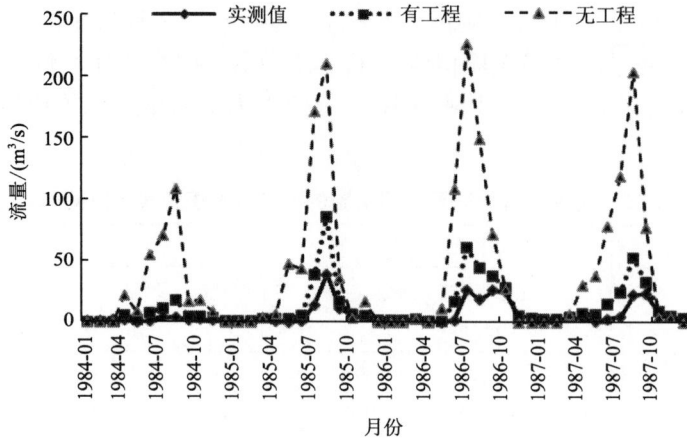

图 6-26　潮河流域(下会站控制)工程措施对月径流的影响评价

表 6-8　潮白河流域工程措施对月均流量影响评价

流域	实测值/(m³/s)	模拟月均径流量/(m³/s)		相对误差	相关系数	纳什系数
白河流域	8.33	有工程	13.73	0.65	0.85	0.26
		无工程	54.09	5.49	0.53	−83
潮河流域	6.69	有工程	6.44	−0.04	0.86	0.93
		无工程	20.94	2.13	0.49	−8.33

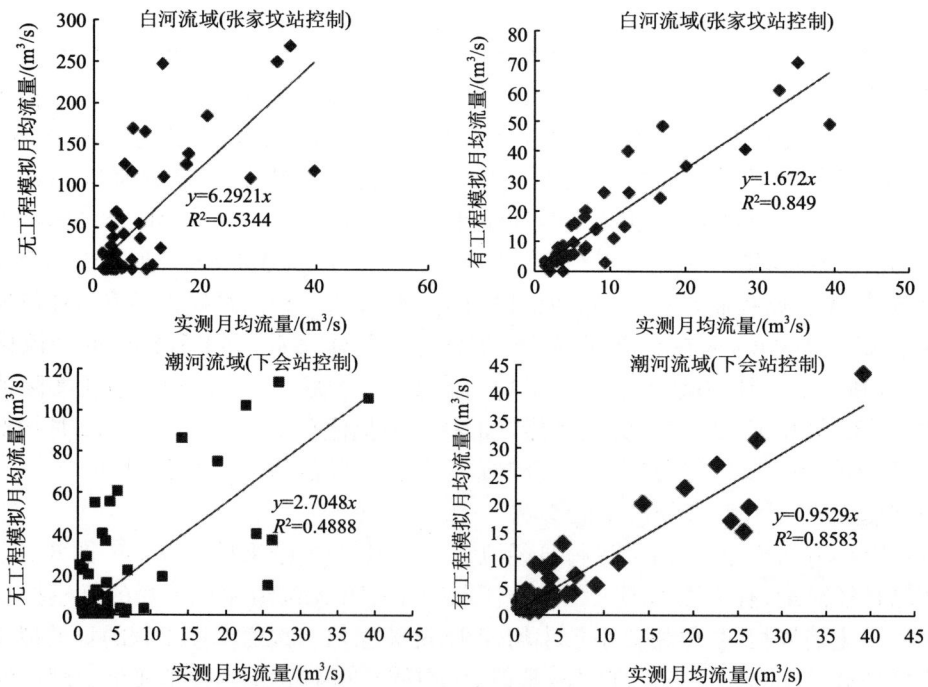

图 6-27　潮白河流域有无工程措施下的模拟月均流量值和实测值相关分析

值,达不到模型要求(表 6-9)。总体来看,模型模拟日径流效果差,这主要由地表径流滞后效应和沟道库坝工程日调节径流随机波动大所致。尽管达不到模型要求,但在总体变化趋势上仍有一定的可信度。这说明在模拟日径流上,SWAT 表现出一定的局限性。

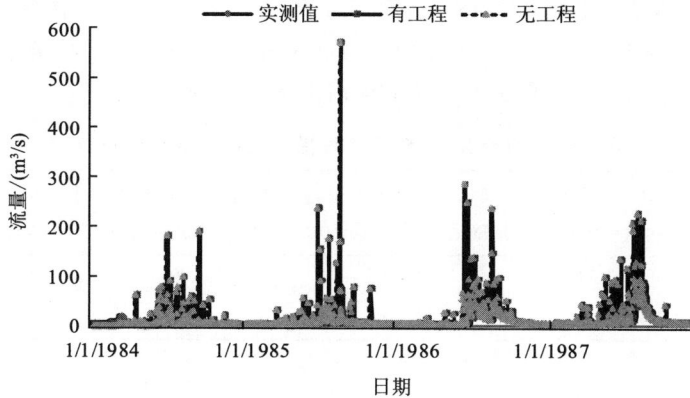

图 6-28　白河流域(张家坟站控制)工程措施对日径流的影响评价

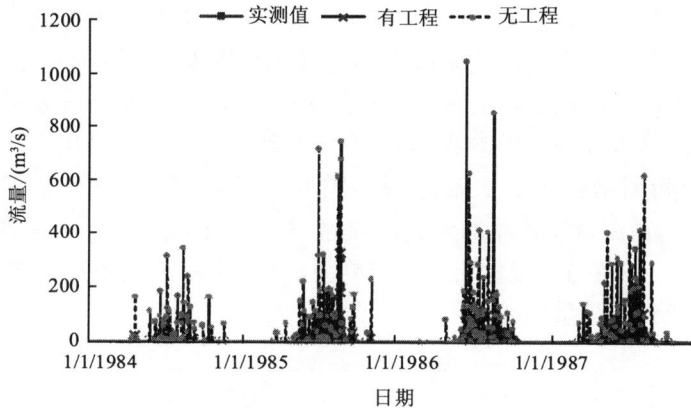

图 6-29　潮河流域(下会站控制)各工程措施对日径流的影响评价

表 6-9　潮白河流域工程措施对日均流量影响评价

流域	实测值/(m³/s)	模拟日均径流量/(m³/s)		相对误差	相关系数	纳什系数
白河流域	8.36	有工程	13.8	−0.39	0.241	−4.9
		无工程	54.48	−5.52	0.021	−285.7
潮河流域	6.72	有工程	6.49	−0.04	0.022	−0.1
		无工程	21.13	−5.28	0.004	−28.4

3) 沟道库坝工程对径流变化的贡献

应用 SWAT 模型,利用云州水库、下堡、三道营、大阁、戴营作为水文控制站,分别对潮河和白河 1971~1990 年进行了年径流量模拟,由于径流年际变化在 1980 年左右发生突变,故以 1971~1980 年作为基准期,1981~1990 作为评价期,在校准好的参数基础上去掉所有水文控制站后,模拟 1981~1990 年的年径流量作为评价期的对照值,通过分离判别法,得到 20 世纪 80 年代潮河流域沟道库坝工程措施对平均年径流的贡献率达 95%,白河流域的贡献率则达到 83%(表 6-10),说明沟道库坝工程在径流急剧减少中起主导作用,而其他因素对径流减少的贡献较小。通过比较可以看出,潮河流域沟道库坝工程措施对平均年径流的贡献率比白河流域大,这主要是因为潮河流域耕地所占比重大,包括坡改梯、沟渠引水、淤地坝等截水导水工程占流域的比例较大。

表 6-10　20 世纪 80 年代工程措施对径流变化的贡献

流域	平均年径流实测值/(m³/s)		1981~1990 年去工程措施后模拟值/(m³/s)	80 年代工程措施对平均年径流的贡献率/%	80 年代其他因素对平均年径流量的贡献率/%
	1971~1980 年	1981~1990 年			
潮河	21.75	6.69	20.94	95	5
白河	30.86	8.33	27.04	83	17

2. 土地利用变化对流域径流的影响

由于该流域自 1960 年后各种工程措施就直接或间接的影响着径流变化,故本节以沟道库坝工程作为背景,1971~1980 年为基准期,1981~1990 年为土地利用影响阶段,故这里所指的气候变化是土地利用影响阶段气候要素较基准期的变化,而土地利用变化则指影响阶段内的土地较基准期土地的改变。利用 1971~1980 年水文气象资料率定模型,保持基准期土地利用结构和率定的参数不变,将土地利用变化期的气象资料输入模型,则还原出基准期土地利用结构下的产流过程。图 6-30 和图 6-31 分别是潮河和白河流域 1984~1987 年实测径流量和还原的天然径流量逐月对比,结果表明,潮河和白河流域不管是汛期还是枯期,还原的径流量均大于实测值,且在汛期表现地更加显著,这表明土地利用结构的改变导致径流量缩减。

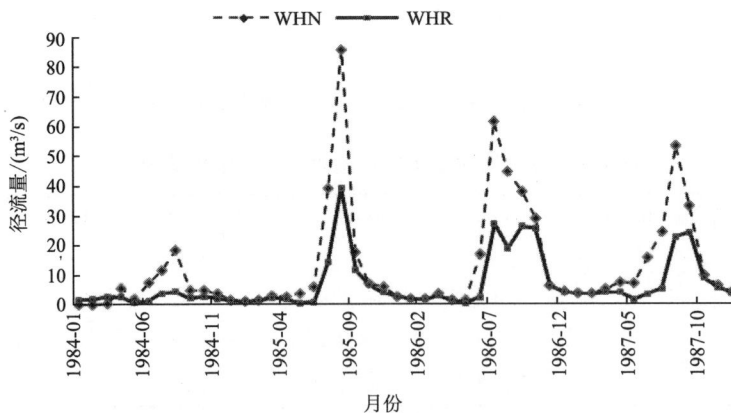

图 6-30　潮河流域(下会站控制)实测径流量和还原的天然径流量逐月对比
WHR 为实测径流量,WHN 为还原的天然径流量

表 6-11 定量评估了土地利用在潮白河流域 20 世纪 80 年代径流变化中的贡献率。潮河流域基准期的平均年径流量实测值为 21.75m³/s,评价期的实测值为 6.69m³/s,评

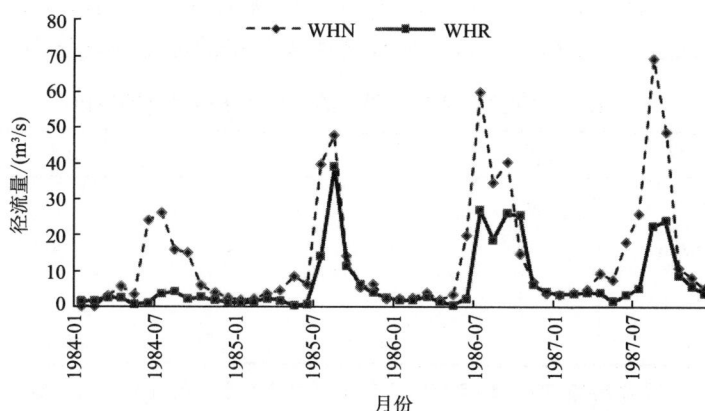

图 6-31　白河流域（张家坟站控制）实测径流量和还原的天然径流量逐月对比

WHR 为实测径流量，WHN 为还原的天然径流量

价期还原的天然径流量为 13.03m³/s，由此计算出潮河流域 80 年代土地利用对径流量的贡献率约为 42%，气候因素的贡献率则为 58%。白河流域基准期的平均年径流量实测值为 30.86m³/s，评价期的实测值为 8.33m³/s，评价期还原的天然径流量为 13.81m³/s，由此计算出白河流域 80 年代土地利用对径流量的贡献率约为 24%，气候因素的贡献率则为 76%。土地利用变化是人类对土地资源的结构和功能调整的结果，通过分析可知，潮河流域基准期和评价期间的土地转化较为频繁，主要表现在耕地面积大量增加，耕地通过作物根系和叶片蒸发消耗大量水分，缩减流域的产水量，特别在生长季径流减少得更加明显。

表 6-11　20 世纪 80 年代土地利用/气候变化对径流变化的贡献

流域	平均年径流实测值/(m³/s)		土地利用变化影响时期的天然径流量/(m³/s)	80 年代土地利用对径流量的贡献率/%	80 年代气候因素对径流量的贡献率/%
	1971~1980 年	1981~1990 年			
潮河	21.75	6.69	13.03	42	58
白河	30.86	8.33	13.81	24	76

3. 气候变化/土地利用变化对流域径流的影响

1）径流对气候变化的敏感性

近 40 年泾河流域径流深已大幅减少。从 1966~1975 年段至 1996~2005 年段，年径流深总共减少了 20.4mm，已减少了 47.3%。在径流大幅减少过程中，气候干旱化与径流变化的相关系数达到了 0.785，说明在泾河流域，径流大幅减少与气候干旱化有显著相关关系。

然而在不同季节，气候干旱化与径流变化的相关性（表 6-12）又各不相同。其中秋季气候干旱化与径流减少的相关系数为 0.903，明显高于春季的 0.724、冬季的 0.592 和夏季的 0.576；与此同时，秋季径流对气候变化的敏感程度(x）为 0.236，略小于春季的 0.243，但又明显高于冬季和夏季。这些结果表明，在春季和秋季，气候变化与径流变化的相关性十分显著。因此相对而言,在各季节气候均明显趋于干旱的情况下,春季和秋季的年均径流深分别减少了 57.3％和 56.3％,而夏季和冬季的径流深变化则不明显。

表 6-12　泾河流域全年和季节的气候变化对径流的影响

指标	全年	指标	春季	夏季	秋季	冬季
ΔDY^b	43.4％	ΔDS^b	−1.7	−1.2	−2.1	−1.9
r	0.785	r	0.724	0.576	0.903	0.592
x	0.201	x	0.243	0.163	0.236	0.135
ΔRY^b	−47.3％	ΔRS^b	−57.3％	−33.7％	−56.3％	−49.3％

注:ΔDY^b、ΔDS^b 分别为流域在 1996～2005 年段的全年、季节干旱强度相对于 1966～1975 年段的变化,其中,ΔDS^b 的值越小说明干旱强度向更高的方向发展;ΔRY^b、ΔRS^b 分别为流域在 1996～2005 年段的全年、季节径流深相对于 1966～1975 年段的变化;r 为气候变化与径流变化的相关系数;x 为径流对气候变化的敏感程度

气候干旱化与径流变化的相关性表现出明显的地区差异。其中,泾西区气候干旱化与径流减少的相关性最显著。近 40 年间,泾西区年径流深(RY_a^b)减少了 60.8％(表 6-13),在此过程中,气候变化与径流减少的相关系数为各区最高(0.822),与此同时,径流对气候变化的敏感程度也达到 0.317,明显高于其他亚区,这也说明泾西区的气候干旱化与年径流减少的相关性最明显。然而在不同季节,其相关性又各不相同。其中秋季相关性最显著,在径流深(RS_a^b)减少 63.9％中,气候干旱化与之的相关系数为 0.879,高于夏季的 0.764 和冬季的 0.773;而春季径流深虽大幅减少了 74.8％,但气候干旱化与之的相关系数仅 0.517,说明在春季,土地利用变化和人类活动等其他因素与径流减少的相关性可能大于气候变化。

表 6-13　泾河流域不同亚区的气候变化对径流的影响

时间	指标	泾北区	泾中区	泾西区	泾南区
全年	ΔDY_a^b	36.6％	49.8％	49.0％	41.6％
	r	0.280	0.507	0.822	0.721
	x	0.029	0.097	0.317	0.194
	ΔRY_a^b	+4.9％	−36.8％	−60.8％	−61.6％
春季	ΔDS_a^b	0.3	−3.8	−1.1	−2.2
	r	0	0.734	0.517	0.792
	x	−0.004	0.153	0.307	0.203
	ΔRS_a^b	−7.4％	−52.3％	−74.8％	−56.5％
夏季	ΔDS_a^b	0.8	−3.8	−0.5	−1.7
	r	0.404	0	0.764	0.635
	x	0.061	0.070	0.267	0.196
	ΔRS_a^b	+17.8％	−26.2％	−52.6％	−64.5％

续表

时间	指标	泾北区	泾中区	泾西区	泾南区
秋季	ΔDS_a^n	−0.4	−4.0	−2.5	−2.4
	r	0.308	0.882	0.879	0.800
	x	0.011	0.182	0.244	0.239
	ΔRS_a^n	−22.8%	−49.0%	−63.9%	−59.1%
冬季	ΔDS_a^n	−0.5	−3.8	−1.7	−1.6
	r	0	0.620	0.773	0.562
	x	−0.011	0.085	0.235	0.129
	ΔRS_a^n	+11.0%	−34.8%	−50.5%	−51.5%

注：ΔDY_a^n、ΔDS_a^n 分别为不同亚区在 1996～2005 年段的全年、季节干旱强度相对于 1966～1975 年段的变化，ΔRY_a^n、ΔRS_a^n 分别为不同亚区在 1996～2005 年段的全年、季节径流深相对于 1966～1975 年段的变化

泾南区年径流深在近 40 年间减少了 61.6%（表 6-13），这其中气候干旱化与之的相关系数为 0.721。在不同季节，气候干旱化与径流减少的相关性又各不相同，其中秋季的相关性最为显著，在径流深减少 59.1% 的过程中，气候干旱化与之的相关系数为 0.800；其次为春季；冬季的相关系数最小，仅为 0.562。

泾中区近 40 年气候显著趋于干旱，如各季节的干旱等级均由湿润变为中度干旱，然而年径流深仅减少了 36.8%，而这其中气候变化与之的相关系数也仅为 0.507，这一方面说明气候干旱化对该区径流影响不明显，另一方面，在泾中区水资源原本稀缺的情况下，说明径流对气候变化并不敏感，例如，在泾中区近 40 年平均年径流深仅为 26.3mm（全流域的 15.5%）的情况下，径流对气候变化的敏感程度也仅为 0.097。而在各个季节当中，仅有秋季气候干旱化与径流减少的相关性比较显著，在秋季径流减少了 49.0% 的过程中，气候干旱化与之的相关系数为 0.882；其次为春季，相关系数为 0.734。

泾北区气候变化对径流的影响十分轻微，气候变化与径流变化的相关系数在全年和各个季节均未超过 0.410（表 6-13），但径流在不同季节的变化却极不稳定，如秋季径流深下降最显著，40 年间共下降了 22.8%，而夏季径流深却增加了 17.8%。径流变化的不稳定性一方面说明在泾北区气候变化在径流变化过程中的作用可能明显，另一方面也说明在泾北区原本极其干旱、缺水的条件下，降雨基本不产流或产流较弱，导致径流对气候变化十分不敏感，例如，在泾北区近 40 年平均年径流深仅为 21.6mm（全流域的 12.7%）的情况下，径流对气候变化敏感程度的绝对值在全年及各个季节均未超过 0.1。

2）气候变化/土地利用变化对流域径流的影响

过去几十年间，泾河流域的气候趋于干旱化，年干旱强度从 1966～1975 年的 48.2d/a，增加到 1996～2005 年的 69.1d/a，增加了 20.9d/a，增幅为 43.4%。泾河流域径流大幅减少可认为是气候干旱化（降水减少）和土地利用变化的综合作用结果，分析表明（表 6-14），气候干旱化导致径流深减少了 17.8mm，对总径流减少量的贡献为 87.0%；土地利用变化导致径流深减少了 2.6%，对总减少量的贡献为 13.0%。这说明气候干旱化是泾河流域径流减少的主要原因。

表 6-14　泾河流域 1966～2005 年间全年和季节径流深的变化及气候变化和土地利用变化贡献

时间	年径流深及其变化					气候变化		土地利用变化	
	基准期 径流深	1996～2005 年自 然径流深/mm	1996～2005 年实 测径流深/mm	总变化 量/mm	总变化 率/%	影响量 /mm	贡献率 /%	影响量 /mm	贡献率 /%
全年	43.1	25.3	22.7	−20.4	−47.3	−17.8	87.0	−2.6	13.0
春季	7.4	3.8	3.2	−4.2	−56.8	−3.6	86.7	−0.6	13.3
夏季	16.0	10.7	10.6	−5.4	−33.8	−5.3	97.8	−0.1	2.2
秋季	15.4	7.7	6.7	−8.7	−56.5	−7.7	88.4	−1.0	11.6
冬季	4.4	3.4	2.2	−2.2	−50.0	−1.0	43.6	−1.2	56.4

　　然而,流域径流变化以及气候变化和土地利用变化的贡献在不同季节并不一致。其中,夏季和秋季径流深减少最明显,且对全年径流减少有主要贡献,夏季和秋季径流深总共减少了 14.1mm,占全年减少总量的 68.78%;秋季径流深减少的绝对量为 8.7mm,明显高于春季的 4.2mm。从径流减少原因来看,春秋两季都以气候变化为主导因素,其中秋季气候变化对径流减少的贡献率为 88.4%,略高于春季的 86.7%。

　　夏季径流深总共减少了 5.4mm,且变幅最小,为 33.8%;同时,夏季气候干旱化在所有季节中最不显著,中度以上干旱面积比共增加了 27.7%。然而,气候变化在径流变化中的贡献率为 97.8%,说明夏季径流对气候干旱化及其敏感。冬季径流深总共只减少了 2.2mm,占全年的比重甚微。其中土地利用变化的影响最显著,其贡献率为 56.4%,大于气候变化的 43.6%。

　　流域径流深变化以及气候变化和土地利用变化的贡献也存在明显空间差异(表 6-15)。其中,泾西区作为泾河流域最主要的水源区,近 40 年的年径流深为 84.5mm,是全流域的 4 倍,其年径流深总共减少了 81.3mm,减幅为 60.8%,其中气候变化的贡献为 70.7%,高于土地利用变化的 29.3%,说明气候干旱化是导致近 40 年来泾河流域西部水源区径流大幅减少的主要原因。

表 6-15　泾河流域 1966～2005 年流域和亚区的径流深变化及气候变化和土地利用变化的贡献

时间	年径流深及其变化					气候变化		土地利用变化	
	基准期 径流深	1996～2005 年自 然径流深/mm	1996～2005 年实 测径流深/mm	总变化 量/mm	总变化 率/%	影响量 /mm	贡献率 /%	影响量 /mm	贡献率 /%
全流域	43.1	25.3	22.7	−20.4	−47.3	−17.8	87.0	−2.6	13.0
泾北区	20.2	15.8	21.2	1.0	+5.0	−4.4	−444.2	5.4	544.2
泾中区	32.1	16.3	20.3	−11.8	−36.8	−15.8	134.1	4.0	−34.1
泾西区	133.7	76.2	52.4	−81.3	−60.8	−57.5	70.7	−23.8	29.3
泾南区	44.8	21.8	21.5	−23.3	−52.0	−23.0	98.8	−0.3	1.2

　　泾南区径流深减少了 23.3mm,减幅为 52.0%,其中气候变化的贡献为 98.8%,说明径流变化对气候干旱化十分敏感,而土地利用类型的面积变化并不明显,这可能是其贡献率偏小的主要原因。

泾中区径流深减少并不显著,共减少了 11.8mm,减幅为 36.8%。但气候变化却使径流减少了 15.8mm,其贡献率为 134.1%;与此同时,泾中区是全流域中气候干旱化最显著的,年干旱强度共增加了 49.8%,这说明正是由于气候干旱趋势过于显著,其径流影响也十分明显。土地利用变化却使径流增加了 4.0mm,其贡献率为 34.1%。

泾北区的径流深变化微乎其微,仅增加了 1.0mm,增幅也仅为 5.0%。但气候变化和土地利用变化对径流的影响却截然相反。其中气候变化使径流趋于减少,贡献率为 444.2%;土地利用变化使径流趋于增加,贡献率为 544.2%。泾北区在 40 年间仍是趋于干旱,年干旱强度增加了 36.6%,说明气候干旱化仍然在减少径流。

4. 气候变化/人类活动对流域径流的影响

1) 人类活动/气候变化对潮白河 20 世纪 80 年代径流的贡献率

本书研究所指的人类活动包括沟道库坝工程和土地利用变化,其中土地利用变化又包括林地的变化、耕地的变化和草地的变化。根据上小节的模拟和分析,得出沟道库坝工程、土地利用及气候变化对潮白河 20 世纪 80 年代径流泥沙减少的贡献,再根据各土地利用类型对径流变化贡献率的分解结果计算林地、耕地和草地对径流泥沙变化的贡献率,见表 6-16。就径流变化的影响因素来看,沟道库坝工程影响最大,潮河和白河贡献率分别达 95% 和 83%。土地利用变化的贡献率最小,潮河仅为 2%,其中,林地、耕地、草地贡献率分别为 1.3%、0.3% 和 0.4%;白河值为 4%,其中,林地、耕地、草地贡献率则分别为 3.2%、0.4% 和 0.4%。潮河和白河气候变化对径流的影响百分比差别较大,值分别为 3% 和 13%,白河明显大于潮河。

表 6-16　潮白河流域 20 世纪 80 年代人类活动/气候变化对径流的贡献率

指标	流域	各人类活动因素对径流泥沙变化的贡献率/%				气候变化/%
		沟道库坝工程	土地利用变化			
			林地	耕地	草地	
径流	潮河	95	1.3	0.3	0.4	3
	白河	83	3.2	0.4	0.4	13
泥沙	潮河	41	15.8	3.9	4.3	35
	白河	40	15.8	2.0	2.2	40

潮河流域人类活动在径流变化中起主导作用,贡献率分别占到 97% 和 65%;白河流域人类活动的贡献率小于潮河,对径流的贡献率分别为 87% 和 60%。由于潮河和白河两地相邻,气候变化差异不大,由此可以推出,潮河流域人类活动对径流的影响更为明显。

2) SWAT 模型模拟人类活动/气候变化对水文过程影响

本小节以 1991～2000 年为天然阶段,该时期的实测径流量作为基准值;评价期分三阶段,分别为第一阶段(2001～2010 年)、第二阶段(2011～2020 年)和第三阶段(2021～2030 年)。其中第一阶段的径流和泥沙采用实测值作为人类活动影响时期的实测水文变量。第二阶段和第三阶段分别采用预测的土地利用图和气候因子下的模拟值作为评价期的水文变量值。保持天然阶段率定的各模型参数和 1998 年的土地利用图不变,将评价期

3 个阶段的气象资料分别输入模型,还原出原始土地利用和用水结构下的产流产沙过程。图 6-32 和图 6-33 分别对比分析了评价期径流量的还原值和模拟值,进而反映出人类活动对径流的影响。

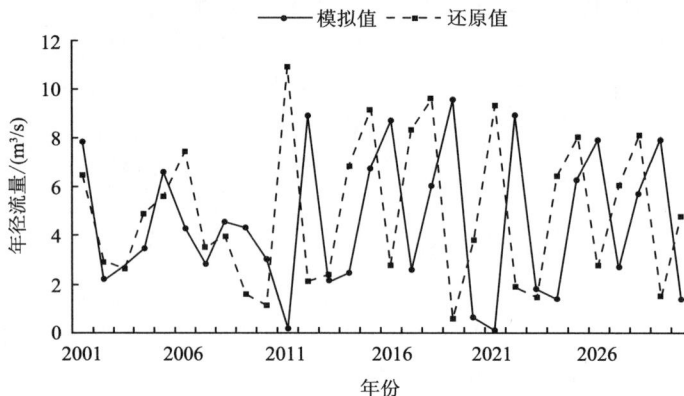

图 6-32　潮河流域年径流量模拟值和还原值对比

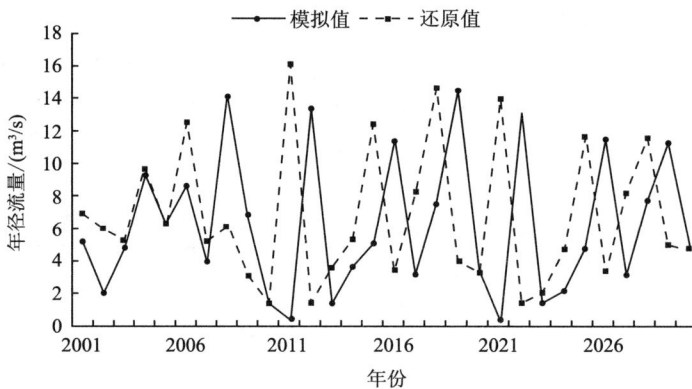

图 6-33　白河流域年径流量模拟值和还原值对比

通过潮白河流域模拟值和还原值的对比可知,模拟值相对于还原值有明显的滞后效应,滞后时间平均约一年,两者总体的变化趋势一致,径流还原值平均大于模拟预测值。表 6-17 定量评估了人类活动在潮白河流域 21 世纪前 30 年径流变化中的贡献率。潮河流域基准期(1991～2000 年)的平均年径流量实测值为 6.82m³/s,第一阶段(2001～2010 年)、第二阶段(2011～2020 年)和第三阶段(2021～2030 年)模拟预测值分别为 4.02m³/s、4.8m³/s 和 4.42m³/s,还原的天然径流量则分别为 4.67m³/s、5.66m³/s 和 5.03m³/s,由此计算出潮河流域第一阶段、第二阶段和第三阶段人类活动对径流量的贡献率分别为23.2%、42.6% 和 25.4%,气候变化的贡献率则分别为 76.8%、57.4% 和 74.6%。白河流域基准期(1991～2000 年)的平均年径流量实测值为 8.72m³/s,第一阶段(2001～2010 年)、第二阶段(2011～2020 年)和第三阶段(2021～2030 年)模拟预测值分别为 6.24m³/s、6.38m³/s 和 6.02m³/s,还原的天然径流量则分别为 7.11m³/s、7.23m³/s 和 6.25m³/s,由此计算出潮河流域第一阶段、第二阶段和第三阶段人类活动对径流量的贡献率分别为

35.1%、36.3%和 23.3%,气候变化的贡献率则分别为 64.9%、63.7%和 76.7%。

表 6-17 潮白河流域三个阶段人类活动/气候变化对径流的贡献率

流域	阶段	$W_{HR}/(m^3/s)$	$W_{HN}/(m^3/s)$	$W_B/(m^3/s)$	$\eta_H/\%$	$\eta_C/\%$
潮河流域	第一阶段	4.02	4.67	6.82	23	77
	第二阶段	4.8	5.66	6.82	43	57
	第三阶段	4.42	5.03	6.82	25	75
白河流域	第一阶段	6.24	7.11	8.72	35	65
	第二阶段	6.38	7.23	8.72	36	64
	第三阶段	6.02	6.65	8.72	23	77

注:W_{HR} 为人类活动影响时期的实测/预测径流量;W_{HN} 为人类活动影响时期的还原径流量;W_B 为天然时期的径流量;η_H 和 η_C 分别为人类活动和气候变化对径流的影响百分比

通过贡献率分析可知,人类活动占径流变化的贡献率约为 1/3,气候变化则约占 2/3,潮河流域人类活动在第一阶段所占贡献率最小,仅 23.2%,第二阶段贡献率则达到 42.6%,第三阶段和第一阶段相当,贡献率为 25.4%。白河流域第二阶段人类活动的贡献率同样达到最大,约为 36%;第三阶段贡献率仅为 23.3%。通过以上分析发现,预测 2011~2020 年该区人类活动对径流的影响最为强烈,2021~2030 年间人类活动对径流的作用变得缓和。这一方面是因为 2011~2020 是中国社会经济发展的转型期,人类活动非常活跃,造成土地利用发生剧烈变化,从而增大人类活动在径流变化中的贡献率。另一方面,预测的 2020 年气候较对比期变化较 2030 年小,说明气候变化在 2011~2020 年径流变化中的影响较后期小。

6.1.3 典型流域森林植被对径流变化的影响

1. 潮白河流域

1) AWY 模型的结构和原理

年径流模型(annual water yield model——AWY model)是 Sun 在美国南部地区构建的(Sun et al. ,2005)。该模型主要基于土地利用/覆被变化对年实际蒸散发敏感性,进而影响径流变化。

在中尺度上,流域年径流(Y)为年降水(P)和实际年蒸散发量 AET 的差值,单位均为 mm。表达式为

$$Y = P - \text{AET} \pm \Delta\delta \tag{6-1}$$

式中,$\Delta\delta$ 为流域径流年际间变化量,作为模型误差,忽略不计。

实际年蒸散发计算方法采用 Zhang(2001)根据全世界 250 个不同气候和植被类型的流域水文数据建立的实际年蒸散发(AET),计算公式如下:

$$\text{AET} = \frac{1 + w\dfrac{\text{PET}}{P}}{1 + w\dfrac{\text{PET}}{P} + \dfrac{P}{\text{PET}}} \tag{6-2}$$

式中，w 为某种土地覆被类型的用水系数，用以表征植被蒸散对土壤水的用量大小，Zhang 采用 Priestly-Taylor 法计算潜在年蒸散发量（PET），根据全世界 250 个流域土地利用、年降水、年潜在蒸散和径流资料确定各土地覆被类型的 w 值，得到林地为 2.0，耕地和草地为 0.5，建设用地为 0，水域的实际蒸散发量为流域潜在蒸散发和年降水量的较小值。Sun 采用以温度为基础的 Hamon 法计算 PET 值，利用美国东南部 28 个流域的降水径流数据校准 w 值，得出林地为 2.8，草地为 2.0，其他土地类型 w 值同 Zhang。

含多种土地利用类型的流域的年实际蒸散发量（AET）计算如下：

$$AET = \sum_{i=1}^{n}(AET_i \times f_i) \qquad (6\text{-}3)$$

式中，f_i 为不同土地覆被类型（包括林地、草地、耕地、水域、建设用地等）所占的面积比例。

AWY 模型是建立在流域观测和理论基础上的经验模型，比机理性模型数据和参数更易获取，在世界大量降水-径流特征的流域中对其进行了验证，证明其是一种简单有效的估测长时间尺度上土地利用和覆被变化对流域年径流影响的方法。

2）模型模拟的参数率定及校准验证

本书的研究采用 2000 年及 2000 年之前的多期嵌套流域数据来建模，用 2000 年以后的数据作为验证，具体情况见表 6-18，根据 Zhang 等（2001）和 Sun 等（2005）确定的各土地利用类型 w 值的取值范围，确定林地 w 值取值范围为 [0,3]、草地为 [0,2]、未利用地为 [0,1]，其他土地类型 w 值同 Zhang 等（2001），各 w 值取值精确到 1 位小数。

表 6-18　潮白河各嵌套流域建模和验证数据统计表

流域名称	土地利用、年降水、年径流深、年潜在蒸散发			
	建模数据			验证数据
大阁流域	1978	1988	1998	2007
戴营流域	1978	1988	1998	2007
下会流域	1978	1988	1998	2007
云州水库流域	1978	1988	1998	2007
下堡流域	1978	1988	1998	2007
张家坟流域	1978	1988	1998	2007
三道营流域	1978	1988		2007
半城子流域	1990	1995	2000	2005
红门川流域	1990	1995	2000	2005
怀河流域	1990	1995	2000	2005
土门流域			2000	2004

利用表 6-18 中的 30 期数据进行 AWY 建模，运用 Java 语言在计算机上编程计算确定各土地覆被类型的用水系数 w 值，运算结果见图 6-34。

由图 6-34 可知，经校准后，草地和耕地、林地、建设用地和未利用地的用水系数 w 值分别定为：1.5、2.8、0，水域的实际蒸散发量为降雨量和潜在蒸散发量两者的较小值，由于

图 6-34　模型参数校准程序运行结果图

该地区多年降水量均小于年潜在蒸散发量,故水域的实际蒸散发量采用降水量。

依据各土地利用类型的 w 值,运用 Zhang 模型计算的 30 期模拟实际蒸散发和根据水量平衡原理计算出的实际蒸散发之间方差和为 64 967,标准差为 47,变异系数约为 10%,达到要求。进而对模拟期和验证期实际蒸散发和模拟蒸散发分别进行回归分析,见图 6-35。

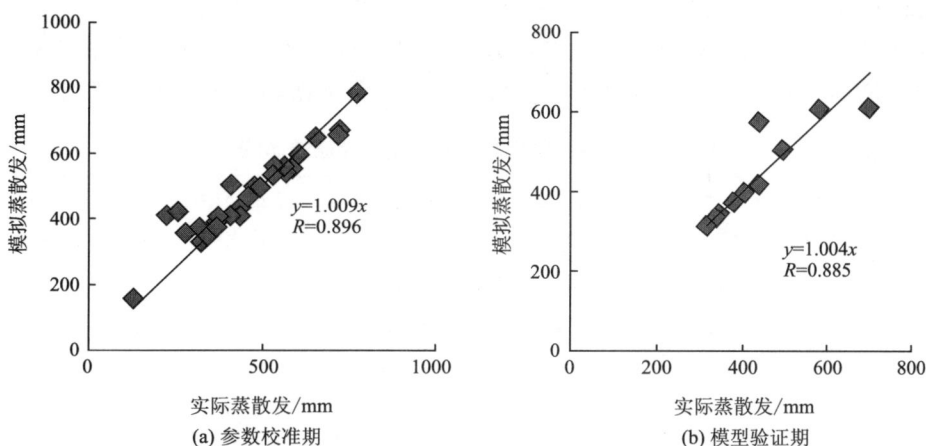

图 6-35　模型参数校准期和验证期实际蒸散发和模拟蒸散发相关分析

由图 6-35 可知,参数校准期实际蒸散发和模拟蒸散发的相关系数 R 为 0.896,远大于 $r_{0.001}$ 的值 0.554,参数验证期的相关系数 R 为 0.885,也大于对应的 $r_{0.001}$ 的值 0.801,说明该模型适用于研究区域。通过分析图 6-35 可知,土门流域的偏差较大,而土门流域面积仅 3.4km²,且均为林地,林地具有涵养水源、调节径流等功能,流域径流年际间变化量 $\Delta\delta$ 不能忽略,说明该模型在模拟小流域时有其局限性。

3) 潮白河流域森林植被对径流的影响

森林植被通过林冠、林下灌草、枯落物、腐殖质和林下土壤层层有效拦截、吸收、蓄积降水,减少地表径流量,同时减少土壤侵蚀,达到水土保持的作用。森林复杂立体结构不但再分配降水,而且减弱降水对地面的溅蚀动能,同时林冠的枝叶截留部分降水,截留量与林分类型、组成、林龄、郁闭度等有关。森林内的灌木和草本层对于分散、减弱林内降水动能、减缓降水对地面的直接冲击有重要作用,是森林截留降水的重要组成部分。枯落物和腐殖质层处于松软状态,有很大的孔隙度和持水力,能吸收和渗透降水,森林通过林冠和枯枝落叶层全年拦蓄的水量非常可观(可达 15%~35%),直接影响流域的水循环过程。林地土壤多孔疏松,孔隙度高,具有较强的透水性,土壤水分蓄持能力与土壤厚度和土壤孔隙度状况密切相关,林木根系对土壤结构的改良(穿插切割、细根死亡、根系分泌物),使得非毛管孔隙度增加,增加土壤的渗透性,最终大部分土壤水通过森林的根系吸收和枝叶的蒸腾作用进入大气层。一般情况下,未受干扰的天然林土壤具有最高的水分渗透性,老龄林较幼龄林土壤渗透性高,有林地比农地、牧地、草地的渗透性高。

本书的研究采用模型率定和校准结果评估皆伐后径流量的变化,把林地的 w 值从 2.8 调整为 0,模拟森林皆伐后的还原径流深,然后计算皆伐后各嵌套子流域各期增加的径流深和森林减少径流的百分比,结果见表 6-19 和图 6-36。

由表 6-19 可知,下会流域 1998 年森林皆伐后增加径流深最大,增加值达 223.8mm,云州水库流域 1988 年增加径流深最小,增加值仅 14.2mm;各子流域平均增加径流深为 85.9mm,标准方差为 59.7mm,变异系数达到 0.69,说明各子流域在各年份增加径流深的差异较大。就潮河各子流域森林减少径流百分比来看,大阁流域 1998 年森林减少径流百分比最大,达 73.5%,其次是 2007 年、1978 年和 1988 年,值分别为 71.6%、54.7% 和 38.5%;戴营和下会流域森林减少径流百分比逐期增加,分别从 54.1% 增加到 86.0% 和从 59.1% 增加到 91.0%。白河各嵌套流域中,三道营、下堡和云州水库流域 1988 年森林

表 6-19　潮白河嵌套流域皆伐对径流的影响

流域	嵌套子流域	年份	实际径流深/mm	还原径流深(皆伐后)/mm	增加径流深(皆伐后)/mm	森林减少径流百分比/%
潮河流域	大阁	1978	53.9	119.0	65.1	54.7
		1988	51.1	83.1	32.0	38.5
		1998	74.0	279.3	205.3	73.5
		2007	19.3	67.9	48.6	71.6
	戴营	1978	79.5	173.3	93.8	54.1
		1988	39.9	99.4	59.4	59.8
		1998	79.2	299.3	220.1	73.5
		2007	13.6	97.2	83.6	86.0
	下会	1978	81.1	198.2	117.1	59.1
		1988	33.6	114.5	80.8	70.6
		1998	77.7	301.4	223.8	74.2
		2007	10.1	112.8	102.7	91.0

续表

流域	嵌套子流域	年份	实际径流深/mm	还原径流深（皆伐后）/mm	增加径流深（皆伐后）/mm	森林减少径流百分比/%
白河流域	三道营	1978	66.3	143.2	76.9	53.7
		1988	66.1	98.1	32.0	32.6
		2007	22.6	91.6	69.0	75.3
	下堡	1978	30.9	78.4	47.5	60.6
		1988	24.9	46.8	21.9	46.7
		1998	40.5	171.5	131.0	76.4
		2007	18.1	53.5	35.4	66.2
	云州水库	1978	21.9	67.0	45.1	67.3
		1988	28.1	42.4	14.2	33.6
		1998	36.2	187.1	150.9	80.6
		2007	14.6	47.0	32.4	68.9
	张家坟	1978	61.5	123.2	61.6	50.0
		1988	35.3	81.3	46.0	56.5
		1998	78.2	232.5	154.3	66.4
		2007	14.0	82.4	68.4	83.0

减少径流百分比最小,值分别为 32.6%、46.7%和 33.6%;三道营 2007 年森林减少径流百分比最大,值为 75.3%;下堡和云州水库 1998 年减少径流百分比最大,值分别为76.4%和 80.6%;这三个子流域森林减少径流百分比各期呈波动变化。张家坟流域森林减少径流百分比从 1978 年的 50.0%逐期增加到 2007 年的 83.0%。就各子流域各期森林平均减少径流百分比来看,下会流域值最大,达到 73.7%,三道营流域值最小,为53.9%;其他流域的值分布在(60%,70%)之间(图 6-36);一方面,下会流域林地面积所占比例较大,各期均在 60%以上;另一方面,下会流域农地以及相应的沟道工程措施在径

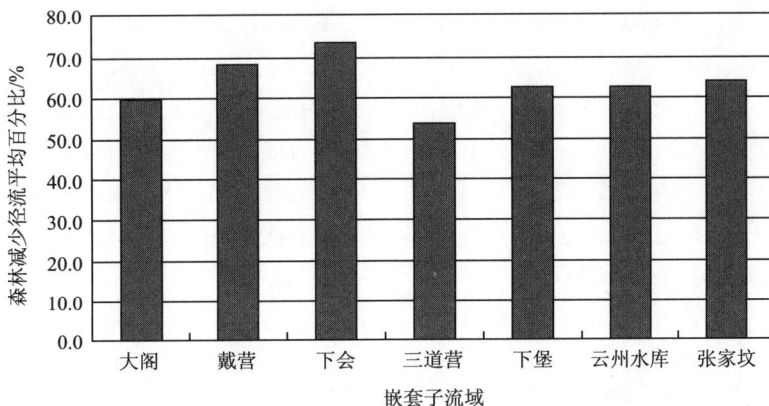

图 6-36　潮白河嵌套流域森林植被减少径流平均百分比

流减少中作用较为显著。整体来看,潮河和白河流域森林植被减少径流的百分比逐期呈增大趋势,主要由林地所占比例增大所致,而林地面积增加主要和国家政策和社会经济发展密切相关,特别是 20 世纪 80 年代初的土地联产承包责任制和 2000 年实施的京津风沙源治理工程,通过植树造林和退耕还林工程大幅度增加了该区林地所占比例。

利用以上"皆伐"原理,分别把草地和耕地的 w 值从 1.5 调为 0,林地的 w 值从 2.8 调为 0,保持其他土地利用类型 w 值不变,分别计算草地、耕地和林地分离后的径流深(表 6-20)。鉴于居民工矿用地和未利用地的 w 值为 0,水域面积小且各期之间面积变化不

表 6-20　潮白河各子流域主要土地利用类型分离后径流深变化

流域控制站点	年份	径流深实测值/mm	土地利用类型分离后径流深/mm		
			草地	耕地	林地
大阁	1978	53.9	72.1	77.0	119.0
大阁	1988	51.1	48.0	49.3	83.1
大阁	1998	74.0	152.4	174.7	279.3
大阁	2007	19.3	26.9	37.1	67.9
戴营	1978	79.5	100.4	102.0	173.3
戴营	1988	39.9	51.3	50.2	99.4
戴营	1998	79.2	150.1	165.1	299.3
戴营	2007	13.6	30.1	41.2	97.2
三道营	1978	66.3	80.9	96.8	143.2
三道营	1988	66.1	50.5	47.3	98.1
三道营	2007	22.6	45.0	37.5	91.6
下堡	1978	30.9	67.3	77.3	78.4
下堡	1988	24.9	39.8	40.9	46.8
下堡	1998	40.5	91.6	99.2	171.5
下堡	2007	18.1	31.9	34.0	53.5
云州水库	1978	21.9	80.5	84.6	67.0
云州水库	1988	28.1	55.1	50.1	42.4
云州水库	1998	36.2	99.1	94.5	187.1
云州水库	2007	14.6	31.4	29.2	47.0
下会	1978	81.1	110.2	111.5	198.2
下会	1988	33.6	55.4	53.6	114.5
下会	1998	77.7	144.4	155.8	301.4
下会	2007	10.1	33.5	44.1	112.8
张家坟	1978	61.5	71.7	86.3	123.2
张家坟	1988	35.3	41.8	41.2	81.3
张家坟	1998	78.2	104.5	107.1	232.5
张家坟	2007	14.0	32.2	32.9	82.4

大,本小节对这三种土地利用的影响忽略不计。利用草地、耕地和林地分离后的径流深和实际径流深的差值导出每种土地利用类型对径流深的影响。然后加权计算出草地、耕地和林地在土地利用对径流变化的影响中所占比例(图 6-37)。

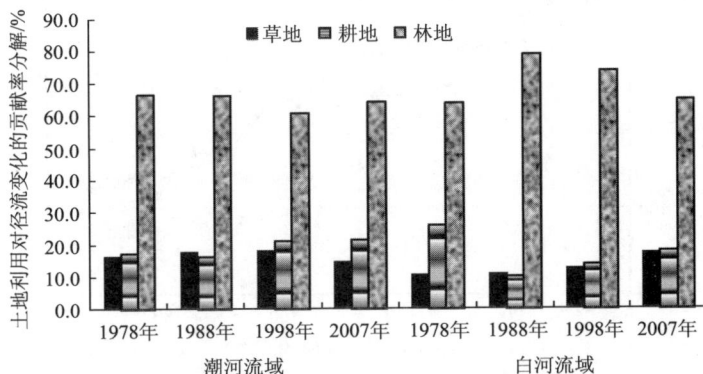

图 6-37　潮白河流域土地利用对径流变化影响的分解贡献率

由图 6-37 可知,潮白河流域林地在所有土地利用类型中对径流的影响最大,所占比例平均达到 67%,其中白河流域林地 1988 年所占比例达到 79%。草地和耕地的影响相当,所占比例分别为 15% 和 18%,其中 1988 年潮河和白河流域草地所占比例大于耕地,其他年份则小于耕地。这和草地、耕地和林地在各阶段所占面积比例相关。

2. 汤旺河流域

根据汤旺河流域不同时期森林覆被变化情况,将 1964～2006 年划分为 1964～1976 年、1977～1991 年以及 1992～2006 年 3 个不同时期来分析覆被变化对流域径流的影响。图 6-38 给出了 3 个不同时期汤旺河流域年径流深的 FDC 曲线,因为 1964～1975 年没有流域覆被变化的详细资料,在这仅以 1964～1976 年 FDC 曲线作为参照,分析 1976～2006 年间森林覆被变化对流域年径流深的影响。

从不同时期流域径流深 FDC 曲线可以看出,出现频率在 60% 范围以上的年径流深变化基本一致,而在小于 60% 范围以下的流域年径流深变化差异较大,覆被的减少主要对高径流及洪峰径流产生影响。但各时期降雨量相差较大,径流的变化也有可能是由降雨的差异引起的。因此,为了消除降雨的差异,我们采用径流系数 FDC 曲线来分析覆被变化对径流的影响。同样可以看出,1977～1991 年和 1992～2006 年的径流系数 FDC 曲线径流系数出现在 60% 范围以下的相差较大,表明在 1992～2006 年间,流域覆被的减少主要减少了高径流量。覆被的减少,在一定程度上增大了陆面及大气降雨的蒸发,使直接汇入河川径流的有效降雨量减少。但对 3 个不同时期的径流深进行方差分析表明,不同时期的流域径流不存在显著差异($p=0.531$),表明汤旺河流域覆被的微小变化对径流的减少影响不显著。

为了进一步定量分析覆被变化对流域径流的影响,我们利用双累积曲线对汤旺河流域 1964～2006 年间累积年径流深与累积年降雨量之间进行的曲线拟合(图 6-39)。可以看出,1964～1976 年间,累积年径流深和累积年降雨量之间存在着显著线性关系($p<$

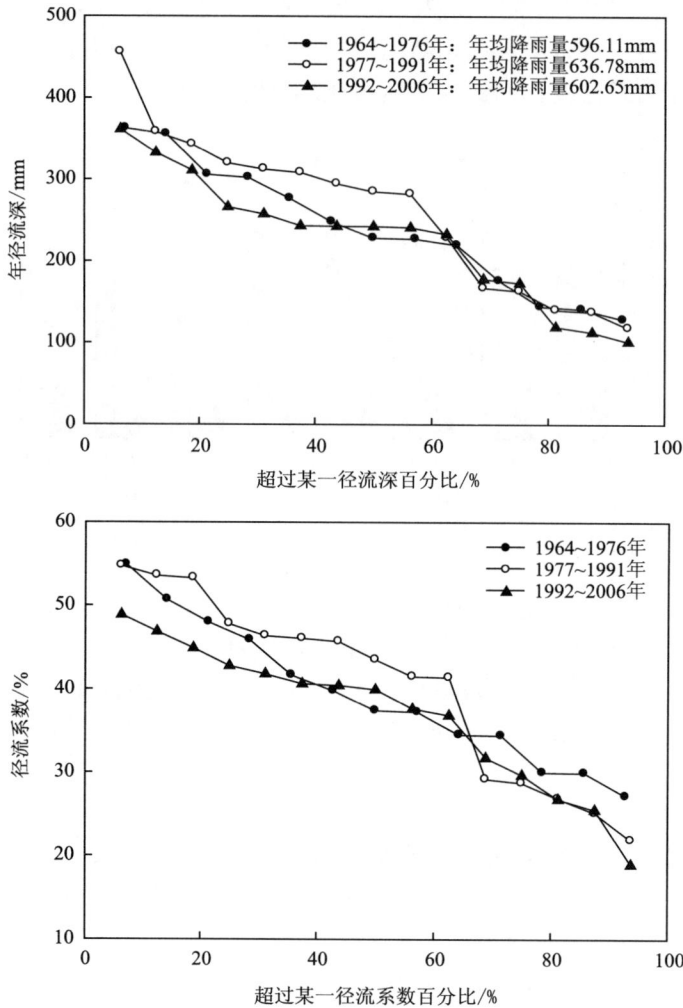

图 6-38　汤旺河流域不同时期年径流深及径流系数流量过程曲线

0.0001），假定其为流域径流在未受到覆被变化产生显著变化前径流和降雨的自然响应关系，即假定 1964～1976 年间流域覆被的变化对流域径流的影响不显著。以此线性关系趋势线为参照线，分析 1976～2006 年覆被变化对流域径流的影响规律，偏离参照线的差值即为流域覆被变化对径流的累积影响。从 1976 年以后，年累积径流整体偏离参照线呈现出减少的趋势，流域覆被变化对累积年径流产生影响。但在 1992～1999 年间年累积径流相对偏离参照线较近，说明流域覆被变化对径流的影响在减少。

　　表 6-21 给出了 ARIMA 对 1976 年的突变点分析的最佳模型及参数估计值，可以看出，突变点 1976 年前后流域覆被变化对径流的影响是存在显著性的。因此，假定1964～1976 年为未受到覆被变化产生显著影响的累积年径流深与年累积降雨的自然响应关系成立，可以通过分析 1976～2006 年间流域年径流深实测值与预测值的差值即为流域累积年径流深对覆被变化的响应。

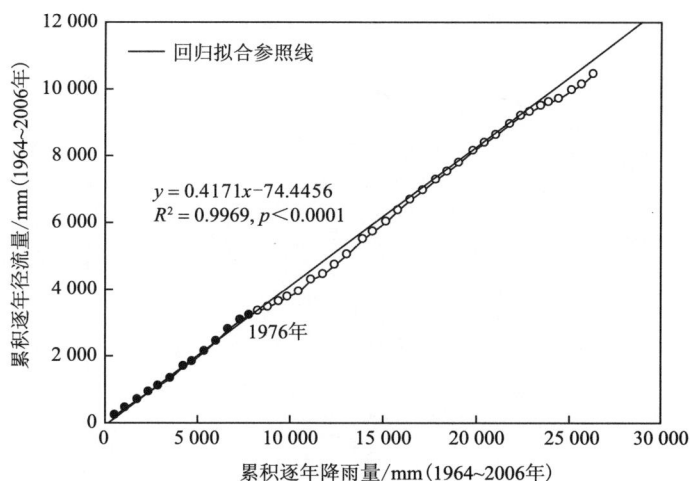

图 6-39　汤旺河流域年径流深与降雨量的双累积曲线及回归拟合参照线

表 6-21　累积年径流深和累积降雨量双累积曲线在 1976 年突变点 ARIMA 模型参数估计

突变点 ARIMA	模型结构	参数估计			
		p(1)	q(1)	Omega(1)	Delta(1)
突变点斜率	(0, 1, 1)		−0.542(p<0.001)	207.79(p=0.001)	1.008(p<0.001)

　　汤旺河流域1977～2006 年间流域覆被减少变化减少了累积年径流深(图 6-40),平均每年减少为 232.64mm/3.65%,其中负值表示当年覆被变化对累积年经流深的减少影响。从 1977 年的 53.33mm,覆被变化对累积年径流深的减少影响增加到 2005 年的502.03mm。在 1977 年,覆被变化减少了累积年径流深的 1.57%,在 1977～1981 年间,覆被对累积年径流深的减少影响急剧增加到 1981 年的峰值,为 8.93%。随后覆被变化对累积年径流深的减少影响相对减弱,到 20 世纪 90 年代中末期,不超过 1%。从 20 世纪末到 21 世纪初期,覆被变化对累积年径流深的减少影响再次表现出增加的趋势,但减少影响幅度相对平缓。其中 2006 年覆被变化对累积年径流深的减少影响为 4.19%,减少累积年径流深 456.58mm。

　　森林流域内,表层土壤透水性较强,降雨能较快渗入土壤形成土壤水,并向下流动形成壤中流、地下径流。该研究区森林流域土壤发育相对良好,森林植被能够减少土壤相对密度,增大土壤孔隙度和储水量。森林覆被的减少,相应减少了地表径流的入渗,减少壤中流和地下径流,同时增加了地表径流的蒸发消耗,从而减少河川径流。该研究从另一个角度验证了张庆费等研究小兴安岭森林有补给径流、调节径流的作用。

　　3. 西南岔河流域

　　同样,根据西南岔河流域有林地面积变化特征,将 1964～2006 年划分为 4 个不同时期分别为 1964～1973 年、1974～1982 年、1983～1993 年以及 1994～2006 年来分析不同时期覆被变化对流域径流的影响。其中 1964～1973 年因没有详细覆被变化资料,在此只

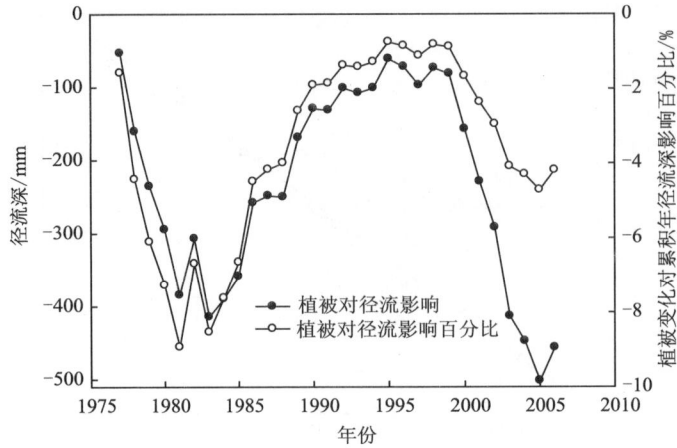

图 6-40　汤旺河流域覆被变化对累积年径流深减少影响

作为参照时期,1974~1982 年和 1994~2006 年为流域有林地面积增加时期,1983~1993年为有林地面积保持相对稳定时期。

由于覆被的变化加上降雨量的差异,各时期流域年径流深分布有所差异(图 6-41)。其中 1983~1993 年和 1994~2006 年 FDC 相对于 1974~1982 年明显上移,说明西南岔河流域有林地面积的增加相对增加了流域径流,其中对出现频率在 20%~60% 范围的径流增加尤为明显。为了消除降雨的差异,对不同时期径流系数 FDC 进行分析可以看出,1983~1993 年相对于 1974~1982 年径流系数 FDC 上移最为明显,1994~2006 年次之。随着有林地面积从开始的 65% 左右增加到 75% 左右并保持稳定变化时,有林地变化对流域径流增加变化影响最为明显。随着有林地面积的进一步增加(从 75% 增加到 85% 左右),1994~2006 年径流系数 FDC 曲线相比 1983~1993 年下移,流域径流出现相对减少的趋势,枯水径流(径流系数出现在 60% 以上范围径流)的减少尤为明显,特别是出现频率在 80% 以上范围的枯水径流。有林地面积的增加,虽在一定程度上起到涵养水源的作用,但强大的根系在外界气候条件影响下对水分的消耗,从而减少了枯水径流。但总体来看,1973~2006 年间,有林地面积的增加增加了流域径流。

西南岔河流域 1964~2006 年期间累积年径流深与累积年降雨量之间的双累积曲线变化趋势表明(图 6-42),1964~1982 年间,累积年径流深和累积年降雨量之间存在显著线性关系($p<0.0001$),同样假定在此期间为流域径流未受覆被变化产生显著干扰前径流和降雨的自然响应关系,以此线性关系趋势线为参照线分析流域径流对覆被变化的响应。在 1982 年后,年累积径流偏离参照线呈现出增加的趋势,观测值与预测值之间的差值即为流域覆被变化对流域累积年径流深的影响。

从 ARIMA 突变分析模型对流域累积年径流与累积年降雨量双累积曲线上 1982 年的突变点分析,可以看出突变点 1982 年前后流域覆被变化对径流的影响是存在显著性。因此,假定 1964~1982 年为流域径流未受到流域覆被变化产生显著影响的累积年径流深与累积年降雨量自然响应关系成立(表 6-22)。

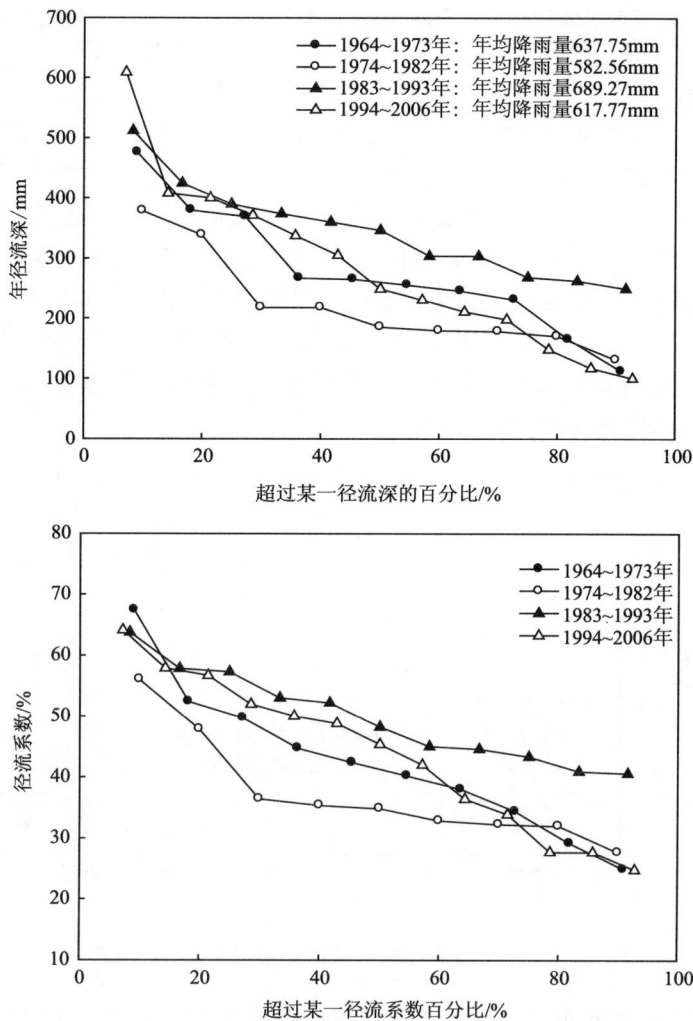

图 6-41　西南岔河流域不同时期年径流深及径流系数流量过程曲线

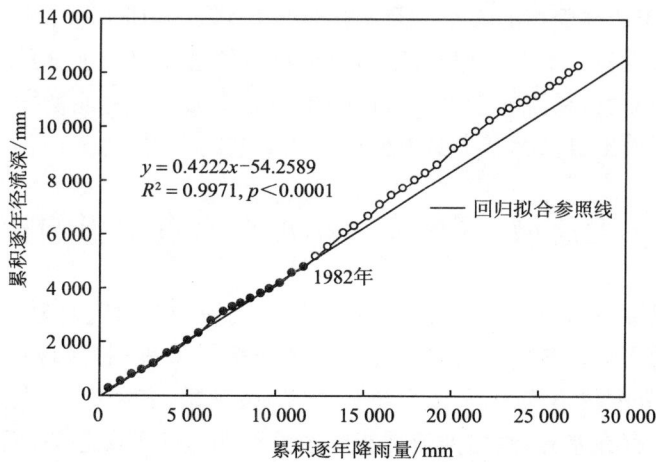

图 6-42　西南岔河流域年径流深与降雨量的双累积曲线及回归拟合参照线

表 6-22　累积年径流深和累积年降雨量在 1982 年突变点 ARIMA 模型参数估计

突变点 ARIMA	参数估计			
模型结构	p(1)	q(1)	Omega(1)	Delta(1)
突变点斜率　(0, 1, 1)		−0.371($p<0.001$)	335.83($p<0.001$)	0.990($p<0.0001$)

西南岔河流域1983~2006年间覆被变化增加了流域累积年径流深(图6-43)。流域覆被变化对累积年径流深的增加范围从 1983 年的 17.05mm 增加到 2006 年的 801.17mm。在覆被变化对累积年径流深影响开始显著的 1983 年,流域覆被变化对累积年径流的增加影响大小为 0.33%,随后急剧增加到 1998 年达到峰值为 9.91%,1999~2006 年间,覆被变化对累积年径流深增加影响出现相对平缓下降趋势。2006 年覆被变化对累积年径流深的增加影响大小为 7.00%。

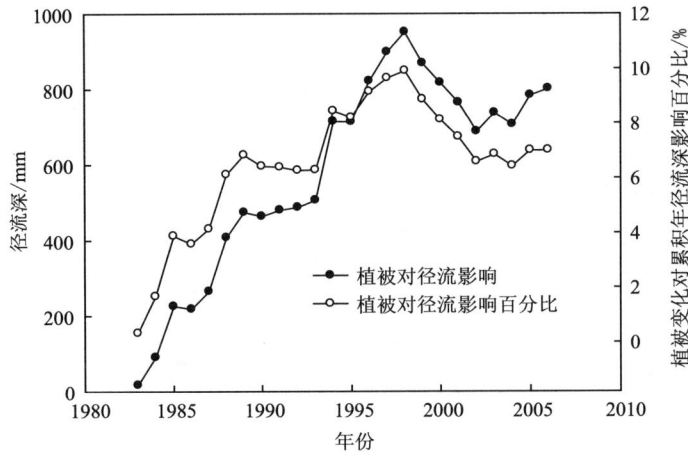

图 6-43　西南岔河流域覆被变化对累积年径流深的影响

20 世纪 80 年代到 90 年代中期,西南岔河流域有林地面积变化相对平稳,处于森林的成熟期。Farley 等(2005)指出当森林趋于成熟林时,其植被蒸腾趋于减少,相应增加河川径流,但这取决于造林面积的大小以及不同气候区域。本研究区具有明显的大陆性气候,夏季多雨,同时森林土壤发育相对良好,森林覆被的增加对于水分具有涵养功能,减少裸露地面对水分的蒸发,径流随着森林覆被的增加而增加。森林能增加径流,但其持续增加的状态取决于流域本身及林木本身生长两者间的共同作用。

6.2　大流域/区域森林植被对水资源影响特征

本节的研究以潮白河流域、汤旺河流域、西南岔河流域为研究对象,研究大流域/区域森林植被对径流的影响。各研究流域的径流特征分析结果表明,区域径流存在明显的年内分配特征,各月分配很不均匀,径流主要集中在夏、秋季,冬季径流量最小;不同区域的径流年际变化特征存在差异,潮白河流域年际径流有明显的下降趋势,而汤旺河流域与西南岔河流域则变化不显著。

　　在影响区域径流的因素中,人类活动、气候变化、土地利用变化等成为主要的影响因素。本研究应用 SWAT 模型,模拟潮白河流域有库坝工程与无库坝工程的流域产流情况,对比结果表明,无工程措施流域产流量明显高于有库坝工程情景,沟道库坝等工程措施对区域径流有明显的影响。气候变化/土地利用对流域径流的影响研究结果表明,气候变化的贡献率明显大于土地利用变化的贡献率,气候变化的贡献率可达 60%~90%。气候变化/人类活动对流域径流的影响结果表明,人类活动在径流变化中起主导作用,其贡献率远远大于气候变化的贡献率,人类活动的贡献率可达 80%~95%。

　　以华北土石山区潮白河为研究对象,研究流域森林植被对径流的影响,结果表明,流域森林植被对流域径流有明显的减少作用,潮白河流域森林植被平均减少径流量约 55%~75%。不同植被类型中,林地对流域径流的影响远大于草地和耕地对流域径流的影响。汤旺河流域 1977~2006 年间流域覆被减少变化减少了累积年径流深,平均每年减少为 232.64mm/3.65%,西南岔河流域 1983~2006 年间覆被变化增加了流域累积年径流深。

第7章 区域森林植被对水资源影响的机制

7.1 森林植被对降水输入过程的影响机制

植被冠层的存在,导致一部分降水被截持在植被表面,并随后直接蒸发返回大气;一部分以穿透降水形式降落到地表;一部分顺植物茎干以干流形式到达地表。穿透降水和干流共同组成了林下降水。但林下降水会被枯落物层继续截持,只有到达枯落物层下面与矿质土壤接触的降水,才可能继续进入产流、汇流等水文过程。与空旷地降水输入相比,森林植被对降水的再分配作用,体现为增加了植被冠层和枯落物层的截持损失,改变了对林地的降水输入方式,降低了对林地的降水输入量。

森林植被的林冠截留研究表明,林冠可截留15%~30%的降雨。不同地区林冠截留量有一定的差异。对全国不同地区的林冠截留率与树干茎流率进行研究,将这两者作为森林对生态系统降水输入过程的影响,结果如表7-1所示。其研究结果表明,各研究地区平均林冠截留率为22.42%,而树干茎流率则很小,仅为1.62%,森林生态系统能够截留24.03%的降水输入量。

表 7-1 各研究区森林植被对降水输入过程的影响

研究地区	林冠截留率/%	树干茎流率/%	森林对降水输入过程的影响/%
东北地区	16.72	0.26	16.98
华北土石山区	28.33	2.10	30.43
西北黄土区	22.50	2.14	24.64
西北土石山区	14.58	1.07	15.65
西北高寒地区	23.00	1.20	24.20
西南长江三峡库区	19.67	0.46	20.13
长江三角洲地区	29.06	1.65	30.71
华东山地丘陵地区	22.47	4.98	27.45
中南地区	25.43	0.68	26.11
平均	22.42	1.62	24.03

图7-1与图7-2显示了不同研究区域的林冠截留率与树干茎流率,从图中可以看出,华北土石山区与长江三角洲地区的林冠截留率较高,林冠截留率近30%;而东北地区与西北土石山区较低,仅为15%左右。树干茎流率与林冠截留率相比要小得多,多为2%左右,因此在森林植被对降水输入过程的影响中,主要影响因素为林冠截留;各地区树干茎流均较小,其中华东山地丘陵地区树干茎流最高,为4.98%,主要原因是该地区研究对象为常绿阔叶林,其树干较为光滑。

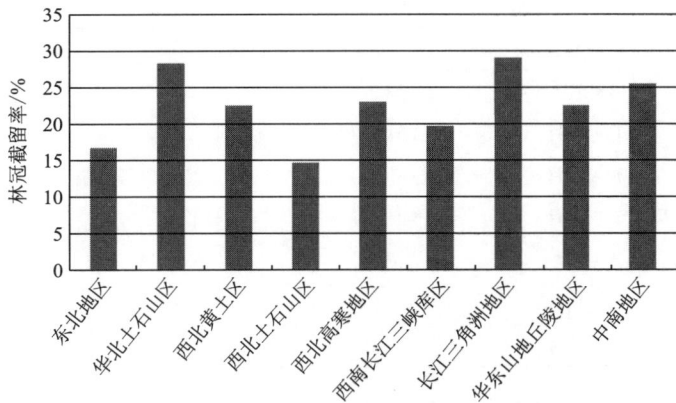

图 7-1　不同研究区域林冠截留率

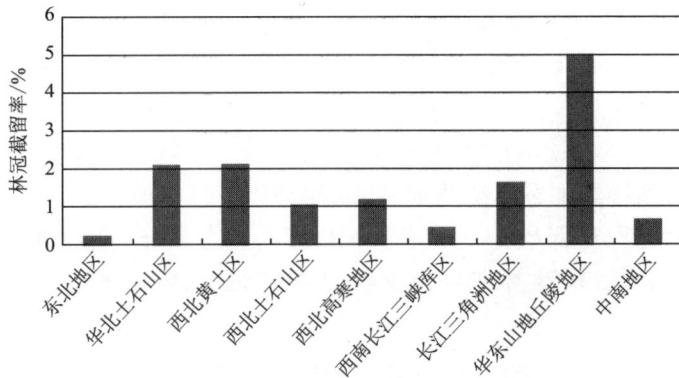

图 7-2　不同研究区域树干茎流率

7.2　森林植被对生态系统耗水规律的影响机制

森林植被蒸散是森林生态系统中热量平衡和水分平衡的一个主要分量,也是反映森林植物水分状况的重要指标和影响区域乃至全球气候的重要因素。

对不同地区林地蒸散发量的研究表明,由于不同地区降水、气温等诸多条件的不同,林地蒸散发量也有所差异。各地区不同时段林地蒸散发量、降水量及蒸散发占降水量的比例如表 7-2 所示。

从表 7-2 中可以看出,东北地区与西北高寒地区的研究时段均为生长季 5～9 月,而两个地区的林地蒸散发量相差较大,东北地区蒸散发量(413.6mm)远大于西北高寒地区(313.6mm),就蒸散发量占降水量的比例,东北地区为 88.19%,而西北高寒地区仅为82.7%;西北土石山区与长江三角洲地区研究时段均为生长季 5～10 月,西北土石山区的林地蒸散发量(449.06mm)要略高于长江三角洲地区(414.99mm),而降水量(410.1mm)

表 7-2　不同研究地区林地蒸散发特征

研究地区	研究时段	林地蒸散发量/mm	降水量/mm	蒸散发量占降水量的比例/%
东北地区	5～9 月	413.6	469	88.19
华北土石山区	1～12 月	426.18	427.7	99.64
西北黄土区	1～12 月	390	432	90.28
西北土石山区	5～10 月	449.06	410.1	109.50
西北高寒地区	5～9 月	313.6	379.2	82.70
长江三角洲地区	5～10 月	414.99	469.1	88.47
中南地区	3～11 月	788.52	1250	63.08

则要略低于长江三角洲地区的降水量（469.1mm），因此就蒸散发量占降水量的比例，西北土石山区（109.50%）要远远高于长江三角洲地区（88.47%）；华北土石山区与西北黄土区所研究的均为林地年蒸散发量，结果表明，华北土石山区林地蒸散发量（426.18mm）略高于西北黄土区（390mm），两地降水量相差不大，而华北土石山区林地蒸散发量占降水量的比例（99.64%）要高于西北黄土区（90.28%）；中南地区 3～11 月均为生长季，其该阶段林地蒸散量 788.52mm，远远高于其他地区，而生长季降水量为 1250mm，蒸散发量占降水量的比例为 63.08%，均远低于其他地区。

关于森林植被结构对生态系统蒸散发的影响，几个研究地区的研究结果如表 7-3 所示，结果表明，拟合方程有所差别，但是各影响因素与生态系统蒸散发量均呈正相关关系，这表明，林分的叶面积指数越大、郁闭度越高、生物量越大、树高/胸径越大，生态系统的蒸发散量越大。

表 7-3　蒸散发量与森林植被结构的拟合

影响因素	研究地区	相关性	拟合结果
叶面积指数	华北土石山区	正相关	$y = a\ln(x) + b$
	长江三角洲地区	正相关	$y = ae^{bx}$
	长江三峡库区	正相关	$y = a\ln(x) + b$
郁闭度	华北土石山区	正相关	$y = ax^2 + bx + c$
生物量	华北土石山区	正相关	$y = ae^{bx}$
树高 / 胸径	长江三角洲地区	正相关	$y = ae^{bx}$

除表 7-3 中的几个影响因素外，林分密度作为常见的重要林分结构指标，也是影响生态系统蒸散发的重要影响因子。西北土石山区的间伐试验研究表明，生态系统蒸散发量随密度降低而减少，但减少比例远低于间伐比例，因为间伐后林木个体蒸腾增大。

7.3　森林植被对水资源形成过程的影响机制

7.3.1　森林植被对坡面水资源形成过程的影响

森林植被对坡面径流有明显的影响，具有明显的拦蓄降水、减缓洪水的能力。对各研究区的研究结果均表明,林地坡面上很少产生地表径流,华东丘陵地区常绿阔叶林地年平均地表径流总量为 1～2mm,集水区平均年径流输出总量为 854.3mm,径流系数为48.2%,其中地下径流为 853.1mm,地表径流仅为 1.2mm,地下径流占 99.86%;华南地区各林分地表径流系数均小于 15%,即使在暴雨条件下,马尾松林、阔叶林、针阔混交林的地表径流系数也仅为 14.48%、10.76% 和 6.01%;长江三角洲地区毛竹林坡地径流系数仅为 6.55%;西北土石山区固定样地的地表径流和壤中流也非常小。

另一方面森林植被对坡面径流的滞缓作用也不容忽视。长江三峡库区场暴雨多为长历时降雨,而森林有较好的缓洪调洪作用,在 25 场典型暴雨条件下,相比降雨历时,林地能够延长地表径流历时 190～200min;地下径流较地表径流对降雨有更明显的滞后效应,相比降雨历时,林地能够延长地下径流历时 53～58h。西北黄土区的研究结果也表明,林地产流初始时间可延缓 0.2～2.8h,林地坡面的平均径流速率是裸露地的 6%～36%。

森林植被减少坡面径流的原因有很多,而其中最明显的是林下土壤层的作用。西北黄土地区的研究表明,该地区土壤深厚、疏松,特别是包气带持续而深厚,这种特点决定了黄土地区发生地表径流的唯一形式是超渗产流,即降雨强度大于土壤最大渗透能力时产生的径流。因此,雨强是决定发生径流的首要外在因素,土壤的最大渗透能力则是最主要的内在因素。反映土壤最大渗透能力的指标可以是饱和土壤导水率或稳渗速率。前者可以是土壤某一局部范围的参数指标,而后者代表了整个土壤层由上至下的透水能力;而降雨初期的土壤最大渗透能力常受土壤包气带分布制约。

长江三角洲地区的研究结果表明,马尾松林地表面有较多的枯落物,其中丰富的多糖类、腐殖质等物质对土粒有强烈的胶结作用,使得土壤中黏粒形成黏团,黏团进一步再聚合形成团粒,大大增加了森林土壤孔隙度,提高了水分下渗至土壤深处的能力,在对降水的分配中,土壤渗透量可达 51.17%;西北高寒地区青海云杉林土壤每公顷储水量可达1620m³,祁连山森林总的储水量可达 5.52 亿 m³;中南地区林地土壤蓄水容量(1m 深土层)高达 446.52mm。

7.3.2　森林植被对小流域水资源形成过程的影响

森林植被对小流域尺度上径流的影响,各研究区域的研究结果如表 7-4 所示。

1. 植被类型的影响

以西北土石山区东川小流域为模拟区域,应用 SWIM 模型模拟不同植被类型变化对流域径流的影响,结果表明,将占流域总面积 21.3% 的低覆盖度草地变为阔叶林,流域年径流减少量为 14.3mm,减少率高达 53.3%;变为针叶林后,流域年径流量减少量为17.4mm,减少率高达 64.8%。

2. 森林类型的影响

以江西大岗山地区小流域为研究对象,设置不同情景模拟小流域内不同森林类型的转换对流域径流的影响,结果表明,常绿林和落叶林比混交林有更好的涵养水源作用,将研究区 53.3% 的混交林全部转换为毛竹及杉木等常绿林,常绿林面积增加到 86.6%,其

表 7-4　各研究区森林植被对小流域径流的影响

影响因素	研究地区	影响因素变化	结果
植被类型	西北土石山区	21.3%的低覆被草地变为阔叶林	年径流减少 14.3mm(53.3%)
		21.3%的低覆被草地变为针叶林	年径流减少 17.4mm(64.8%)
森林类型	华东山地丘陵地区	53.3%的混交林变为常绿林	年径流减少 11.9%
		53.3%的混交林变为落叶林	年径流减少 7.4%
植被覆盖度	西北土石山区	草地叶面积指数:0.3→0.8	流域年径流量大幅减少
		10%的低覆盖度草地变为高覆盖度草地	年径流减少 8.0mm
	长江三峡库区	森林覆盖度:>60%→60%→40%→20%→0%	洪峰均值: 0.062mm/min → 0.167mm/min → 0.214mm/min→0.248mm/min→0.294mm/min
		森林覆盖度:0%→>60%	地表径流由占总径流的 82%减少到 68%,壤中流由占总径流的 16%增加至 27%
措施	西北高寒地区	过度放牧草地、中度放牧草地、轻度放牧草地	过度放牧草地径流量分别是中度和轻度放牧草地径流量的 5 倍和 42 倍
	西北黄土地区	人工林、封禁	封禁流域的平均年径流量是人工林流域的 58.57%,年地表径流量比人工林流域少了 82.95%,但其基流量远大于人工林流域

他两种土地利用方式保持不变,径流量减少了 11.9%;将研究区 53.3%的混交林全部转换为油桐等落叶林,落叶林面积增加到 59.7%,其他两种土地利用方式保持不变,径流量减少了 7.4%。

3. 植被覆盖度的影响

以西北土石山区东川小流域为研究对象,将叶面积指数为 0.3 的低覆盖度草地变为叶面积指数为 0.8 高覆盖度草地,流域年径流量大幅减少,若将流域面积 10%的低覆盖度草地变为高覆盖度草地,流域年径流减少了 8.0mm,相当于流域目前多年平均径流深的 29.9%。

以长江三峡库区的响水溪小流域作为模拟地区,采用分布式暴雨水文模型 PRMS-Storm 模型模拟不同森林覆盖率对洪水过程的影响,结果表明,森林植被有明显的削减洪峰作用,森林覆盖率在零至现状之间变化时,洪峰均值是逐渐减小的,即现状(>60%)(0.062mm/min)<60%(0.167mm/min)<40%(0.214mm/min)<20%(0.248mm/min)<0%(0.294mm/min)。由无植被到现状阶段,基流基本不变,地表径流占总径流从 82%减少到 68%,而壤中流占总径流的比例则相应增大,由 16%增加至 27%,随着森林覆盖率的增加,森林层层拦蓄及截留效果更佳,有效地将地表径流转化为壤中流。

4. 措施的影响

西北高寒地区的研究表明,降水强度及降水历时一定的情况下,产流开始时间依次为过度放牧草地、中度放牧草地、轻度放牧草地;过度放牧草地径流量分别是中度和轻度放牧草地径流量的 5 倍和 42 倍。

西北黄土区蔡家川流域内对人工林流域与封禁流域的研究表明,自然恢复的植被比人工植被更有利于涵养水源。封禁流域的平均年径流量、径流系数分别是人工林流域的 58.57%、58.56%,封禁流域的平均年地表径流量比人工林流域少了 82.95%,但其基流量远大于人工林流域。

7.4　森林植被对区域水资源变化的影响

对于区域尺度上水资源的变化,大多数研究区的结果均表明,人类活动和气候变化的影响要远远大于森林植被的影响。在华北土石山区流域径流的变化中,人类活动占据主导作用,在径流变化中的贡献率分别可达 87%～97%,而人类活动中又主要为沟道库坝工程的影响。西北土石山区的研究结果也表明,研究流域径流大幅减少是气候干旱化(降水减少)和土地利用变化的综合作用的结果,而气候干旱化是流域径流减少的最主要的原因;气候干旱化导致流域减少 17.8mm,对流域径流减少的贡献率为 87%;土地利用变化导致流域径流减少 2.6mm,对流域径流减少的贡献率为 13%。

对于森林植被对区域径流的影响,有研究结果表明其影响并不明显。东北地区的研究结果表明,森林覆盖的减少主要对高径流及洪峰径流产生影响;覆被的微小变化对径流的减少影响不显著,流域森林覆被的减少导致流域径流平均每年减少 3.65%。西北黄土区黄河流域(兰州-花园口)的研究表明,1997～2009 年期间,研究区森林覆盖率有很大的提高,森林总覆盖度在 1998 年至 2004 年的增幅为 63.23%,2005 年至 2010 年研究区内森林总覆盖度的增幅是 24.47%,而流域径流量在研究期间则变化不大,这说明森林覆盖率的变化对流域径流有着微弱的影响,这种影响放大到大尺度上,几乎可以忽略不计;研究结果表明,黄土区森林植被具有增强水分小循环作用,从而会导致削弱水分大循环的过程。在研究区,森林植被对水资源的影响大约只有 8.3%,而降水量对大区域水资源的影响则高达 91.7%。

其他研究区也有一些不同的研究结果。西北高寒地区的研究结果表明,枯水期径流量随森林覆盖率的减少而减少,说明森林能够增加枯水期径流量。森林植被并不会减少河川径流量,相反会有明显的消洪补枯、涵养水源的作用。而长江三峡库区应用模型模拟的方法,模拟流域森林植被覆盖率从 0% 到 100% 的变化,结果表明,流域径流量随森林覆盖率的增加而减少,与森林覆盖率为 0% 的无林情况相比,当森林覆盖率达到 100% 时,流域径流减少了 13.73%。

第8章 森林植被与水资源协调管理技术方案与对策

8.1 森林植被对水资源影响的区域特征

8.1.1 中国林水关系特征

中国过去 20 年中进行了大规模的植树造林活动,使林地面积和森林生态系统的生产力极大地提高。当前,"植树造林,绿化祖国"以及重视生态平衡的观念已经深入人心。中国当前拥有世界上最多的人工林,面积已达 3379 万 hm^2,占全国森林总面积的 31.86%,占世界人工林总面积的 1/3。许多研究表明,中国的植物植被状况趋于向良性方向发展,表现为森林生态系统初级生产量的逐年提高,大范围水土流失得到控制,20 世纪 80 年代前中国丘陵区严重的土壤侵蚀和环境退化得到了缓减。林地蓄积量的提高也带来了中国陆地碳蓄积量的提高,从而使中国的陆地生态系统成为一个巨大的碳汇,这对减缓全球气候变化、抵消二氧化碳排放是一个积极的贡献。1998 年,中央政府发起实施了"天然林保护工程",禁止大的河流源头所有的砍伐活动,对当地农户实行退耕还林给予补贴。中国这一大规模的造林工程(退耕还林工程)计划在未来的 10 年内使其林地面积增加 440 000km^2 或为国土面积的 5%。

中国北方多数地方水资源紧缺。但是,为了提高大树成活率,许多造林地都需要采用抽取地下水灌溉。一般认为,在年降雨量小于 400mm 的地区是不适合种树的。在降雨量大的地区造林,森林可以缓解径流,通过涵养一部分水源,使降雨细流化,调节地下水资源。而在干旱地区或半干旱地区,如果大面积的种植树木,因为没有足够的水资源来供给树木生长而造成树木枯亡。虽然每年的植树量可以作为业绩被统计了,但树木的存活量往往被忽略不计。如果有些树木适应环境生存下来了,也可能因此使土地更加干燥,因为不多的水资源都被大面积的树林所吸收和蒸腾蒸发了,且造成树林和人畜争水的现象。因此干旱地区是不应提倡大力植树造林。

黄土高原是我国生态环境建设的重点地区,黄河流域水资源强度开发与水资源短缺已制约了该流域的可持续发展。关于黄土高原大面积植被重建对流域水资源将会造成的可能影响的研究结果仍不尽一致,形成不同观点的原因主要是由于影响森林植被生态功能的环境异质性的普遍存在,不同自然条件、不同尺度流域森林植被变化导致径流和洪水过程等的时空格局与过程差异较大。黄土高原区主要的生态、环境问题是干旱缺水、环境污染、植被稀少和水土流失。其中,水土流失和环境污染使本来水资源就很紧缺的黄土高原雪上加霜。森林植被是很重要的生态恢复因子。黄土高原森林植被在蓄水保土、截留降水、减少地表径流、拦截泥沙等方面的作用已被大量的研究结果所证实,但森林对河川径流的影响,尤其是黄土高原的森林植被能否把雨季拦蓄的降水转化为地下径流、促进水流均匀地进入江河水库等问题缺乏定量的描述。

对于黄土高原这一独特的区域,研究表明,森林流域的年径流量比无林流域减少,且随流域森林覆盖率的增大,其年径流量亦减少得更多。黄土高原大规模植被建造导致黄河中游径流量的减少,可以说不无根据。可是,由于森林的作用,使河流年水量的组成由以汛期地表洪水为主逐渐转化为比较稳定的地下水补给为主。随着森林覆盖率的增加,年径流量虽有减少,而地下径流量的增加却提高了其补偿程度,使水源常年不断,不至于河流枯竭。值得注意的是,黄土高原水沙异源现象十分突出,如果黄土高原大力推行水土保持,则黄河下游河道淤积将大量减少,相应也可适当减少冲沙所需水量,增加供河道外使用的水量也是有一定的潜力。所以,不能因黄土高原植被建造中出现的土壤干化以及由此而致的流域年径流量的减少而一叶障目,看不到黄土高原大面积植被建造保持水土,从黄河流域整体上所产生的良好水文效益。更不能投鼠忌器,因噎废食,而忽视植被建造。

在我国西北干旱地区,生态环境先天脆弱,除森林植被极度缺乏、土壤侵蚀和沙尘暴危害严重外,还存在着水资源供给不足、局部洪水威胁等相关环境问题。森林植被在涵养水源、保持水土、净化水质、调节径流等方面具有不可替代的特殊作用,因此恢复和增加森林覆盖率已成为我国西北地区改善生态环境、实现和谐发展的重要措施之一,要把充分利用森林的生态环境防护与改善功能放在首位。这就要一方面努力扩大森林植被覆盖,另一方面改善森林植被的结构和防护功能,尤其是依据主要防护功能来合理设计和优化调整森林植被的系统结构和空间布局,真正做到"因地制宜、因害设防"。

在干旱缺水的六盘山及周边黄土高原地区,森林植被稀疏,生态环境脆弱,水土流失、土地荒漠化等生态灾难十分严重。多年来,国家陆续投入巨资进行林业生态建设,在取得降低土壤侵蚀、减少洪水威胁、增加农民收入等成就的同时,由于没有深刻认识和真正处理好森林植被和水资源的相互关系,致使人工植被生长速度缓慢、病虫危害严重、生态效益很低,造林种草后的土壤干化造成了植被退化加快和稳定性降低。尤其是,该地区乔木林蒸散量在有些时候或地方可大于年降水量,因此造林以后导致流域径流大幅减少,已开始危及区域水供给安全。因此,此类地区的林业发展必须不能超过区域及立地的水分承载能力,即除了"因地制宜、因害设防"以外,还要做到"因水定林"。

中南地区是我国主要林区,中国大部分森林集中分布在该区,从第七次全国森林资源清查情况来看,湖北省有森林面积 578.82 万 hm^2,森林覆盖率 31.14%;湖南省有森林面积 948.17 万 hm^2,森林覆盖率 44.76%;河南省全省森林面积已达 5558 万亩,森林覆盖率达 22.19%;而南方绝大部分林区都是人工林,这也使得我国成为了世界上人工林面积和蓄积最大的国家。森林本身具有多种功能,社会生产、生活需要森林的多种功能,这已为多数人所理解,但是需在重视森林提供多种林产品功能的同时,格外注意利用和提高森林水文功能。森林的水文功能主要包括保持水土、防止土壤侵蚀、涵养水源、调节流量、减少洪害森林,还可改善水质、降低水的硬度、提高水的碱性,并可防止水资源受到物理、化学、热能及生物的污染。当然,还要注意如何发挥生物多样性保护、固碳等其他功能。森林是当地民众就业和增加收入的主要渠道,集体林区的林改在激发林农积极性的同时可能会改变森林经营强度,影响森林水文功能。正因为如此,在制定未来发展方针和路线时,要注重协调管理森林和水资源的关系,实现两者共赢的目的。

8.1.2　地区发展对林业的多功能要求

森林和林木具有多种多样的生态、经济和社会功能,可在保障国家生态安全、丰富林副产品供给、弥补粮食能源不足、促进农民增收就业、改善城乡居住环境、提高人民生活质量、建设生态文明等方面发挥巨大而独特的作用。随着我国社会经济快速发展,对林业的多功能需求迅速增长,这是林业发展的新机遇,也是林业发展必须面临的巨大挑战。改革开放以来,我国林业建设取得了辉煌成就,为国家发展做出了重大贡献,但森林资源总量仍严重不足,林业整体功能仍非常脆弱,与国家发展需求还很不适应。加快林业改革和发展,拓展林业的内涵和外延,开发林业的多种功能,满足社会对林业的多样化需求,已成为我国发展现代林业、建设生态文明、促进科学发展的一项紧迫任务。

1. 中国北方地区对林业的要求

1) 防治土壤侵蚀功能

我国北方地区土壤侵蚀严重,森林具有保持水土、防风固沙的作用,茂密的林冠对降水有截留作用,一般情况下有20%～30%的降水量被林冠所截留。这种截留可降低降水程度,从而减少雨水对土壤的侵蚀、延缓地表径流过程、减少水土流失。森林的防风效益是从降低风速和改变风向两个方面表现的。一条疏透结构的防护林带,迎风面防风范围可达林带高度的3～5倍,背风面可达林带高度的25倍,在防风范围内,风速减低20%～50%,如果林带和林网配置合理,可将灾害性的风变成小风、微风。乔木、灌木、草的根系可以固着土壤颗粒,防止其沙化,或者把固定的沙土经过生物作用改变成具有一定肥力的土壤。

2) 水源涵养功能

森林涵养水源主要表现在通过对降水的截留、吸收和下渗,对降水进行时空再分配,减少无效水,增加有效水。国外学者认为温带针叶林林冠截留率在20%～40%,我国学者认为截流率在11.4%～34.3%,变动系数为6.68%～55.05%。森林这种功能与森林土壤较特殊的结构功能十分密切,森林土壤像海绵体一样,吸收林内降水并很好地加以蓄存。

森林具有调节径流的生态功能,但究竟是增大还是减少径流量,学术界没有定论,尚处于争论之中。美国的多数学者认为,面积较小的集水区和流域(数十平方千米以下),森林的存在会减少径流量,采伐森林通常可使年径流量增加,最高可达500mm,对于面积较大的流域,情况则恰好相反,有林流域的年径流量较无林或少林流域的为多,森林覆盖率每增加1%,年径流量至少增加0.8mm。我国对森林调节径流进行了广泛的研究,其结果是多种意见并存。周晓峰等对寒温带、温带、亚热带开展的森林植被率变化对小集水区年径流量影响的研究结果表明,森林覆盖率的减少会增加流域的年径流总量,但在四川西部米亚罗高山林区、岷江上游冷杉林集水区内,采伐森林,使年径流量减少。

森林则具有减缓洪水的作用。这种减洪作用是通过降水截留,森林的蒸腾、蒸发,森林土壤的水分渗透,延长融雪时间,减少地表径流等综合功能实现的。这种作用可以通过森林的多少与洪水量的大小体现出来。

3）调节气候

由于森林树冠层密集，使林内获得的太阳能辐射减少，空气湿度大，林外热空气不易传导到林内，到夜间林冠又起到保温作用，因此森林内昼夜之间及冬夏之间温差减小，林内地表蒸发比无林地显著减小，林地土壤中含蓄水分多，可保持较多的林木蒸腾和地面蒸发的水汽，因而林内相对湿度比林外高。由于森林的蒸腾作用，对自然界水分循环和改善气候都有重要作用，森林每天从地下吸收大量水，再通过树木树叶的蒸发，回到大气中，因而森林上空水蒸气含量要比无林地区上空多，同时水变成水蒸气含量要吸收一定的热量，所以在大面积的森林上空，空气湿润，容易成云致雨，增加地域性降水量。

4）其他环保要求

森林在净化大气、净化城市污水、消除噪声等环保方面作用显著，森林能吸收 CO_2，制造 O_2，大气中 CO_2 通常含量为 0.03％，若持续增加，即可影响气候变化，对人类健康和生产生活造成重大影响。据测定，$1hm^2$ 阔叶林在一昼夜内吸收约 10t CO_2，释放出 730kg O_2，可供 1000 人呼吸，在城市里按每人每天呼吸消耗 0.75kg O_2 计算，则人均有 $10m^2$ 的森林绿地即可满足需要。森林具有吸收有害气体、杀灭菌类、净化空气的功能。据研究，森林中有许多树木和植物，能够分泌多种杀菌素，可杀死众多病菌，因而可使森林中空气含菌量降低。噪声是现代城市的一大公害，当噪声达 80dB 时，会使人容易疲倦，当达到 120dB 时，即会使人耳朵发痛，听力减弱。由于树木有茂密的树叶，噪声通过森林后，可降低声音强度，一般有 40 米宽的林带即可减低 10～15dB。森林对大气中的灰尘有阻挡、过滤和吸收的作用，可减少空气中的粉尘和尘埃。由于树木枝叶多，树冠茂密，能降低风速，而且树叶表面上的绒毛能分泌黏性油脂及汁液，吸附大量飘尘。一般每公顷滞尘总量，松林为 36.4t，云杉林 32t。

2. 南方地区对林业的要求

1）削减洪峰

因为该地区主要的自然灾害是洪水，所以要求林业发展和森林管理必须保证森林对洪水的频率和程度要起到降低作用，削减洪峰。森林可以削减洪峰流量，这是公认的事实。然而，森林对洪水的削减作用是有条件的，受到很多因素的影响，如土壤前期含水量、枯枝落叶层被前期降雨所饱和的程度、暴雨的强度与历时、森林所分布的地貌部位、土壤层的厚度与下伏岩石的透水性能、流域尺度的大小等，都会在不同程度上发挥作用，不能一概而论。在某些不利组合下，森林的削峰作用会变得十分有限。森林植被可以防止水土流失，减轻水患程度，这是由于：森林可以截留 20％～30％ 的降水量，一个完整的原生林下的枯枝落叶层可以吸收 5～6 倍的水量，并使大量的降水转为地下水，不产生或降低地表径流；同时，森林树木根系交织，能消除土体滑落面的形成，并且机械固持土体，增强土体排水的能力，从而控制发生泥石流与滑塌。

2）调节枯水径流

虽然南方地区河流密布，水资源相对丰富，但是在流域下游会出现旱情，例如，2011年洞庭湖就出现"湖泊变草原"的现象，这一点就要求林业发展和森林管理必须保证森林在该流域内的产水量和森林对枯水径流的保障率。

森林对枯水流量的调节作用十分明显,无论是对小流域还是对大流域而言都是如此,这与森林对洪水流量的调节程度依赖于流域尺度是不同的。森林覆盖可使林区落叶腐殖质层增加,树木的根系发育可促进岩层破碎风化,使林区土层有较大的蓄水能力,林区径流成分主要是壤中流及地下径流,它们可以增加和维持枯水期径流。刘世荣等(2001)对长江上游森林植被水文功能研究表明:森林大流域的年径流量常常大于少林或无林区的径流量。不同采伐方式、采伐强度对径流造成影响,主要受植物数量以及层次的减弱影响,森林水文功能降低,径流随采伐强度加大而增加。刘玉洪等(1999)发现径流量最小峰值出现在 5 月份,最大峰值出现在 7 月份;地表径流与降水强度的相关性较降水量要好,在有阵性降水并且降水强度较大时,可产生较大的地表径流,在数量上可以控制总径流量的多少。在观测实践中,大气降水量与地表径流量不是一一对应的关系。有大气降水不一定有地表径流量产生,只有在有大气降水并达到一定数量和强度时才可能有地表径流产生,故大气降水是产生地表径流量的必要条件。

3) 保证森林生态系统的稳定性

南方地区植被丰富,生物多样性高,为了稳定发挥森林功能,要求林业发展和森林管理必须保证森林植被的稳定性。影响森林生态系统稳定性的因素较多,主要因子有以下6 个方面:①森林覆被率。生态系统是以生物为主体的,森林覆被率大小是发挥系统功能及生态效益的关键。同时与系统自控能力和对外干扰抵抗能力呈正相关。因此,森林覆被率高,系统就稳定;覆被率低,系统稳定性就减小。②土壤侵蚀模数。土壤是森林生态系统的基础,土壤稳定与否,直接影响着森林种群数量及生产力。因此,土壤侵蚀模数大小也影响着森林的稳定性。土壤侵蚀模数大,会使生态系统产生逆向演替。只有土壤保持相对稳定,森林生态系统才有保持相对稳定的可能。③人口密度。人为活动是干扰森林生态系统稳定性的重要外界因素,尤其在经济不发达和以薪炭为能源的地区,这一影响更为突出。例如,不合理的采伐、滥伐、樵柴、放牧、垦殖等都严重地破坏着森林生态系统。一般地说,随着人口密度的增大(特别是农业人口),森林生态系统受到的干扰越强,系统稳定性愈低。④土壤质地。土壤质地影响着土壤的理化性质,影响着土壤的肥力、通气、透水及温湿条件等。沙土物理结构差,易产生风蚀、水蚀,相应稳定性低;间接影响着森林生态系统的稳定性。⑤降水集中率。河南以温带气候为主,由于受夏季季风影响,经常暴雨成灾。尤其是在 7、8 月间降水比较集中,常有暴雨出现。这一时期降水集中率愈高,对陆地自然生态系统影响越大,系统稳定性也就愈低。⑥大风天数。大风是一种灾害性因素,通常 8 级以上的大风对林木危害最大,一方面形成土壤的风蚀,还可以直接折断树枝、树干,是形成风倒的因素之一。

4) 提高林产品生产率

南方地区是我国用材林的主产区,速生丰产林的主要实施点,为了保证国民经济发展和区域经济的增长,要求林业发展和森林管理必须提高林产品的生产率。影响全要素生产率变化的因素主要包括技术、制度、基础设施和人力资本。有研究者在《集体林权改革评价:林产品生产绩效视角》一文中提出林权改革与效率改进的实证研究,他们提出几种假设,并认为集体林权改革将提高林产品全要素生产率。随着林权制度改革的逐步完成,林业产业在社会经济发展中所起到作用也越来越突出,与之相伴的问题也随之产生,这就要求发展的决策者在规划林业发展和制定森林管理方案时,必须保证林业产值的稳定和林农就业的问题。

8.2　森林植被与水资源协调管理技术方案

8.2.1　森林覆盖率

森林覆盖率不仅反映了森林资源的丰富程度和生态平衡状况,也是确定森林经营和开发利用的基本依据之一。国内外众多研究表明,对于一个国家和地区来说,为了在社会和自然界之间建立起和谐的关系,使保护森林和发展林业与社会经济发展相协调,以维持区域生态平衡,必须具备相应的森林资源水平,即一定的森林覆盖率。其中比较通用的有以下两个概念:①最佳森林覆盖率,是指一个国家或地区所拥有的森林既能满足人们对木材和林副产品的需要,又能达到人们对生态效益和社会效益的要求,使之形成一个较稳定的生态环境所具有的森林覆盖率,这是最理想的情况;②合理森林覆盖率,是指在一定的历史时期内,一个国家或地区,从人们对森林所需求的直接效益(经济效益)和间接效益(生态、社会效益)出发,能够在自然经济与技术条件允许的范围内所达到的森林覆盖率。实际上它们都应该属于适宜森林覆盖率的范畴,是与当地的自然条件、社会经济条件以及社会经济发展对林业的依赖程度密切相关的。

1. 基于水量平衡的水土保持林草植被适宜覆盖率

以水量供耗平衡为基本原理,以土壤水分有效性含量作为土壤供水起算值,计算土壤有效供水量,以黄土高原主要造林树种林分的蒸散耗水量为基础,根据土壤水分供耗的动态平衡推导出了黄土高原林草植被构建的适宜覆被率计算公式。并以晋西黄土高原吉县为案例,通过对所选择的样地进行多年的定位观测,得出了研究区主要造林树种林地的土壤有效水含量、林冠截留率、产流率、土壤水分、土壤蒸发、林地蒸散各参数,计算出了研究区主要造林树种(油松、刺槐)和草种的适宜覆被率,为林业生态工程林草植被空间配置提供理论依据。适宜林草植被覆被率计算公式如下:

$$C_i = \frac{P - I - R - (\theta_i - \theta_{0i}) \times L - E_s}{E_v - E_s} \times 100\%\qquad(8\text{-}1)$$

式中, P 为降水量(mm); I 为林冠截留量(mm); R 为地表径流深(mm); θ_i 为不同立地类型土壤有效水与无效水的分界值(%); θ_{0i} 为不同立地类型旱季多年平均土壤最低土壤含水量(%); L 为植被根系层深度(mm),本书的研究取 2000mm; E_v 为林地蒸散量(mm); E_s 为土壤蒸发量(mm); C_i 为不同立地森林覆被率(%)。

经算术平均,典型案例区——山西吉县主要造林树种油松、刺槐和灌草的适宜覆被率分别为 53.8%、51.3%和 100%。

2. 以水源涵养为目标的最佳森林覆盖率

森林保持水土及水源涵养的功能,主要是通过以增强和维持林地下渗能力、缓和地表径流为主的提高防护能力来实现的。而这些能力的大小或强弱,是由森林土壤非毛管孔隙、饱和蓄水能力、渗透系数及毛管与非毛管比值的量级变化而决定的。其中,土壤饱和蓄水能力是一个综合性较强的指标,它不但与林下土壤水分、物理、化学特性如土壤孔隙度、机械组成、土层厚度、有机质含量等高度相关,还与森林的内涵质量、地质地貌等因子紧密相连。森林土壤饱和蓄水能力是森林自身属性及地质地貌等因子对森林生态系统在保持水土、水源涵养诸方面能力叠加影响的综合体现。因此,本书的研究将森林土壤饱和蓄水能力作为水源保护林水源涵养功能的衡量指标。

根据区域内森林土壤饱和蓄水能力,来求算水源保护林能全部蓄留该区历年一日出现频率较大暴雨量的森林覆盖率,即是以水源涵养为目标的最佳防护效益的森林覆盖率。

设 S_t 为流域或区域总面积,P 为历年一日出现频率较大的暴雨量,S_f 为防护面积,$S_t = S_t - S$,W 为森林土壤饱和蓄水量,W 值因林分不同而不同,则该流域或区域水源保护林蓄留 P 量级降雨雨量所需的森林面积 A_f 为

$$A_f = \frac{P \times S_f}{W} \tag{8-2}$$

相应的森林覆盖率:

$$F = \frac{A_f}{S_t} \times 100\% = \frac{P \times S_f}{W \times S_t} \times 100\% \tag{8-3}$$

3. 以防治土壤侵蚀为目标的最佳森林覆盖率

根据其他学者在本区的研究成果,结合我们对典型流域水源保护林实测数据可知,森林覆盖率与土壤侵蚀有着密切的关系。根据森林覆盖率与土壤侵蚀模数的关系,对其关系式进行求导,则可得到最佳森林覆盖率。

以密云水库集水区为例,得到森林覆盖率与土壤侵蚀模数关系如图 8-1 所示。

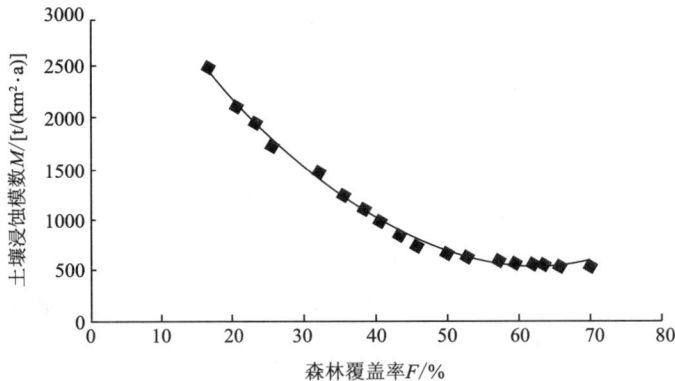

图 8-1　森林覆盖率与土壤侵蚀模数的关系

根据图 8-1 中数据趋势,采用二次多项式进行趋势线拟合,趋势线方程为

$$M = 0.9231F^2 - 114.79F + 4107.1 \tag{8-4}$$

式中,M 为土壤侵蚀模数;F 为森林覆盖率。因 $R^2 = 0.9736$,因此认为方程能够较好地反映土壤侵蚀模数与森林覆盖率的关系。

　　因趋势线方程二阶导数大于零,所以方程有极小值,对趋势线方程求一阶导数,且令其等于零,则此时的森林覆盖率为土壤侵蚀模数为极小值时的相应值,即以防止土壤侵蚀为目标的最佳森林覆盖率。

$$则:M' = 1.8462F - 114.79$$
$$令 M' = 0,则 F \approx 62.18 \tag{8-5}$$

式中,M 为土壤侵蚀模数;F 为森林覆盖率;M' 为 M 对 F 的一阶导数,即土壤侵蚀模数为极小值的森林覆盖率约为 62.18%,这也就是以防止土壤侵蚀为目标的最佳森林覆盖率。

4. 以改善水质为目标的最佳森林覆盖率

　　森林对水质的影响主要包括两个方面:一是森林本身对天然降水中某些化学成分的吸收和溶滤作用,使天然降水中化学成分的组成和含量发生变化;二是森林变化对河流水质的影响。在森林保护水源、防止污染作用的研究方面,前苏联在莫斯科和高尔基的联合集水区,进行了森林净化径流作用的研究,结果表明,在农田集水区下部的森林有助于从本质上净化径流水质,排除污染成分和固体径流。滞留效果最好的是磷肥的残余物(为进入农田数量的 38.5%～80%),其次为氨化合物(为进入农田的 22%～78%),硝酸盐氮不能被森林土壤所滞留,利用森林枯枝落叶层的吸滞特性,可有效地滞留固体径流(21%～45%),只要林分面积占大田面积的 0.6%～5.3%,就可以完全净化径流中的磷。森林采伐后会造成森林地表层长期积蓄的有机质、碱性物质、重金属等的不断分解与流失。他们的研究结果还表明,降水径流通过 45m 的林带后,含 N 量从 0.16mg/L 增加到 0.24mg/L。前苏联在几公顷的小流域对几百年生的冷杉、山毛榉天然混交林采用多种方式进行采伐试验研究结果表明,在皆伐流域,溪流中 N 含量为群状择伐流域的 3～4 倍,皆伐流域在最大流量时的生化需氧量(BOD)和最小量时的 N 含量分别为未伐区的 1.67 倍和 2.7倍,而群状择伐流域溪流水质尚未看出有这种变化。

　　以密云水库为例,根据密云水库流域 1986 年、1995 年、1998 年、2002 年和 2005 年的森林覆盖率,1986～2005 年密云水库的水质资料。用 1986～2005 年的森林覆盖率(Y)、pH(X_1)、氯化物(X_2)、溶解氧(X_3)、氨氮(X_4)、硝酸盐氮(X_5)、亚硝酸盐氮(X_6)的数据进行典型相关分析。分析结果如表 8-1 所示。

表 8-1　森林覆盖率与水质因子的典型相关分析

	Y	X_1	X_2	X_3	X_4	X_5	X_6
Y	1	0.293	0.938**	−0.667**	0.238	0.763**	0.674**
X_1	0.293	1	0.38	0.025	0.062	0.061	0.023
X_2	0.938**	0.38	1	−0.646**	0.241	0.674**	0.603**
X_3	−0.667**	0.025	−0.646**	1	−0.245	−0.695**	−0.279
X_4	0.238	0.062	0.241	−0.245	1	0.27	0.145
X_5	0.763**	0.061	0.674**	−0.695**	0.27	1	0.433
X_6	0.674**	0.023	0.603**	−0.279	0.145	0.433	1

　　* 为差异显著;** 为差异极显著

由典型相关分析可知,森林覆盖率(Y)与氯化物(X_2)、溶解氧(X_3)、硝酸盐氮(X_5)、亚硝酸盐氮(X_6)之间有相关关系,均呈极显著水平,其中森林覆盖率(Y)与氯化物(X_2)的相关性最大,相关系数为 0.938;森林覆盖率(Y)与溶解氧(X_3)的相关性最小,相关系数为-0.667。虽然森林覆盖率与部分水质因子之间有着极显著的相关,但森林覆盖率与各水质因子间并非单独影响作用,而往往是相互影响、相互作用。为进一步确定森林覆盖率与水质因子之间的关系,在相关分析的基础上,把与因变量没有显著关系的变量剔除后,应用逐步回归分析法进一步对水质因子进行筛选。逐步回归法是向前选择法和向后剔除法的结合,SPSS 系统将根据所设定的 F 检验统计量的概率标准进行逐步回归,从所有可供选择的自变量中逐步地选择加入或者剔除单个自变量,直到建立起最优的回归方程为止。

以林覆盖率(Y)为因变量,氯化物(X_2)、溶解氧(X_3)、硝酸盐氮(X_5)、亚硝酸盐氮(X_6)为自变量进行逐步回归分析,选用系统默认值:F 统计量的显著性概率 sig.$\leqslant 0.05$,变量将被引入回归方程;sig.$\geqslant 0.10$,变量将被移出回归方程,得到两个回归方程:

$$Y = -0.289 + 0.069X_2 \tag{8-6}$$

式中,$R=0.938$,$R^2=0.880$,调整后的 $R^2=0.873$,$F=131.767$,显著水平 $p=0.000$。

$$Y = -0.352 + 0.057X_2 + 0.086X_5 \tag{8-7}$$

式中,$R=0.955$,$R^2=0.911$,调整后的 $R^2=0.901$,$F=87.430$,显著水平 $p=0.000$。

由回归分析知,森林覆盖率(Y)对水质的影响主要是对氯化物(X_2)和硝酸盐氮(X_5)的含量有影响。

按照《地表水环境质量标准》(GB 3838—2002),Ⅰ类水质中氯化物应含量低于 250mg/L,硝酸盐氮含量低于 10mg/L,而 1986~2005 年间密云水库氯化物含量在 8.915~14.900mg/L 之间,硝酸盐氮含量在 1.703~3.210mg/L 之间,明显优于国家Ⅰ类水质标准的含量。氯化物和硝酸盐氮的含量是衡量水质的两个重要指标,由于 1995~2005 年间,密云水库的水质均达到国家Ⅱ类饮用水源的标准,而国标中对于氨氮和亚硝酸盐氮含量的要求明显低于密云水库的现实状况,故本书的研究采用 1995~2005 年的平均值作为期望值,研究合理状态下的森林覆盖率。将氯化物和硝酸盐氮含量的平均值带入回归方程,相应的森林覆盖率为 44.85%,即森林覆盖率为 44.85%时,密云水库的水质能达到国家Ⅱ类饮用水源的要求。

8.2.2 植被建设技术模式

1. 造林树种合理密度模型构建及林分结构优化技术

在观测降雨、径流、蒸发散等水文要素的基础上采用水量平衡法确定了林地水分亏缺量,发现黄土区刺槐、油松林地在生长季降雨量小于 400mm 时出现水分亏缺,沙棘、虎榛子灌木林地在生长季降水量小于 350mm 时出现亏缺。根据林草植被生长主要受制于干旱年份土壤水分供耗状况,可采用当地 10 年一遇干旱年份林地土壤水分的亏缺量为依据计算林分合理密度。山西吉县试验区 10 年一遇干旱年份油松林地、刺槐林地生长季土壤水分亏缺量分别为 117mm 和 88mm。以此为依据提出了在生长季降水量少于 400mm 的黄土区应采用合理密度进行"适度造林"的水土保持林营造新理念,即通过调整林分密度、降低林地蒸散耗水、改善土壤水分供耗状况,并采取适当的集水措施以保证林木生长需水。

在研究黄土高原不同立地条件下,在主要造林树种刺槐、油松林的生长过程,林地土壤水分状况及难效水出现的频度,林地雨水资源的分配规律,林地水分平衡,不同密度林分的水土保持功能的基础上,以水分亏缺量为依据,利用径流林业的基本原理,结合林分生长规律,构建了利用胸径(D,cm)计算刺槐、油松林合理密度(N,株/hm²)的模型。

$$N_{刺槐} = 10000/(3.3958 D_{刺槐} - 7.5987) \tag{8-8}$$
$$N_{油松} = 10000/(1.2907 D_{油松} + 1.7252) \tag{8-9}$$

在生长季降雨量 400mm 以下的区域,利用该模型提出的合理密度营造并调控刺槐、油松水土保持林的结构,可以保障林木正常生长所需水量,避免林地土壤干化。采用该模型可根据不同生长阶段刺槐、油松林的平均胸径对刺槐、油松水土保持林的林分结构进行优化调控(表 8-2),如油松、刺槐林水土保持幼龄林(胸径小于 5cm)的密度应分别控制在 1106 株/hm² 和 2282 株/hm²;而中龄林(胸径大于 10cm)应控制在 534 株/hm² 和 1104 株/hm²。利用该模型对水土保持林结构进行优化后,随着乔木树种的生长,其密度逐渐降低,从而有利于下层灌木和草本植物的生长,可形成异龄复层的乔灌草结构,提高了水土保持功能,增加了生物多样性。

表 8-2　不同胸径的刺槐、油松合理密度表

胸径/cm	刺槐/(株/hm²)	油松/(株/hm²)	胸径/cm	刺槐/(株/hm²)	油松/(株/hm²)
2	3111	13 107	12	442	898
4	1409	3 526	14	377	757
6	911	2 037	16	329	655
8	673	1 432	18	292	576
10	534	1 104	20	262	515

2. 植被演替规律及林分结构优化技术

在黄土高原半干旱森林草原地带,退耕地植被自然恢复过程可划分为迅速恢复期(1～4 年)、初级更替期(5～13 年)、高级更替期(13～20 年)和缓慢恢复期(20 年以后)4 个阶段。在无人工促进干预封山禁牧退耕地恢复到灌木林或乔木林至少需要 20～25 年。因此,单纯依赖自然的恢复能力实现黄土高原林草植被需要较长的时间,人工促进是加速黄土高原半干旱地区植被恢复与重建,有效地控制水土流失的重要技术途径。

在现有低效水土保持林改造中,刺槐纯林中栽植油松、侧柏林中栽植沙棘或紫穗槐、油松纯林中补植沙棘或紫穗槐,形成针阔混交林或乔灌草立体配置植被是仿拟自然植被恢复、提高林草植被水土保持功能的低效林改造模式。

3. 林草植被建设空间配置模式

根据黄土高原半湿润区小流域地形和水土流失发生发展规律、立地类型和自然植被群落特征与树种组成、人工造林的成功经验,考虑到农林牧复合、农业产业结构的调整和农村经济的发展与农民致富,小流域植被建设必须发挥生态、经济与社会三大效益,以保障植被建设的生物学、生态学和林学的稳定。研究提出了以小流域为单元的因地制宜、因害设防、适度造林、多林种、多树种、农林复合、生态经济的水土保持植被空间配置模式为:次生林封禁与近自然修复+黄土残塬面、梁峁顶平缓坡农林复合+陡坡隔坡水平梯田或隔坡水平沟水土保持林+急险沟坡困难立地植被修复+侵蚀沟拦沙滤水防冲固沟生物工程。在晋西黄土残塬沟壑区,该模式黄土部分配置的面积比例为:黄土残塬面、梁峁顶平缓坡农林复合∶隔坡梯田或隔坡水平沟∶急险沟坡困难立地植被修复∶侵蚀沟拦沙滤水防冲固沟生物工程=2∶3.5∶3.5∶1。各部位配置如下:

(1) 黄土残塬面、梁峁顶平缓坡农林复合配置模式:农作物或经济作物+果树+地边梯坎防护林;

(2) 隔坡梯田或隔坡水平沟配置模式:水土保持林+经济林或经济作物+饲料林+薪炭林;

(3) 急险沟坡困难立地植被修复模式:水土保持林;

(4) 侵蚀沟拦沙滤水防冲固沟生物工程模式:谷坊、拦沙坝+防冲固沟林。

以上植被空间配置模式在山西吉县蔡家川流域已完全实现,森林覆被率已达65%,形成了森林环境。

针对黄土区春夏两季降水分布严重不均(春旱、夏季暴雨集中)的特点,充分利用道路、场院暴雨产流的水资源,创新性地提出了大面积黄土山地果园雨水集储补灌稳产技术,在吉县示范区建立了400亩山地果园雨水集储补灌设施,包括10座大型水窖(计500m³)及配套渗灌系统,每株果树年补水量为43kg,补水时期为4~5月,示范区果树年平均产量提高25%。目前,蔡家川林场员工仅果树收入人均每年3万元,已成为林茂果丰的山西省森林公园。

8.2.3　造林技术

1. 造林整地技术

1) 立地类型划分

根据研究区森林区划方案,采用航片判读和实地调查相结合的方法,调查各小班海拔、坡度、坡位、坡向、土壤类型、土层厚度、母质风化概况、植被状况,按照立地标准确定立地类型。

2) 整地方法

带状整地:整地是呈长条状翻垦造林地土壤的整地方式。带的方向,一般与等高线平行。带的宽度,一般为0.5m。带长不宜太长,否则易引起地表径流的灰机而造成水土流失。

块状整地:整地呈块状翻垦造林地土壤的整地方法。块儿状整地比较省工,成本较低,但改善立地条件的作用相对较差。块儿状整地可应用于地形破碎、水土流失严重的山地。块状整地方法有:穴状、块状、鱼鳞坑等。

3) 整地季节

选择适宜的整地季节,有利于充分发挥征地的作用,错开造林季节。在华北地区,提倡提前整地,提前征地有以下优点:雨季前整地可以拦截大气降水;利于杂灌草根的腐烂,增加土壤有机质,调节土壤气体状况;雨季前期征地,土壤松软,易于施工;整地与造林不争抢劳动力,造林时无须整地。

2. 造林密度

植树造林是培育森林资源、实现森林资源可持续利用的基础工作。在植树造林工作中,造林初植密度的确定将直接影响着林木的生长效果,对林木的速生、丰产、优质起着决定作用。

造林密度是指单位面积造林地上栽植点或播种穴的数量,也叫初植密度。以密度的作用规律为基础,以林种、造林树种、立地条件为主要考虑因子,使林木个体之间对生活因子的竞争抑制作用达到最小,个体得到最充分的发育,并在较短的时间内使林分的生物量达到最大。

1) 根据林种确定造林密度

水土保持林:密度宜大,但受立地限制。

固沙林:要求密植,但受极端因子限制。

农田防护林:以防风效果为依据,密度与透风稀疏相一致。

经济林:以经济产品为目的,一般密度较小,以充分利用阳光。

用材林:先密后稀,种间间伐利用;与材种、规格有关。

薪炭林:密植,以不压抑群体产量为限。

径流泥沙控制林带:密植。

2) 根据不同树种确定造林密度

考虑因子:生长速度、冠幅大小、光照与水分需求。

喜光树种:初期生长快,宜稀植。

耐阴树种:初期生长慢,宜密植。

树冠宽阔、根系庞大:稀植。

树冠狭窄、根系紧凑:密植。

水肥消耗高:稀植。

耐干旱瘠薄:适当密植。

灌木树种:适当密植。

生长快、疏植影响干形:密植。

3) 根据立地条件确定造林密度

立地环境容量:立地质量好,环境容量高,造林密度可大一些。

经营目的:立地条件好,用于培养大径材,宜稀植。

生长速度:立地条件好,生长速度快,宜稀植。

立地条件极差:干旱宜稀植;高纬度、高海拔地区因低温、生长期短、土壤瘠薄可相对密植;在根茎、根蘖性杂草竞争激烈的地方,可相对密植。

4）根据经营条件确定造林密度

经营条件好,栽培技术细致,林木生长速度快,不用密植。

整地细致,水肥充足,苗木规格大、质量高,抚育管理强度大,相对稀植。

5）根据经济条件确定造林密度

造林成本与经济效益:投入产出比,造林成本的承受能力。

用材林的第一次间伐利用时间,间伐的材种、价格、销售市场、交通等。

林农结合时农产品、林产品的综合效益。

3. 栽植技术

1）保水剂造林技术

保水剂是一种高吸水性树脂,其具有吸水性强、保水力大、释水性好、有效期长的特点,应用保水剂造林主要是增加土壤蓄水能力,调节雨水与苗木蓄水不同步的矛盾,对提高造林成活率有明显效果。

2）集水造林技术

以径流利用为前提,以将水资源的合理时空分配为手段,通过科学合理的征地措施,在干旱的气候环境中,为林木生长创造出相对适宜的土壤水环境,提高造林成活率。

3）地膜衬膜、盖膜造林技术

地膜的主要作用是提高地温、保墒、改善土壤理化性质,提高苗木的光合效率。如果既要提高地温又要蓄水保墒时,地膜直接铺设在表面,如果以蓄水保墒为主时,则适宜把地膜铺设在表土层下面,即把地膜铺设好后在上面压上 2～3cm 厚的土壤。

4）覆草、压石、遮荫造林技术

苗木栽植后立即用灌草或碎石码放在定植穴内。其作用是:防止阳光直射,减少土壤水分蒸发,增加土壤有机质,保护墒情。遮荫方法为植苗后,为减少太阳光直射、减少苗木水分蒸腾,而采用的一种临时的缓苗措施,与其他抗旱造林技术可同时使用。压石法平均提高土壤含水量 3.24%,提高造林成活率 14%;压草法提高土壤含水量 2.91%,提高造林成活率 13%。

5）泥浆法造林

泥浆蘸根造林是提高造林成活率的一种常用方法。造林时将苗根蘸泥浆后能使根系保持湿润,保持苗木根系的活力。此法简单易行,效果良好。

6）截干造林技术

苗木截干是抗旱造林的一种有效方式。截干造林适用的树种包括刺槐、杨树、柳树、白蜡、臭椿、榆树等萌蘖、萌芽能力较强的树种。在春季造林时由于空气干燥,湿度低,苗木地上部分失水较快,但是苗木根系还不具备从土壤中吸水的能力,或者土壤墒情不好吸水困难,容易导致苗木体内水量平衡破坏,引起梢枝脱落枯萎,影响到造林成活及以后的主干生长,因此通过截干措施以降低水分消耗,提高造林成活率。苗木截干后,蒸腾量大幅度减少,根茎比大幅度提高,由于逼迫潜伏芽萌发推迟了放叶发芽时间,缓和了土壤水分的供需矛盾,为根系的充分生长发育提供了条件,在放叶前已经有较多的根生长,从而在较干旱的条件下大幅度提高成活率。

8.3　森林植被与水资源协调管理对策

8.3.1　森林植被与水资源协调管理的基本原则

1. 多功能森林经营与主导功能

多功能森林经营是指管理一定面积的森林,使其能够提供野生动物保护、木材及非木材产品生产、休闲、美学、湿地保护、历史或科学价值等功能中的两种或以上。从国外的文献来看,多功能森林经营与多功能、多用途或多目标林业等提法均指以上概念内容。国内分为多功能森林与多功能林业,亦即一个是实物,即森林本身;另一个是过程,即对森林总体的管理。国外对多功能森林经营的研究较早,在多功能森林经营研究领域形成了两个理论体系,一个是小块林地立木水平的多功能经营理论,另一个是区域水平森林总体的多功能经营理论。林业分类经营实质上是按照森林主导功能的差异将森林分为生态公益林与商品林,分别按各自特点和规律运营的一种经营管理体制和发展模式。

2. 林业发展和森林管理必须满足区域的一些刚性要求

水资源的有效保障已成为大城市可持续发展的先决条件之一,水资源的状况直接影响社会经济以及生态环境的可持续发展。林业发展必须与区域的水资源需求相协调,从以人为本出发,必须满足区域刚性需求,例如,流域产水量、森林植被稳定性、对洪水频率和程度的降低、对枯水径流的保障、林产品的生产率、林业产值和林农就业等。

3. 实现林业的总体功能最大

森林和林木具有多种多样的生态、经济和社会功能,可在保障国家生态安全、丰富林副产品供给、弥补粮食能源不足、促进农民增收就业、改善城乡居住环境、提高人民生活质量、建设生态文明等方面发挥巨大而独特的作用。因此,林业在经济社会发展和人类文明进步中的地位和作用越来越突出。坚持林业分类经营,处理好公益林业与商品林业建设的关系,实现林业生态、经济和社会效益的最大化有重要意义。实现林业总体功能最大两条途径,第一是保证优先功能为首要原则;第二生态服务功能价值最大。

4. 实现林业发展规划和森林经营管理的科学决策、定量决策、动态决策

科学决策是通过对存在决策问题的分析选择最佳方案,将之化为行动,已取得高效益或最低风险的结果的过程。定量决策方法常用于数量化决策,应用数学模型和公式来解决一些决策问题,对决策问题进行定量分析,可以提高常规决策的时效性和决策的准确性。动态决策分析是指通过对数据的统计结果进行自动刷新,以向决策者提供最新的分析方案。研究的最终目标就是为林业发展规划和森林经营管理做出正确、高效的决策而服务的。

5. 给予过程和机理研究,提供便捷、实用、有效的技术

研究林业发展对水资源的影响过程和机理,以此为据,制订合理的林业发展规划,寻求便捷、实用、有效的林业管理技术模式。

6. 为便于技术推广,须形成可推广的成熟模式

科学成果有效转化为现实生产力,是提高林业生产水平、增加效益的关键。大量先进适用的技术,通过组装配套、有效集成、推广示范运用于林业生产,使区域林业生产经营管理水平得到有效提高。成熟的技术模式有利于先进科学技术的推广。

8.3.2　典型森林的经营管理模式与最优结构设计

1. 树种选择技术

1) 不同树种单株耗水量

总的来说,油松、臭椿、荆条的蒸腾耗水较低,而刺槐、杨树、侧柏较高。侧柏在 7 月、8 月耗水量较大,杨树在 7 月、8 月最高,油松在各月耗水变化不大,刺槐各月的蒸腾耗水均较高。各种树种蒸腾耗水的大小依次为:刺槐>杨树>侧柏>臭椿>油松>荆条。

2) 单株耗水与土壤含水量

蒸腾耗水直接受土壤水分的制约,特别是 7 月份和 8 月份两者呈明显的正相关关系,9 月份两者不在呈明显的正相关关系。对不同土壤水分条件下刺槐耗水量变化的研究,二次回归方程曲线拟合条件较好($y=a+bx+cx^2$),结果表明,土壤水分在土壤持水量的20%以上,林木的蒸腾耗水量与土壤含水量呈显著的正相关关系。

3) 单株耗水量与水势

用相关性分析研究林木耗水和叶水势之间的关系。结果表明:林木的耗水率与叶水势呈正相关,且随着叶水势的下降呈指数下降,不同树种的曲线变化趋势和快慢略有差异。对实验数据进行回归拟合得到方程 $Q=ae^{bx}$,其中参数 a 和 b 的差异表明了树种树木耗水率之间的差别,当叶水势趋于饱和时,$Q=a$,即 a 是该树种叶水势最大值所对应的耗水率;而方程中 b 值的大小则反映了曲线下降的快慢,也就是林木耗水率对叶片水势下降的灵敏程度。

各树种的耗水量由小到大的顺序为:荆条、油松、臭椿、侧柏、杨树、刺槐。在同一水势条件下,荆条和油松比其他 4 个树种更具有低耗水的特性,而刺槐树种则属于高耗水树种。

2. 合理林分密度的确定技术

根据林木供水耗水水量平衡原理,在一定的降水资源供给条件下,无灌溉经营林分密度应该遵循以下水量平衡方程,即从水量平均来讲,林分耗水应该小于或等于林地可供水量。

林分密度公式为

$$(P-E-R)A \times 10^{-3} = T \times N \tag{8-10}$$

式中,P 为降水量,mm;R 为径流量,mm;A 为林分面积,m²;T 为单株林木蒸腾蓄水量,m³;N 为林木数量,株。

每公顷林木株数为

$$N \leqslant 10 \times (P-E-R)/T \tag{8-11}$$

则单株林木的水分营养面积(SW,单位为 m²)为

$$SW = 100/N \tag{8-12}$$

处于不同阶段的单株林木的蒸腾强度差异主要取决于树木的生理特性、叶面积总量和单叶蒸腾强度,表现为叶面积同水分营养面积之间有,

$$A_1 \leqslant (P-E-R)/(T_1 \times N) \tag{8-13}$$

式中,A_1 为单株叶面积,m²;T_1 为平均单叶蒸腾强度,kg/m²。

油松林在林龄为 30 年时,密度可以达到 1170~1560 株/hm²,而随林龄的增加,林分密度下降很快。因为 20 年生的油松林就能起到良好的水源保护功能,因此,确定林分密度时以 30 林龄的密度为参照,建议油松密度为 900~1050 株/hm²,考虑到造林成活率问题,造林的初值密度可定为 1500 株/hm² 左右。

刺槐林在林龄为 15 年时,密度可达 3405~4545 株/hm²,而随着林龄的增加,林分密度下降得比油松更快。因为 20 年生的刺槐林就能起到良好的水源保护作用,因此,确定林分密度时以 20 林龄的密度作为参考,建议刺槐密度为 750~900 株/hm²,考虑到成活率的问题,造林的初植密度也可以暂定为 1500 株/hm² 左右。

3. 适宜林分层次结构确定技术

采用专家评分赋值法对林分层次结构进行量化,确立了林分结构的 5 个等级,分值分别为 1、3、5、7、9,评分依据如下:

1——单层的乔木或灌木,几乎无枯枝落叶层;

3——单层的乔木或灌木,盖度大于 50%,有良好的枯落层(厚度大于 1cm);

5——乔灌或灌草双层,上层盖度大于 50%,下层盖度为 10%~30%,稍有枯枝落叶层;

7——乔灌或灌草双层,上层盖度大于 50%,下层盖度为 30%~50%,有良好的枯落层(厚度大于 1cm);

9——乔灌草多层,各层盖度均大于 50%,有良好的枯落层(厚度大于 1cm)。

利用实际观测资料对林地产沙量与林分层次结构分值之间的关系进行线性回归,得出层次结构与林地土壤侵蚀程度的相关关系:

$$W = -26.406x + 327.04; R^2 = 0.9504 \tag{8-14}$$

进而得到林分适宜的层次结构模式。

林地产沙量与林分层次结构分值之间有密切的线性关系,其斜率为负值,即林地产沙量随着林分层次结构分值的增加而减少。由此可见,林分层次结构与林分防止土壤侵蚀作用密切线性相关。也就是说,在林分层次结构的得分最大为 9 时,林地产沙量最小,因

此,水源涵养林的林分层次结构为乔灌草多层,各层盖度均大于50%,有良好的枯落层(厚度大于1cm)时,具有良好的防止土壤侵蚀的功能。并且这种多层次林分的枯落物分解后,具有强大的吸持水能力和维持林地土壤的强大入渗能力,有增强林分涵养水源的作用。

8.3.3　典型地区森林植被与水资源协调管理对策

1. 东北地区

据了解,《东北地区振兴规划》由国家发展和改革委员会、国务院振兴东北地区等老工业基地领导小组办公室联合编制,范围包括辽宁省、吉林省、黑龙江省和内蒙古自治区呼伦贝尔市、兴安盟、通辽市、赤峰市和锡林郭勒盟,总人口1.2亿。

规划提出,扎实推进重点区域生态建设,加大沙化和退化土地治理力度,大力开展植树种草与天然林、天然草场保护,强化水土流失治理。实施一批对改善区域生态环境具有重大影响的重点建设工程,扭转生态环境恶化势头。规划明确了东北地区部分限制开发区和禁止开发区的范围。其中,大兴安岭、小兴安岭、长白山森林生态功能区,东北三江平原湿地生态功能区,呼伦贝尔草原、科尔沁、浑善达克沙漠化防治区为限制开发区域。

对大兴安岭、小兴安岭、长白山森林生态功能区,禁止非保护性采伐,继续实施天保工程,点状开发,集聚发展,发展生态特色产业;对东北三江平原湿地生态功能区,扩大保护范围,控制农业开发和城市建设强度,改善湿地环境,发展农业和特色产业;对呼伦贝尔草原、科尔沁、浑善达克沙漠化防治区,禁止过度开垦、不适当樵采和超载放牧,实施必要的防治措施,加强城镇建设,集聚发展,发展特色优势产业。东北地区50个国家级自然保护区、5处世界文化自然遗产、16处国家重点风景名胜区、108处国家森林公园、12处国家地质公园被划定为禁止开发区域。

规划指出,要合理利用森林与草原资源。强化大、小兴安岭和长白山地区天然林保护,科学推进三北防护林的更新改造,保持森林资源增长量大于采伐量,建设我国用材林资源战略储备基地。合理利用与保护呼伦贝尔和锡林郭勒等天然草牧场,遏止过度放牧,恢复草原生产力和生态功能。要积极发展森林草原湿地旅游,重点发展大兴安岭、小兴安岭、长白山、辽宁东部森林旅游,呼伦贝尔、锡林郭勒、科尔沁草原观光民俗旅游,三江平原、松嫩平原、辽河下游平原和大兴安岭等湿地生态旅游,打造森林旅游、草原旅游等旅游精品。规划还要求,进一步加快东北地区国有林区改革步伐,实行政企分开。

2. 华北土石山区

(1)现阶段林业发展目标为:以"育"为主、以抚育采伐为辅,提高林分单位面积蓄积量,严格按照采伐量小于生长量的原则,采取低强度的抚育采伐措施,调整林分树种组成、林木分布格局和竞争关系,经过3~5个经营周期,初步建立防护林的目标结构,使林分空间结构趋于合理,提高防护林的水源涵养、水土保持等功能。

(2)经营的基本原则:保持和提高森林的生态效益,兼顾社会效益和经济效益的协调发展,发挥防护林的综合效益;因地制宜、适地适树;遵循生态有益性、连续覆盖、结构合理性的原则。

（3）采伐木的选择应该根据林分的结构和功能总体评价和单木评价综合分析。

（4）树种组成调整：按不同的立地条件慎重选择抗性强、适应性广、寿命长、水源效益和经济效益高的乡土树种为主，实行乔灌草合理配置、针叶树阔叶树混交。调整林分的树种组成时，应该参照地带性植被的树种组成和配置。

（5）竞争关系调整：调整应该以减小目的树种的大小比数、减少竞争压力、为目的树种创造适合生长的营养空间为原则，最大限度地使其不受到相邻竞争木的挤压。调整应尽量使经营对象的竞争大小比数不大于 0.25（即使保留木处于优势地位或不受到挤压威胁）。

3. 西北黄土区

1）植被生态系统恢复应是持续的、功能不断增强的过程

占有一定区域的天然植物群落或人工林群落是一种开放的生态系统，具有正常的物质、能量循环，也具有负反馈的功能，能够实现持续利用或向更复杂方向演替。植被生态系统正向演化是植被恢复的基础。只要顺应生态系统（植物群落）演替趋势，将自然力与人力结合起来，充分发挥生态系统内部能量转换、物质循环、群落演替的功能，生态系统就能够实现向功能更为完善、生态社会效益更高的方向发展。

2）应充分利用黄土高原植被自然恢复的巨大潜力

黄土高原地区植被生态系统尽管遭受多年破坏和退化过程，但是，地带性植被群落片段普遍存在，这是植被恢复和生态系可恢复的证据，也是未来发展的方向。在黄土高原绝大多数地区，无论人为破坏多么严重，无论生态环境如何严酷，只要人为破坏停止，总有植物群落自然形成，并且不断地发挥生态效益，向更为复杂的方向演替。这就说明本地区生态系统恢复的潜力巨大，生态环境建设应该利用这种自然力。

3）生态系统景观布局优化是整体生态系统安全和植被恢复质量提高的保证

在实现植物生态系统永续利用的基础上，以小流域为治理单元，对其森林、灌木、草地和农田、村落合理布局，调整产业结构，实现小流域范围内快速恢复，以此带动区域范围内整体生态安全性提高。这样的恢复方式，虽然短期内经济效益不大明显，但可以使植被生态系统持续性恢复，生态系统安全性不断提高。

4）在林草生态系统恢复、人工植被建设中，应该尽量使自然力和人力结合

以残存地带性植被生态系统和相对稳定的顶级群落或偏途顶极群落为恢复目标，以极度退化的荒草坡为参照，模拟生态系统自然演化规律，实现生态系统持续恢复。通过优化生态系统景观格局，通过生态修复、物种导入、封育等人工促进措施，实现流域水平上快速恢复与区域生态系统整体均匀恢复相结合；以生态恢复为目标的人工林、人工草地要实现近自然经营管理，实现永续利用；以经济效益为目的人工林和草地要实行轮作，固定于立地条件较好生境；筛选出若干植被恢复模式，从根本上实现人工促进力与自然恢复力相结合。

为了指导黄土高原流域的林水协调管理，确定保障水资源供给的合理流域森林覆盖率，从而实现黄土高原流域森林覆盖率的科学规划，避免盲目造林和过度造林，合理恢复森林植被，保障区域水资源供给安全。

4. 西北土石山区

作为黄土高原的重要水源地,六盘山地区的林业发展和森林经营的首要目标是在保障不产生土壤侵蚀的前提下为周边干旱缺水地区提供数量、质量都相对稳定的水源保障,这是六盘山地区森林的最重要的主导功能,同时保护生物多样性。固碳释氧也是重要功能。此外,作为经济落后地区,森林的提供木材和其他林产品、发展旅游等功能也同样占据重要地位,发展多功能林业在带动周边区县社会经济发展上具有重要作用。

结合国内外研究进展和实践经验及在六盘山地区研究结果,提出了在林分尺度的六盘山水源涵养林的多功能经营技术要点。其基本原则为:①合理划分立地类型,确定对应的多种功能;②提出多功能林的理想结构要求;③在不同发育阶段,采取针对性经营措施,促进形成多功能的近自然森林结构(理想结构);④在充分发挥水文功能的同时,充分利用其他多种功能。

多功能水源涵养林理想结构为:①遵从常规的多树种、多世代、多层次的稳定高效森林结构要求;②充分考虑森林多功能和山地流域产水功能的刚性需求(土壤水分的植被承载力);③还有一些林分结构的定量要求:林冠郁闭度在 0.7 左右(维持天然更新并抑制林下草灌的需求)、林地覆盖度在 0.7 以上(避免土壤侵蚀的要求)、林木高径比(m/cm)在 0.7 左右(减免雪折危害)。在任何森林演替阶段,所有经营措施都要以加快形成和良好维持此理想结构为目标。

多功能水源涵养林构建技术要点是:①树种选择要符合多功能、抗旱、节水、抗雪灾、改良土壤等要求;②考虑不同立地水分的植被承载力,造林密度适当,一般为 2500～3333 株/hm²;③提倡多树种混交,针阔混交比通常为 1∶1,鼓励模拟天然林的多树种组成;要充分保护天然幼苗和利用自然更新,必要时形成和保留一定面积的天窗来促进天然更新,加快适宜乡土树种的进入;④造林整地时要尽力减少对地表覆盖的干扰,尽量保留原有植被;对于一些具有生长乔木潜力的灌丛,可将能忍耐灌木庇荫的适生树种(青海云杉、华北落叶松)以低密度(3m×4m 以上)稀疏栽植到灌丛内,一方面充分利用现有灌木的各种功能,另一方面少整地、省苗木、免抚育、少耗水。

多功能水源涵养林的经营技术要点是:①建群阶段。加强管护,松土除草,保障林木生长,促进幼林郁闭;②郁闭阶段。加强管护,保障生长,促进尽快郁闭和分化;避免不必要的择伐、修枝、间伐;充分利用自然整枝,形成良好树干。③分化阶段。保护幼苗幼树,促进形成混交异龄复层结构;选择并标记和培育目标树;若林冠郁闭度>0.8,及时适当间伐,间伐强度控制在间伐后林冠郁闭度在 0.7 左右;有条件时可对目标树抚育(如修枝)。④恒续阶段。保持良好林分结构,防止过度采伐;选择并标记目标树,采取近自然经营,单株采伐径级成熟的目标树;及时间伐郁闭度过大林分,间伐强度控制在伐后林冠郁闭度 0.6 左右,促进天然更新和乡土树种混生,维持和形成良好的森林结构。

5. 长江三峡库区

根据三峡库区小流域的现状和当地生态建设与经济发展的需要,将三峡库区各个小流域划分为 3 个区进行治理。

1）高效防护林区（位于小流域治理范围的上部）

该区现由马尾松次生林、灌木林、荒山荒地和岩石等组成，针叶树比重大，生态防护效果较差。设计选择优良阔叶树种造林，并对次生林进行改造和荒山荒地造林，对灌木林、岩石区采取封禁，提高水土保持效果。

（1）次生林改建高效水土保持林：次生马尾松林中引入阔叶树建成针阔混交林。

（2）退耕地营建高效水土保持林：选用优良阔叶树采用带状混交，并配置生物篱，营建高效水土保持林。

2）退耕区

该区（位于小流域治理范围的中部）农耕地占绝大部分，间或有少量次生林。这个区域是农业活动最为频繁的地带，水土流失最为严重。设计选择优良生态经济型树种和护坡效果好、利用价值高的灌木和草本植物建立不同复合经营模式。

（1）笋用竹＋茶叶、笋用竹＋酸模、笋用竹＋百喜草等 8 个模式。

（2）杨梅＋茶叶、杨梅＋金荞麦等 2 个模式。

（3）锥栗＋茶叶、锥栗＋金荞麦等 2 个模式。

（4）板栗＋茶叶、板栗＋金荞麦等 2 个模式。

（5）日本甜柿＋茶叶、日本甜柿＋金荞麦等 2 个模式。

（6）香椿＋茶叶等 2 个模式。

（7）柑橘＋茶叶、柑橘＋金荞麦等 2 个模式。

（8）板栗＋紫穗槐、板栗＋金荞麦等 2 个模式。

（9）农地＋紫穗槐、农地＋金荞麦等 2 模式。

3）生态景观区

生态景观带（位于小流域治理范围的下部）主要分布在邻近水库水位的公路线两侧，景观绿化和护坡是重点，选择栽植景观效果好和护坡能力强的乔木、灌木、藤本植物。

（1）公路沿线景观带：采用枫香、木荷、香樟等嵌入式造林，对现有次生林进行改造。

（2）溪沟沿线护坡绿化带：种植杨梅、笋用竹等常绿树种及刺槐护坡。

（3）岩石坡面：种植葛藤、爬山虎、地石榴等攀缘藤本植物，促其快速覆盖坡面。

参 考 文 献

常宗强，王有科，席万鹏. 2003. 祁连山水源涵养林土壤水分的蒸发性能. 甘肃科学学报,15(3)，
　68-72.

陈丽华，余新晓，张东升，等. 2002. 贡嘎山冷杉林区苔藓层截持降水过程研究.北京林业大学学报，
　24(4):60-63.

程根伟，余新晓，赵玉涛，等. 2004.山地森林生态系统水文循环与数学模拟. 北京:科学出版社.

丁文峰，张平仓，王一峰. 2008. 紫色土坡面壤中流形成与坡面侵蚀产沙关系试验研究.长江科学院院
　报，25(3):14-17.

董晓红，于澎涛，王彦辉，等. 2007.分布式生态水文模型 TOPOG 在温带山地小流域的应用.林业科学
　研究，20(4):477-484.

董晓红. 2007. 祁连山排露沟小流域森林植被水文影响的模拟研究.北京:中国林业科学研究院硕士学
　位论文.

范兴科,吴普特,冯洁.2003.暴雨的判定方法和评价指标.中国水土保持学,1(3):72-75.

方海燕，蔡强国，李秋艳. 2009.黄土丘陵沟壑区坡面产流能力及影响因素研究.地理研究，28(3):583-
　591.

方向京，孟广涛，郎南军，等. 2001. 滇中高原山地人工群落径流规律的研究.水土保持学报，15(1):
　66-68.

高人. 2002. 辽宁东部山区几种主要森林植被类型水量平衡研究. 水土保持通报,22(2)：5-8.

高志勤，傅懋毅. 2005. 毛竹林等不同森林类型枯落物水文特性的研究. 林业科学研究,18(3)：
　274-279.

耿晓东，郑粉莉，张会茹. 2009. 红壤坡面降雨入渗及产流产沙特征试验研究.水土保持学报,23(4)：
　39-43.

顾新庆，于增彦. 1994. 不同治理措施对坡面径流和泥沙量的影响. 河北林业科技,(3):21-22.

郭明春. 2005.六盘山叠叠沟小流域森林植被坡面水文影响的研究.北京:中国林业科学研究院博士学
　位论文.

郭庆荣，张秉刚，钟继洪，等. 2001. 丘陵赤红壤降雨入渗产流模型及其变化特征.水土保持学报，
　15(1):62-65.

韩永刚，杨玉盛. 2007. 森林水文效应的研究进展. 亚热带水土保持,19(2):20-25.

黄俊，吴普特，赵西宁. 2010. 坡面生物调控措施对土壤水分入渗的影响. 农业工程学报,26(10):
　29-37.

黄礼隆. 1989.试论四川西部高山原始林的水源涵养效能. 全国森林水文学学术讨论文集. 北京:测绘
　出版社.

金雁海，柴建华，朱智红，等. 2006. 内蒙古黄土丘陵区坡面径流及其影响因素研究.水土保持研究，
　13(5):292-295.

雷廷武，刘汗，潘英华，等. 2005. 坡地土壤降雨入渗性能的径流-入流-产流测量方法与模型. 中国科学
　D 辑，(12):1180-1186.

李洪建，柴宝峰，王孟本. 2000. 北京杨水分生理生态特性研究. 生态学报,20(3)：417-422.

李金中，裴铁璠，牛丽华，等. 1999. 森林流域坡面地壤中流模型与模拟研究. 35(4):1-4.

李香云,王玉杰. 2003. 缙云山两种植被类型对坡面产流的影响.北京林业大学学报,23(5):81-84.

李振新,郑华,欧阳志云,等. 2004. 岷江冷杉针叶林下穿透雨空间分布特征.生态学报,24(5):1015-1021.

刘昌明,王会肖,等. 1999. 土壤-作物-大气界面水分过程与节水调控.北京:科学出版社.

刘刚才,高美荣,林三益. 2002. 紫色土两种耕作制的产流产沙过程与水土流失观测准确性分析.水土保持学报,16(4):108-113.

刘广全,王浩,秦大庸,等. 2002. 黄河流域秦岭主要林分凋落物的水文生态功能.自然资源学报,17(1):55-61.

刘世荣,孙鹏森,王金锡,等. 2001. 长江上游森林植被水文功能研究.自然资源学报,16(5):451-456.

刘玉洪,马友鑫. 1999. 西双版纳人工群落林地径流量的初步研究.土壤侵蚀与水土保持学报,5(2):30-34.

刘玉洪,张一平,马友鑫,等. 2002. 西双版纳橡胶人工林地表径流与地下径流的关系.南京林业大学学报(自然科学版),26(2):75-77.

卢俊培. 1982. 海南岛森林水文效应的初步探讨.热带林业科技,(1):13-20.

马雪华,杨茂瑞. 1994. 亚热带杉木、马尾松人工林水文功能的研究//周晓峰主编.中国森林生态系统定位研究.哈尔滨:东北林业大学出版社,346-353.

马雪华. 1987. 四川米亚罗地区高山冷杉林水文作用的研究.林业科学,23(3):253-265.

马雪华. 1993. 森林水文学.北京:中国林业出版社.

庞学勇,包维楷,张咏梅. 2005. 岷江上游中山区低效林改造对枯落物水文作用的影响.水土保持学报,19(4):119-123.

彭文英,张科利. 2001. 不同土地利用产流产沙与降雨特征的关系.水土保持通报,21(4):25-29.

秦耀东,任理,王济. 2000. 土壤中大孔隙流研究进展与现状.水科学进展,11(2):203-207.

石培礼,李文华. 2001. 森林植被变化对水文过程和径流的影响效应.自然资源学报,16(5):481-487.

石生新,蒋定生. 1994. 几种水土保持措施对强化降水入渗和减沙的影响试验研究.水土保持研究,(1):66-69.

时忠杰,王彦辉,徐丽宏,等. 2009. 六盘山华山松(Pinus armandii)林降雨再分配及其空间变异特征.生态学报,29(1):76-95.

唐克丽,史立人,史德明,等. 2004. 中国水土保持.北京:科学出版社.

王安志,刘建梅,裴铁璠,等. 2005.云杉截留降雨实验与模型.北京林业大学学报,27(2):38-42.

王德连,雷瑞德,韩创举. 2004. 国内外森林水文研究现状和进展.西北林学院学报,19(2):156-160.

王金叶,车克钧. 1998. 祁连山森林复合流域径流规律研究.土壤侵蚀与水土保持学报,4(1):22-27.

王金叶,王彦辉,王顺利,等. 2006b. 祁连山林区林草复合流域降水规律的研究.林业科学研究,19(4):416-422.

王金叶,王彦辉,李新,等. 2006a. 祁连山排露沟流域水分状况与径流形成.冰川冻土,28(1):62-69.

王金叶. 2006. 祁连山水源涵养林生态系统水分传输过程与机理研究.长沙:中南林业科技大学博士学位论文.

王礼先,张志强. 1998. 森林植被变化的水文生态效应研究进展.世界林业研究,11(6):14-23.

王秀颖,刘和平,刘宝元. 2010. 变雨强人工降雨条件下坡长对径流的影响研究.水土保持学报,24(6):1-5.

王彦辉,于彭涛,徐德应,等. 1998.林冠截留降雨模型转化和参数规律的初步研究.北京林业大学学报,20(6):25-30.

卫伟,陈利顶,傅伯杰,等. 2006. 半干旱黄土丘陵沟壑区降水特征值和下垫面因子影响下的水土流失规律. 生态学报, 26(11):3847-3853.

温远光, 刘世荣. 1995. 我国主要森林生态类型降水截持规律的数量分析. 林业科学, 3(4): 289-298

吴钦孝, 赵鸿雁, 汪有科. 1998. 黄土高原油松林地产流产沙及其过程研究. 生态学报, 18(2): 151-157.

肖登攀, 杨永辉, 韩淑敏, 等. 2010. 太行山花岗片麻岩区坡面产流的影响因素分析. 水土保持通报, 30(2):114-118.

熊伟, 王彦辉, 于彭涛, 等. 2005. 六盘山辽东栎、小脉椴天然次生夏季蒸散研究. 应用生态学报, 16(9): 1628-1632.

徐海燕, 赵文武, 刘国彬, 等. 2008. 黄土丘陵沟壑区坡面尺度土地利用格局变化对径流的影响. 水土保持通报, 28(6):49-52.

徐丽宏, 时忠杰, 王彦辉, 等. 2010. 六盘山主要植被类型冠层截留特征. 应用生态学报, 21(10): 2487-2493.

闫俊华, 周国逸, 申卫军. 2000. 用灰色关联法分析森林生态系统植被状况对地表径流系数的影响. 应用与环境生物学报, 6(3):197-200.

闫俊华, 周国逸, 唐旭利, 等. 2001. 鼎湖山3种演替群落凋落物及其水分特征对比研究. 应用生态学报, 12(4):509-512.

杨文治, 邵明安. 2000. 黄土高原土壤水分研究. 北京: 科学出版社.

杨学震. 1996. 影响坡地径疏的若干因子与径流量的数量化回归分析. 福建水土保持, (4):37-41.

于志明, 王礼先. 1999. 水源涵养散益研究. 北京: 中国林业出版社.

余新晓, 于志明. 2001. 水源保护林培育经营管理评价. 北京: 中国林业出版社.

余新晓, 张志强, 陈丽华, 等. 2004. 森林生态水文. 北京: 中国林业出版社.

张光灿, 刘霞, 赵玫. 2000. 树冠截留降雨模型研究进展及其述评. 南京林业大学学报, 24(1): 64-68.

张洪江. 1995. 晋西不同林地状况对糙率系数n值影响的研究. 水土保持通报, 15(2):11-21.

张会茹, 郑粉莉. 2011. 不同降雨强度下地面坡度对红壤坡面土壤侵蚀过程的影响. 水土保持学报, 25(3):40-43.

张建列, 李庆夏. 1988. 国外森林水文研究概述. 世界林业研究, (4): 41-47.

张晶晶, 王力. 2011. 坡面产流产沙影响因素的灰色关联法分析. 水土保持通报, 31(2):159-162.

张理宏, 李昌哲, 杨立文. 1994. 北京九龙山不同植被水源涵养作用的研究. 西北林学院报, 9(1): 18-21

张兴昌, 刘国彬, 付会芳. 2000. 不同植被覆盖度对流域氮素径流流失的影响. 环境科学, (6):16-19.

张友静, 方有清. 1996. 森林对径流特征值影响初探. 南京林业大学学报, 20(2):34-38.

张振明, 余新晓, 牛健植, 等. 2005. 不同林分枯落物层的水文生态功能. 水土保持学报, 19(3): 139-143

张志强, 王礼先, 余新晓, 等. 2001. 森林植被影响径流形成机制研究进展. 自然资源学报, 16(1): 79-83.

张志强, 余新晓, 赵玉涛, 等. 2003. 森林对水文过程影响研究进展. 应用生态学报, 14(1):113-116.

赵文智, 程国栋. 2008. 生态水文研究前沿问题及生态水文观测试验. 地球科学进展, 23(7):671-674.

赵玉涛, 余新晓, 张志强, 等. 2002. 长江上游亚高山峨眉冷杉林枯落物层界面水分传输规律研究. 水土保持学报, 16(3):118-121.

钟壬琳, 张平仓. 2011. 紫色土坡面径流与侵蚀特征模拟试验研究. 长江科学院院报, 28(11):22-27.

周国逸, 闫俊华, 申卫军, 等. 2000. 马占相思人工林和果园地表径流规律的对比研究. 植物生态学报, 24(4):451-458.

周晓峰. 1994. 中国森林生态系统定位研究. 哈尔滨：东北林业大学出版社.

朱道光，蔡体久，姚月锋. 2005. 小兴安岭森林采伐对河川径流的影响. 应用生态学报，16(12)：2259-2262.

朱劲伟. 1982. 小兴安岭红松阔叶林的水文效应. 东北林学院学报，(4)：17-24.

Aaron Y, Naama R Y. 2004. Hydrological processes in small arid catchment：Scale effects of rainfall and slope length. Geomorphology, 61(1/2)：155-169.

Brown A E, Zhang L, McMahon T A, et al. 2005. A review of paired catchment studies for determining changes in water yield resulting from alterations in vegetation. Journal of Hydrology, 310(1)：28-61.

Cslder I A. 1996. Water use by forests at the plot and catchment scale. Commonwealth Forestry Review, 75：19-30.

Dao M T, Liem T T, Thomas W G, et al. 2003. Transpiration in a small tropical forest patches. Agriculture and Forest Meteorology, 117：1-22.

Dunkerley D L. 2002. Infiltration rates and soil moisture in a groved mulga community near Alice Springs, arid central Australia：Evidence for complex internal rainwater redistribution in a runoff-runon landscape. Journal of Arid Environments, 51：199-219.

Dunne T, Zhang W, Aubry B. 1991. Effects of rainfall, vegetation and microtopography on infiltration and runoff. Water Resource Research, 27(9)：2271-2285.

Farley K A, Jobbagy E G, Jackson R B. 2005. Effects of afforestation on water yield：A global synthesis with implications for policy. Global Change Biology, 11：1565-1576.

Flerchinger G N, Cooley K R. 2001. A ten-year water balance of a mountainous semi-arid watershed. Journal of Hydrology, 237：86-99.

Fox D M, Bryan R B, Price A G. 1997. The influence of slope angle on final infiltration rate for interrill-conditions. Geoderma, 80(1/2)：181-194.

Gash J H C. 1980. Comparative estimates of interception loss three coniferts in Great Britain. Journal of Hydrology, 1(48)：89-150.

Harden C P, Scruggs P D. 2003. Infiltration on mountain slopes：A comparison of three environments. Geomorphology, 55：5-24.

Hattermann F, Krysanova V, Hesse C. 2008. Modelling wetland processes in regional applications. Hydrological Sciences, 53(5)：1001-1012.

Jones A. 1979. Pipeflow contributing areas and runoff response. Hydrological Processes, 11：35-41.

Kelliher F M. 1989. Evaporationandcanopy characteristics of co-niferous forests and grasslands. Oecologia, 95：153-163.

Krysanova V, Mueller-Wohlfeil D I, Becker A. 1998. Development and test of a spatially distributed hydrological/water quality model for mesoscale watersheds. Ecological Modelling, 106：261-289.

Krysanova V, Wechsung F, Hattermann F. 2005. Development of the ecohydrological model SWIM for regional impact studies and vulnerability assessment. Hydrological Processes, 19：763-783.

Lewis D, Singel M J, Dahlgren R A, et al. 2000. Hydrology in a California oak woodland watershed：A 17-year study. Journal of Hydrology, 240：106-117.

Mah M G C, Douglas L A, Ringrose-Voase A J. 1992. Effects of crust development and surface slope on erosion by rainfall. Soil Science, (154)：37-43.

Mc Donnell J J, Stewart M K, owens I F. 1991. Effects of catchment-scale subsurface mixing on steam isotopic response. Water Resource Research, 27：3065-3073.

Pearce A J. 1990. Stream flow generation process: An Austral view. Water Resource Research, 26: 3037-3047.

Pearce A J, Stewart M K, Sklash M G. 1985. Storm runoff generation in humid headwater catchments. Where does the water come from. Water Resource Research, 22:1263-1272.

Putuhena W M, Cordery I. 1996. Estimation of interception capacity of the forest floor. Journal of Hydrology, 180: 283-299.

Robichaud P R. 2000. Fire effects on infiltration rates after prescribed fire in Northern Rocky Mountain forests, USA. Journal of Hydrology, 231-232:220-229.

Sarr M, Agbogbaa C, Russell-Smith A, et al. 2001. Effects of soil faunal activity and woody shrubs on water infiltration rates in a semi-arid fallow of Senegal. Applied Soil Ecology, 16:283-290.

Schulze R E. 2000. Modeling hydrological responses to land use and climate change: A Southern African perspective. Ambio, 29(1): 13-17.

Stednick J D. 1996. Monitoring the effects of timber harvest on annual water yield. Journal of Hydrology, 176:79-95

Sun G, Zhou G Y, Zhang Z Q, et al. 2006. Potential water yield reduction due to forestation across China. Journal of Hydrology, 328:548-558.

Swanson R H. 1998. Forest hydrology issues for the 21st Century: A consultant's view point. Journal of the American Water Resources Association, 34(4):755-763.

Tanaka T, Yasuhara M, Sakai H, et al. 1988. The Hathioji experimental basin study-storm runoff processes and the mechanism of its generation. Journal of Hydrology, 102:139-164.

Troendle C A. Variable source area models. 1985. // Anderson M G, Burt T P. Hydrological Forecasting. A Wiley-Interscience Publication, 347-404.

Viville D. 1993. Interception on a mountainous declining spruce stand in the Streng bach catchment (Voges, France). Journal of Hydrology, 144: 273-282.

Wattenbach M, Zebisch M, Hattermann F. 2007. Hydrological impact assessment of afforestation and change in tree-species composition—A regional case study for the Federal State of Brandenburg. Journal of Hydrology, 1:16.

Wilson G V. 1990. Hydrology of a forested watershed during storm events. Goodevma, 26(2):352-355.

Yu P T, Krysanova V, Wang Y H, et al. 2009. Quantitative estimate of water yield reduction caused by forestation in a water-limited area in Northwest China. Geophysical Research Letters, 36:L02406.

Zhang L, Dawes W R, Walker G R. 2001. Response of mean annual evapotranspiration to vegetation changes at catchment scale. Water Resources Research, 37(3):701-708.